"十三五"国家重点出版物出版规划项目

面向可持续发展的土建类工程教育丛书

普通高等教育"十一五"国家级规划教材

爆破工程

—— 第③版 ——

主　编　戴　俊

参　编　梁为民　郑选荣　张　岩

U0190838

机械工业出版社

本书在第 2 版的基础上，吸纳多位专家和同行的意见，特别是部分读者的反馈意见修订而成。本书内容共 10 章，主要介绍了炸药及其爆炸的基本知识、爆破器材与起爆方法、岩石爆破原理与方法、周边爆破理论与技术、隧道掘进爆破、露天爆破工程、构（建）筑物拆除爆破与特种爆破、特殊地层条件下的爆破技术、爆破安全技术、岩石爆破理论与技术进展。

本书可作为土木工程、采矿工程专业的本科生教材，也可作为土木工程、采矿工程专业的研究生的参考书，还可作为岩土工程、隧道工程、道路工程、水利与水电工程、铁道工程、城市地下空间工程等工程技术人员的参考书。

图书在版编目（CIP）数据

爆破工程/戴俊主编 . —3 版 . —北京：机械工业出版社，2021. 6（2024. 1 重印）

（面向可持续发展的土建类工程教育丛书）

"十三五"国家重点出版物出版规划项目　普通高等教育"十一五"国家级规划教材

ISBN 978-7-111-68171-7

Ⅰ . ①爆⋯　Ⅱ . ①戴⋯　Ⅲ . ①爆破技术—高等学校—教材　Ⅳ . ①TB41

中国版本图书馆 CIP 数据核字（2021）第 082988 号

机械工业出版社（北京市百万庄大街 22 号　邮政编码 100037）
策划编辑：马军平　责任编辑：马军平
责任校对：张晓蓉　封面设计：张　静
责任印制：单爱军
北京虎彩文化传播有限公司印刷
2024 年 1 月第 3 版第 4 次印刷
184mm×260mm · 23. 5 印张 · 582 千字
标准书号：ISBN 978-7-111-68171-7
定价：69. 80 元

电话服务　　　　　　　　网络服务
客服电话：010-88361066　机　工　官　网：www.cmpbook.com
　　　　　010-88379833　机　工　官　博：weibo. com/cmp1952
　　　　　010-68326294　金　书　网：www. golden-book. com
封底无防伪标均为盗版　机工教育服务网：www.cmpedu. com

第3版前言

自 2015 年以来,《爆破工程》(第 2 版)已印刷 3 次,销售情况良好,作者倍受鼓励。然而在教材使用过程中相继发现了一些不足,也收到了读者的反馈建议和意见,结合近年来的教育改革和教学内容的变化,编者决定再版,以使教材尽可能做到与时俱进,更好地满足读者学习专业知识,提高应用所学知识分析解决工程实际问题的能力,掌握有效的学习方法,不断增强创新意识和培养创新能力的需要。

本次再版,将更好地适应课程教学的需要。具体调整有:第 1、2 章对爆轰基本理论内容进行了删减,以适应新的学时要求;第 3 章对应力波基本理论、爆破基本理论也做了压缩;第 4 章对光面爆破施工进行了删减;第 5 章对隧道爆破技术进行了调整,减少了篇幅;第 6、7 章对内容做了适度调整,如硐室爆破施工内容;第 8、9 章对相关内容进行了压缩;第 10 章删减了应力波计算的内容,保留了其他部分的内容。

经过这样的调整,教材内容更加突出基本理论、基本方法,强调了知识的基本应用,增强了知识学习的有效性,突出对学生应用所学知识解决工程问题能力的培养。

本书仍由戴俊主编。具体编写分工如下:第 1~4 章由戴俊负责编写;第 5、6 章由郑选荣编写;第 7 章由河南理工大学梁为民编写;第 8、9 章由西安科技大学张岩编写;第 10 章由戴俊、梁为民、张岩共同完成。

第 3 版保持了教材前两版的原貌,在印刷方面为了方便读者阅读,仍采用双色印刷;同时对教材前两版中的差错进行了更正。

由于时间仓促,加之编者水平有限,教材中不当之处所在难免,恳请读者批评指正。

编 者

第2版前言

《爆破工程》于2005年出版，得到了国内同行的关注和厚爱，先后于2005年被评定为普通高等教育"十一五"国家级规划教材，2008年被授予陕西省高校优秀教材二等奖，2010年被授予全国煤炭高校优秀教材一等奖，并一直是陕西省高校同名精品课程的支撑教材。本书第1版发行以来重印6次，先后被国内数家高校选作相应专业课程的教材，得到使用教材的师生好评。然而，在使用过程中，也相继发现教材中存在一些不足，而且工程应用中的爆破技术也有了一些变化，为了更好地满足广大读者的需要，有必要对教材进行适当的修正和调整。

本次再版，在保持教材原貌的基础上，吸纳多位使用教材的高校教师的意见和建议，特别是部分读者在使用教材过程中的反馈意见，对教材的部分章节内容进行了适当调整。第2章增加了对当前使用越来越多的乳化炸药的介绍；第5章增加了立井爆破的内容，同时对原有隧道光爆快速施工的内容做了精简；第6章对硐室爆破的某些内容进行了删减；第8章增加了一般冻土爆破技术的内容，同时也对原有瓦斯条件爆破作业的有关规定做了删节。此外，对书中的有关名词术语进行了必要的修正。为了增强读者的阅读体验感，本次再版增加了每章导读，并采用双色印刷。

经过这样的内容调整和修正，使得教材在内容表述上更加精准，专业名词术语使用更规范；教材内容更加突出基本原理和基本技能的介绍，紧跟科技发展的步伐，更加突出对学生应用所学知识分析、解决实际工程问题能力的培养。

借此机会，向长期以来对本书给予关注和支持的同行表示衷心感谢，并殷切希望同行一如既往给予本教材关注，不吝赐教。

编　者

第1版前言

土木工程活动中，房屋建筑中的基础，铁路、道路施工中的路堑，各类隧道施工等都涉及大量土体或岩石体的开挖。目前，爆破仍然是岩土开挖经济合理、应用最广泛的一种手段，而且在未来一段时间内这种状况不会有大的改变，因此，土木工程专业中，岩土工程、隧道工程、地下工程等专业方向的学生掌握爆破工程方面的知识是十分必要的。爆破工程作为高等工科学校土木工程专业的一门必修课，已被列为地下、岩土、矿山专业课群组的核心课程和土木工程中的岩土工程、地下工程、隧道工程等二级专业评估的重要课程。

为了满足教学的需要，我们根据近年来的教学实践，编写了本书。本书以满足土木工程的本科教育为出发点，同时也兼顾采矿工程等相关专业教学的需要和相关工程技术人员的应用参考。本书的特点是：注重基本概念、基本理论，注意理论与实践的结合，充分反映爆破技术发展中出现的新技术、新方法。通过对本书的学习，读者可对岩石爆破理论与技术、爆破工程的发展概况和应用前景有一定的了解，并且能够掌握爆破工程设计和施工的基本知识和方法，具有一定的独立设计爆破方案的基本技能，为今后从事专业工程技术工作、科学研究工作和进一步学习岩石爆破理论打下必要的基础。

本书按50~60学时编写，第1~9章为教学大纲要求内容，第10章的内容使用者可根据具体情况选讲选学。

爆破工程的内容涉及炸药理论、爆炸力学、岩石力学和工程地质等方面的知识，根据土木工程专业课程设置的实际情况，我们建议在学习本课程之前，学生应学习材料力学、弹性力学、岩石力学和工程地质等专业课程。

本书由戴俊主编。具体编写分工如下：绪论及第1、3、4章由戴俊（西安科技大学教授、博士）编写；第2章由负永峰（西安科技大学副教授、博士）编写；第5章由陈士海（山东科技大学教授、博士）编写；第6章由王小林（西安科技大学副教授）编写；第7章由梁为民（河南理工大学教授、博士）编写；第8章由马芹永（安徽理工大学教授、博士）编写；第9章由单仁亮（中国矿业大学北京校区教授、博士）编写；第10章由梁为民、单仁亮和戴俊共同编写。

中国矿业大学北京校区王树仁教授、西安科技大学王野平教授对本书进行了全面审阅，就内容的取舍和编排提出了许多宝贵意见和指导，对有关参数及名词术语进行了复核，使本书增色不少，在此深表感谢。

本书配有教学课件，向授课教师免费提供，需要者请参见书末信息反馈表的联系方法。

由于时间仓促，加之编者水平有限，本书中不当、错漏之处在所难免，恳请读者批评指正。

编　者

V

目 录

第 3 版前言
第 2 版前言
第 1 版前言

绪论 1
  1 土木工程施工与爆破技术 1
  2 爆破技术的发展 2
  3 爆破技术的特点 3
  4 爆破方法与技术分类 3
  5 爆破工程的研究内容与任务 6

第 1 章 炸药及其爆炸的基本知识 7
  1.1 爆炸现象 7
  1.2 炸药化学反应的基本形式 9
  1.3 炸药的爆炸反应方程 12
  1.4 介质中的波与冲击波 23
  1.5 炸药的爆轰及其参数计算 29
  1.6 炸药的感度与起爆方法 40
  思考题 50

第 2 章 爆破器材与起爆方法 51
  2.1 炸药及其分类 51
  2.2 起爆器材 59
  2.3 起爆方法 68
  思考题 80

第 3 章 岩石爆破原理与方法 81
  3.1 岩石的物理力学性质 81
  3.2 炸药的爆破作用 90
  3.3 炸药爆炸的聚能效应 94

3.4　岩石中的爆炸应力波 ･･ 96

3.5　岩石爆破破碎原理 ･･･ 107

3.6　爆破漏斗及利文斯顿的爆破漏斗理论 ･･･････････････････････････････ 112

3.7　装药结构与起爆方法 ･･ 122

3.8　炮孔的堵塞 ･･･ 125

3.9　毫秒爆破 ･･･ 127

3.10　影响炸药爆破效果的因素 ･･･････････････････････････････････････ 130

思考题 ･･ 135

第4章　周边爆破理论与技术 ･･ 136

4.1　概述 ･･･ 136

4.2　周边爆破的优点与效果评价 ･･･････････････････････････････････････ 139

4.3　周边爆破原理 ･･･ 142

4.4　周边爆破的参数确定 ･･ 146

4.5　周边爆破的设计与施工 ･･ 152

4.6　岩石定向断裂爆破技术 ･･ 156

4.7　定向断裂爆破的工程应用 ･･ 159

思考题 ･･ 160

第5章　隧道掘进爆破 ･･･ 162

5.1　概述 ･･･ 162

5.2　隧道掘进施工方法 ･･･ 163

5.3　掏槽爆破 ･･･ 166

5.4　崩落孔爆破与周边孔爆破 ･･ 174

5.5　掘进工作面爆破参数设计 ･･ 175

5.6　隧道掘进快速施工技术 ･･ 183

5.7　立井爆破技术要点 ･･･ 192

5.8　超长炮孔爆破技术 ･･･ 195

思考题 ･･ 206

第6章　露天爆破工程 ･･･ 207

6.1　爆破工程地质 ･･･ 207

6.2　露天台阶爆破 ･･･ 214

6.3　硐室爆破 ･･･ 220

6.4　爆破块度预报与控制 ･･ 245

思考题 ･･ 253

第7章　构（建）筑物拆除爆破与特种爆破 ･･････････････････････････････ 254

7.1　概述 ･･･ 254

7.2　拆除爆破的设计原理与方法 ･･･････････････････････････････････････ 255

7.3 基础类构筑物拆除爆破 ··· 259

7.4 高耸构筑物拆除爆破 ··· 263

7.5 楼房拆除爆破 ··· 270

7.6 水压爆破 ··· 279

7.7 静态破碎 ··· 285

7.8 特种爆破技术 ··· 288

思考题 ··· 291

第8章 特殊地层条件下的爆破技术 ··· **292**

8.1 爆破引爆瓦斯的原理与条件 ··· 292

8.2 安全炸药与安全雷管 ··· 296

8.3 含瓦斯地层的爆破技术 ··· 297

8.4 冻结条件下的爆破技术 ··· 302

8.5 高地应力条件下的爆破技术 ··· 307

思考题 ··· 311

第9章 爆破安全技术 ··· **312**

9.1 概述 ··· 312

9.2 爆破地震效应与安全设防 ··· 313

9.3 爆炸空气冲击波效应与安全设防 ··· 316

9.4 爆破飞石效应与安全设防 ··· 320

9.5 早爆的预防及拒爆的预防与处理 ··· 321

9.6 爆破器材的安全管理 ··· 326

思考题 ··· 329

第10章 岩石爆破理论与技术进展 ··· **330**

10.1 岩石爆破过程的数值模拟 ··· 330

10.2 岩石爆破实验新技术 ··· 338

10.3 岩石隧道爆破新技术 ··· 350

10.4 新型爆破器材与起爆技术 ··· 360

参考文献 ··· **367**

绪 论

导 读

基本内容：土木工程建设与爆破技术的关系，爆破的概念与爆破技术的发展历史，常用爆破方法与技术的分类情况，爆破技术的发展趋势，本课程的学习内容和通过本课程学习应达到的目的。

学习要点：掌握爆破的概念，爆破方法和技术分类；熟悉爆破技术发展的未来趋势；了解爆破技术及工程应用的发展历程。

1　土木工程施工与爆破技术

　　土木工程是建造各类工程设施的科学、技术和工程的总称。它既指与人类生活、生产活动有关的各类工程设施，如建筑工程、公路与城市道路工程、桥梁工程和隧道工程等，也指应用材料、设备在土地上所进行的勘测、设计、施工等工程技术活动，土木工程在任何一个国家的国民经济中都占有举足轻重的地位。

　　土木工程施工是一种工程分支，指用各种建筑材料修建房屋、铁路、道路、桥梁、隧道、运河、堤坝、港口等工程的生产活动和工程技术。在土木工程的这些活动中，大都需要进行大量的土体或岩石（体）的开挖，如房屋建筑中的基础开挖、铁路、道路施工中的路堑开挖、各类工程隧道的开挖等。当这样的开挖工程处于岩层中时，**需按照工程设计的基本要求，将处于开挖范围内的岩石与周围岩石（体）分离，并破碎、形成合理的块度，以便高效率地装运，同时保证开挖范围以外岩石（体）的原有稳定性，实现工程施工的良好经济效益，这是土木工程施工追求的目标**。

　　岩石开挖的方法有多种，但限于目前的科学技术发展水平和出于经济效益等方面的综合考虑，爆破是应用较广泛且能实现高效益的有效方法。因此，学习了解岩石爆破技术，是进行土木工程施工所必需的，具有重要的意义。

　　爆破是以埋入岩石中的炸药为能源，使其爆炸做机械功，使岩石发生变形、破坏、移动和抛掷，达到既定工程目的的工程技术。其理论基础是炸药及其爆轰基本理论、固体中的应力波理论、固体强度理论、岩石动力学理论与技术等，有十分广泛的内容。本书着重介绍岩石爆破的基本原理和方法，不涉及过深的理论知识，目的是使读者通过对本书的学习，掌握不同环境及工程条件下岩石爆破的技术设计及施工方法，了解岩石爆破破岩原理与爆破技术的知识和发展状况，并为进一步的专业学习奠定良好基础。

目前，岩石爆破技术不仅在土木工程施工中得到了广泛应用，也在采矿、水利水电、国防、军事等众多领域中得到了广泛应用。在未来一定时期内，爆破技术仍将是岩石开挖的主要手段，因此，我们必须下功夫，学好本门课程，掌握良好的专业知识，为国民经济建设服务，促进国家经济建设进步，增强国家的发展实力。

2　爆破技术的发展

爆破离不开炸药。说起炸药，每个中国人都会引为自豪，因为我国是火药的故乡，早在公元前 200 多年我们的祖先就发明了火药。在三国时期，我国已用火药制成火攻武器——火球和火箭。在唐朝末年，火药已经广泛用在抛射弹药上。宋朝的大火炮已经有了相当的威力，关于火药的破坏力，有这样的描述：用以攻城，则"城内皆塌，城内外震死 200 余人"。

13 世纪前后火药传入欧洲，17 世纪以前火药只用于军事目的。1627 年，在匈牙利的水平坑道掘进时，使用炸药破坏岩石，这是第一次使用炸药来代替人的体力劳动的记载。1670 年以后，在欧洲广泛应用了爆破技术，在中国用火药进行爆破也不晚于 17 世纪。18 世纪后期的工业革命中，爆破技术得到了迅速发展。1799 年雷汞问世，1815 年首次使用起爆药制成了火帽，1846 年发现了硝化甘油和硝化棉，1865 年诺贝尔发明了雷管，获得了高速度的爆轰现象，为现代的各种工业炸药的不断完善奠定了基础。

进入 20 世纪后，爆破器材和爆破技术得到了进一步的发展。1919 年出现了以泰安为药芯的导爆索，1927 年在瞬发雷管的基础上成功研制了秒延期电雷管，1946 年成功研制了毫秒延期电雷管，1956 年库克发明了浆状炸药，解决了硝铵炸药的防水问题，其后又研制和推广了导爆索起爆系统。目前，我国已在浆状炸药的基础上，研制成功了水胶炸药和乳化炸药，建立了 400 多个炸药加工厂，产品品种达数十种，有了比较完整的工业炸药生产体系。

新中国成立以来，我国已进行过装药量在万吨以上的土石方爆破两次，千吨级的土石方爆破十余次，百吨级的土石方爆破百次之多，研发出了许多爆破新技术和新工艺，解决了许多工程建设中的难题，促进了爆破技术的发展，以及爆破技术的巨大进步。工程爆破技术在我国经济建设中起着重要的作用，我国现有的公路、铁路的隧道、路堑和边坡工程多是采用爆破法开掘完成的，在煤矿、金属矿、建材矿山等工业领域，爆破方法是破碎矿岩的主要手段。在冶金行业和非金属行业，所消耗矿石也大都是以爆破方法为主要手段开采的。据 20 世纪 80 年代的统计可知，我国的工业炸药用量每年达到了百万吨。

在铁路、公路和水利工程中，采用爆破可将土石方抛掷到预定的位置，从而加快了车场、公路或大坝的建设速度。20 世纪 30 年代中期，苏联在乌拉尔进行的工程爆破中一次使用了 1800t 炸药，引爆后在长达 900m 的作业线上升起了一段土墙，抛掷起来的尘土覆盖了 $2km^2$ 的地面，爆炸瞬间烟云高度超 400m，十分壮观。我国在建设兰新铁路中，1956 年进行爆破，一次使用了 15000t 炸药，爆破土方量达 $9 \times 10^6 m^3$，爆破引起的地震波传播很远，以至有人误以为我国正在进行核试验。湘黔铁路线凯里车站在 1971 年进行了一次非对称双侧抛掷爆破，按设计要求将抛方量中的 63.4%抛弃到一侧，加快了调车场的建设速度；1969 年，广东省南水水电站定向爆破筑坝，总装药量 1394t，爆破土石方量 105 万 m^3，堆积平均坝高 62.3m，与设计值相比，准确度达 96%，1973 年，陕西省石砭峪水库成功地进行了 1575t 炸药的定向爆破筑坝，准确度达到 98%。近年来，在我国城市建设中，也进行了大量建筑物的拆除爆破，收到了良好的经济效益，促进了爆破技术的进步。爆破技术在国民经济建设中越来越发挥重要的作用。

在机电工程中，利用爆炸能可以将金属冲压成形，将两种金属焊接在一起，将金属表面硬化和切割金属或者人工合成金刚石等；采用高温爆破法还可以清除高炉、平炉和炼焦炉中的炉瘤或爆破金属炽热物等。

此外，在城市建筑物、构筑物和基础等拆除爆破中，控制爆破得到了空前的发展和应用。城市控制爆破技术的发展，不仅把过去危险性大的爆破作业由野外安全可靠地推进到了人口密集的城镇，还创造了许多新技术、新工艺和新经验。可以认为，现代爆破技术已深入应用到我国国民经济的各个部门，在国民经济发展中发挥着巨大的作用。

3　爆破技术的特点

爆破技术是利用炸药爆炸的能量破坏某种物体的原结构，并实现不同工程目的所采取的药包布置和起爆方法的一种工程技术。这种技术涉及数学、力学、物理学、化学和材料动力学、工程地质学等学科。作为工程爆破能源的炸药，蕴藏着巨大的能量。1kg 普通工业炸药爆炸时释放的能量为 3.52×10^6 J，爆炸后产生温度高达 3000℃，经过快速的化学反应所产生的功率为 4.72×10^8 kW，其气体压力达几千到一万多兆帕，远远超过一般物质的强度。在这种高温高压气体的作用下，被爆破的介质（如岩石等）呈现为流体或弹塑性体状态，完全破坏了原来的物质结构。

爆破荷载以短历时为其特征，在以毫秒、微秒甚至毫微秒计的短暂时间尺度上使物质发生运动参量的显著变化。在这样的动荷载作用下，介质的微元体处于随时间迅速变化着的动态变化，这是一个动力学问题，为此必须计及介质微元体的惯性。

实际上，爆破荷载作用过程既包含了介质质点的惯性效应，也包含了材料本构关系的应变率效应。当处理爆炸荷载作用下的固体动力学问题时，实际上面临着两方面的问题：一是已知材料的动态力学性能，在给定的外荷载作用下研究介质的运动，这属于应力波传播规律的研究；二是借助于应力波传播的分析来研究材料本身在高应变率下的动态力学性能，这属于材料力学性能或本构关系的研究。问题的复杂性正在于：一方面应力波理论的建立要依赖于对材料动态力学性能的了解，是以已知材料动态力学性能为前提的；另一方面材料在高应变率下动态力学性能的研究又往往依赖于应力波理论的分析指导。

可见，岩石等介质的爆破过程是极其复杂的，目前人们对这一过程的认识和理解还十分有限，还有许多的问题需要人们去研究解决。爆破技术的研究非常复杂，有相当的难度，但前景十分广阔，从事爆破理论研究也将是大有作为的。

4　爆破方法与技术分类

爆破方法，即爆破作业的步骤，指向被爆破介质中钻出的炮孔或开挖的药室或在其表面敷设炸药，放入起爆雷管，然后引爆。根据药包形状和装药方式的不同，爆破方法主要分为 4 大类：

（1）炮孔法 是在介质内部钻出各种孔径的炮孔，经装药、放入起爆雷管、堵塞孔口、连线等工序起爆的爆破方法。如用手持风钻钻孔的，孔径在 50mm 以下、孔深在 4m 以下的为浅孔爆破；孔径和孔深大于上述数值的称为深孔爆破。炮孔爆破法是岩土爆破技术的基本形式。

（2）药室法 是在山体内开挖坑道、药室，装入大量炸药的爆破方法。其一次能爆下的土石方数量几乎是不受限制的，在每个药室里装入的炸药有达千吨以上的。如四川省攀枝花市狮子山大爆破（1971 年）总装药量 10162.2t，爆破土石方量 1140 万 m³，是世界最大规模的大爆破之一。药室法爆破广泛应用于露天开挖堑壕、填筑路堤、基坑等工程，特别是在露天矿的剥离工程和筑坝工程中，能有效缩短工期，节省劳动力，而且需用的机械设备少，不受季节和地形条件的限制。

（3）药壶法 是在普通炮孔底部，装入少量炸药进行不堵塞的爆破，使炮孔底部扩大成圆壶形，以求达到装入较多药量的爆破方法。药壶法属于集中药包类，适用于破碎中等硬度的岩石，能在工程量不大、钻孔机具不足的条件下，以较少的炮孔爆破获得较多的土石方量。随着机械化施工水平的提高，药壶爆破的应用面有所缩小，但仍为某些特殊条件的工程所采用。

（4）裸露药包法 是不需钻孔，直接将炸药包贴放在被爆物体表面进行爆破的方法。它在清扫地基的破碎大孤石和对爆下的大块石进行二次爆破等方面具有独特作用，仍然是常用的有效方法。

按药包空间形状，爆破方法分为 4 种：

（1）集中药包法 当药包的最长边长不超过最短边长的 4 倍时，称为集中药包。集中药包通常应用在药室法爆破和药壶法爆破中。集中药包起爆后产生的冲击波能量以均匀辐射状作用到周围的介质上。

（2）延长药包法 当药包的最长边长大于最短边长或药柱直径的 4 倍时，称为延长药包。实践中通常使用的延长药包，其长度要大于 17 倍药包直径。延长药包常常应用于深孔爆破、爆眼（孔）爆破和药室中的条形药包爆破中。延长药包起爆后，爆炸冲击波以柱面波的形式向四周传播并作用到周围的介质上。

（3）平面药包法 当炸药包的直径大于其厚度的 3 倍时，称为平面药包。人们通常预先把炸药做成油毛毡或毛毯形状，应用时将其切割成块，包裹在介质表面，用于机械零件的爆炸加工。平面药包起爆后，大多数能量都散失到空气中，只有与炸药接触的介质表面受到爆炸作用，爆炸冲击波可以近似为平面波。

（4）异形药包 为了某种特定的爆破作用，可以将炸药做成特定的形状。其中，应用最广的是聚能爆破法。它是将装药的一端加工成圆锥形的凹穴或沟槽，使爆轰波按圆锥或沟槽凹穴的表面聚焦在它的焦点或轴线上，形成高能射流，击穿与它接触介质的某一部位。这种药包可用来切割金属板材、进行大块岩石的二次破碎及在冻土中穿孔等。

在上述爆破方法的基础上，根据各种工程目的和要求，采取不同的药包布置形式和起爆方法，形成了许多各具特色的现代爆破技术，主要有以下几种。

（1）毫秒爆破 毫秒爆破是 20 世纪 40 年代出现的爆破技术。通过在雷管内装入适当的缓燃剂，或在起爆网路上连接延期装置，以实现延期的时间间隔，一般以 13~25ms 为一个间隔时间段。通过不同时差组成的爆破网路，一次起爆后，可以按设计要求使各炮孔内的药包依次爆炸，获得良好的爆破效果。这一技术过去称微差爆破，目前改称毫秒爆破。

毫秒爆破的特点是各药包的起爆时间相差很小，被爆破的岩块在移动过程中互相撞击，形成极复杂的能量再分配，使岩石破碎均匀，缩短抛掷距离，减弱地震波和空气冲击波的强度，既可改善爆破质量，不致砸坏附近的设施，又能提高作业机械的使用效率，有很好的经济效益，在采矿和采石工程中得到了广泛应用。

（2）光面爆破和预裂爆破　光面爆破和预裂爆破是20世纪50年代末期，由于钻孔机械的发展而出现的一种密集钻孔小装药量的爆破新技术。在露天堑壕、基坑和地下工程的开挖中，采用光面爆破或预裂爆破利于形成比较陡峻的边坡表面，使地下开挖的坑道形成预计的断面轮廓线，避免超挖或欠挖，并能保持围岩的稳定，取得良好的爆破效果。

实现周边光面的爆破技术措施有两种：一是在开挖至边坡线或轮廓线时，预留一层厚度约为炮孔间距1.2倍的岩层，在炮孔中装入做功能力低的小药卷，并使药卷与孔壁间保持一定的空隙，爆破后能在孔壁面上留下半个炮孔痕迹；二是先在边坡线或轮廓线上钻凿与壁面平行的密集炮孔，起爆形成一个沿炮孔中心线的破裂面，以阻隔主体爆破时地震波的传播，同时隔断应力波对保留面岩体的破坏作用，通常称为预裂爆破。这两种爆破的效果，无论是形成光面还是保护围岩稳定，均比普通爆破好，是隧道、地下厂房路堑及基坑开挖工程中常用的爆破技术。

（3）定向爆破　20世纪50年代末和60年代初期，我国推行过定向爆破筑坝，3年左右时间用定向爆破技术筑成了20多座水坝，其中广东韶关南水大坝（1960年），一次装药爆破使用量达1394.3t，爆破土方量达226万m^3，填成平均高为62.5m的大坝，技术上达到了当时的国际先进水平。定向爆破是利用最小抵抗线在爆破作用中的方向性的特点，设计时利用天然地形或人工改造后的地形，使最小抵抗线指向需要填筑的目标。这种技术已广泛地应用在水利筑坝、矿山尾矿坝和填筑路堤等工程上。它的突出优点是在极短时期内，通过一次爆破完成土石方工程挖、装、运、填等多道工序，节约大量的机械和人力，费用省、工效高；缺点是后续工程难以跟上，而且受到某些地形条件的限制。

（4）拆除爆破　不同于一般的工程爆破，它对由爆破作用引起的危害有更加严格的控制，多用于城市或人口稠密、附近建筑物群集的地区拆除房屋、烟囱、水塔、桥梁及厂房内部各种构筑物基座的爆破，因此，又称为拆除爆破或城市爆破。

拆除爆破所要控制的内容有：①控制爆破破坏的范围，只爆破建筑物需要拆除的部位，保留其余部分的完整性；②控制爆破后建筑物的倾倒方向和坍塌范围；③控制爆破时产生的碎块飞出距离，空气冲击波强度和声响的强度；④控制爆破所引起的建筑物地基震动及其对附近建筑物的震动影响。

（5）水下爆破　水下爆破是将炸药装填在海底或水下进行工程爆破的技术，是和露天爆破相对的另一个领域。疏通航道，炸除礁石，拆毁水下沉船、建（构）筑物，开挖港口码头和航道基坑及处理码头堤坝的软弱地基等爆破，都属于水下爆破的范畴。

水下爆破也和露天爆破一样，都是用裸露、钻孔或药室装药等方法实现不同的爆破目的。不同的是水下施工比较复杂、困难，长期以来多由潜水员在水下进行钻孔和装药等技术作业。其工作范围既受水深的限制，又受潮汐水流的影响，效果欠佳。由于水作为介质的阻力远比空气大，因此，计算装药量时必须考虑水的深度影响，才能保证爆破效果；同时，水介质传播冲击波的能力也远大于空气，附近若有其他水工建（构）筑物时，多采取气泡帷幕方法作为防护手段，以降低水中冲击波的峰值压力。

20世纪80年代以来，水下压缩爆破方法试验成功，以水为传播压力的介质，压实水下淤泥等类软土地基，代替过去用机械船挖除淤泥的清基方法，既经济又方便，有效地扩大了水下爆破的应用范围。

（6）地下爆破　地下爆破不同于露天和水下爆破，通常是在一个狭窄的工作面上进行钻爆作业，特点是装药量少或使用做功能力低的炸药，多炮孔，装药量分散，爆破作用力均匀分布，属于前述松动爆破的情况。为最大限度地减少爆破对围岩的破坏，它在技术上要求比较严格。

地下爆破从技术上分两种。一是起掘进作用的掏槽爆破。在只有一个临空面的条件下，首先在工作面中央形成较小但有足够深度的槽穴，这个槽穴是整个地下坑道、隧道等施工开挖的先导；掏槽爆破的炮孔布置方法很多，必须根据地质构造、断面大小和施工机械等条件，确定良好的掏槽眼（孔）的布置形式。二是要使地下坑道最终造成一定横断面形式的成形爆破。实现这种效果的布置称周边孔，也称这样的爆破为刷帮爆破。爆破的作用力是在两个临空面上均匀分布的，除了要使炸落的岩石块度均匀，便于清渣，抛掷不太远，不致打坏支撑，还应保证坑道开挖限界外的围岩受到最小的破坏，以减少超挖的数量。

随着地下工业的发展，为修建地下飞机场、库、厂房等大面积空间工程，地下爆破技术正逐渐向大规模的大钻孔爆破技术发展，但目前地下大爆破技术经验较少。光面、预裂爆破技术应用于地下工程以后，促进了锚杆喷混凝土支护技术的发展，每次爆破的超挖量减少到了最低量，围岩的稳定性大为增加，使地下工程施工获得了很好的经济效益。

5　爆破工程的研究内容与任务

爆破工程的研究内容应包括以下5个方面。①炸药爆炸、燃烧及缓慢分解的基本知识；②爆破破岩的基本原理；③工程（隧道掘进、露天边坡开挖、沟槽开挖、建筑物拆除等）中的爆破参数设计；④特殊岩层条件（如含瓦斯）下的特殊爆破安全技术；⑤爆破对周围环境可能引起的灾害与设防。

本书主要介绍炸药起爆与爆轰的基本知识，常温条件下炸药的缓慢分解与化学稳定性，常用爆破器材，爆破破岩原理，以及土木工程施工中遇到的各种爆破方法的参数设计思想与工程实例分析，使学生了解岩石爆破的基本原理，掌握土木工程施工中常见情况的爆破参数设计方法，并为进一步学习岩石爆破理论打下良好基础。本书还充分考虑了教学改革与发展的实际情况，体现了目前国内外爆破技术的发展水平及工程应用中较为成熟的各种爆破新材料和新方法的变化，并注重学生应用专业知识分析问题能力的养成，强调解决实际问题能力的培养。

炸药及其爆炸的基本知识 第1章

导读

基本内容：本章是爆破工程最基本和重点的章节之一，对了解全书内容有重要帮助。内容包括：

爆炸现象的概念与爆炸分类；炸药化学爆炸的三要素，炸药化学反应的三种方式；炸药氧平衡的概念、计算方法及研究炸药氧平衡的意义，炸药爆炸反应方程及炸药爆炸生成有毒气体产物及炸药的爆炸性质。

气体介质中的声波与冲击波，包括概念、速度的计算、冲击波的基本方程与参数计算、冲击波的特点等，炸药爆轰的基本模型，爆轰波的概念及爆轰波基本方程，爆轰波稳定传播的条件与爆轰波参数计算，以及影响炸药爆速的基本因素，孔内炸药爆炸的间隙效应等。

炸药起爆与感度的概念，炸药的起爆机理，炸药的不同感度形式及表示方法，影响炸药感度的因素等。

学习要点：掌握炸药爆炸三要素，炸药氧平衡计算，冲击波的特点，炸药爆轰参数近似计算，炸药的起爆与感度概念。熟悉爆炸的概念与分类，炸药化学反应的形式，炸药的氧平衡对爆炸生成有毒气体产物的影响，炸药爆炸性能参数的概念，爆轰稳定传播的条件，炸药的感度及起爆机理。了解炸药的爆炸反应方程的写法，爆热及爆温的计算，冲击波的基本方程与参数计算，爆轰波基本方程与爆轰参数计算，炸药感度分类及表示。

1.1 爆炸现象

自然界有各种各样的爆炸现象，如自行车爆胎、燃放鞭炮、锅炉爆炸、原子弹爆炸等。爆炸时，往往伴有强烈的发光、声响和破坏效应。从最广义的角度来看，爆炸是指物质的物理或化学急剧变化，在变化过程中伴随有能量的急剧转化，内能转化为机械压缩能，使原来的物质或其变化产物及周围介质产生运动，进而产生巨大的机械破坏效应。

原则上，爆炸现象包括了两个阶段：①内能转化为强烈的物质压缩能；②该压缩能引起的膨胀——释放，潜在的压缩能转化为机械功，该机械功可使与之相接触或靠近的介质运动。迅速出现高压力作用是爆炸的基本特征。

按引起爆炸的原因不同，可将爆炸区分为物理爆炸、核爆炸和化学爆炸三类。

（1）物理爆炸　这是由物理原因造成的爆炸，爆炸不发生化学变化。如锅炉爆炸、氧气瓶爆炸、轮胎爆胎等都是物理爆炸。在实际生产中，除了煤矿利用内装压缩空气或二氧化碳的爆破筒落煤外，很少应用物理爆炸。

（2）核爆炸　这是由核裂变或核聚变引起的爆炸。核爆炸放出的能量极大，相当于数万吨至数千万吨三硝基甲苯（TNT，俗称"梯恩梯"）爆炸释放的能量，爆炸中心区温度可达数百万至数千万摄氏度，压力可达数百万兆帕以上，并辐射出很强的各种射线。目前，在岩石爆破工程中，核爆炸的应用范围和条件仍十分有限。

（3）化学爆炸　这是由化学变化造成的爆炸。炸药爆炸、井下瓦斯或煤尘与空气混合物的爆炸、汽油与空气混合物的爆炸及其他混合爆鸣气体的爆炸等，都是化学爆炸。在实际生产中，主要是应用炸药的化学反应。岩石的爆破是炸药发生化学爆炸做机械功，破坏岩石的过程。因此，化学爆炸将是我们研究的重点。

炸药是在一定条件下，能够发生快速化学反应，放出能量，生成气体产物，显示爆炸效应的化合物或混合物。炸药既是安定的又是不安定的。在平常条件下，炸药是比较安定的物质。除起爆药外，炸药的活化能值相当大，但当局部炸药分子被活化达到足够数目时，就会失去稳定性，引起炸药爆炸。以鞭炮中装填的黑火药为例，当点燃时，黑火药迅速燃烧，产生化学反应，并放出热量和气体产物，同时发出声响和闪光，完成爆炸。

由此看出，**炸药爆炸具有三个基本特征，即反应的放热性、反应过程的高速度和反应中生成大量气体产物**。它们是炸药爆炸所必须具备的要素，缺一不可，因此也称为炸药爆炸的三要素。反过来，也只有具备这些爆炸要素的物质才能称为炸药。

（1）反应的放热性　放热是炸药爆炸做功的能源。爆炸反应只有在炸药自身提供能量的条件下才能自动进行。没有这个条件，爆炸过程或根本不能发生，或反应不能自行延续，因而也不可能出现爆炸的反应传播。依靠外界供给能量来维持其分解的物质，不可能具有爆炸的性质。草酸盐的分解反应便是典型例子：

$$ZnC_2O_4 \rightarrow 2CO_2 + Zn - 250kJ$$
$$CuC_2O_4 \rightarrow 2CO_2 + Cu + 23.9kJ$$
$$HgC_2O_4 \rightarrow 2CO_2 + Hg + 47.3kJ$$

第一种反应则是吸热反应。只有在外界不断加热的条件下才能进行，因而不具有爆炸性质，第二种反应具有爆炸性，但因放出的热量不大，爆炸性不强，第三种反应则具有显著的爆炸性质。

爆炸反应释放的热量是爆炸破坏作用的能源，是炸药爆炸做功能力的标志。

（2）反应过程的高速度　反应过程的高速度是爆炸反应与一般化学反应的重要区别。炸药爆炸反应时间大约是 $10^{-6}s$ 或 $10^{-7}s$ 量级。虽然炸药的能量储藏量并不比一般燃料大，但由于反应的高速度，使炸药爆炸时能够达到一般化学反应所无法比拟的高得多的能量密度。石油、煤和几种炸药的放热量和能量密度数据见表1-1。

1kg 煤块燃烧可以放出 32.66×10^3kJ 的热量，这个热量比 1kg TNT 炸药爆炸放出的热量要多几倍，可是这些煤块大约需几分钟到几十分钟才能燃烧完，在这段时间内放出的热量不断以热传导和辐射的形式传送出去，因而虽然煤的放热量很多，但是单位时间的放热量并不多。同时，煤的燃烧是与空气中的氧进行化学反应而完成的，1kg 煤的完全反应就需要

2.67kg 的氧，这样多的氧必须由 9m³ 的空气才能提供，因而作为燃烧原料的煤和空气的混合物，单位体积所放出的热量也只有 3.6kJ/L，能量密度很低。

表 1-1 石油、煤和几种炸药的放热量和能量密度

物 质 名 称	单位质量物质的放热量 /(10³kJ/kg)	单位体积炸药或燃料空气混合物的能量密度 /(kJ/L)
煤	32.66	3.60
石油	41.87	3.68
黑火药	2.93	2805
梯恩梯	4.19	6700
黑索金（RDX，环三次三硝铵）	5.86	10467

爆炸反应就完全相反。炸药反应一般都是以 $(5\sim8)\times10^3$ m/s 的速度进行。一块 10cm 见方的炸药爆炸反应完毕也就需要 10μs 的时间。由于反应速度极快，虽然总放热量不是太大，但在这样短暂时间内的放热量却比一般燃料燃烧时在同样时间内放出的热量高出上千万倍。同时，由于爆炸反应无须空气中的氧参加，在反应所进行的短暂时间内放出的热量来不及散出，以致可以认为全部热量都聚集在炸药爆炸前所占据的体积内，这样单位体积所具有的热量就达到 10^3 kJ/L 以上，比一般燃料燃烧要高数千倍。

由于反应过程的高速度使炸药内所具有的能量在极短时间内放出，达到极高能量密度，所以炸药爆炸具有巨大做功功率和强烈的破坏作用。

（3）反应中生成大量气体产物 反应过程中有气体产物生成，是炸药爆炸反应的又一重要特征。爆炸瞬间炸药定容地转化为气体产物，其密度要比正常条件下气体的密度大几百倍到几千倍。也就是说，正常情况下这样多体积的气体被强烈压缩在炸药爆炸前所占据的体积内，从而造成 10^9 Pa 以上的高压。同时，由于反应的放热性，这样处于高温、高压下的气体产物必然急剧膨胀，把炸药的位能变成气体运动的动能，对周围介质做功。在这个过程中，气体产物既是造成高压的原因，又是对外界介质做功的工质。某些炸药爆炸气体产物在标准条件下的体积见表 1-2。

表 1-2 某些炸药爆炸气体产物在标准条件下的体积

炸 药	1kg 炸药放出的气体产物/L	1L 炸药放出的气体产物/L
梯恩梯	740	1180
特屈儿（$C_7H_5O_8N_5$）	760	1290
泰安	790	1320
黑索金	908	1630
奥克托金（$C_4H_8O_8N_8$）	908	1720

可见，1kg 猛炸药爆炸生成的气体换算到标准状态（1.0133×10^5 Pa，273K）下的气体体积为 700~1000L，为炸药爆炸前所占体积的 1200~1700 倍。

显而易见，对于爆炸来说，放热性、高速度、生成大量气体产物是缺一不可的，只有在这三个要素同时具备时，化学反应才能具有爆炸的特性。

1.2 炸药化学反应的基本形式

爆炸并不是炸药唯一的化学反应形式。由于环境和引起化学反应的条件不同，**一种炸药**

可能有三种不同形式的化学反应：缓慢分解、燃烧和爆炸。这三种形式进行的速度不同，产生的产物和热效应不同。

1.2.1 缓慢分解

炸药在常温下会缓慢分解，温度越高，分解越显著。这种反应的特点是：分解中炸药内各点温度相同，反应在全部炸药中同时展开，没有集中的反应区；分解时，既可以吸收热量，也可以放出热量，这取决于炸药类型和环境温度。但是，当温度较高时，所有炸药的分解反应都伴随有热量放出。例如，硝酸铵在常温或温度低于150℃时，其分解反应为吸热反应，反应方程为

$$NH_4NO_3 \rightarrow NH_3 + HNO_3 - 173.04kJ \quad (谨慎加热到略高于熔点)$$

当加热至200℃左右，分解时将放出热量，反应方程为

$$NH_4NO_3 \rightarrow 0.5N_2 + NO + 2H_2O + 36.1kJ$$

或

$$NH_4NO_3 \rightarrow N_2O + 2H_2O + 52.5kJ$$

分解反应为放热反应时，如果放出的热量不能及时散失，炸药温度就会不断升高，促使反应不断加快和放出更多的热量，最终会引起炸药的燃烧和爆炸。因此，在储存、加工、运输和使用炸药时要注意采取通风等措施，防止由于炸药分解产生热积累而导致意外爆炸事故的发生。炸药的缓慢分解反映炸药的化学安定性。在炸药储存、加工、运输和使用过程中，都需要了解炸药的化学安定性。这是研究炸药缓慢分解意义所在。

1.2.2 燃烧

炸药在热源（如火焰）作用下会燃烧。但与其他可燃物不同，炸药燃烧时不需要外界供给氧。当炸药的燃烧速度较快，达到每秒数百米时，转为爆燃。

就化学变化的实质来说，燃烧也是可燃元素（碳、氢等）激烈的氧化反应。但燃烧与缓慢分解或一般的氧化反应不同。其特点是：燃烧不是在全部物质内同时展开的，而只在局部区域进行，并在物质内传播。

进行燃烧的区域称为燃烧区，因燃烧反应是在该区域内完成的，又称为反应区。开始发生燃烧的面称为焰面。焰面和反应区沿炸药柱一层层地传下去，其传播速度即单位时间内传播的距离称为燃烧线速度。线速度与炸药密度的乘积，即单位时间内单位截面上燃烧的炸药质量，称为燃烧的质量速度。通常所说的燃烧速度是指线速度。燃烧速度与反应区内化学反应速度是两个不同的概念，不可混淆。

炸药在燃烧过程中，若燃烧速度保持定值，就称为稳定燃烧；否则称为不稳定燃烧。炸药是否能够稳定燃烧，取决于燃烧过程进行时的热平衡。如果热量能够平衡，即反应区中放出的热量与经传导向炸药邻层和周围介质散失的热量相等，燃烧就能稳定，否则就不能稳定。不稳定燃烧可导致燃烧的熄灭、振荡或转变为爆炸。

要使燃烧过程中热量达到平衡或燃烧稳定，必须具备一定的条件。炸药在一定的环境温度和压力条件下，只有当药柱直径超过某一数值时，才能稳定燃烧，但是燃烧速度却与药柱直径无关。能稳定燃烧的最小直径称为燃烧临界直径。环境温度和压力越高，临界直径越小；相应地，当药柱直径固定时，药柱稳定燃烧必有其对应的最小温度和压力，称为燃烧临界温度和临界压力，而且燃烧速度随温度和压力的升高而增大。

根据燃烧特性，可将炸药分为起爆药、猛炸药和火药三大类。

起爆药的特点是，一旦燃烧，化学反应极迅速，燃烧速度增长很快，即使在大气压力条件下燃烧不稳定，也很容易转变成为爆炸。但有些起爆药在高密度或真空条件下也能够稳定燃烧。

猛炸药一般都能稳定燃烧。燃烧转变为爆炸的压力由零点几兆帕到几十兆帕。破坏正常燃烧的压力越低，炸药燃烧的稳定性越差。易熔炸药比难熔炸药的稳定性高，高密度炸药比低密度炸药的稳定性高。

燃烧稳定性最高的是火药。稳定燃烧的压力可从 100MPa 到 1000MPa。若压力再高，也能转变为爆炸。

由于炸药燃烧主要靠热传导来传递能量，因此稳定燃烧速度不可能很高，线速度一般为几毫米每秒到几米每秒，最高也只能达到几百米每秒，低于炸药内的声速。燃烧速度受环境条件的影响较大。燃烧的这些特点使它不同于炸药的爆轰。

尽管在爆破工程中，炸药化学变化的主要形式是爆轰，但了解炸药燃烧的稳定性、燃烧特性及其规律，对爆炸材料的安全生产、加工、运输、保管、使用及过期或变质炸药的销毁都是很必要的。

1.2.3 爆炸

与炸药的燃烧过程类似，炸药爆炸的化学反应也只在局部区域内进行并在炸药内以波的形式传播。反应区的传播速度称为爆炸速度。爆炸是炸药化学反应的最高级形式，工程中都是利用炸药的爆炸来破坏介质的。这也是本书的研究重点。

1.2.4 爆炸与缓慢分解和燃烧之间的区别

1. 爆炸与缓慢分解的主要区别

1）缓慢分解是在整个炸药中展开的，没有集中的反应区域；爆炸是在炸药局部发生的，并以波的形式在炸药中传播。

2）缓慢分解在不受外界任何特殊条件作用时，一直不断地自动进行；爆炸要在外界特殊条件作用下才能发生。

3）缓慢分解与环境温度关系很大，随着温度的升高，缓慢分解速度将按指数规律迅速增加；爆炸与环境温度无关。

2. 燃烧与爆炸的主要区别

1）燃烧与爆炸虽然都是以波的形式传播，但传播速度截然不同，燃烧的速度为几毫米每秒到几百米每秒，大大低于原始炸药中的声速；爆轰的速度通常是几千米每秒，一般大于原始炸药中的声速。

2）从传播连续进行的机理来看，燃烧时化学反应区释放出的能量是通过热传导、辐射和气体产物的扩散传入下一层炸药，激起未反应的炸药发生化学反应，使燃烧连续进行；在爆炸时，化学反应区放出的能量以压缩波的形式提供给前沿冲击波，维持前沿冲击波的强度，然后前沿冲击波冲击压缩、激起下一层炸药进行化学反应，使爆轰连续进行。

3）从反应产物的压力来看，燃烧产物的压力通常很低，对外界显示不出力的作用；爆炸时产物压力可以达到 10^4MPa 以上，爆炸向四周传出冲击波，有强烈的力学效应。

4）从反应产物质点运动方向来看，燃烧产物质点运动方向与燃烧传播的方向相反；爆炸产物质点运动方向与爆炸传播的方向相同。

5）从炸药本身条件来看，随着装药密度的增加，炸药颗粒间的孔隙度减小，燃烧速度下降；爆轰随着装药密度的增加，单位体积物质化学反应时放出的能量增加，使之对于下一层炸药的冲压加强，因而爆轰速度增加。

6）从外界条件影响来看，燃烧易受外界压力和初温的影响，其中压力影响更为严重。当外界压力低时，燃烧速度很慢；随着外界压力的提高，燃烧速度加快，当外界压力过高时，燃烧变得不稳定，以致转变成爆轰；爆轰基本上不受外界条件的影响。

此外，**爆炸与爆轰是两个不同的概念**。一般来说，具有爆炸三个要素（放热性、高速度、生成气体产物）的化学反应皆称为爆炸，爆炸传递的速度可能是变化的；爆轰除了要具备爆炸的三个要素之外，还要求传播的速度是恒定的。因而，爆炸一般笼统定义具有三大要素的化学反应，而爆轰专门定义为以最大速度传播稳定的爆炸过程。

1.2.5　炸药不同化学反应形式的转化

炸药三种化学反应形式可以相互转化。在某些条件下，爆炸可以衰减为燃烧，某些工业炸药常常出现这样的转化；反之，缓慢分解也能转化为燃烧，燃烧也可以转化为爆炸。这些转化的条件与环境、炸药的物理化学性质有关。炸药三种化学反应形式之间的转化关系可表示如下

$$\text{热分解} \underset{\text{燃烧减速、熄灭}}{\overset{\text{放热量大于散热量}}{\rightleftharpoons}} \text{燃烧} \underset{\text{爆炸速度降低}}{\overset{\text{燃烧速度加快}}{\rightleftharpoons}} \text{爆炸（爆轰）}$$

1.3　炸药的爆炸反应方程

1.3.1　炸药的氧平衡

1. 氧平衡的定义

炸药的主要组成元素是碳、氢、氮、氧，某些炸药中也含有少量的氯、硫、金属和盐类。若认为炸药内只含有碳、氢、氧、氮元素，则无论是化合炸药还是混合炸药，都可把它们的组成用分子通式 $C_aH_bN_cO_d$ 表示。通常，化合炸药的通式按 1mol 质量写出，混合炸药的通式按 1kg 质量写出。这样，炸药分子通式中，下标 a、b、c、d 表示相应元素的原子数。4种元素中，**C、H 为可燃元素，O 为助燃元素，N 为载氧体**。

炸药爆炸反应过程，实质是炸药中所包含的可燃元素和助燃元素在爆炸瞬间发生高速度化学反应的过程，反应的结果是重新组合形成新的稳定产物，并放出大量的热量。按照最大放热反应条件，炸药中的碳、氢应分别被充分氧化为 CO_2 和 H_2O。这种放热最大、生成产物最稳定的氧化反应称为理想的氧化反应。是否发生理想的氧化反应与炸药中含氧量有关，只有炸药中含有足够的氧量时，才能保证理想氧化反应的发生。

炸药内含氧量与可燃元素充分氧化所需氧量之间的关系称为炸药的氧平衡关系。氧平衡用每克炸药中含有剩余或不足氧量的克数或百分数来表示。

2. 氧平衡的计算

若炸药的通式为 $C_aH_bN_cO_d$，a 个 C 原子充分氧化需要 $2a$ 个 O 原子，b 个 H 原子充分氧

化需要 $b/2$ 个 O 原子，则单质炸药的氧平衡计算式为

$$K_b = \frac{1}{M} [d - (2a + b/2)] \times 16 \times 100\% \tag{1-1}$$

式中　K_b——炸药的氧平衡；

　　　M——炸药的摩尔质量（g/mol）；

　　　16——氧的摩尔质量（g/mol）。

对混合炸药，氧平衡计算式为

$$K_b = \frac{1}{1000} [d - (2a + b/2)] \times 16 \times 100\% \tag{1-2}$$

或 $$K_b = \sum m_i K_{bi} \tag{1-3}$$

式中　m_i、K_{bi}——第 i 组分的质量分数和氧平衡值。

部分炸药及常用组分的氧平衡见表1-3。

表1-3　部分炸药及组分的氧平衡

物质名称	分子式	氧平衡（%）
梯恩梯（TNT，三硝基甲苯）	$C_6H_2(NO_2)_3CH_3$	−74
黑索金（RDX，环三次三硝胺）	$C_3H_6N_3(NO_2)_3$	−21.6
硝化甘油（NG，三硝酸丙三脂）	$C_3H_5(ONO_2)_3$	3.5
二硝化乙二醇	$C_2H_4(ONO_2)_2$	0
泰安（PETN，四硝化戊二醇）	$C_5H_3(ONO_2)_4$	−10.1
甲铵硝酸盐	$CH_3NH_2HNO_3$	−34
二硝基重氮酚（DDEP）	$C_6H_2(NO_2)_2NON$	−58
雷汞（MP）	$Hg(ONC)_2$	−1184
硝酸钾	KNO_3	39.6
硝酸钠	$NaNO_3$	47
硝酸铵	NH_4NO_3	20
铝粉	Al	−89
木粉	$C_9H_{70}O_{23}$	−138
石蜡	$C_{18}H_{38}$	−346
沥青	$C_{30}H_{18}O$	−276
轻柴油	$C_{16}H_{32}$	−342
矿物油	$C_{12}H_{26}$	−350
木炭	—	266.7
煤	含86%碳	−255.9
硬脂酸钙	$C_{36}H_{70}O_4Ca$	−275
纤维素	$(C_6H_{10}O_5)_n$	−118.5
氯化钠	NaCl	0
氯化钾	KCl	0
十二环基苯硫酸钠	$C_{18}H_{20}O_3SNa$	−230
古尔胶（加拿大）	$C_{3.21}H_{6.2}O_{3.33}N_{0.043}$	−98.2
聚丙基酰胺	$(CH_2CHCONH_2)_2$	−169
硬脂酸	$C_{18}H_{36}O_2$	−292.5
2号岩石炸药	—	3.34
2号煤矿炸药	—	1.32
铵油炸药	—	−0.16

【**例 1-1**】 计算梯恩梯 $C_6H_2(NO_2)_3CH_3$ 和硝酸铵 NH_4NO_3 的氧平衡。

解: 将梯恩梯的通式改写为 $C_7H_5N_3O_6$, 即有 $a=7$, $b=5$, $c=3$, $d=6$, $M=227g/mol$。于是, 由式 (1-1), 梯恩梯的氧平衡

$$K_b = \frac{1}{227} \times [6-(2\times7+5/2)] \times 16 \times 100\% = -74\%$$

类似地, 硝酸铵的通式为 $C_0H_4N_2O_3$, 即 $a=0$, $b=4$, $c=2$, $d=3$, $M=80g/mol$, 氧平衡为

$$K_b = \frac{1}{80} \times [3-(2\times0+4/2)] \times 16 \times 100\% = 20\%$$

【**例 1-2**】 计算阿梅托 50/50 (质量百分比, 含梯恩梯、硝酸铵各 50%) 炸药的氧平衡。

解: 1kg 阿梅托 50/50 炸药中含梯恩梯和硝酸铵各 0.5kg, 梯恩梯的摩尔数为 $(500/227)\,mol = 2.2\,mol$, 硝酸铵的摩尔数为 $(500/80)\,mol = 6.25\,mol$, 炸药通式为

$$2.2(C_7H_5N_3O_6) + 6.25(C_0H_4N_2O_3) = C_{15.4}H_{36}N_{19.1}O_{31.95}$$

由式 (1-2), 炸药的氧平衡为

$$K_b = \frac{1}{1000} \times [31.95-(2\times15.4+36/2)] \times 16 \times 100\% = -27\%$$

或者根据式 (1-3), 其中 $m_1 = m_2 = 50\%$, $K_{b1} = -74\%$, $K_{b2} = 20\%$, 有

$$K_b = \sum m_i K_{bi} = 50\% \times (-74\%) + 50\% \times 20\% = -27\%$$

3. 炸药的氧平衡分类

根据氧平衡值的大小, 可将氧平衡分为正氧平衡、负氧平衡和零氧平衡三种类型。

(1) **正氧平衡** ($K_b>0$) 炸药内的含氧量将可燃元素充分氧化之后尚有剩余。正氧平衡炸药未能充分利用其中的氧量, 且剩余的氧和游离氮化合时, 将生成氮氧化物有毒气体, 并吸收热量。

(2) **负氧平衡** ($K_b<0$) 炸药内的含氧量不足以使可燃元素充分氧化。这类炸药因氧量欠缺, 未能充分利用可燃元素, 反应放热量不充分, 并且生成可燃性 CO 等有毒气体。

(3) **零氧平衡** ($K_b=0$) 炸药内的含氧量恰好够可燃元素充分氧化。零氧平衡炸药因氧和可燃元素都能得到充分利用, 故在理想反应条件下, 能放出最大热量, 而且不会生成有毒气体。

炸药的氧平衡对其爆炸性能, 如放出热量、生成气体的组成和体积、有毒气体生成量、气体温度、二次火焰 (如 CO 和 H_2 在高温条件下且有外界供氧时, 可以二次燃烧形成二次火焰) 及做功效率等有着多方面的影响。

炸药的氧平衡受其成分的影响。在配制混合炸药时, 可通过调节其组成和配比, 使炸药的氧平衡达到接近于零氧平衡, 这样可以充分利用炸药的能量, 避免或减少有毒气体的产生。

以含两种成分的混合炸药配比设计为例, 设 x、y 分别为炸药中氧化剂和可燃剂的配比, a、b、c 分别为这两种成分的氧平衡值, 则有

$$x + y = 100\%$$

$$ax + by = c$$

若按零氧平衡配制，则取 $c=0$，可联立求解 x、y。若配制三种成分的炸药，则需要根据经验先确定某一种成分在炸药中所占的百分比，然后按以上方法计算其他两组分的配比。

【例1-3】 在铵油炸药中（硝酸铵与柴油的混合炸药），加入4%木粉作松散剂，按零氧平衡设计炸药配方。

解： 设100g炸药中含硝酸铵为 x 克，柴油为 y 克，则

$$x + y + 4 = 100$$

已知各组分的氧平衡（见表1-3）：硝酸铵20%，柴油−342%，木粉−137%。按零氧平衡配制炸药时应有

$$0.2x - 3.42y - 1.37 \times 4 = 0$$

联立方程解得 $x=92.21$，$y=3.79$。

1.3.2 炸药的爆炸反应方程式及反应产物

1. 爆炸反应方程式

炸药的爆炸反应方程式反映炸药爆炸后产物的成分及数量，也是进一步确定爆炸释放能量、计算炸药爆炸的热化学参数和爆轰参数的依据。爆炸反应方程式不仅对炸药爆炸性能的研究有理论意义，对了解炸药爆炸后有毒气体及含量、井下爆破对作业人员的危害、爆破对环境的危害及爆破安全性也有一定实际意义。

炸药爆炸有以下特点：

1）反应时间极短。

2）炸药爆炸往往存在中间反应和产物的二次反应。

3）炸药成分、氧平衡、炸药粒度、密度、混合均匀情况、装药直径、装药外壳、含水量、起爆能量等因素都对爆炸产物及数量产生影响。

由于炸药爆炸存在上述特点，因此精确地建立炸药爆炸反应方程十分复杂和困难，一般只能建立近似的爆炸反应方程式。

为建立近似的爆炸反应方程式，根据炸药内含氧量的多少，可将分子通式为 $C_aH_bN_cO_d$ 的炸药分为三类：

第一类：正氧或零氧平衡炸药，$d \geq 2a+b/2$。

第二类：只生成气体产物的负氧平衡炸药，$2a+b/2>d \geq a+b/2$。

第三类：可能生成固体产物的负氧平衡炸药，$d<a+b/2$。

下面按照最大放热原理，分别建立近似的炸药爆炸反应方程。

（1）第一类炸药 生成产物应为充分氧化的产物，即 H 氧化成 H_2O、C 氧化成 CO_2、N 与多余的 O 游离。这类炸药的爆炸反应方程式为

$$C_aH_bN_cO_d \rightarrow aCO_2+0.5bH_2O+0.5(d-2a-0.5b)O_2+0.5cN_2$$

如硝化甘油的爆炸反应方程式为

$$C_3H_5N_3O_9 \rightarrow 3CO_2+2.5H_2O+0.25O_2+1.5N_2$$

（2）第二类炸药 含氧量不足以使可燃元素充分氧化，但生成产物均为气体，无固体碳。建立这类炸药近似爆炸反应方程的原则为：首先使 H 全部氧化成 H_2O，多余的 O 将 C

全部氧化成 CO，再多余的 O 将部分 CO 氧化成 CO_2。可按以下步骤写出爆炸反应方程式

$$C_aH_bN_cO_d \rightarrow aCO+0.5bH_2O+0.5(d-a-0.5b)O_2+0.5cN_2$$

$$C_aH_bN_cO_d \rightarrow (d-a-0.5b)CO_2+0.5bH_2O+(2a-d+0.5b)CO+0.5cN_2$$

如泰安炸药的爆炸反应方程为

$$C_5H_8N_4O_{12} \rightarrow 5CO+4H_2O+1.5O_2+2N_2$$

$$C_5H_8N_4O_{12} \rightarrow 3CO_2+4H_2O+2CO+2N_2$$

（3）第三类炸药 由于严重缺氧，有可能生成固体碳。确定该类炸药爆炸反应方程式的原则是：首先使 H 全部氧化成 H_2O，多余的氧使一部分 C 氧化成 CO，剩余的碳游离出来。爆炸反应方程式为

$$C_aH_bN_cO_d \rightarrow (d-0.5b)CO+0.5bH_2O+(a-d+0.5b)C+0.5cN_2$$

如 TNT 炸药的爆炸反应方程为

$$C_7H_5N_3O_6 \rightarrow 3.5CO+2.5H_2O+3.5C+1.5N_2$$

当炸药含有其他元素时，确定爆炸产物组分的原则是：水不参加反应，只由液态变成气态；钾、钠、钙、镁、铝等金属元素，在反应时首先被完全氧化；硫被氧化为二氧化硫；氯首先与金属作用，再与氢生成氯化氢。

2. 爆炸产物与有毒气体

爆炸产物组成成分很复杂，爆炸完成瞬间的产物主要有 H_2O、CO_2、CO、氮氧化物等气体，若炸药内含硫、氯和金属等时，产物中还会有硫化氢、氯化氢和金属氯化物等。

爆炸产物的进一步膨胀，或同外界空气、岩石等其他物质相互作用，其组分要发生变化或生成新的产物。爆炸产物是炸药爆炸借以做功的介质，它是衡量炸药爆炸反应热效应及爆炸后有毒气体生成量的依据。

炸药爆炸生成的气体产物中，CO 和氮氧化物都是有毒气体。上述有毒气体进入人体呼吸系统后能引起中毒，即通常所说的炮烟中毒。而且某些有毒气体对煤矿井下瓦斯爆炸起催化作用（如氧化氮），或引起二次火焰（如 CO）。为了确保井下工作人员的健康和安全，对于井下使用的炸药，必须控制其有毒气体生成量，使之不超过安全规程的规定值。

影响有毒气体生成量的主要因素：

1）炸药的氧平衡。 正氧平衡内剩余氧量会生成氮氧化物，负氧平衡会生成 CO，零氧平衡生成的有毒气体量最少。

2）化学反应的完全程度。 即使是零氧平衡炸药，如果反应不完全，也会增加有毒气体含量。

3）炸药外壳。 若炸药外壳为涂蜡纸壳，由于纸和蜡均为可燃物，能夺取炸药中的氧，在氧量不充裕的情况下，将形成较多的 CO。若爆破岩石内含硫时，爆炸产物与岩石中的硫作用，将生成 H_2S、SO_2 有毒气体。

1.3.3　爆炸反应生成产物的基本参数

1. 爆容

1kg 炸药爆炸生成气体产物换算到标准状态（压力为 $1.01 \times 10^5 Pa$，温度为0℃）下的体积称为爆容，其单位为 L/kg。 爆容越大，炸药做功能力越强。因此，爆容是衡量炸药爆炸做功能力的一个重要参数。

爆炸反应方程确定后，按阿佛加得罗定律可容易计算出炸药的爆容。若炸药的通式

$C_aH_bN_cO_d$ 是按 1mol 写出的，则爆容为

$$V_0 = \frac{1}{M} \cdot 22.4 \cdot \sum n_i \cdot 1000 \qquad (1-4)$$

式中 V_0——炸药的爆容（L/kg）；

$\sum n_i$——炸药爆炸气体产物的总摩尔数（mol）；

M——炸药的摩尔质量（g/mol）；

22.4——标准状态下，1mol 气体的体积（L/mol）。

若炸药的通式 $C_aH_bN_cO_d$ 是按 1kg 写出的，则爆容为

$$V_0 = 22.4 \sum n_i \qquad (1-5)$$

【例 1-4】 求 TNT 的爆容。

解：TNT 的爆炸反应方程为

$$C_7H_5N_3O_6 \rightarrow 3.5CO + 2.5H_2O + 3.5C + 1.5N_2$$

TNT 的摩尔质量 $M = 227g/mol$，1mol TNT 爆炸生成气体产物的总摩尔数 $\sum n_i = (3.5 + 2.5 + 1.5)mol = 7.5mol$。代入式（1-4），得爆容

$$V_0 = \frac{1}{227} \times 22.4 \times 7.5 \times 1000 L/kg = 740.89 L/kg$$

几种炸药的爆容计算值和实测值见表 1-4。

表 1-4 几种炸药的爆容计算值和实测值

炸　药	计算值/(L/kg)	实 测 值	
		密度/($10^3 kg/m^3$)	爆容/(L/kg)
梯恩梯	740	0.80	870
		1.50	750
黑索金	908	0.95	960
		1.50	890
特屈儿	820	1.00	840
		1.55	740
泰安	780	0.85	790
		1.65	790
黑50/梯50	824	0.90	900
		1.68	800

2. 爆热

单位质量炸药爆炸时所释放的热量称为爆热。工程上，通常用 1kg 炸药爆炸释放出来的热量表示，单位为 J/kg 或 kJ/kg。通常所说的爆热都是定容爆热，用 Q_V 表示。

（1）爆热的计算

1）盖斯定律。盖斯定律表述为，化学反应的热效应与反应进行
的途径无关，而只取决于反应的初态和终态。根据这一定律，反应的
初态和终态确定后，即使反应路径不同，整个过程放出或吸收的热量
是相同的。如碳、氧反应直接生成 CO_2 与碳、氧反应生成 CO，再反
应生成 CO_2，两者虽然反应路径不同，但具有相同的热效应。

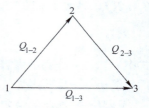

图 1-1　盖斯三角形

盖斯定律可用三角形表示，称为盖斯三角形，如图 1-1 所示。
从初态 1 至终态 3 的热效应 Q_{1-3} 与从初态 1 至中间状态 2 的热效应 Q_{1-2}，及中间状态 2 至终
态 3 的热效应 Q_{2-3} 之和相等，即

$$Q_{1-3} = Q_{1-2} + Q_{2-3} \tag{1-6}$$

必须注意：应用盖斯定律时，要求反应过程的条件必须相同，即都是定压过程或都是定
容过程，否则式（1-6）不成立。

2）爆热的理论计算。设盖斯三角形中的状态 1 表示元素，状态 2 表示炸药，状态 3 表
示产物。按照盖斯定律，由元素生成爆炸产物的热效应，应该等于由元素生成炸药的热效应
与由炸药生成爆炸产物的热效应之和。

标准状态（常温、常压）下，由自由元素生成 1mol 某种化合物时所产生的热效应称为
生成热。生成热的符号规定为：放热为正，吸热为负，单质元素的生成热为零。于是，已知
炸药和爆炸产物的生成热时，可以计算出炸药的爆热，即

$$Q_{2-3} = Q_{1-3} - Q_{1-2} \tag{1-7}$$

炸药和爆炸产物的生成热可以从物理化学手册查出，表 1-5 给出了 291K 时主要炸药和
主要化合物的定压生成热。

表 1-5　291K 时主要炸药和主要化合物的定压生成热

物 质 名 称	分 子 式	摩尔质量/（g/mol）	定压生成热/（10^3 J/mol）
水（气）	H_2O	18	241.8
水（液）	H_2O	18	286.1
一氧化碳（气）	CO	28	112.5
二氧化碳（气）	CO_2	44	395.4
一氧化氮（气）	NO	30	-90.4
二氧化氮（气）	NO_2	46	-50.0
二氧化氮（液）	NO_2	46	-13.0
氨（气）	NH_3	17	46.0
甲烷（气）	CH_4	16	76.6
乙炔（气）	C_2H_2	26	-233.0
乙烯（气）	C_2H_4	28	-48.5
叠氮化铅	PbN_6	291	-483.3
雷汞	$Hg(ONC)_2$	284	-268.2
二硝基重氮酚	$C_6H_2(NO_2)_2NON$	210	-116.3
梯恩梯	$C_6H_2(NO_2)_3CH_3$	227	73.2

（续）

物质名称	分子式	摩尔质量/（g/mol）	定压生成热/（10^3J/mol）
特屈儿	$C_7H_5O_8N_5$	287	-19.7
黑索金	$C_3H_6N_3(NO_2)_3$	222	-65.4
奥克托金	$C_4H_8O_8N_8$	296	-74.9
泰安	$C_5H_3(ONO_2)_4$	316	541.3
苦味酸	$C_6H_3O_7N_3$	229	227.6
硝化甘油（NG）	$C_3H_5(ONO_2)_3$	227	369.7
硝酸铵	NH_4NO_3	80	365.5
硝酸钾	KNO_3	80	494.1
硝酸钠	$NaNO_3$	85	467.4
过氯酸铵	NH_4ClO_3	117.5	293.7
过氯酸钾	$KClO_3$	138.5	437.2
氧化镁	MgO	40.3	602.1
氧化铅	PbO	223.2	219.5
氧化锰	MnO_2	86.9	514.6

由于查表1-5得到的是定压生成热，按照盖斯定律，由自由元素生成炸药和自由元素生成产物都是定压过程，因此计算得到的炸药爆热是定压爆热。计算公式可写为

$$Q_P = \sum_{i=1}^{k} n_i Q_{PRi} - \sum_{j=1}^{l} n_j Q_{PRj} \tag{1-8}$$

式中　Q_P——炸药的定压爆热（J/kg）；

n_i——每千克爆炸生成物中第 i 组分的摩尔数（mol/kg）；

Q_{PRi}——爆炸生成物中第 i 组分的定压生成热（J/mol）；

n_j——每千克炸药第 j 组分的摩尔数（mol/kg）；

Q_{PRj}——炸药第 j 组分的定压生成热（J/mol）。

由于爆炸过程近似为定容过程，通常所说的爆热都是定容爆热。因此，需要将式（1-8）的计算结果进行换算，由热力学第一定律可推得炸药定容爆热和定压爆热的关系为

$$Q_V = Q_P + \Delta nRT \tag{1-9}$$

式中　Δn——每千克炸药反应后气体组分的摩尔数与反应前气体组分的摩尔数的差（mol/kg）；

R——气体常数 [J/（mol·K）]，$R=8.314$J/（mol·K）；

T——反应发生时的温度（K）。

由此，**求解爆热大致可分为三步：①写出炸药的爆炸反应方程式；②按式（1-8）查表计算 Q_P；③按式（1-9）计算 Q_V。**

【例1-5】　计算 $T=291$K（18℃）时，黑50/梯50 的爆热。

解： 第一步，确定炸药的爆炸反应方程

$2.25C_3H_6N_6O_6+2.2C_7H_5N_3O_6 \rightarrow 12.25H_2O+14.45CO+7.7C+10.05N_2$

第二步，按式（1-8）查表计算 Q_P。查表1-5，得表1-6。

表1-6　黑50/梯50及爆炸产物的生成热

炸药及产物	黑索金	梯恩梯	H_2O	CO	C	N_2
定压生成热/（10^3J/mol）	-65.4	73.2	241.8	112.5	0	0

于是，爆炸产物生成热

$$\sum_{i=1}^{k} n_i Q_{PRi} = （12.25 × 241.8 × 10^3 + 14.45 × 112.5 × 10^3）J/kg = 4588 × 10^3 J/kg$$

炸药生成热

$$\sum_{j=1}^{l} n_j Q_{PRj} = [2.25 × （-65.4） × 10^3 + 2.2 × 73.2 × 10^3]J/kg = 13.9 × 10^3 J/kg$$

$$Q_P = \sum_{i=1}^{k} n_i Q_{PRi} - \sum_{j=1}^{l} n_j Q_{PRj} = （4588 × 10^3 - 13.9 × 10^3）J/kg = 4574.1 × 10^3 J/kg$$

第三步，按式（1-9）计算 Q_V。

$$\Delta n = （12.25 + 14.45 + 10.05）mol/kg - 0 = 36.75 mol/kg$$

$$Q_V = Q_P + \Delta nRT = （4574.1 × 10^3 + 36.75 × 8.314 × 291）J/kg = 4663 × 10^3 J/kg$$

几种炸药的爆热见表1-7。

表1-7　几种炸药的爆热

炸药名称	分子式	密度/（kg/m³）	爆热/（kJ/kg）
梯恩梯（TNT）	$C_7H_5N_3O_6$	1500	4222
特屈儿	$C_7H_5N_5O_8$	1550	4556
黑索金（RDX）	$C_3H_6N_6O_6$	1500	5392
泰安（PETN）	$C_5H_8N_4O_{12}$	1650	5685
消化甘油（NG）	$C_3H_5N_3O_9$	1600	6186
雷汞（MP）	$Hg（ONC）_2$	3770	1714
硝酸铵	NH_4NO_3	—	1438
铵梯炸药（80∶20）	—	1300	4138
铵梯炸药（40∶60）	—	1550	4180

（2）**影响炸药爆热的因素**　爆热不仅决定于炸药的组成和配方，在装药条件不同时，同一种炸药也会产生不同的爆热。以下是影响爆热的主要因素。

1）**炸药的氧平衡**。零氧平衡时，炸药内的可燃元素能够被充分氧化并放出最大的热量。但炸药多是负氧平衡的物质，反应时由于氧不足，不可能按照最大放热原则生成放热最多的 H_2O 和 CO_2，不可能放出最大热量。对零氧平衡炸药，含氢量较多的炸药，单位质量放出的热量较大；同是零氧平衡炸药，炸药生成热越小，单位质量放出的热量越多。此外，零氧平衡炸药放出热量与炸药化学反应的完全程度有关，而后者又取决于炸药粒度、混药质量、装药条件和爆炸条件等因素。

2）**装药密度**。对缺氧较多的负氧平衡炸药，增大装药密度可以增加爆热；对缺氧不多的负氧平衡，或零氧和正氧平衡炸药来说，装药密度对爆热的影响不大。

3）附加物的影响。在负氧平衡炸药内加入适量水或氧化剂的水溶液，可使爆热增加，但水是钝感剂。在炸药中可加入能生成氧化物的细金属粉末，如铝粉、镁粉等。这些金属粉末不仅能与氧生成金属氧化物，而且能与氮反应生成金属氮化物。这些反应都是剧烈的放热反应，从而能增加炸药的爆热。

4）装药外壳的影响。对缺氧较多的负氧平衡炸药，增加外壳强度或质量，能够增加爆热。对缺氧不多的负氧平衡炸药，或正氧、零氧平衡炸药，外壳的影响不显著。

提高炸药的爆热，对于提高炸药的做功能力有很重要的实际意义。根据影响炸药爆热的因素，改善炸药的氧平衡和加入一些能形成高生成热产物的细金属粉，对负氧平衡炸药提高装药密度等，对增加爆热有很重要的作用。

3. 爆温

爆温是指炸药爆炸时放出的热量将爆炸产物加热到的最高温度。研究炸药的爆温具有重要的实际意义。 一方面它是炸药热化学计算所必需的参数；另一方面在实际爆破工程中，对其数值有一定的要求。如煤矿井下有瓦斯与煤尘爆炸危险工作面的爆破，出于安全考虑，需要对炸药的爆温有严格的控制，一般应控制在 2000℃ 以内；而对于其他爆破，为提高炸药的做功能力，则要求爆温高一些。

（1）爆温的计算 爆温的计算常用的是卡斯特法，即利用爆热和爆炸产物的平均热容来计算爆温。为简化计算，需做以下 3 条假定：

1）爆炸过程视为定容过程。

2）爆炸过程是绝热的，爆炸反应放出的热量全部用来加热爆炸产物。

3）爆炸产物的热容只是温度的函数，而与爆炸时所处的压力等其他条件无关。

根据假定，炸药的爆热与爆温的关系可以写为

$$Q_V = \bar{c}_V T = T \sum c_{Vj} n_j \tag{1-10}$$

式中　Q_V——爆热（J/mol 或 J/kg）；

　　　T——所求的爆温（℃）；

　　　$\bar{c}_V$——（0~T）℃范围内全部爆炸产物的平均热容［J/(mol·℃) 或 J/(kg·℃)］；

　　c_{Vj}、n_j——爆炸产物中 j 类型产物的质量定容热容［J/(kg·℃)］和摩尔数（mol）。

炸药爆炸产物的定容热容与温度的关系为

$$c_{Vj} = a_j + b_j T + c_j T^2 + d_j T^3 + \cdots$$

近似计算时取前两项，有

$$c_{Vj} = a_j + b_j T \tag{1-11}$$

式（1-11）中各种产物的 a_j、b_j 值见表 1-8。

表 1-8　各种产物的 a_j、b_j 值

爆炸产物	a_j	$b_j/10^{-3}$	爆炸产物	a_j	$b_j/10^{-3}$
双原子分子	20.1	1.88	水蒸气	16.7	9.0
三原子分子	41.0	2.43	Al_2O_3	99.9	28.18
四原子分子	41.8	1.88	NaCl	118.5	0.0
五原子分子	50.2	1.88	C	25.1	0.0

令 $\sum n_j a_j = A$，$\sum n_j b_j = B$，并将式（1-11）代入式（1-10），可解得爆温

$$T = \frac{-A + \sqrt{A^2 + 4000 B Q_v}}{2B} \tag{1-12}$$

【例1-6】 已知2号岩石炸药的爆炸反应方程为

$C_{5.045} H_{47.345} N_{22.705} O_{35.885} \rightarrow 5.045 CO_2 + 23.673 H_2O + 1.061 O_2 + 11.353 N_2 + 3676.24$ （kJ/kg）

求爆温。

解：

$$A = \sum a_j n_j = 5.045 \times 41 + 23.673 \times 16.7 + 1.061 \times 20.1 + 11.353 \times 20.1 = 851.7$$

$$B = \sum b_j n_j = (5.045 \times 2.43 + 23.673 \times 9.0 + 1.061 \times 1.88 + 11.353 \times 1.88) \times 10^{-3} = 0.249$$

$$Q_v = 3676.24 \text{kJ/kg}$$

将以上参数代入式（1-12），有

$$T = \left(\frac{-851.7 + \sqrt{851.7^2 + 4000 \times 0.249 \times 3676.24}}{2 \times 0.248} \right) ℃ = 2527℃$$

此外，可以根据爆炸产物的内能值计算爆温。

（2）改变炸药爆温的途径 不同爆炸场合对爆温有不同的要求。如为了提高弹药的爆炸做功能力，需要提高爆温；为了避免井下爆破引起瓦斯、煤尘的爆炸，需要使炸药的爆温不超过允许值。

提高炸药爆温的办法有三条：①提高爆炸产物的生成热；②减少或者不增加炸药的生成热；③减少或者不增加产物的热容量。这三条必须综合考虑。

实际应用中，提高炸药爆温最有效的办法是向炸药中加入一些能形成高生成热产物的金属粉末，如铝粉、镁粉等。加入这些物质后，它们不仅能够夺取水和氧化碳中的氧，生成放热更多的金属氧化物，还能与原来未作用的氮发生反应，生成金属氮化物，放出额外的热量，使产物生成热大量增加，并且这些产物的热容也不太高，所以能够使得爆温大大提高。

降低爆温的办法，与提高爆温的办法恰恰相反。降低爆温需要减少产物的生成热，增加炸药的生成热，以及增加产物的热容量。

提高炸药中氢元素相对于碳元素的比例，是降低爆温的有效办法。因为高温下 H_2O 的质量热容比 CO_2 和 CO 的大得多。矿用炸药加入氯化物、硫酸盐、草酸盐、重碳酸盐等，可以做成低爆温的安全炸药。

4. 爆压

炸药在爆炸过程中，产物内的压力分布是不均匀的，并随时间而变化。当爆炸结束，爆炸产物在炸药初始体积内达到热平衡后的流体静压值称为爆压，它不同于后面要讲到的爆轰压。

已知炸药比体积（或密度）和爆温，计算爆压的关键在于选择状态方程。与内能类似，压力分为热压和冷压。热压决定于分子的热运动，它主要与气体所处温度有关，其次与气体的比体积或密度有关。冷压决定于分子间的相互作用力，它只与分子间的距离或气体密度有关，而与温度无关。

若忽略冷压，在热压中考虑气体密度对压力的影响，可利用阿贝尔状态方程计算爆压，即

$$p = \frac{nRT}{V-\alpha} = \frac{n\rho}{1-\alpha\rho}RT \tag{1-13}$$

式中　p——爆压（MPa）；

ρ——炸药密度（kg/L），$\rho = 1/V$；

V——炸药比容（L/kg）；

α——炸药生成气体产物的余容（L/kg）。

炸药爆炸生成气体产物的余容取决于炸药密度，如图1-2所示。在式（1-13）中，nR可用炸药的爆容来表示。因爆容是理想状态下的体积，根据理想气体的状态方程，有

$$nR = p_0V_0/T_0 = V_0/273$$

于是，有

$$p = \frac{V_0T}{273} \cdot \frac{\rho}{1-\alpha\rho} = \frac{\rho f}{1-\alpha\rho} \tag{1-14}$$

式中，$f = V_0T/273 = nRT$，具有"功"或"能"的量纲，通常称之为炸药力或比能，它是衡量炸药做功能力的一个指标。

最后指出：对于凝聚体炸药，由于密度较大，分子间相互排斥作用对气体产物的压强影响较大，按阿贝尔状态方程计算的爆压偏低。精确计算爆压需要选择更符合产物实际情况的状态方程。

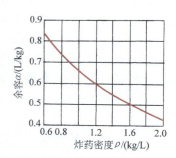

图1-2　炸药密度与余容的关系

1.4　介质中的波与冲击波

在炸药爆炸过程中经常会产生多种波，如爆炸在炸药中传播时形成爆轰波，爆轰产物向周围空气中膨胀时形成冲击波，爆轰波和冲击波过后，介质在恢复到原来状态的过程中又会产生一系列膨胀波等。因而，在研究炸药爆轰及爆轰后对外界作用问题时，离不开波。本节将首先介绍几种波的概念和基本关系式。

1.4.1　弱扰动的传播与声波

在外界作用下，介质局部状态（如速度、压力、密度）的变化称为扰动。外界作用引起状态参量变化很小（只有微分量变化）的扰动称为弱扰动。

在介质中，扰动自近而远传播的现象称为波动现象。**扰动的传播称为波**。扰动区和非扰动区之间的界面，通常称为波阵面（或波头）。**扰动的传播速度称为波速**。扰动传播时，同时伴随着能量的传播，所以波也意味着是一种能量的传播。

按波阵面形状不同，波可分为平面波、柱面波、球面波等。按波内质点运动方向和扰动传播方向之间的关系，波又分为横波和纵波两种。纵波使介质受到压缩或膨胀，横波在介质中引起剪切。因理想流体介质不能抵抗剪切力，故在这种介质中只能形成纵波。

所谓声波，是指介质中的弱扰动纵波，其速度称为声速。声速是介质的重要特性之一。由于扰动强度较大的扰动波（或称有限幅波）可看成是许多弱扰动波（又称微幅波）的叠

加或积分，因此，研究声波具有重要意义。

1. 扰动传播的基本方程

设有一平面扰动以速度 v 稳定地向右传播，波前和波后的介质状态分别以 (p_0, ρ_0, T_0, u_0) 和 (p, ρ, T, u) 表示，如图 1-3 所示。

将坐标系取在波阵面上（即观察者站在波阵面观察扰动的传播），那么，波前未扰动介质以 $(v-u_0)$ 向左流进波阵面，而波后介质以速度 $(v-u)$ 流出波阵面。取波阵面的单位面积，由质量守恒定律，在波稳定的条件下，从右侧流入波阵面的介质质量与从左侧流出波阵面的介质质量相等。于是有

$$\rho_0(v-u_0) = \rho(v-u) \tag{1-15}$$

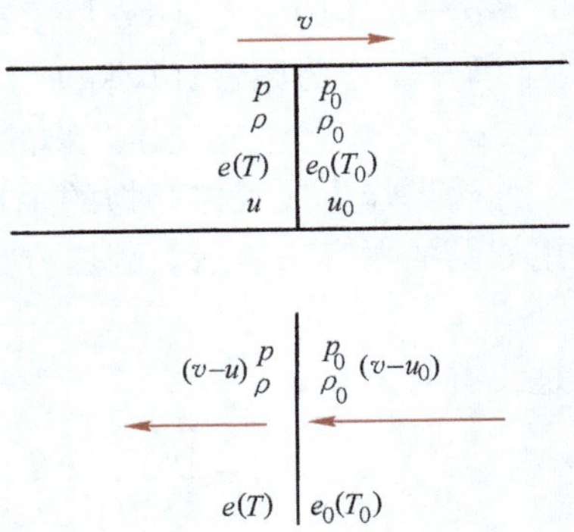

这就是扰动传播的质量守恒方程，也称为连续方程。如果波前介质是静止的，即 $u_0=0$，则式（1-15）简化为

$$\rho_0 v = \rho(v-u) \tag{1-16}$$

扰动传播过程中，单位时间内作用于介质的冲量为 $p-p_0$，相同时间内介质的动量改变为 $\rho_0(v-u_0)(u-u_0)$，根据动量守恒定律，有

图 1-3　平面波的传播

$$p-p_0 = \rho_0(v-u_0)(u-u_0) \tag{1-17}$$

这就是扰动传播的动量守恒方程或称运动方程。当 $u_0=0$ 时，可简化为

$$p-p_0 = \rho_0 vu \tag{1-18}$$

联立求解式（1-16）和式（1-18），并利用关系 $\rho=1/V$（V 为比容），可得到

$$v = V_0\sqrt{(p-p_0)/(V_0-V)} \tag{1-19}$$

$$u = (V_0-V)\sqrt{(p-p_0)/(V_0-V)} \tag{1-20}$$

式（1-19）与式（1-20）称为李曼方程，是扰动传播的基本方程。

根据能量守恒定律，扰动传播过程中，单位时间内从波阵面右侧流入的能量应等于从波阵面左侧流出的能量，由此可得到扰动传播的能量方程。这里的能量包括内能、动能和势能在 $u_0=0$ 的条件下，利用李曼方程可进一步将能量方程写成如下形式

$$e-e_0 = \frac{1}{2}(p+p_0)(V_0-V) \tag{1-21}$$

式（1-21）也称为冲击绝热方程或雨贡纽方程或 RH 方程。

以上的基本方程：连续方程、运动方程和能量方程，或两个李曼方程和雨贡纽方程，适用于气体、液体和固体介质，适用于弱扰动和强扰动。

如果扰动在理想气体中传播，则有 $e=nc_vT$，$pV=nRT$，$c_p-c_v=R$，比热容之比 $\gamma=c_p/c_v$。利用这些关系，可得到 $e=pV/(\gamma-1)$，代入式（1-21）得到

$$\frac{pV}{\gamma-1} - \frac{p_0V_0}{\gamma_0-1} = \frac{1}{2}(p+p_0)(V_0-V) \tag{1-22}$$

一般情况下，取 $\gamma=\gamma_0$，则有

$$\frac{1}{\gamma-1}(pV-p_0V_0) = \frac{1}{2}(p+p_0)(V_0-V) \tag{1-23}$$

及

$$\frac{p}{p_0} = \frac{(\gamma + 1)\rho - (\gamma - 1)\rho_0}{(\gamma + 1)\rho_0 - (\gamma - 1)\rho} \tag{1-24a}$$

$$\frac{\rho}{\rho_0} = \frac{(\gamma + 1)p + (\gamma - 1)p_0}{(\gamma + 1)p_0 + (\gamma - 1)p} \tag{1-24b}$$

2. 声波

声波是介质中的弱扰动纵波，其速度称为声速。 由于是弱扰动，介质的状态参数只有微小的变化，因而可将压力和比容的变化表示为

$$p - p_0 = \mathrm{d}p, \quad V - V_0 = \mathrm{d}V$$

对于弱扰动，其传播过程通常认为是等熵过程，其传播速度也改用 c 表示，于是可将式（1-19）改写为

$$c^2 = -V^2 \left(\frac{\mathrm{d}p}{\mathrm{d}V}\right)_s \tag{1-25}$$

下标 S 表示在等熵条件下求导。将 $V = 1/\rho$ 代入，有

$$c^2 = \left(\frac{\mathrm{d}p}{\mathrm{d}\rho}\right)_s \tag{1-26}$$

如果弱扰动在理想气体中传播，则介质状态量之间满足理想气体等熵过程的状态方程，即波阿松方程（也称理想气体中弱扰动传播应满足的等熵条件）

$$p = A\rho^\kappa \tag{1-27}$$

式中　A——常数；

κ——等熵指数，对理想气体，$\kappa = \gamma$。

利用式（1-26）和式（1-27），可得理想气体中的声速

$$c = \sqrt{\kappa p/\rho} = \sqrt{\kappa RT/M} \tag{1-28}$$

式中　R——空气的气体常数［J/(g·K) 或 J/(mol·K)］，$R = 0.2872$J/(g·K) 或 $R = 8.314$J/(mol·K)；

M——空气的摩尔质量（g/mol），数值上等于空气的相对分子质量。

【例 1-7】 空气的平均相对分子质量为 28.9，等熵指数 $\kappa = 1.4$，计算温度为 0℃时空气中的声速。

解： 由式（1-28），空气中的声速

$$c = \sqrt{\kappa RT/M} = \sqrt{1.4 \times 8.314 \times 273/0.0289}\, \mathrm{m/s} = 331.6\mathrm{m/s}$$

1.4.2　压缩波与稀疏波

受扰动后波阵面上介质的压力、密度、温度等状态参数增加的波称为压缩波。如在直管中向前推动活塞，紧靠着活塞的气体层首先受压，然后这层受压的气体层又压缩下一层相邻的气体层，使下一层气体层的压力等量增加，这样层层传播下去的扰动就是压缩波。

反之，受扰动后波阵面上介质的状态参数下降的波称为稀疏波或膨胀波。如在直管中向后拉动活塞，紧靠着活塞的气体层首先拉伸（稀疏），状态参数降低，然后这层降压的气体

层又拉动下一层相邻的气体层，引起下一层气体层的状态参量降低，这种情况形成的波就是稀疏波。

压缩波和稀疏波可看成是一系列弱扰动依次在介质中的传播。可以看出：压缩波总是使介质质点流动向着波面运动方向，即质点运动方向与波阵面传播方向相同，并使介质的状态参数增加。而稀疏波通过后，介质质点运动方向与波阵面的传播方向相反，从而使介质的状态参数减少。

在这里要注意：介质质点运动与波阵面的传播有着本质区别。所谓质点的运动是指物质的分子或质点所发生的位移。而波是扰动状态的传播，是由介质受扰动质点移动引起其相邻介质质点的移动形成的。这两个概念有本质区别。例如，声带振动形成声波，声波在空气中以声速传至耳膜处，而不是声带附近的空气分子移动到耳膜处。

压缩波和稀疏波服从相同的波动基本方程。

1.4.3　冲击波

1. 冲击波的形成

冲击波是一种强压缩波，波前、波后介质的状态参数具有急剧的变化。实质上，冲击波是介质状态参数急剧变化的分界面。

下面以带有活塞的直管为例，说明冲击波的形成过程。设想有一个无限长的直管，管道左端放置一个活塞，当活塞不动时，管中的气体是静止的，设其状态参数为 p_0、ρ_0、T_0 和 $u_0 = 0$；当推动活塞，使活塞以速度 u 向右移动时，邻近活塞处的气体状态参数达到 p、ρ、T 和 u。为了研究问题方便，将活塞由静止到速度达到 u 的整个加速过程分成若干个阶段，每一个阶段，活塞增加一个微小的速度量 Δu，活塞压缩气体产生一道弱压缩波，气体状态参数增加一个微量 Δp、$\Delta \rho$、ΔT 和 Δu。

活塞由静止增加到以速度 Δu 移动时，产生第一道压缩波，波后气体状态参数为 $p_0 + \Delta p$，$\rho_0 + \Delta \rho$，$T_0 + \Delta T$，波后气流速度为 Δu，第一道压缩波的速度为 $c_1 = \sqrt{nRT_0}$。

活塞由速度 Δu 增加到 $2\Delta u$ 时，产生第二道压缩波，波后气体状态参数为：$p_0 + 2\Delta p$，$\rho_0 + 2\Delta \rho$，$T_0 + 2\Delta T$，波后气流速度为 $2\Delta u$，声速为 $c_2 = \sqrt{nR\,(T_0 + \Delta T)}$。由于第二道压缩波是在第一道波后具有速度 Δu 的气流中运动，因而第二道压缩波的速度为 $c_2 + \Delta u$。

活塞由速度 $2\Delta u$ 增加到 $3\Delta u$ 时，产生第三道压缩波，波后气体状态参数为 $p_0 + 3\Delta p$，$\rho_0 + 3\Delta \rho$，$T_0 + 3\Delta T$，波后气流速度为 $3\Delta u$，声速为 $c_3 = \sqrt{nR\,(T_0 + 2\Delta T)}$，第三道压缩波的速度为 $c_3 + 2\Delta u$。

依次类推，越往后面的压缩波，波后状态参数增加得越高，压缩波速度也越快，后面的压缩波将追赶上前行的压缩波，并且叠加起来。图1-4表示了直管中冲击波的产生及叠加过程。

当 $t = t_{\mathrm{I}}$ 时，在这一段时间内所产生的压缩波分别以当地声速向右传播；当 $t = t_{\mathrm{II}}$ 时，前面压缩波间的距离不断缩短，后面陆续产生新的压缩波；当 $t = t_{\mathrm{III}}$ 时，前面的压缩波叠加起来，后面追赶上来的压缩波间的距离也不断缩短；当 $t = t_{\mathrm{IV}}$ 时，最后一道压缩波也追赶上了前面的波，使所有的压缩波都叠加起来。这样状态参数连续变化的压缩波区，就由状态参数急剧变化的突跃面所代替，突跃面之前是静止气体，气体状态参数为 p_0、ρ_0、T_0 和 $u_0 = 0$，突跃面过后气体状态参数为 p，ρ，T，u。这个突跃面就是冲击波。

2. 冲击波的基本关系式

前面导出的波动基本方程对冲击波仍然适用。于是，冲击波阵面前后的介质状态参量之间仍有如下的关系式

$$v = V_0\sqrt{(p-p_0)/(V_0-V)}$$

$$u = (V_0-V)\sqrt{(p-p_0)/(V_0-V)}$$

$$e-e_0 = \frac{1}{2}(p+p_0)(V_0-V)$$

若已知状态函数 $e = e(p,V)$，就可将冲击绝热方程表示为 p、V 间的方程，如式（1-24a）和式（1-24b）所示。在 pOV 坐标平面内，由冲击绝热方程可得到一条通过 (p_0,V_0) 点的曲线，称为冲击绝热线，如图 1-5 所示。

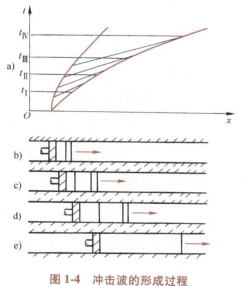

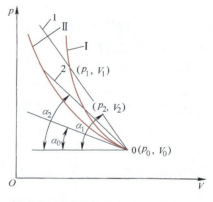

图 1-4　冲击波的形成过程

a）活塞运动和波面的时间—路程图

b）t_I 时刻的直管流动　c）t_II 时刻的直管流动

d）t_III 时刻的直管流动　e）t_IV 时刻的直管流动

图 1-5　冲击绝热线与波速线的关系

Ⅰ—冲击绝热线　Ⅱ—等熵绝热线

1、2—波速线

由于冲击波是突跃的，因此**冲击绝热线只代表冲击压缩后可能到达的终点状态，而不反映状态变化的过程。其物理意义为：冲击波的冲击绝热线不是过程线，而是不同波速的冲击波面传过具有同一初态 (p_0,V_0) 的相同介质后达到的终点状态的连线。**

冲击波通过后，介质状态落在冲击绝热线上的具体位置决定于冲击波的速度。由李曼方程式（1-19）可得到

$$p-p_0 = \frac{v^2}{V_0^{\,2}}(V_0-V) \tag{1-29}$$

该方程在 p-V 坐标平面内是一条通过 (p_0,V_0) 点的直线，其斜率为 $\tan\alpha = \dfrac{v^2}{V_0^{\,2}} = \dfrac{p-p_0}{V_0-V}$。该直线称为米海尔松直线或波速线，其物理意义为：**波速线是相同波速的冲击波面**

传过具有同一初态（p_0, V_0）的不同介质后达到的终点状态的连线。

由于冲击压缩后的介质既要满足冲击绝热线方程，又要满足波速线方程，因此冲击压缩后的介质状态由冲击绝热线与波速线的交点坐标确定。

3. 气体中的冲击波参数

冲击波的基本方程有 3 个：2 个李曼方程和 1 个雨贡纽方程，而需要确定的未知参数有 4 个：压力 p、密度 ρ、波速 v 和质点速度 u。如果事先确定其中的 1 个（通常是事先测定波速或压力，因为这两个参数较容易测量），就能将其他参数用这一参数表示。

假定冲击波阵面传过的介质为理想气体，则由式（1-19）~式（1-21）和式（1-27），经推导可得到

$$u = \frac{2}{\kappa + 1}v(1 - 1/M^2) \qquad (1\text{-}30)$$

$$p - p_0 = \frac{2}{\kappa + 1}\rho_0 v^2 (1 - 1/M^2) \qquad (1\text{-}31)$$

$$\frac{\rho}{\rho_0} = \frac{\kappa + 1}{\kappa - 1} + \frac{2}{(\kappa + 1)M^2} \qquad (1\text{-}32)$$

式中　M——冲击波速度与未扰动气体中的声速之比，称为马赫数，$M = v/c_0$。

等熵指数 κ 的取值为：对单原子分子，$\kappa = 5/3$；对双原子分子，$\kappa = 1.4$；对三原子分子，$\kappa = 1.25$；对空气，当温度 $T = 273 \sim 3000K$ 时，$\kappa = 1 + R(4.78 + 0.45 \times 10^{-3}T)^{-1}$ 或取 $\kappa = 1.4$。

进一步，利用理想气体的状态方程 $pV = nRT$，可求得冲击压缩后气体的温度

$$\frac{T}{T_0} = \frac{p}{p_0}\frac{(\kappa+1)p_0 + (\kappa-1)p}{(\kappa+1)p + (\kappa-1)p_0} \qquad (1\text{-}33)$$

对强冲击波，$p \gg p_0$，$1/M^2$ 和 p_0 可忽略不计，于是，强冲击波的参数计算式为

$$u = \frac{2}{\kappa + 1}v \qquad (1\text{-}34)$$

$$p = \frac{2}{\kappa + 1}\rho_0 v^2 \qquad (1\text{-}35)$$

$$\frac{\rho}{\rho_0} = \frac{1 + \kappa}{1 - \kappa} \qquad (1\text{-}36)$$

$$\frac{T}{T_0} = \frac{p(\kappa - 1)}{p_0(\kappa + 1)} \qquad (1\text{-}37)$$

【例 1-8】 某地气温为 -5℃，大气压为 $0.85 \times 10^5 Pa$，测得冲击波速度 $v = 1500m/s$，试计算冲击波后的空气参数。

解： 波前空气

$$p_0 = 0.85 \times 10^5 Pa, T_0 = 268K, R = 283.45J/(kg \cdot K)$$

由理想气体的状态方程

$$\rho_0 = p_0/(RT_0) = [0.85 \times 10^{-5}/(283.45 \times 268)]kg/m^3 = 1.119kg/m^3$$

声速　$c_0 = \sqrt{nRT} = 20.05\sqrt{268}m/s = 328m/s$

由于 $1/M^2 = c_0^2/v^2 = 328^2/1500^2 = 0.048 \ll 1$，按强冲击波计算波后的空气参数

$$u = \frac{2}{\kappa+1}v = \left(\frac{2}{1.4+1} \times 1500\right) \text{m/s} = 1250 \text{m/s}$$

$$p = \frac{2}{\kappa+1}\rho_0 v^2 = \left(\frac{2}{1.4+1} \times 1.119 \times 1500^2\right) \text{Pa} = 21 \times 10^5 \text{Pa}$$

$$\rho = \frac{\kappa+1}{\kappa-1}\rho_0 = \left(\frac{1.4+1}{1.4-1} \times 1.119\right) \text{kg/m}^3 = 6.714 \text{kg/m}^3$$

$$T = \frac{p(\kappa-1)}{p_0(\kappa+1)}T_0 = \left(\frac{21 \times 10^5}{0.85 \times 10^5} \times \frac{1.4-1}{1.4+1} \times 268\right) \text{K} = 1104 \text{K}$$

$$c = 20.05\sqrt{1104} \text{m/s} = 666 \text{m/s}$$

注意到，由于波阵面后质点的运动速度为 $u = 1250 \text{m/s}$，因此冲击波后的实际声速为 $c + u = (666 + 1250) \text{m/s} = 1916 \text{m/s}$，大于冲击波速度，可见冲击波相对于波后介质是亚声速的，这是冲击波的性质之一。

4. 冲击波的特性

通过上面的分析，归纳出冲击波的性质如下：

1) 冲击波速度对未扰动介质而言是超声速的，对已扰动介质而言则是亚声速的。

2) 冲击波波速与波的强度有关，波的强度越大，波速越大。

3) 冲击波具有陡峭的波头，其波阵面上的介质状态参数产生突跃变化。

4) 冲击波传播过程中，其上介质将产生质点运动，运动方向与波面传播方向相同，但其速度小于波速，在冲击波后伴随有稀疏波。

5) 介质受冲击波压缩时，熵值增大，即内能增大，动能减小，所以随着冲击波在介质中传播，波的强度随之衰减，最终衰减为声波。

6) 冲击波是一种脉冲波，不具有周期性。

1.5　炸药的爆轰及其参数计算

对炸药爆轰过程的大量研究表明，爆轰是一层层以波的形式在炸药中传播的，这种波称为爆轰波。各种炸药在一定的装药条件下，都能以特有的稳定传播速度进行爆轰。

从本质上讲，**爆轰就是在炸药中传播的，伴随有化学反应的强冲击波**。这个冲击波在炸药中使炸药受到强烈的冲击压缩，压力、温度都上升到很高的值，之后炸药立即发生剧烈的化学反应而放出大量的化学能，所放出的能量又供给冲击波对下一层炸药进行冲击压缩，因而使爆轰能够不衰减地在炸药中一层层传播下去。

爆轰波是一种特殊的强冲击波，它与普通的冲击波既有相同之处，也有不同之处。相同之处是：

1) 爆轰波过后，状态参数（压力、温度、密度）急剧增加。

2) 爆轰波速度相对于波前介质（炸药）是超声速的。

3) 爆轰波过后，爆轰产物获得一个与爆轰波面方向相同的运动速度。

不同之处是：

1）爆轰波由前沿冲击波和紧跟在其后的化学反应区组成，它们是一个不可分割的整体，而且在炸药中具有相同的速度，此速度称为爆速。

2）由于爆轰波具有化学反应区，可以放出能量，使爆轰波在传播过程中不断得到能量补充而不衰减。而冲击波只是一个强间断面，通过这个冲击压缩，压力、密度、温度等量急剧增加，但是不发生化学反应，没有能量补充，因而冲击波强度在波阵面传播过程中衰减，最后成为声波。

3）冲击波相对于波后气体是亚声速的，而爆轰波速度相对于波后气体为当地声速。

1.5.1 爆轰波模型

1. 爆轰波的 C-J 理论

爆轰波的 C-J 理论是 Chapman 于 1899 年和 Jouguet 于 1905 年分别提出的。简言之，**C-J 理论把爆轰过程简化为一个包含化学反应的一维定常传播的强间断面，该强间断面即为爆轰波**。这一简化，可以不必考虑化学反应的细节，化学反应的作用仅归结为一个外加能源，且只以热效应反映到流体力学的能量方程中。用流体力学的基本方程组就可以对爆轰过程和爆燃过程进行理论分析，使原本复杂的问题变得简单。

爆轰波的 C-J 理论属于经典爆轰波理论，它是在气体动力学基础上对爆轰进行研究的，这个理论不仅定性地解释了爆轰过程，还可以计算出诸如爆速、爆压等爆轰参数。

2. 爆轰波的 ZND 模型

爆轰波的 C-J 理论成功地解释了气体爆轰的基本关系式，利用该理论推导出的爆轰参数计算公式具有很高的计算精度。可以说，C-J 理论在预测气体爆轰方面获得了很大的成功，因此 C-J 理论很快被人们所接受，成为流体动力学爆轰理论的基础。随着实验测试水平的提高，人们发现 C-J 理论与实验结果仍有较大的偏离。在很多场合，这种偏离也是不能接受的。

爆轰波毕竟存在一个有一定宽度的化学反应区，对某些爆炸物，反应区宽度还相当大；这时如果仍将化学反应区的宽度视为零，把爆轰波阵面当作一个间断面处理，显然是不恰当的。事实说明，C-J 理论简化可能过多，应当修正，必须考虑爆轰波化学反应的能量释放过程，进一步研究爆轰波的内部结构。

为此，20 世纪 40 年代，苏联和欧美的三位科学家分别独立地提出了所谓的 ZND 模型，对 C-J 理论进行了修正。ZND 模型的实质是把爆轰波阵面看成由引导冲击波和有限宽度的化学反应区构成，忽略了热传导、辐射、扩散、黏性等因素，仍把引导冲击波作为强间断面处理。

这样的爆轰波模型如图 1-6 所示。爆轰波由前沿冲击波和紧跟在其后的化学反应区所组成，它们以相同的速度 D_H 在炸药中传播，在化学反应末端处化学反应完成，形成爆轰。

3. 爆轰过程的描述

根据爆轰波的 ZND 模型，爆轰波是由前沿冲击波和靠跟在其后的化学反应区所组成的。如图 1-7 所示，当爆轰沿炸药传播时，炸药首先受到前沿冲击波的强烈压缩，使炸药从初始状态 O 点立即上升到冲击波的冲击绝热线和波速线的交点状态 Z，然后炸药在高温高压下迅速进行剧烈的化学反应；随着化学反应的进行，不断放出热量，化学反应区的产物也不断发生膨胀，使压力和密度不断下降。但是由于爆轰稳定传播的速度不变，在图 1-7 上状态由 Z 点沿波速线不断下降，当化学反应结束到达化学反应区末端面时，状态对应于爆轰波的冲击绝热线和波速线的切点 M，按照 M 点的特点，爆轰稳定传播。

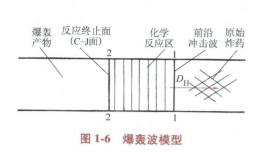

图 1-6 爆轰波模型

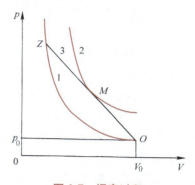

图 1-7 爆轰过程
1—冲击绝热线（反应前）
2—波速线 3—冲击绝热线（反应后）

图 1-8 表示了爆轰过程中压力、密度、温度的变化。当炸药受到前沿冲击波的冲击压缩时，压力、密度和温度分别由 p_0、ρ_0、T_0 立即上升到 p、ρ、T；随后由于化学反应生成气体的不断膨胀，在反应区内压力和密度不断下降，至化学反应区末端面时，压力大约下降到前沿冲击波时压力的 $1/2$，密度大约下降到前沿冲击波时密度的 $1/3$；对于温度，由于在化学反应过程中不断放出热量，使化学反应区内的温度不断提高，在化学反应区末端面之前温度达到最大值，而到达化学反应区末端面时温度有所下降。化学反应区末端区后，爆轰产物按照等熵膨胀的规律，使产物气体的压力、密度、温度不断下降。

1.5.2 爆轰稳定传播的条件

由对波速线和冲击绝热线的讨论得知，爆轰波化学反应区末端爆轰产物的状态必定既在波速线上，又在冲击绝热线上。

爆轰波若能稳定传播，爆轰波化学反应区末端面产物的状态将只能是爆轰波波速线和冲击绝热线的切点相对应的状态（图 1-7）。切点 M 称为 C-J 点，切点 M 的状态对应爆轰波化学反应区末端面，称为 C-J 面，切点 M 所表示的状态称为 C-J 状态。

C-J 状态具有如下重要特点：弱扰动波在此状态下的速度恰好等于爆轰波的速度 D_H。在

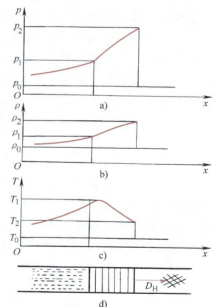

图 1-8 爆轰过程中状态参数变化规律
a）压力 b）密度 c）温度
d）爆轰波模型

31

C-J 面，产物质点具有速度 u_H，弱扰动波的速度是此状态下的当地声速，即 u_H+c_H，所以有

$$u_H+c_H=D_H \tag{1-38}$$

式（1-38）就是爆轰稳定传播条件，又称为 C-J 条件。

在物理本质上，爆轰波在炸药中能够稳定传播的原因，完全在于化学反应供给能量，这个能量维持爆轰波不衰减地传播下去。假若这个能量受到了损失，则爆轰波就会因缺乏能量而衰减。

爆轰波在炸药中传播过后，产物处于高温高压状态。但是此高温高压状态不能孤立存在，必定迅速发生膨胀。从力学观点来说，也就是一系列膨胀波从外界进入高压产物，其膨胀波速度在化学反应区末端面上等于 u_H+c_H。

$u_H+c_H=D_H$，意味着爆轰产物膨胀所形成的膨胀波到达化学反应区末端面时，在此处与爆轰波的传播速度相等，因而无法再传入化学反应区内，化学反应区放出的能量不会受到损失，全部用来支持爆轰波的运动，使爆轰稳定传播。

$u_H+c_H>D_H$，意味着从爆轰产物传入的膨胀波在化学反应区末端面上的速度比爆轰波传播速度快，从而膨胀波可以进入化学反应区，使化学反应区膨胀而损失能量，这样化学反应放出的能量就不能全部用来支持爆轰波的运动，导致爆轰波衰减。

$u_H+c_H<D_H$，意味着弱扰动速度小于爆速，这在实际中是不可能实现的。从力学观点来讲，在化学反应区内部，由于不断地层层进行化学反应放出热量，陆续不断地层层产生压缩波，此一系列压缩扰动向前传播，最终汇聚成为前沿冲击波。在弱扰动速度小于爆速的情况下，化学反应区内向前传播的压缩扰动无法达到前沿冲击波，因此前沿冲击波会脱离化学反应区而成为无能源的一般冲击波，所以传播过程中必然衰减。

通过上面的分析可明显看出，**只有爆轰波的波速线和冲击绝热线相切点 M 所具有的条件 $u_H+c_H=D_H$ 才是爆轰稳定传播的条件。**

1.5.3　爆轰参数的计算

爆轰参数指爆轰波 C-J 面上的参数，为与前面一般的冲击波参数区别，这里对所有的爆轰参数均添加下标 H。所需要求解的爆轰波参数有五个：压力 p_H、密度 ρ_H、波速 D_H、质点速度 u_H 和温度 T_H。爆轰波是冲击波，它仍然遵循前面冲击波的质量守恒、动量守恒，但由于炸药爆轰的热效应，它遵循的能量守恒形式有所改变，成为

$$e_H-e_0=\frac{1}{2}(p_H+p_0)(V_0-V_H)+Q_{HV} \tag{1-39}$$

此外，爆轰波必须遵循爆轰稳定传播的 C-J 条件。

对于气体炸药，当其密度小于 $10kg/m^3$ 时，可忽略弹性内能、弹性压强和余容修正，将气体视为理想气体，并假定气体等熵指数 κ 与温度和成分无关。于是，能量方程式（1-39）可写为

$$\frac{1}{\kappa-1}(p_H V_H-p_0 V_0)=\frac{1}{2}(p_H+p_0)(V_0-V_H)+Q_{HV} \tag{1-40}$$

由于是理想气体，爆炸产物状态参数还必须服从理想气体的状态方程：$p_H V_H=nRT_H$。**可以看出：这里的问题是五个方程（质量守恒、动量守恒、能量守恒、爆轰波 C-J 条件和理**

想气体状态方程）求解五个爆轰参数（压力 p_H、密度 ρ_H、波速 D_H、质点速度 u_H 和温度 T_H），因而可以得到确定的解答。经推导，其结果为

$$D_H = \sqrt{\frac{\kappa^2-1}{2}Q_{HV}} + \sqrt{\frac{\kappa^2-1}{2}Q_{HV}+c_0^2} \tag{1-41}$$

$$p_H - p_0 = \frac{2}{\kappa+1}\rho_0 D_H^2(1-c_0^2/D_H^2) \tag{1-42}$$

$$\frac{\rho_H}{\rho_0} = \frac{\kappa+1}{\kappa+c_0^2/D_H^2} \tag{1-43}$$

$$u_H = \frac{1}{\kappa+1}D_H(1-c_0^2/D_H^2) \tag{1-44}$$

$$T_H = \frac{(\kappa D_H^2+c_0^2)^2}{nR\kappa\ (\kappa+1)^2 D_H^2} \tag{1-45}$$

而爆轰产物中的声速是不独立的，可表示为

$$c_H = \sqrt{\kappa p_H V_H} = \sqrt{\kappa p_H/\rho_H} \tag{1-46}$$

对强爆轰波，$p_H \gg p_0$，$D_H \gg c_0$。p_0 和 c_0 可以忽略时，式（1-41）~式（1-45）可简化为

$$D_H = \sqrt{2(\kappa^2-1)Q_{HV}} \tag{1-47}$$

$$p_H = \frac{2}{\kappa+1}\rho_0 D_H^2 \tag{1-48}$$

$$\rho_H = \frac{\kappa+1}{\kappa}\rho_0 \tag{1-49}$$

$$u_H = \frac{1}{\kappa+1}D_H \tag{1-50}$$

$$T_H = \frac{\kappa D_H^2}{nR(\kappa+1)} \tag{1-51}$$

如果按式（1-34）~式（1-36）计算爆轰开始界面的参数，由于冲击波阵面与爆轰波面具有相同的传播速度，比较发现

$$p = 2p_H；\quad u = 2u_H；\quad \rho = \frac{\kappa}{\kappa-1}\rho_H \tag{1-52}$$

进一步，经过类似的分析，还可以得到爆温 T 与爆轰温度或 C-J 面上的温度 T_H 的关系（计算时，T 为摄氏温度，T_H 为绝对温度。爆温指爆炸产物在炸药占有原体积达到平衡时的热化学温度）为

$$T_H = \frac{2\kappa}{\kappa+1}T \tag{1-53}$$

爆轰压 p_H 与爆压 $\bar{p}$ 的近似关系为

$$p_H \approx 2\bar{p} \tag{1-54}$$

以上计算中，引用了气体的状态方程，因此只能适用于爆轰压力不是很高的气体爆轰，对于大多数工业及军用的凝聚体炸药，这些计算公式不再适用。对于凝聚体炸药的爆轰参数

计算，需要利用凝聚体炸药爆轰产物的状态方程，导出相应的计算公式。目前，多采用格留乃逊状态方程取第一项作为凝聚体炸药爆轰产物的状态方程。

$$pV^r = A \tag{1-55}$$

式中　r——凝聚体炸药的多方指数；

　　　A——与炸药有关的常数。

虽然式（1-55）在形式与理想气体的等熵方程相同，但其物理本质是完全不同的。利用凝聚体炸药爆轰产物的状态方程，进行相应的推导，可得到与气体爆轰参数计算式形式相同的凝聚体炸药爆轰参数计算式，只需将等熵指数 κ 改为多方指数 r 即可

$$D_H = \sqrt{2(r^2-1)Q_{HV}} \tag{1-56}$$

$$p_H = \frac{2}{r+1}\rho_0 D_H^2 \tag{1-57}$$

$$\rho_H = \frac{r+1}{r}\rho_0 \tag{1-58}$$

$$u_H = \frac{1}{r+1}D_H \tag{1-59}$$

$$T_H = \frac{rD_H^2}{nR(r+1)} \tag{1-60}$$

炸药的多方指数与爆炸产物的组成、炸药密度、爆轰参数等有关，目前难以精确计算。阿平给出的近似计算为

$$r^{-1} = \sum B_i r_i^{-1} \tag{1-61}$$

式中　B_i——第 i 种产物的物质的量与爆轰产物总物质的量之比；

　　　r_i——第 i 种产物多方指数，见表1-9。

表1-9　某些爆轰产物的多方指数

爆轰产物	H_2O	O_2	CO	C	N_2	CO_2
多方指数 r	1.9	2.45	2.85	3.55	3.7	4.5

也有人认为：多方指数只与炸药密度 ρ_0（单位：$10^3 kg/m^3$）有关，他们给出的关系是

$$r = 1.9 + 0.6\rho_0 \tag{1-62}$$

在工程实际中，通常将多方指数认为是常数，取 $r=3$ 是一种很好的近似，这样爆轰参数的计算更为简洁，即

$$D_H = 4\sqrt{Q_{HV}}; \quad p_H = \frac{1}{4}\rho_0 D_H^2; \quad \rho_H = \frac{4}{3}\rho_0; \quad u_H = \frac{1}{4}D_H; \quad c_H = \frac{3}{4}D_H \tag{1-63}$$

需要指出：爆轰产物状态方程的精确确定目前尚很困难，以上的计算是一种近似。尤其是按式（1-56）计算出的爆速值与实际偏差较大，故爆速一般实际测定或按经验公式估算。

此外，按以上公式计算出的爆轰参数，都是在一维轴向流动条件下的理想爆轰参数，反应区放出的热量全部用来支持爆轰波的传播。但实际情况中，存在径向流动，使爆轰波的有效能量利用区小于反应区，支持爆轰波传播的能量减少，从而降低了爆速，其余爆轰参数也相应减小。

1.5.4 爆速测量

炸药的爆速是衡量炸药爆炸性能的重要标识量，也是爆轰参数中最能准确测定的一个参数。爆速的实验测定在炸药应用研究中具有重要作用，也为检验爆轰理论的正确性提供了依据。

测定炸药爆速的方法比较多，常用的方法有 3 种。第一种是导爆索法，第二种是电测法，第三种是高速摄影法。

1. 导爆索法

导爆索法是法国人道特里斯提出的，所以又称道特里斯法。该方法简单易行，不需要复杂贵重的仪器设备，至今仍广泛用于民用工业炸药的爆速测定。

导爆索法测爆速的原理如图 1-9 所示。装在外壳（钢管或纸管）中的炸药试样，长 400~500mm，在外壳上 b、c 两点钻两个同样深的孔，第一个孔 b 与起爆端的距离不应小于药柱直径的 5 倍，以确保 b 点能达到稳定爆轰；两孔间的距离为 300~400mm。准确测量 b、c 间的距离（测准至 1mm）。实验时，把一根长约 2m，已知爆速的导爆索的两端插入两孔中至相同的深度，将导爆索的中段拉直并固定在一块长约 500mm、厚约 5mm 的铅板上，对着导爆索的中点 e 在铅板上刻一条线作为标记。

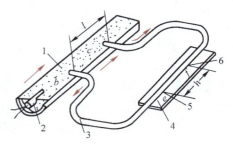

图 1-9 导爆索法测爆速的原理
1—装药 2—雷管 3—导爆索 4—铅板
5—导爆索中点 6—爆轰波相遇点

当装药被雷管起爆后，爆轰波沿着炸药柱向前传播。传至 b 点分成两路：一路引爆导爆索，另一路继续沿药柱向前传播，至 c 点又引爆导爆索的另一端 c。导爆索中两个方向相反的爆轰波相遇于 f 点，相互作用在铅板上留下明显的痕迹。爆轰波传播经 b、e、f 与经 b、c、f 所用的时间相等，即有

$$\frac{L/2+h}{D_f} = \frac{l}{D} + \frac{L/2-h}{D_f} \qquad (1\text{-}64)$$

$$D = lD_f/(2h)$$

式中　L——导爆索长度（m）；

$\quad l$——bc 间的距离（m）；

$\quad h$——ef 间的距离（m）；

$\quad D_f$——导爆索的爆速（km/s）；

$\quad D$——被测炸药的爆速（km/s）。

已知导爆索的爆速，并测出 l 和 h，就可以得到所测炸药爆速。这种方法的测量误差取决于导爆索爆速的精度、导爆索的均匀性及距离 l 和 h 的测量精度，一般来说，这种方法的测量误差为 3%~5%。

2. 电测法

电测法利用电子测时仪或示波器测定爆轰波通过被测炸药两个断面之间的时间间隔，而后求得炸药的爆速。

如图 1-10 所示，测定时，在被测药柱不同距离的地方装入多对互相绝缘的探针传感器，传感器一端接地，另一端通过信号网络与计时仪相连。炸药爆炸时，爆轰波沿着药柱传播，

爆轰产物在高温、高压下发生离解，具有良好的导电性，陆续使探针 A、B、C、D 接通，信号传给计时仪，测出爆轰波相继通过各传感器的时间。由于药柱在 A、B、C、D 间的距离预先已经精确测量出来，所以可以计算出炸药中的爆速。

设各相邻探针间的距离为 ΔL_i（$i = 1，2，\cdots，n-1$）。爆轰通过探针间距离的相应时间间隔为 Δt_i，则炸药的爆速为

$$D_i = \Delta L_i / \Delta t_i \tag{1-65}$$

$$D = \sum_{i=1}^{n-1} D_i / (n-1) \tag{1-66}$$

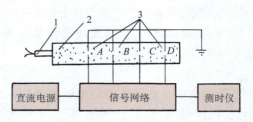

图 1-10　电测法测爆速
1—雷管　2—装药　3—探针

由于电测法时间分辨率高，故药柱可以做得较小，而且测定爆速具有精度高，用药量小的优点，其精度可以达到的相对误差为 0.3%。

3. 高速摄影法

该方法是利用爆轰波沿药柱传播时的发光现象，用高速照相机将爆轰波沿药柱移动的光拍摄在胶片上，得到爆轰传播的时间-距离扫描曲线，从而测出爆轰波在药柱中各点传播的速度。

图 1-11 所示是采用高速摄影法测定爆速。雷管起爆后，爆轰波沿着药柱由上向下传播，爆轰波波阵面所发射出的光经过透镜到达高速旋转的转镜上，再由转镜反射到胶片上。因此，当爆轰由 A 传播到 B 时，反射到胶片上的光点由 A' 移动到 B'，这样药柱爆轰完后，在胶片上就得到了一条相应的扫描曲线。高速照相机测得爆速的胶片如图 1-12 所示，转镜转动的扫描方向是胶片的水平方向，爆轰波的传播方向是胶片的竖直方向，则扫描线是有关爆轰波传播速度和转镜转速的一条曲线。

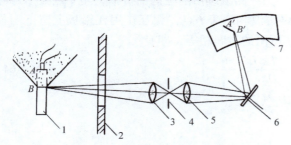

图 1-11　高速摄影法测定炸药爆速
1—爆轰药柱　2—防护墙　3、5—透镜
4—狭缝　6—转镜　7—胶片

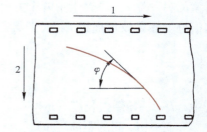

图 1-12　胶片上的扫描曲线
1—转镜转动的扫描方向
2—爆轰波传播方向

若扫描点在胶片水平方向移动的速度是 u_1，扫描点在竖直方向移动的速度是 u_2，设扫描线在某点与水平线的夹角为 φ，则

$$\tan\varphi = u_2 / u_1 \tag{1-67}$$

水平扫描速度可以根据转镜的转速和扫描半径进行确定。若转镜的转速是 n，扫描半径为 R，由于光线反射角是转镜转动角的两倍，故光线通过转镜反射到胶片上的水平速度为

$$u_1 = 4\pi Rn \tag{1-68}$$

竖直扫描速度 u_2 可以根据爆轰波向下传播的速度和照相机放大系数进行确定。设爆轰波沿药柱传播在某点处速度为 D，相机放大系数是 β，则光线在胶片上对应点的竖直速度为

$$u_2 = \beta D \tag{1-69}$$

将式（1-68）和式（1-69）代入式（1-67），得

$$D = 4\pi R n \tan\varphi / \beta = C \tan\varphi \tag{1-70}$$

式中　C——相机参数。

于是，按照测定的扫描线与水平线的夹角可计算爆速。由于扫描线是爆轰过程实测的结果，扫描线各点斜率与水平线夹角不同，因而所测定的爆速是爆轰波沿药柱传播的瞬时速度。

高速摄影法的优点是可以测定爆轰波沿药柱传播过程的瞬时速度。但是测量底片时，由于 φ 角不易测得很准，因而该方法与电测法相比，精确度稍差。

1.5.5　爆速及其影响因素

爆速是反映炸药爆轰性能的重要参数，也是计算其他爆轰参数的基础。故在此对其影响因素进行分析。

炸药的爆速除了与炸药本身的性质，如炸药密度、产物组成、爆热和化学反应速度有关外，还受装药直径、装药密度和粒度、装药外壳、起爆冲能及传爆条件等影响。从理论上讲，当药柱为理想封闭、爆轰产物不发生径向流动、炸药在冲击波波阵面后反应区释放出的能量全部都用来支持冲击扰动的传播时，爆轰波达到最大速度，这时的爆速叫理想爆速。实际上，炸药是很难达到理想爆速的，炸药的实际爆速都低于理想爆速。

1. 装药直径的影响

圆柱形装药爆轰时，冲击波阵面沿装药轴向前传播，在冲击波波阵面的高压下，必然产生侧向膨胀，这种侧向膨胀以稀疏扰动的形式由装药边缘向轴心传播，其传播速度为介质中的声速。

图 1-13 所示为装药直径影响爆速的机理。无外壳约束的药柱在空气中爆轰时，由于爆轰产物的径向膨胀，除在空气中产生空气冲击波外，同时在爆轰产物中产生径向稀疏波波面向药柱轴心方向传播。此时，厚度为 a 的反应区 *ABBA* 分为两部分：稀疏波干扰区 *ABC* 和未干扰的稳恒区 *ACCA*，由于只有稳恒区内炸药反应释放出的能量对爆轰传播有效，因而冲击波的强度将下降，爆速也相应减小。稳恒区的大小，表明支持冲击传播的有效能量的多少，决定了爆速的大小。当稳恒区的长度小于一定值时，便不能维持炸药的稳定爆轰。

研究表明，炸药爆速随装药直径 d_c 的增大而提高。图 1-14 所示为爆速随药柱直径变化的关系。**当装药直径增大到一定值后，爆速接近于理想爆速 D_H。接近理想爆速的装药直径**

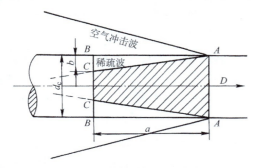

图 1-13　爆轰产物的径向膨胀与
径向稀疏波对反应区的干扰

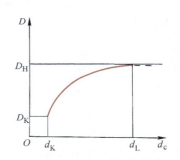

图 1-14　装药直径与爆速的关系

d_L 称为**极限直径，此后爆速不随装药直径的增大而变化**。装药直径小于极限直径时，爆速将随装药直径减小而减小。当装药直径小到一定值后便不能维持炸药的稳定爆轰。**能维持炸药稳定爆轰的最小装药直径 d_K 称为炸药的临界直径，炸药在临界直径时的爆速 D_K 称为炸药的临界爆速。**

实际应用中，为保证炸药稳定爆轰，装药直径必须大于炸药的临界直径。临界直径与炸药化学性质有很大关系：起爆药的临界直径最小，一般为 10^{-2} mm 量级；其次为高猛单质炸药，一般为几毫米；硝酸铵和硝铵类混合炸药的临界直径较大，硝酸铵可达 100mm，而铵梯炸药一般为 $12\sim15$ mm。对于同一种炸药，密度不同时，临界直径也不同。对多数单质炸药，密度越大，临界直径越小；但对混合炸药，尤其是硝铵类炸药，密度超过一定限度后，临界直径随密度增大而明显增大。

2. 装药密度的影响

增大装药密度，可使炸药的爆轰压力增大，化学反应速度加快，爆热增大，爆速提高，且反应区相对变窄，炸药的临界直径和极限直径都相应减小，理想爆速也相对提高。但其影响规律随炸药类型不同而变化。

对单质炸药，因增大密度既提高了理想爆速，又减小了临界直径，在达到结晶密度之前，爆速随密度增大而增大。

试验表明：单质炸药爆速 D 与密度 ρ 之间存在下列关系（对单质炸药，因其临界直径和极限直径都很小，通常采用的药卷直径都大于极限直径，测得的爆速为理想爆速）

$$D = a + b\rho \tag{1-71}$$

式中　a、b——与炸药有关的常数，见表 1-10；

　　　D——炸药的爆速（m/s）；

　　　ρ——炸药密度（kg/m³）。

对混合炸药，密度与爆速的关系比较复杂。增大密度虽然能提高理想爆速，但相应地也增大了临界直径。当药柱直径一定时，存在使爆速达最大的密度值，这个密度称为**最佳密度**。超过最佳密度后，再继续增大装药密度，就会导致爆速下降。当爆速下降到临界爆速，或临界直径增大到药柱直径时，爆轰波将不能稳定传播，最终导致熄爆。对混合炸药，还可以看到：增大药柱直径时，其最佳密度和最大爆速都增大。

表 1-10　几种炸药的 a、b 值

炸　药	a	b	炸　药	a	b
梯恩梯	1800	3.23	苦味酸铵	1550	3.44
泰安	1600	3.95	硝基胍	1440	4.02
黑索金	2490	3.59	叠氮化铅	2860	0.56
特屈儿	2380	3.22	雷汞	1490	0.89
苦味酸	2210	0.03			

3. 炸药粒度的影响

对于同一种炸药，粒度不同，化学反应的速度不同，其临界直径、极限直径和爆速也不同，但粒度的变化并不影响炸药的极限爆速。一般情况下，减小炸药粒度能够提高化学反应速度，减小反应时间和反应区厚度，从而减小临界直径和极限直径，爆速增高。

混合炸药中不同成分的粒度对临界直径的影响不完全一样。其敏感成分的粒度越细，临

界直径越小，爆速越高；相对钝感成分的粒度越细，临界直径增大，爆速也相应减小；但粒度细到一定程度后，临界直径又随粒度减小而减小，爆速也相应增大。

4. 装药外壳的影响

装药外壳可以限制炸药爆轰时反应区爆轰产物的侧向飞散，从而减小炸药的临界直径。当装药直径较小，爆速远小于理想爆速时，增加外壳可以提高爆速，其效果与加大装药直径相同。例如，硝酸铵的临界直径在玻璃外壳时为 100mm，而采用 7mm 厚的钢管时仅为 20mm。装药外壳不会影响炸药的理想爆速，所以当装药直径较大、爆速已接近理想爆速时，外壳作用不大。

利用炮孔内耦合装药爆破岩石，炮孔围岩起到外壳的作用，在炮孔直径较小的情况下，能够提高爆速。

5. 起爆冲能的影响

起爆冲能不会影响炸药的理想爆速，但要使炸药达到稳定爆轰，必须供给炸药足够的起爆能，且激发冲击波速度必须大于炸药的临界爆速。

试验研究表明：起爆能量的强弱，能够使炸药形成差别很大的高爆速或低爆速爆轰稳定传播，其中高爆速爆轰是炸药的正常爆轰。例如，当梯恩梯（密度 $1.0g/cm^3$，直径 21mm，颗粒直径 $0.6 \sim 1.0mm$）在强起爆能起爆时爆速为 3600m/s，而在弱起爆条件下，爆速仅为 1100m/s。装药直径为 25.4mm 的硝化甘油，用 6 号雷管起爆时的爆速为 2000m/s，而用 8 号雷管起爆时的爆速为 8000m/s 以上。

低速爆轰是一种比较特殊的现象，目前还难以从理论上加以明确解释。一般认为，低速爆轰现象主要出现在以表面反应机理起主导作用的非均质炸药中，这样的炸药对冲击波作用很敏感，能被较低的初始冲能引爆，但由于初始冲能低，爆轰化学反应不完全，相当多的能量都是在 C-J 面之后的燃烧阶段放出，用来支持爆轰传播的能量较小，因而爆速较低。

1.5.6 炸药爆轰的间隙效应

混合炸药（特别是硝铵类混合炸药）细长连续装药时，通常在空气中都能正常传爆，但在炮孔内，如果药柱与炮孔孔壁间存在间隙，常常会发生爆轰中断或爆轰转变为爆燃的现象，这种现象称为间隙效应或管道效应。 间隙效应不仅降低了爆破效果，而且在瓦斯矿井内进行爆破时，若炸药发生爆燃，有引起瓦斯爆炸事故的危险。

1. 产生间隙效应的原因

实验研究与理论分析表明：当装药与炮孔壁之间存在间隙时，炸药的爆轰将在间隙内形成空气冲击波超前于爆轰波向前传播。在这种冲击波的作用下，炸药内产生自药柱表面向内部的压缩波，使炸药柱受压变形。当炸药受压达到一定程度后，压缩区可视为惰性层，从而减小炸药直径，达到稳定前，若炸药的有效直径已减小到炸药的临界直径，爆轰就将中断。

间隙效应的产生与炸药性能、装药不耦合值（炮孔直径与装药直径之比）和岩石性质有关，其原因是复杂的。以上观点目前也还处在争论之中，对此仍然需要深入研究。

2. 消除间隙效应的措施

工程中，有效消除炸药的间隙效应有十分重要的意义。**目前实践中消除间隙效应有如下几种措施：**

1）采用耦合散装炸药消除径向间隙，可以从根本上消除间隙效应。

2）间隙效应的产生有一定的间隙范围，在可能的条件下，避开这样的装药间隙范围装

填炸药。

3）在连续药柱上，隔一定距离套上硬纸板或其他材料做成的隔环。

4）采用临界直径小，爆轰性能好，对间隙效应抵抗能力大的炸药。

5）沿炸药柱全长铺设导爆索，或沿药柱全长设置多个点起爆。

1.6 炸药的感度与起爆方法

1.6.1 炸药的感度

炸药是具有一定稳定性的物质，要使它发生爆炸，必须施以某种外界作用，供给足够能量。**激发炸药爆炸的过程称为起爆，使炸药活化并发生爆炸反应所需的活化能称为起爆能或初始冲能。**炸药一旦爆炸，反应将自动高速进行，而且释放出远超过起爆能的能量。

常见的起爆能形式有：

1）机械能：如冲击起爆、摩擦起爆等。

2）热能：如直接加热、火焰起爆、电火花或电线灼热起爆等。

3）爆炸能：如雷管或起爆药柱（又称为起爆弹或中继起爆药包）起爆、冲击波起爆等。

炸药在外界作用下发生爆炸的难易程度称为炸药的感度。炸药的感度具有以下特征：

1）各种炸药起爆的难易程度相差很大。如碘化氮用羽毛轻微触动就会爆炸，而梯恩梯在一定距离内即使用枪弹射击也不会爆炸。

2）炸药对不同形式的起爆能具有不同的感度。例如，梯恩梯对机械作用的感度较低，但对电火花的感度较高；特屈拉辛的机械感度比斯蒂芬酸铅的高，火焰感度则相反等。

为研究不同形式起爆能起爆炸药的难易程度，将炸药感度区分为加热感度、火焰感度、电火花感度、冲击感度、摩擦感度、射击感度、冲击波感度、爆轰感度等。

如果炸药对某些形式起爆能的感度过高，就会在炸药生产、运输、储存、使用过程中造成危险，这样的感度称为危险感度。炸药对用来起爆炸药的起爆能所呈现的感度称为使用感度。如果这种感度过低，就会给使用炸药造成困难。

1.6.2 炸药的起爆机理

炸药的感度与爆炸反应的机理有关。引发炸药爆炸的机理随炸药化学、物理结构及装药条件的不同而不同。研究表明，引起炸药爆炸的原因是温度作用，而不是压力作用。试验证实，即使用 10^{10} Pa 的压力缓慢压实炸药，也不会引起炸药的爆炸；而炸药在前沿冲击波的冲击压缩下，波后温度立即上升，达到很高的温度，容易引起爆炸。因此，温度是引起化学反应的直接原因。

在实验研究的基础上，**热（温度）引爆机理可分为以下两种。**

（1）均匀灼热机理 这种机理多发生在结构较密实、均匀，不含气泡或气泡少的液体炸药或单质固体炸药（即所谓的均相炸药）中。爆炸反应的发生是由于炸药均匀受热或在冲击波的冲击作用下，使一薄层炸药温度均匀突然升高所致。反应首先发生在某些活化分子处，而反应的发展非常迅速，能在 $10^{-7} \sim 10^{-6}$ s 时间内完成。由于炸药的均匀性，使整层炸药升高一定温度需要很多的热量，需要很强的冲击波压缩才能达到，因而起爆这一类炸药较困难。

（2）不均匀灼热机理 这种机理多发生在物理性质和结构不均匀，含有较多气泡的粒状非均相炸药中，或发生在由氧化剂与可燃剂组成的混合炸药中。爆炸反应的发生不是由于薄层炸药均匀灼热，而是由于在炸药个别点处形成高热反应源所致。这种高热反应源称为"起爆中心"或"热点"。形成热点后，反应首先在热点处炸药颗粒表面上以燃烧方式进行，而后向颗粒深部扩展，同时向四围传播。因此，这种机理也称为**热点机理**。

由于不需要很强的冲击波就能形成很高的热点温度，因而这类炸药的起爆较容易。如无杂质的、均匀的液体梯恩梯在冲击压力为 $11 \times 10^9 Pa$ 的强冲击波压缩下才能起爆，而由片状炸药压制而成的梯恩梯药柱结构不均匀，易形成热点，在冲击压力为 $2.2 \times 10^9 Pa$ 的强冲击波压缩下就能起爆。

混合炸药爆炸反应的机理也属于这种，但由于混合物性质的不同，其起爆机理有不同的特征。一种是混合炸药中易于分解的成分在前沿冲击波的冲击压缩下进行化学反应，生成气体产物，其气体产物再与未反应的成分进行化学反应；另一种是炸药的各组分在前沿冲击波的冲击压缩下，分别进行分解反应，然后分解产物之间进行相互作用。

因此，这类炸药的感度主要受颗粒度、混合均匀性和装药密度的影响。颗粒度大、混合不均匀时，不利于这类炸药化学反应的扩展，因而感度下降；装药密度过大，炸药各组分颗粒之间的空隙就会过小，不利于各组分所分解出的气体产物之间的混合和反应，也导致感度降低。

利用热点起爆时，热点温度必须等于或超过炸药爆炸的临界温度。但因热点散热较快，故临界温度应比均匀灼热的高。大多数炸药的临界温度为 $700 \sim 900K$。若炸药内形成足够数量的热点，而且彼此相距较近，从热点开始的微小爆炸就会扩展汇集到一起，最终发展成为炸药的爆轰。热点学说认为，从热点形成到炸药爆轰大致经过以下几个阶段：

1）热点的形成阶段。

2）热点的成长阶段，即以热点为中心向周围扩展，扩展的形式是速燃。

3）低爆轰阶段，即由燃烧转变为爆轰的过渡阶段。

4）稳定爆轰阶段。

外界作用下，导致热点出现有以下一些主要原因：

1）绝热压缩炸药内气泡形成热点。

2）炸药和周围介质间黏性、塑性加热或者是在强冲击作用下，产生高速黏性流动形成热点。

3）位于撞击表面处颗粒黏性加热。

4）撞击表面和炸药晶体或硬质点间、炸药颗粒之间、炸药颗粒与杂质之间、炸药颗粒和杂质与容器壁之间发生摩擦生成热点。

5）在机械作用下炸药层或晶体间的局部绝热剪切。

6）在晶体缺陷湮没处的局部加热。

7）火花放电。

8）机械摩擦造成的化学发光放电。

因此，在炸药内添加某些杂质，能促成或阻止热点的形成，从而提高或降低炸药的感度。**凡是能够提高炸药感度的物质称为敏感剂，使炸药感度降低的物质称为钝化剂。**根据摩擦生成热点的机理，摩擦系数高、导热性差、硬度大的物质，如砂子、玻璃屑等，都是敏感剂，而黏性物质，如胶体石墨、石蜡、沥青、硬脂酸和凡士林等，都是钝化剂。但敏感剂和钝化剂并不是绝对的，同样的物质对不同炸药，可能起完全相反的作用。例如，石蜡对黑索金起钝化剂作用，但对硝酸铵却起着敏感剂的作用。

在水胶炸药和乳化炸药中，常利用敏化气泡来提高炸药的爆轰感度。在炸药内引入敏化气泡又叫作发泡。发泡的方法有以下几种：

1）机械搅拌。

2）加入化学发泡剂。

3）加入含封闭气泡的粒状物质，如珍珠岩、树脂微球、玻璃微球等。

气泡最佳直径大约为 $10^{-4} \sim 10^{-2}$mm，直径过小或过大，都不利于提高炸药的爆轰感度。

1.6.3　炸药感度的表示

1. 热感度

炸药的热感度指在热能作用下引起炸药爆炸的难易程度。根据加热方式的不同，炸药的热感度分为加热感度和火焰感度。

（1）加热感度　加热感度指炸药在均匀加热条件下发生爆炸的难易程度，通常采用在一定试验条件下确定出的爆发点来表示炸药的加热感度。爆发点为在规定时间（通常为5min）起爆炸药所需的加热最低温度。爆发点低的炸药，加热感度高。

爆发点的测定装置如图 1-15 所示。它是一个用电阻丝加热的易熔伍德合金浴（合金成分为铋 50%，铅 25%，锡 13%，镉 12%）。合金浴的温度可以调节，并用温度计指示。爆发点的测试方法有两种。

第一种：合金浴预先加热到 100 ~ 150℃，再将装有 0.05g 炸药试样的雷管壳投入合金浴，然后继续升温直至爆炸。记录下炸药爆发瞬间的合金温度，用它作为爆发点，以比较各种炸药的加热感度。这种方法测出的爆发点接近于临界爆发点。

第二种：做一系列试验，找出延迟期和温度的关系曲线。按这种方法测定时，合金浴温度保持不变，然后向预先安放在合金浴中的雷管壳内投入炸药试样，并记录下自投入试样到炸药爆发经过的时间。从绘出的关系曲线上，可查出任一固定延迟期的爆发点。为比较各种炸药的加热感度，一般采用 5s、1min 或 5min 延迟的爆发点。图 1-16 为试验测得的黑索金的延迟期与爆发点的关系，几种炸药的爆发点见表 1-11。

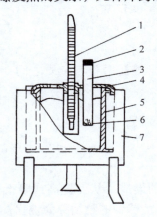

图 1-15　爆发点测定装置

1—温度计　2—塞子　3—管壳　4—桶盖

5—圆筒（合金浴）　6—受试炸药

7—电热器外壳

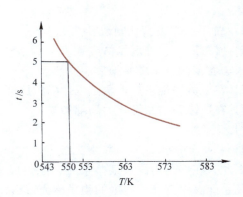

图 1-16　黑索金的延迟期与爆发点曲线

（2）火焰感度　炸药在明火（火焰、火星）作用下发生爆炸的难易程度叫火焰感度，也称点火感度。比较炸药火焰感度的方法有两种。一种是在固定供热速度和实验条件下，以点燃炸药所需要的最小热量来表示；另一种是在固定热源条件下，采用能反映炸药点火难易程度的某个参量，如用热源距炸药的高度、炸药的初始温度、周围气体介质的最小压力、炸药燃烧的临界直径等来表示。

表1-11　几种炸药的爆发点

炸药名称	爆发点/℃		
	第一种方法	第二种方法	
		5s	5min
特屈儿	190~194	257	190~200
泰安	205~215	225	210~222
黑索金	215~230	260	225
梯恩梯	295~300	475	300
硝化甘油	200~205	—	—

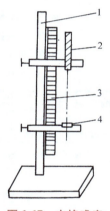

图1-17　火焰感度
试验装置
1—托架　2—导火索
3—标尺　4—火帽壳

火焰感度最简单的试验装置如图1-17所示。试验时，将受试炸药1g装在火帽壳内，使导火索燃烧结束时喷出的火焰或火星作用在炸药表面上，观察其是否发火。调整导火索喷火端至炸药表面的距离，做一系列试验，找出百分之百发火的最大距离，称为上限；找出百分之百不发火的最小距离，称为下限。用上、下限来比较各种炸药的火焰感度。以火焰感度作为使用感度的起爆药，应比较上限来判断发火燃易程度。凡是将火焰感度视为危险感度的炸药，则应比较下限来判断炸药的安全性，比较上、下限之间的距离，可判断混合炸药的均匀性。

2. 机械感度

在军用火工品中，常利用冲击或摩擦等机械作用来起爆弹药中的引信。此时，将机械感度视为使用感度。但在大多数情况下都把它视为是危险感度。由于在炸药生产、运输、使用中，不可避免地会遇到各种机械作用，因此研究炸药的机械感度，对炸药生产、运输、使用安全有重要意义。

（1）冲击感度　炸药的冲击感度指采用冲击方法引爆炸药的难易程度。炸药冲击感度的试验和表示方法有多种，但基本原理是相同的。猛炸药冲击感度通常用立式落锤仪来测定（见图1-18）。试验时，将受试炸药0.05g装在撞击器内，利用固定质量的落锤（2kg、5kg或10kg），调整下落高度对导向套内运动的击柱冲击炸药。撞击器有两种形式，一种撞击器的导向套没有环形沟槽，只允许炸药受冲击时被压缩，不能自由流动；另一种撞击器的导向套在放置炸药位置处具有环形沟槽，允许炸药在受到冲击时自由流动，用以测量炸药发生黏性流动时的冲击感度。

对每一固定落锤高度进行多次试验（一般为10次或25次），找出百分之百爆炸的最小落高，称为上限；百分之百不爆炸的最大落高，称为下限。利用上、下限来比较各种炸药的冲击感度。从安全角度考虑，应比较下限。

另一种表示冲击感度的方法，是以某一固定落锤质量和落高下的爆炸频数作为冲击感度的指标。几种猛炸药的冲击感度见表1-12。

起爆药的感度很高，上述测定方法不适用，而应采用圆弧落锤仪（见图1-19）来测定。其工作原理、试验方法和感度表示方法与立式落锤仪相同，部分结果见表1-13。

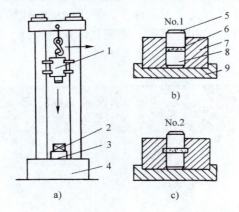
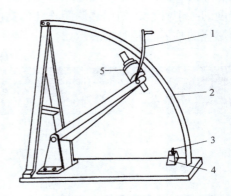

图 1-18　立式落锤仪

a）落锤仪　b）无环形沟槽撞击器　c）带环形沟槽撞击器

1—落锤　2—撞击器　3—钢砧　4—基础　5—上击柱

6—炸药　7—导向套　8—下击柱　9—底座

图 1-19　圆弧形落锤仪

1—手柄　2—有刻度的弧架　3—击柱

4—击柱与火帽定位器　5—落锤

表 1-12　几种猛炸药的冲击[①]、摩擦[②]感度

炸药名称	粉状梯恩梯	特屈儿	黑索金	2号岩石炸药	2号煤矿炸药
冲击感度（%）	4~8	44~52	75~80	32~40	32~40
摩擦感度（%）	0	24	90	16~20	24~36

①　锤质量10kg，落高25cm，试验25次。

②　摆锤质量1500g，摆角90°，试药质量0.02g，试验25次。

（2）摩擦感度　摩擦感度常用摆式摩擦仪（见图1-20）来测定。将受试炸药放在测定仪的两个击柱之间，液压通过柱塞从导向套内推出下击柱，紧压可沿顶板滑动的上台柱，使炸药承受一个固定垂直压力。然后，使悬挂成一定角度的摆锤［质量为（1500±15）g］下落，撞击击杆，并通过它使上台柱滑动，让炸药受到摩擦。

表 1-13　几种起爆药的冲击感度

起爆药名称	锤质量/g	上限距离/mm	下限距离/mm
雷汞	480	80	55
叠氮化铅	975	235	65~70
二硝基重氮酚	500	—	225

试验和感度表示方法与冲击感度类似。摩擦感度一般用固定摆角和压力条件下的爆炸频数来表示。一些猛炸药的摩擦感度见表1-12。

3. 冲击波感度与殉爆

（1）冲击波感度　**在冲击波作用下，炸药发生爆炸的难易程度叫作炸药的冲击波感度。**冲击波感度是衡量炸药安全性和某些引燃性能的重要指标。测定冲击波感度的方法较多，常见的有隔板试验和殉爆距离等。测定原理是利用冲击波在惰性物质中衰减的现象，采用聚合物或金属薄片为隔板，放在主动、被动药柱之间，以隔板厚度表示被动药柱的冲击波感度。

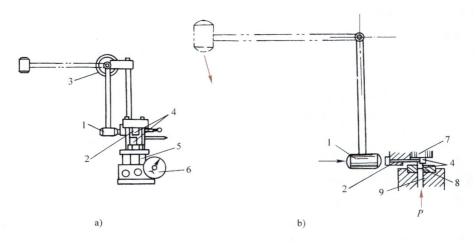

图 1-20 摆式摩擦感度测定仪

a）构架 b）原理图

1—摆锤 2—击杆 3—角度标盘 4—测定装置（上、下击柱） 5—液压机
6—压力计 7—顶板 8—导向套 9—柱塞

凡是在多层隔板隔断下（即冲击波已经强烈衰减）炸药仍能被起爆时，炸药就具有高的冲击波感度。图 1-21 所示为小型隔板试验装置。当主动药柱爆轰后，爆轰波传入惰性隔板，爆轰波衰减为冲击波，并且依隔板的厚薄而不同程度地衰减；当进入被动药柱时，就成为引爆被动药柱的冲击波。如果药柱被引爆，则发生爆轰反应，板上会出现爆轰波的作用痕迹。反之则可以认为炸药没有被引爆。

大型隔板试验如图 1-22 所示，用特屈儿作为主动药柱，被动药柱尺寸为 $\phi41.3\text{mm}\times$ 101.6mm。通常用 50% 被引爆时的隔板厚度来表示被动药柱的冲击波感度。

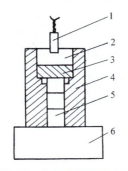

图 1-21 小型隔板试验装置

1—雷管 2—主动炸药 3—隔板 4—固定器
5—被动炸药 6—验证板

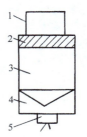

图 1-22 大型隔板试验

1—受试炸药 2—隔板 3—主动炸药
4—平面波发生器 5—起爆药柱

（2）殉爆 炸药爆炸后引起与其相邻而不接触的一定距离处炸药发生爆轰的现象叫殉爆。引发爆轰的药柱叫主动炸药，被引发的爆轰炸药则为被动炸药。主动炸药爆轰形成的冲击波在空气中传播，当其强度仍能引发被动炸药爆轰时，则被动炸药可以被引爆。当两炸药柱相距足够远，冲击波已不能引发被动药柱爆轰时，则该距离的最小值称为安全距离。当两药柱距离小于安全距离时，则会出现殉爆。

试验时，将同一种炸药的两个药卷沿轴线隔一定距离平放在坚实的砂土上，其中一个药卷装有雷管作为主动装药，另一个药卷作为被动装药，然后被引爆，如图 1-23 所示。根据形成的炸坑及有无残留的炸药和药卷来判断殉爆情况。通过一系列试验，找出相邻药卷能殉爆的最大距离。

图 1-23 炸药殉爆试验
A—主动炸药　B—被动炸药　C—殉爆距离

研究殉爆目的在于：确定生产工房间的安全距离，为厂房设计提供基本数据；改进工业炸药的性质，提高在工程爆破使用时起爆的可靠性。

欧洲工业炸药测试标准化委员会规定：为消除冲击波的反射、折射和地面性质的干扰，试验时应将主、被动炸药悬空挂起，距地面、墙面均应大于1m。

在设计厂房、仓库距离和进行爆破工作时殉爆距离值至关重要。仓库、厂房间的距离应大于安全距离，安全距离与在建筑物中加工或存放的炸药量有关。进行爆破工作的安全距离以爆破点到工作人员的距离为准。如果起决定破坏作用的参量为冲击波阵面的超压，则安全距离可依下式进行计算，即

$$R_f = k_f m^{1/3} \tag{1-72}$$

式中　R_f——安全距离（m）；

k_f——安全系数，见表 1-14；

m——建筑物中的炸药量（kg）。

如果起决定破坏作用的参量为冲量时，则安全距离为

$$R_f = k_f m^{2/3} \tag{1-73}$$

爆破工作的安全距离按下式计算

$$R_f = k_f m^{1/2} \tag{1-74}$$

表 1-14 计算殉爆安全距离的安全系数 k_f

主动炸药的炸药类型	炸药品种	被动炸药的炸药类型					
		铵梯炸药		梯恩梯		黑索金、泰安或特屈儿	
		A	B	A	B	A	B
铵梯炸药	A	0.25	0.15	0.40	0.30	0.70	0.55
	B	0.15	0.10	0.30	0.20	0.55	0.40
梯恩梯	A	0.80	0.60	1.20	0.90	2.10	1.60
	B	0.60	0.40	0.90	0.50	1.60	1.20
黑索金、泰安或特屈儿	A	2.00	1.20	3.20	2.40	5.50	4.40
	B	1.20	2.40	2.40	1.60	4.40	3.20

注：A 为敞露式装药；B 为半掩式或有土堤的装药。

式（1-74）中的指数取式（1-74）和式（1-75）的中间值，因为一方面爆炸时具体条件变化十分复杂，另一方面在实际工作中很难区分破坏作用是由超压还是由冲量决定。

居民点到炸药工厂间的 R_f 应由下式决定

$$R_f \geqslant 10\sqrt{m} \qquad (1-75)$$

雷管的殉爆安全距离按下式计算

$$R_f = k'_f\sqrt{N} \qquad (1-76)$$

式中　N——雷管数量；

　　　k'_f——系数，若考虑炸药与雷管间发生殉爆，$k'_f = 0.06$，若考虑雷管与雷管间发生殉爆，$k'_f = 0.1$。

【例 1-9】　地面铵梯炸药库房容量为 8t，梯恩梯库房容量为 5t，雷管库房容量为 50000 发，计算各库房间的安全距离（库房均为敞露式）。

解：将梯恩梯看作主动装药，铵梯炸药看作被动装药，由表 1-14 查得 $k_f = 0.80$，代入式（1-73）得

$$R_f = k_f m^{2/3} = 0.8 \times 5000^{2/3}\,m = 233.9m$$

将铵梯炸药看作主动装药，梯恩梯看作被动装药，由表 1-14 查得 $k_f = 0.40$，代入式（1-73）得

$$R_f = k_f m^{2/3} = 0.8 \times 8000^{2/3}\,m = 160m$$

因此，两库房的距离不能小于 234m。

雷管库房距炸药库房的距离按式（1-76）计算得

$$R_f = k'_f\sqrt{N} = 0.06\sqrt{50000}\,m = 13.4m。$$

为了减少建筑间距离，节省土地，可采用错落的梅花式建筑物排列，且外用土围防护。

在采用炮孔法进行爆破工作时，为保证相邻药卷可靠殉爆，对药卷之间的殉爆距离有一定要求。药卷间的殉爆距离，除与炸药和药卷间的介质性质有关外，还与药卷内的炸药密度、药卷直径和药卷间的相互位置有关。混合炸药的密度增大到一定程度后，殉爆距离将减小。增大药卷直径，可以增加殉爆距离。相邻药卷在同一轴线上，且主动药卷底部聚能穴朝向被动装药时，其殉爆距离最大。炮孔法爆破装药时，应尽可能使相邻药卷紧密接触，防止岩粉或碎石等惰性物质将药卷隔开。有惰性介质时，殉爆距离将明显减小。

在炸药说明书中，都列有殉爆距离，使用者只需抽样检验，判定炸药在储存过程中有无变质即可。

4. 爆轰感度

炸药的爆轰感度指炸药在爆轰波作用下发生爆炸的难易程度，又称起爆感度。引爆炸药并保证其稳定爆轰所应采取的起爆装置（雷管、起爆药柱等）决定于炸药的爆轰感度。引爆炸药时，炸药受到起爆装置爆炸产生的冲击波（即激发冲击波）和高温爆炸产物的作用，因此炸药的爆轰感度与热感度和冲击波感度有关。

要使药柱起爆并达到稳定爆轰，激发冲击波的速度必须大于装药的临界爆速。同时，必须供给足够的起爆冲能。引爆炸药并使之达到稳定爆轰所需的最低起爆冲能称为临界冲能。临界冲能也可用来表示炸药的爆轰感度。

用雷管能够直接引爆的炸药（称为具有雷管感度的炸药），临界冲能也可采用引爆炸药所需的最小起爆药量（又称极限起爆药量）来表示，并用它来比较各种炸药的相对起爆感度。

图 1-24 所示为测定引起炸药爆轰时起爆药的极限起爆药量的装置。测定时，将 1g 炸药装入 8 号雷管壳中，在专门的模具中压实，压强保持在 49MPa。精确称量起爆药（如叠氮化铅），小心地将起爆药压在雷管壳中的炸药上，再装入 100mm 长的导火索，在专用爆炸室内点火引爆。观察爆炸试验后作为验证板——铅板的变形，以判断测试炸药是否被完全引爆。用内插法（每次变更起爆药量为 10mg）求得能引起炸药爆轰的最小起爆药量。几种炸药的极限起爆药量见表 1-15。对于常用的叠氮化铅来说，只需几十毫克就足以使上述炸药完全爆轰。用于起爆工业炸药的"起爆"药量则可达百克。

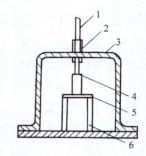

图 1-24 炸药爆轰感度的测定装置

1—导火索 2—固定管 3—防护罩
4—试样管 5—验证板 6—支座

表 1-15 几种炸药的极限起爆药量

起爆药名称	受试炸药/g		
	梯 恩 梯	特 屈 儿	黑 索 金
雷汞	0.24	0.19	0.19
叠氮化铅	0.16	0.10	0.05
二硝基重氮酚	0.36	0.17	0.13

不能用雷管直接引爆的炸药，其起爆感度可用引爆炸药使之达到稳定爆轰所需起爆药柱的最小药量来表示。起爆药柱用猛炸药制作，以雷管引爆。

5. 静电感度

在静电火花作用下，炸药发生爆炸的难易程度称为静电感度。炸药属于绝缘物质，在相互摩擦时，会发生电子转移，失去电子物质带正电，获电子物质带负电。在生产、加工炸药及爆破地点利用装药器经管道输送进行装药过程中，由于炸药是电的不良导体，炸药颗粒之间或炸药与其他绝缘物体之间经常发生摩擦，容易产生静电和静电放电现象，并形成很高的静电电压。如当压气把硝铵炸药通过软管吹入炮孔内时，由于炸药颗粒间相互摩擦，可能产生电容相当于 $500\mu F$、电压达 35kV 的静电。又如工厂中干燥炸药的工房最易产生静电，干燥黑索金时，有时会产生高达 2000V 的静电。在研究炸药的静电感度时，要分别研究炸药可能带有的静电量和在静电火花作用下炸药产生爆炸的可能性。

高电压静电放电产生电火花时，形成高温、高压的离子流，并集中大量能量，这种现象类似于爆炸，同样能在炸药中产生、激发冲击波。因此，炸药在静电火花作用下发生的爆炸，既与热作用有关，也与冲击波的作用有关。

炸药对静电火花作用的感度，可用使炸药发生爆炸所需最小放电电能来表示，或用在一定放电电能条件下所发生的爆炸频数来表示。测定炸药静电感度的原理如图 1-25 所示。测定时，先将高压真空开关 2 接通电极 a，使电容器充电，而后又将 2 扳向电极 b，使电容器放电，电火花作用在炸药试样 5 上，观察样品爆炸时所需的能量值。常用引发爆炸概率为 50% 时的电压表示炸

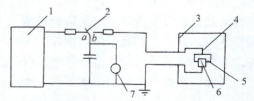

图 1-25 测定炸药静电感度的原理

1—高压电源 2—高压真空开关 3—防护箱
4—针形电极 5—炸药试样 6—击柱 7—静电计

药的静电感度。需要指出，测定炸药的静电感度不是件容易的事，影响因素也较多，目前已有不少改进方案。

在生产和使用炸药过程中，防止静电事故，主要是防止静电产生，一旦产生后要及时消除，使静电不至于产生过多积累。防止静电的主要措施有：设备接地；增加工房潮度；在工作台或地面铺设导电橡胶；在炸药颗粒和容器壁上加入导电物质；使用压气装药时，采用敷有良好导电层的抗静电聚乙烯软管作为输药管等。

6. 激光感度

激光是能量高度集中的、颜色单纯的光线，在空气中传播不易衰减。近年来，固体激光器不断改进，可以产生高功率、脉冲时间短的激光，形成冲击波，从而引爆炸药。使用激光引爆炸药的装置如图1-26所示。

由于炸药表面吸收激光的程度不同，炸药的表面性质对其激光感度有明显的影响，炸药的激光感度用能引爆炸药的最小激光能表示。

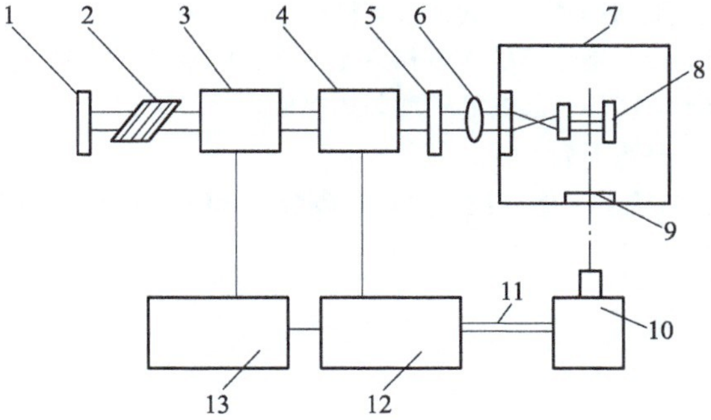

图1-26　激光引爆炸药的装置

1—反射镜　2—偏振光镜　3—电池组　4—红宝石
5—正面反射镜　6—透镜　7—安全室　8—试样室
9—树脂窗　10—高速摄像机　11—同步触发脉冲
12—灯源　13—时间延迟脉冲发生器

1.6.4 影响炸药感度的因素

能引起炸药爆炸的外界因素很多，炸药接收这些作用的机理不同，因此影响炸药感度的因素错综复杂，但大体上可归为化学、物理两大类。

（1）影响炸药感度的化学因素　首先，炸药分子中含有的爆炸性基团（如硝基、硝酸基、氯酸等）的数量明显影响化合物的爆炸感度，某些取代基也对化合物的感度有影响；其次，炸药的生成焓对感度有影响，起爆药的生成焓与猛炸药不同，起爆药的感度都很高；再次，炸药的爆热对感度有一定影响，爆热大的炸药感度高；最后，炸药的分子结构对其撞击感度也有影响。

（2）影响炸药感度的物理因素　机械作用于炸药时，最初发生的是炸药物理状态的变化，包括晶体间相对运动、塑性变形、能量转化等，因此炸药的物理状态、装药条件对炸药的感度影响很大，在一定程度上，这种影响超过炸药化学结构的影响。第一，炸药的初温对其感度有明显影响，初温升高，相应的感度增加；第二，炸药的晶型对感度也有影响，不同晶型具有不同的稳定性；第三，装药密度和方法对炸药感度有明显影响，对于爆轰波、冲击波来说，炸药的密度大，相应的感度降低；第四，装药的方式（压装或铸装、炸药处于胶塑状或孔隙多的块状）对炸药的感度有影响，胶塑状和浇注的炸药密度高、孔隙少，感度低；第五，添加剂对炸药的感度有很大影响，在炸药中加入敏化剂可提高感度，反之，加入钝化剂可降低炸药感度。

————— 思考题 —————

1-1 什么是爆炸的三要素？

1-2 什么是炸药的氧平衡？根据氧平衡值，炸药如何分类？

1-3 冲击波有哪些特点？

1-4 炸药爆轰稳定传播的条件是什么？如何理解？

1-5 影响炸药爆速的因素有哪些？

1-6 什么是炸药的起爆和感度？炸药的感度有哪些种类？

1-7 解释炸药起爆的不均匀灼热机理。

1-8 解释下列名词。

    爆炸 爆轰波 声速 爆容 爆温 爆压 殉爆 间隙效应

爆破器材与起爆方法 | 第 2 章

 导 读

　　基本内容：炸药的概念与分类，硝铵类炸药的组成，常用硝铵类炸药的种类及使用条件，雷管的组成要素及电雷管的性能参数，非电雷管、导爆索、导火索及导爆管的构成，电起爆系统的组成，起爆网路的连接形式，电雷管网路的串联准爆条件，电起爆网路的设计计算，非电起爆网路的连接，电起爆方法与非电起爆方法的优缺点和使用条件。

　　学习要点：掌握硝铵类炸药的主要成分及其作用，硝铵类炸药按使用条件的分类，电雷管的组成，电雷管网路的串联准爆条件，电爆网路计算；熟悉乳化炸药、水胶炸药的抗水机理，电雷管的性能参数，非电起爆器材（导爆索、导爆管、导爆管雷管）特点，非电起爆网路的形式与连接方法，电与非电起爆网路的优缺点；了解铵油炸药的特点与应用，炸药的主要性能参数，复式起爆网路的形式与应用，提高电起爆网路起爆能力的措施。

2.1　炸药及其分类

2.1.1　炸药的概念

　　广义地说，炸药是在一定条件下，能够发生快速化学反应，放出能量，生成气体产物，显示爆炸效应的化合物或混合物。然而，作为工业使用的炸药，还应当满足以下要求：

　　1）具有足够的爆炸能量。

　　2）具有合适的感度，保证使用、运输、搬运、储存及使用等环节的安全，并能被 8 号雷管或其他引爆体直接引爆。

　　3）具有一定的化学安定性，在储存中不易变质、老化、失效或爆炸，且具有一定的储存期。

　　4）爆炸生成的有毒气体少。

　　5）原材料来源广，成本低廉，便于生产加工。

　　6）生产过程中，不产生或少产生三废（废水、废气及固体废弃物），且可以处理，易实现达标排放，不增加对环境的污染，不影响生态平衡。

2.1.2　炸药分类

　　由于炸药的组成、物理性质、化学性质、爆炸性能的不同，炸药的分类方法很多。目前，一般根据炸药的用途、物理形态、使用条件和组成来分类。

1. 按炸药用途分类

（1）**起爆药** 起爆药的最大特点是对外界作用的感度特高，外界的轻微作用（机械作用、热作用等）都可能使其发生爆炸，而且一旦引爆便迅速转化为稳定的爆轰。起爆药主要用于制作起爆器材（火雷管和电雷管等），用来起爆猛炸药。属于此类药的有雷汞、氮化铅等。

（2）**猛炸药** 与起爆药相比，猛炸药的感度相对较低，具有相当的稳定性，需要借助起爆药才能使其爆轰。由于猛炸药的爆破做功能力大，破碎岩石和构筑物的能力强，所以它是各类爆破工程中最基本的常用炸药类型，猛炸药还可以分为单质猛炸药和混合猛炸药两类。

（3）**发射药** 发射药的特点是它对火焰的感度高，它的反应形式为迅速燃烧。发射药能够在没有外界助燃剂参与下有规律地燃烧，放出大量的热量和气体，对外界做抛射功。发射药的燃烧在一定的条件下也可转化为爆燃以至于爆炸。此类炸药适用于制造军事上的枪炮或火箭推进剂。黑火药为发射药的一种，常用来制造导火索和延期雷管的延期元件。

2. 按物理形态分类

（1）**固体炸药** 这种炸药是最常见的形态，并可分为粉状、粒状、柱状和凝胶体等。

（2）**液体炸药** 这种炸药有化合炸药，如硝化甘油、硝基甲烷、硝基苯等，也有液相或固相的混合炸药。

（3）**塑体或胶体炸药** 这种炸药的性态介于固体与液体之间。

（4）**气相炸药** 这种炸药指可发生化学爆炸的混合型气体。

其中，（1）、（2）和（3）类炸药统称凝聚体炸药。

3. 按炸药使用条件分类

（1）**煤矿许用炸药** 此种炸药适用于有煤尘炸危险的矿井工作面。对此类炸药生成的有毒气体、炸药做功能力、爆温、火焰长度及其持续时间均有严格的规定，以保证安全。

根据瓦斯安全性巷道试验，我国煤矿许用炸药分为以下五级：

一级：100g发射臼炮检定合格。用于低沼气矿井。

二级：150g发射臼炮检定合格。用于低沼气矿井。

三级：含水炸药450g发射臼炮检定合格，粉状炸药150g悬吊检定合格。用于高沼气矿井。

四级：250g悬吊检定合格。用于煤与沼气突出矿井。

五级：450g悬吊检定合格。用于溜煤孔爆破和揭石门。

合格标准规定为连续五次试验均不引爆沼气［沼气含量为（9%±0.3%），氧含量为（18.5%±0.5%），氢和其他可燃气体含量小于0.5%］，否则加倍复试，若仍有一次引爆，则不合格。

此外，还生产有其他品种的煤矿许用炸药。煤矿许用炸药又分为抗水和非抗水的两种。

（2）**岩石炸药** 这种炸药只对生成有毒气体量有限制，用于没有沼气和煤尘爆炸危险的矿井。按做功能力和抗水性能，我国生产的岩石铵梯炸药有1号、2号、抗水2号、抗水3号、抗水4号，其中以2号和抗水2号应用最普遍。此外，还生产有其他品种的岩石炸药。目前，应用广泛的铵梯乳化炸药。

（3）**露天炸药** 对这类炸药没有任何限制，但只能在露天矿爆破中使用。按做功能力和抗水性能，露天铵梯炸药有1号、2号、3号、抗水1号、抗水2号，其中以3号和抗水2号应用最普遍。此外，还生产有其他品种的露天炸药。

除以上几类炸药外，还有供特殊用途和在特殊条件下使用的炸药，如光爆炸药，地震勘探炸药，耐热炸药及近身爆破炸药等。

4. 按炸药组成分类

（1）化合炸药 化合炸药又称单质炸药，它是指碳、氢、氧、氮等元素以一定的结构存在于同一分子中，并能自身发生氧化还原反应的物质。这类炸药的分子内含有特殊的原子团，具有不稳定性，在外界一定的热能和机械能的作用下即进行分解，引起爆炸反应。化合炸药大多用作混合炸药的组成成分或火工品装药，极少单独用于民用工程爆破。化合炸药包括单质起爆药和单质猛炸药。

1）单质起爆药。单质起爆药常用的有雷汞、氮化铅和二硝基重氮酚等。

① 雷汞。其化学式为 $Hg(CNO)_2$，为白色或灰白色微细晶体。干燥的雷汞对撞击、摩擦和火花均极为敏感，容易发生爆炸。潮湿的或压制的雷汞感度降低。湿雷汞易与铝起作用生成极易爆炸的雷酸盐，故不能用铝材制作雷汞雷管的外壳。工业用雷管都用铜壳或纸壳。应防止雷汞受潮，以免发生雷管拒爆。

② 氮化铅。其化学式为 $Pb(N_3)_2$，通常为白色针状晶体。与雷汞或二硝基重氮酚比较，其热感度较低，而起爆能力较大。氮化铅不因潮湿而失去爆炸能力，可用于水下起爆。由于氮化铅在有 CO_2 存在的潮湿环境中易与铜发生作用而生成极敏感的氮化铜，因此氮化铅雷管不可用铜管壳，而用铝壳或纸壳。

③ 二硝基重氮酚。其化学式为 $C_6H_2(NO_2)_2N_2O$（简称DDNP），为黄色或黄褐色晶体。它的安全性好，在常温下长期储存于水中仍不降低其爆炸性能。干燥的二硝基重氮酚在75℃时开始分解。170～175℃时爆炸。二硝基重氮酚对撞击、摩擦的感度均比雷汞或氮化铅低。它的热感度则介于两者之间。由于二硝基重氮酚的原料来源广、生产工艺简单、安全、成本较低，而且具有良好的起爆性能，所以目前国产工业雷管主要是用它来作起爆药。

2）单质猛炸药。单质猛炸药是具有强烈爆炸作用的化合物。与起爆药相比，其感度低、做功能力大，可用作雷管的加强药。工业上常用的单质猛炸药有梯恩梯、黑索金、泰安、硝化甘油等。

① 梯恩梯。即三硝基甲苯，简称TNT。黄色晶体，吸湿性弱，有毒，几乎不溶于水。梯恩梯的热安定性好，常温下不分解，遇火能燃烧，在密闭条件下或大量燃烧时转为爆炸，机械感度较低。梯恩梯被广泛用于军事，工业上常用梯恩梯作为雷管中的加强药或硝铵类炸药中的敏化剂使用。

② 黑索金。即环三次甲基三硝胺 $C_3H_6N(NO_2)_3$，简称RDX。白色晶体，不吸湿，几乎不溶于水。黑索金热安定性好，其机械感度比梯恩梯高。由于它的做功能力和爆速都很高，除用作雷管中的加强药外，它还可以作为导爆索的药芯使用或同梯恩梯混合制造起爆药包。

③ 泰安。即季戊四醇四硝酸酯 $C(CH_2NO_3)_4$，简称PETN。白色晶体，几乎不溶于水，爆炸做功能力大。其爆炸特性与黑索金相近，用途也基本相同。

④ 硝化甘油。即三硝酸酯丙三醇 $C_3H_5(ONO_2)_3$，简称NC。无色或微带黄色的油状液体，爆炸做功能力高，不溶于水，故在水中不失去爆炸性。硝化甘油有毒，应避免与之有肢体接触。它的机械感度很高，受撞击和振动易发生爆炸，安定性差，因此不能单独使用，通

常用多孔物质如硅藻土或硝化棉吸收硝化甘油来降低其敏感度。

（2）混合炸药 混合炸药由两种或两种以上化合成分混合制成，混合物中须含有氧化剂和可燃剂两部分，两者以一定的比例均匀地混合在一起。当受到外部能量激发时，混合炸药能发生爆炸反应。混合炸药的敏感度较起爆药低，爆轰激发的过程较起爆药长，但爆轰释放的能量较起爆药大。混合炸药是目前应用最广、品种最多的一类炸药。混合炸药的种类很多，无论在军事炸药领域还是工业炸药领域，混合炸药都得到十分广泛的应用。针对各类不同爆破工程对炸药的爆炸性能、安全性能、力学性能及物理性能的要求，还可以添加某些改性物质以扩大它的适用范围。常用的混合炸药有铵梯炸药、铵油炸药、浆状炸药、乳化炸药和硝化甘油类炸药等。

1）铵梯炸药。这种炸药主要由硝酸铵、梯恩梯和木粉组成，是我国工业炸药的主要品种之一，主要含有以下成分：

① 硝酸铵（NH_4NO_3）。氧化剂，是铵梯炸药的主要成分，其本身是一种敏感度很低的弱性炸药，经强力起爆后爆速可达 2000~3000m/s。硝酸铵也是一种化学肥料，来源广，价格低。硝酸铵吸湿性强，易溶于水，吸湿后极易变硬结块。

② 梯恩梯。敏化剂，兼起还原反应，本身属于做功能力高的炸药，同硝酸铵配合后可获得零氧平衡或接近零氧平衡的铵梯炸药，可被普通 8 号工业雷管起爆。

③ 石蜡和沥青。抗水剂，用以防止硝酸铵的吸湿结块。

④ 木粉。既是松散剂，又是还原剂。

⑤ 食盐。消焰剂，不参加爆炸反应，目的是降低炸药的爆炸温度。

铵梯炸药具有爆炸性能好，做功能力较强，可以用一只 8 号工业雷管起爆，原材料来源广，成本较低等优点。其主要缺点是：易吸湿结块，所以不适合在潮湿有水的环境中使用；梯恩梯有毒，易造成对人体的毒害和环境污染。

根据不同的使用场合和性能特点，铵梯炸药的常用品种有岩石硝铵炸药、露天硝铵炸药和煤矿许用硝铵炸药。

① 岩石硝铵炸药。它由硝酸铵、梯恩梯和木粉三种成分组成。岩石硝铵炸药的显著特点是做功能力较强，根据梯恩梯含量的不同可制成不同型号，其爆炸做功能力和价格成本也不同。通常梯恩梯含量为 10%~20%。它主要用于露天或井下中硬岩石的小直径药卷爆破和岩石的二次破碎。为适应有水工作面爆破作业的需要，需再加入沥青、石蜡，组成抗水岩石铵梯炸药。

② 露天硝铵炸药。它适用于露天矿松动爆破，有时用于大孔径爆破中。与岩石硝铵炸药不同之处是其梯恩梯含量低（5%~10%），成本更低些，做功能力中等。

③ 煤矿硝铵炸药。对于煤矿硝铵炸药，除要求其有毒气体生成量符合规定外，还须保证它爆炸时不致引起瓦斯或煤尘爆炸。为此，在炸药中需加入 15%~20% 的消焰剂，通常采用食盐做消焰剂。煤矿许用硝铵炸药的显著特点是爆温和爆压都比较低，因而可以有效地防止炸药爆轰引燃煤矿中可燃性气体，如甲烷与空气混合物，保证煤矿井下爆破作业的安全性。消焰剂不但降低爆温和爆压，而且是甲烷氧化链反应的有效抑制剂。

表 2-1~表 2-3 分别列出了岩石硝铵炸药、露天硝铵炸药和煤矿铵梯炸药的品种和技术规格。

2）铵油炸药。这种炸药主要由硝酸铵、柴油、木粉组成，有时也添加少量其他组分。其中硝酸铵为氧化剂；柴油是可燃剂，又是还原剂；木粉用作疏松剂兼可燃剂。由于硝酸铵有结晶状和多孔粒状之分，铵油炸药就相应有粉状铵油炸药和多孔粒状铵油炸药之分。常用铵油炸药的组分、性能及适用条件见表 2-4。

表 2-1　岩石硝铵炸药的组分及技术规格

组分、性能及爆炸参数		1号岩石硝铵炸药	2号岩石硝铵炸药	2号抗水岩石硝铵炸药	3号抗水岩石硝铵炸药	4号抗水岩石硝铵炸药
组分（%）	硝酸铵	82±1.5	85±1.5	84±1.5	86±1.5	81.2±1.5
	梯恩梯	14±1	11±1	11±1	7±1	18±1
	木粉	4±0.5	4±0.5	4.2±0.5	6±0.5	—
	沥青	—	—	0.4±0.1	0.5±0.1	0.4±0.1
	石蜡	—	—	0.4±0.1	0.5±0.1	0.4±0.1
密度/(g/cm³)		0.95~1.1	0.95~1.1	0.95~1.1	0.9~1.0	0.95~1.1
爆炸性能	爆速/(m/s)	—	3200	3200	—	3500
	做功能力/mL	13	298	298	280	338
	猛度/mm	6	12	12	10	14
	殉爆距离/cm	—	5	5	4	8
爆炸参数	氧平衡值（%）	+0.52	+3.38	+0.37	+0.71	+0.43
	爆容/(L/kg)	912	924	921	931	902
	爆热/(kJ/kg)	4078	3688	3512	3877	4216
	爆压/MPa	—	—	3306	3587	—

表 2-2　露天岩石硝铵炸药的组分及技术规格

组分、性能及爆炸参数		1号露天硝铵炸药	2号露天硝铵炸药	3号露天硝铵炸药	1号抗水露天硝铵炸药	2号抗水露天硝铵炸药
组分（%）	硝酸铵	82±2	86±2	88±2	84±2	86±0.2
	梯恩梯	10±1	5±1	3±0.5	10±1	5±1
	木粉	8±1	9±1	9±1	5±1	8.2±1
	沥青	—	—	—	0.5±0.1	0.4±0.1
	石蜡	—	—	—	0.5±0.1	0.4±0.1
密度/(g/cm³)		0.85±1.1	0.85±1.1	0.85±1.1	0.85±1.1	0.85±1.1
爆炸性能	爆速/(m/s)	3600	3525	2100	3000	3525
	做功能力/mL	300	250	208	300	250
	猛度/mm	11	8	5	11	8
	殉爆距离/cm	4	3	2	3	3
爆炸参数	氧平衡值（%）	-2.04	+1.08	+296	0.61	0.30
	爆容/(L/kg)	932	935	944	927	936
	爆热/(kJ/kg)	3869	3740	3465	3971	3852
	爆压/MPa	3306	3170	3045	3306	3169

表2-3　国产煤矿铵梯炸药的组分与技术规格

组分、性能与爆炸参数		1号煤矿硝铵炸药	2号煤矿硝铵炸药	3号煤矿硝铵炸药	1号抗水煤矿硝铵炸药	2号抗水煤矿硝铵炸药	3号抗水煤矿硝铵炸药	2号煤矿铵油炸药	1号抗水煤矿铵沥蜡炸药
组分（%）	硝酸铵	68±1.5	71±1.5	67±1.5	68.6±1.5	72±1.5	67±1.5	78.2±1.5	81±1.5
	梯恩梯	15±0.5	10±0.5	10±0.5	15±0.5	10±0.5	10±0.5	—	—
	木粉	2±0.5	4±0.5	3±0.5	1±0.5	2.2±0.5	2.6±0.5	3.4±0.5	7.2±0.5
	食盐	15±1.0	15±1.0	20±1.0	15±1.0	15±1.0	20±1.0	15±1.0	10±0.5
	沥青	—	—	—	0.2±0.05	04±0.1	0.2±0.05	—	0.9±0.1
	石蜡	—	—	—	0.2±0.05	0.4±0.1	0.2±0.05	—	0.9±0.1
	轻柴油	—	—	—	—	—	—	3.4±0.5	—
性能	水分（%）	≤0.3	≤0.3	≤0.3	≤0.3	≤0.3	≤0.3	≤0.3	≤0.3
	密度/(g/cm³)	0.9～1.1	0.95～1.10	0.95～1.10	0.95～1.10	0.95～1.10	0.9～1.10	0.85～0.95	0.85～0.95
	猛度/mm	≥12	≥10	≥10	≥12	≥10	≥10	≥8	≥8
	做功能力/mL	≥290	≥250	≥240	≥290	≥250	≥240	≥230	≥240
	殉爆距离/mm 浸水前	≥6	≥5	≥4	≥6	≥4	≥4	≥3	≥3
	殉爆距离/mm 浸水后	—	—	—	≥4	≥3	≥2	≥2	≥2
	爆速/(m/s)	3509	3600	3262	3675	3600	3397	3269	2800

表2-4　常用的铵油炸药的组分、性能及适用条件

装药名称	组分（%）			水分不大于/（%）	装药密度/(g/cm³)	爆炸性能				炸药保质期	适用条件
	硝酸铵	柴油	木粉			殉爆距离/cm	猛度/mm	做功能力不小于/cm	爆速不低于/(m/s)		
1号粉状铵油炸药	92±1.5	4±1	4±0.5	0.75	0.9～1.0	5	12	300	3300	雨季7天，一般15天	露天或无沼气、无矿尘爆危险矿井、中硬以上矿岩爆破工程
2号粉状铵油炸药	92±1.5	1.8±0.5	6.2±1	0.8	0.8～0.9	—	≥18（钢管）	250	3800（铜管）	15天	露天中硬以下矿岩的中型、硐室爆破工程
3号粉状铵油炸药	94±1.5	5.5±1.5	—	0.8	0.9～1.0	—	≥18（铜管）	250	3800（铜管）	15天	露天大爆破工程

铵油炸药是一种感度和做功能力均较低的炸药，少量铵油炸药可以用一只8号雷管起爆，大多数铵油炸药需要由起爆药包起爆。铵油炸药具有原料来源广、成本低、加工容易、安全性好等优点，尤其是采用机械化混装车使得它的优点更加突出。铵油炸药和铵梯炸药一样有吸湿结块的缺点，这使其应用范围受到限制。

此外，还有铵松蜡炸药和铵沥蜡炸药，这些炸药的成分中除硝酸铵、木粉外，还有石蜡、松香和沥青。有时添加少量柴油。加入石蜡、松香和沥青的主要目的是为了提高炸药的抗水和防结块性能，但这些炸药仍不能在有水环境下使用，故多用于露天爆破中。铵松蜡炸药的使用范围较小，只在特殊场合下使用。

3）含水硝铵类炸药。这种炸药包括浆状炸药、水胶炸药和乳化炸药等。它们的共同特点是均含有水，水在含水炸药中具有很重要的作用。首先，水是含水炸药的基本成分，水的存在使含水炸药具有较好的流变性。在水胶炸药中，水是胶结剂的主要溶剂，它可以保持炸药性能的相对稳定；在乳化炸药中，水是氧化剂的重要溶剂，是使分散相成为均匀溶液的唯一介质。其次，水的存在改变了人们对炸药中不能含有水的传统观念，彻底改善了工业炸药抗水性的难题。通过使炸药中含有适量的水，可以增大或改变炸药的密度、爆速、爆压等爆炸性能。这些炸药的抗水性强，可用于水中爆破。

① 浆状炸药。作为一种抗水工业炸药，它的出现为硝酸铵类炸药的应用开辟了新的领域，解决了硝酸铵类炸药应用于水孔爆破的问题，在炸药发展史上是一个新的突破。它的基本成分是氧化剂水溶液、敏化剂和胶凝剂，其特点是将水作为炸药的一种组分，解决了工业炸药的抗水问题，同时改善了工业炸药的爆轰性能。

（a）氧化剂水溶液。浆状炸药主要采用硝酸铵饱和水溶液，有时加入少量硝酸钠。

（b）敏化剂及可燃剂。浆状炸药含水使起爆感度下降。为了使它能够顺利起爆，提高其起爆感度，需要加入敏化剂。敏化剂可分为：猛炸药如梯恩梯、硝化甘油等；金属粉如铝粉、镁粉等；柴油等可燃物；发泡剂如亚硝酸钠等。

（c）胶凝剂。胶凝剂起增稠作用，使浆状炸药中固体颗粒呈悬浮状态并将氧化剂水溶液、不溶的敏化剂颗粒及其他组分胶结在一起。现在经常使用的胶凝剂有槐豆胶、田菁胶、皂角胶、胡里仁粉及聚丙烯酰胺等。

（d）交联剂。交联剂促使胶凝剂分子中的基团互相键合，使分子进一步联结成为巨型网状结构，提高炸药的胶凝效果和稠化程度，增强抗水能力。交联剂有硼砂或硼砂与重铬酸钠的混合溶液等。

（e）其他添加剂。除了上述组分外，还有表面活性剂和稳定剂等。表面活性剂常用十二烷基苯磺酸钠，它在浆状炸药中起乳化和增塑作用；稳定剂可用尿素，用以防止浆状炸药的变质。

浆状炸药是一种做功能力高的防水炸药，具有良好的防水性能。炸药的装药密度大、适合于水孔爆破。但是浆状炸药的感度较低，雷管不能直接起爆，需用起爆药包方能起爆。几种浆状炸药的组分与性能见表2-5。

表 2-5　几种浆状炸药的组分与性能

组分与性能		炸 药 名 称					
		4号 浆状炸药	5号 浆状炸药	6号 浆状炸药	槐1号 浆状炸药	槐2号 浆状炸药	白云1号 浆状炸药
组分（%）	硝酸铵	60.2	70.2~71.5	73~75	67.9	54	45.0
	硝酸钠	—	—	—	（Na）10	（K）10	（Na）13
	梯恩梯	17.5	5.0	—		10.0	17.3

（续）

组分与性能		炸药名称					
		4 号 浆状炸药	5 号 浆状炸药	6 号 浆状炸药	槐 1 号 浆状炸药	槐 2 号 浆状炸药	白云 1 号 浆状炸药
组分（%）	水	16.0	15.0	15.0	9.0	14.0	15.0
	柴油	—	4.0	4~5.5	3.5	2.5	—
	胶凝剂①	2.0（白）	2.0（白）	2.0（白）	0.6（槐）	0.5（槐）	0.7（皂）
	亚硝酸钠	—	1.0	1.0	0.5	0.5	—
	硼砂	1.3	1.4	1.4	2.0②	2.0②	3③
	十二烷基苯磺	—	1.0	1.0	2.5	2.5	1.0
	酸钠	—	—	—	4.0	4.0	—
	硫黄粉	—	—	—	—	—	3.0
	乙二醇	3.0	—	—	—	—	3.0
性能	密度/(g/cm³)	1.4~1.5	1.15~1.24	1.27	1.1~1.2	1.17~1.27	—
	爆速/(m/s)	4.4~5.6	4.5~5.6	5.1	3.2~3.5	3.9~4.6	5.65
	临界直径/mm	96	≤45	≤45	—	—	≤78
	传爆长度/m	>3.85	>3.20	—	—	>3.00	—

① 白芨、槐豆胶、田菁胶、皂角胶、聚丙烯酰胺。

② 硼砂 0.145%+重铬酸钾 0.06%+水 1.795%。

③ 硼砂 0.1%+重铬酸钾 0.1%+亚硝酸钠 0.14%+水 1.66%。

② 水胶炸药。可归为浆状炸药一类，是由氧化剂、胶凝剂、水和敏化剂等基本组分组成的含水炸药，与浆状炸药的不同之处在于敏化剂是采用甲胺硝酸盐。该炸药是一种密度和炸药性能均可调节的做功能力高的防水炸药，安全性好，感度较高，可用于井下小直径（35mm）炮孔爆破，尤其适应于井下有水而且坚硬岩石的中深孔爆破。

③ 乳化炸药。它是一种含水工业炸药，20 世纪 70 年代初产生于美国，80 年代初我国开始研制开发乳化炸药。与传统的粉状铵梯炸药相比，乳化炸药具有生产、储运、使用安全，抗水性强，乳化炸药的猛度、爆速和感度均较高，可以用一只 8 号雷管起爆，密度在较宽范围（1.05~1.30g/m³）内可调，可用于有水爆破作业等特点，特别是在水下爆破中更显身手。乳化炸药的缺点是做功能力较低，必要时需与高做功能力炸药一起使用。乳化炸药是含水炸药的新发展，内部结构不同于浆状炸药和水胶炸药，浆状炸药和水胶炸药水溶液为连续相，悬浮的固体颗粒为分散相，即水包油型结构；乳化炸药则是氧化剂水溶液被乳化成微细液滴分散地悬浮在连续的油相中，构成所谓的油包水型结构。乳化炸药的主要成分如下：

（a）氧化剂。它通常采用硝酸铵和硝酸钠的饱和水溶液。

（b）敏化剂。乳化炸药也是含水炸药，为保证炸药的起爆感度，必须采用较理想的敏化剂来提高其感度。通常采用猛炸药、金属粉、发泡剂或空心微球来提高其敏感度。

（c）可燃剂。它主要是油相材料，如柴油、石蜡、凡士林或是它们的混合物。使用黏度合适的石油产品与氧化剂配成零氧平衡，可提供较多的爆炸能。以选用柴油同石蜡或凡士林的混合物使其黏度为 3.1 为宜。油蜡质微粒能使炸药具有优良的抗水性。

（d）乳化剂。它能在氧化剂水溶液中形成油包水型乳状体系，水与油是互不相溶的，但是在乳化剂作用下它们互相紧密吸附。

（e）少量添加剂。它是乳化促进剂、晶形改性剂和稳定剂之类的物质。

一些常用乳化炸药的组分与性能见表2-6。

表 2-6　常用乳化炸药的组分与性能

项　　目		RL-2	EL-103	RJ-1	MRY-3	CLH
组分（%）	硝酸铵	65	53~63	50~70	60~65	50~70
	硝酸钠	15	10~15	5~15	10~15	15~30
	尿素	2.5	1.0~2.5	—	—	—
	水	10	9~11	8~15	10~15	4~12
	乳化剂	3	0.5~1.3	0.5~1.5	1~2.5	0.5~2.5
	石蜡	2	1.8~3.5	2~4	（蜡—油）3~6	（蜡—油）2~8
	燃料油	2.5	1~2	1~3		
	铝粉	—	3~6	—	3~5	
	亚硝酸钠	—	0.1~0.3	0.1~0.7	0.1~0.5	
	甲胺硝酸盐	—	—	5~20		
	添加剂	—	—	0.1~0.3	0.4~1.0	0~4，3~15
性能	猛度/mm	12~20	16~19	16~19	16~19	15~17
	做功能力/mL	302~304		301		295~330
	爆速/(m/s)	（φ35）3600~4200	4300~4600	4500~5400	4500~5200	4500~5500
	殉爆距离/cm	5~23	12	9		

4）硝化甘油类炸药。这种炸药是以硝化甘油为基本成分，加入硝酸钾、硝酸铵作氧化剂，硝化棉作吸收剂，木粉为疏松剂，多种组分混合而成的混合炸药。我国的胶质硝化甘油类炸药有两种，一种含硝化甘油40%，一种含硝化甘油62%。这类炸药突出的优点是抗水性强，爆炸做功能力高，可在有水环境下进行爆破。但是由于它的安全性较差，成本高等因素，其使用数量只占炸药总量的 0.5%~1.0%。

2.2　起爆器材

为了利用炸药的能量，达到一定的爆破目的，必须采用一定的器材和方法，使炸药按照设计的先后顺序，准确可靠地发生爆轰反应。用于引爆炸药的器材叫作起爆器材。**工程爆破中使用的起爆器材主要有雷管、导火索、导爆索、导爆管、继爆管和起爆药柱等。**

2.2.1　雷管

雷管是管壳中装有起爆药（起初装的起爆药是雷汞，故称雷管），通过点火装置使其爆炸，再引爆加强药，而后引爆炸药的装置。雷管可分为火雷管、电雷管、导爆管雷管等，其中使用最广泛的是电雷管。按管壳材料可将雷管分为铜雷管、铝雷管和纸雷管。

1. 火雷管

火雷管通过火焰来引爆雷管中的起爆药使其爆炸。它是最简单的起爆器材，又是其他各种雷管的基本部分，可在地面开挖、隧道掘进、金属矿山、采石场及其他无瓦斯与爆尘爆炸危险的爆破作业中应用。火雷管由管壳、起爆药、加强药和加强帽组成，用导火索来引爆，起爆方法简单灵活，应用范围很广。图2-1所示为火雷管结构。

（1）管壳　管壳通常用金属（如铜、铝、铁）、纸或硬塑料制成，须具有一定的强度，以保护起爆药和加强药不直接受到外部能量的作用，同时又可为起爆药提供良好的封闭条件。管壳一端为开口端，供插入导火索之用，另一端封闭，做成圆锥形或半球面形聚能穴，以提高雷管的起爆能力。

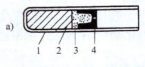
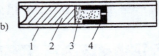

图 2-1 火雷管结构

a）金属壳火雷管　b）纸壳火雷管
1—管壳　2—加强药
3—起爆药　4—加强帽

（2）起爆药和加强药　起爆药要求在火焰作用下发生爆轰，其特点是感度高。我国目前采用二硝基重氮酚（DDNP）做起爆药。为使雷管爆炸后有足够的爆炸能来起爆炸药，雷管中除装起爆药外，还装有加强药，增强雷管的起爆能力。加强药一般比起爆药感度低，但爆炸做功能力高，通常由黑索金、特屈儿或黑索金-梯恩梯药柱制成。

（3）加强帽　它是一个中心带小孔的小金属罩。通常用铜皮冲压制成。加强帽的作用是：减少正起爆药的暴露面积，增加雷管的安全性；提高雷管的起爆能力；起到防潮作用等。

2. 电雷管

电雷管是以电能引爆的一种起爆器材。电雷管的起爆炸药部分与火雷管相同，区别仅在它采用了电力引火装置，并引出两根绝缘导电线——脚线。电雷管无开口端，品种较多，性能也较复杂。常用的电雷管分有瞬发电雷管、延期电雷管以及特殊电雷管等。延期电雷管又分为秒延期电雷管和毫秒延期电雷管。

（1）瞬发电雷管　瞬发电雷管为通电即刻爆炸的电雷管，由脚线、桥丝和引火药头组成的装置与火雷管一起构成。其结构如图 2-2 所示，并分为直插式（见图 2-2a）和药头式（见图 2-2b）两种，两者的区别在于有无引火药头和加强帽。

电点火装置用灌硫黄或用塑料塞卡口的方式密闭在火雷管内。接通电源后，电流通过康铜丝或镍铬丝做成的电桥丝产生一定热量，点燃引火头或起爆药使雷管立即爆炸。

（2）秒延期电雷管　延期雷管与瞬发雷管的区别就在于在桥丝与起爆药之间加了延时装置。通电至爆炸延迟时间长短以秒为单位计量的叫秒延期电雷管。其结构（见图 2-3）特点是，在瞬发电雷管的点火药头与起爆药之间，加了一段精制的导火索，作为延期药，或者在延期体壳内压入延期药。延期时间由延期药的装药长度、药量和配比来调节。索式结构的秒延期雷管管壳上开有对称的排气孔，其作用是及时排泄药头燃烧所产生的气体。为了防潮，排气孔用蜡纸密封。国产秒延期电雷管分 7 个延迟时间系列。这种延迟时间的系列，称为雷管的段别，即秒延期电雷管分为 7 段，其规格见表 2-7。

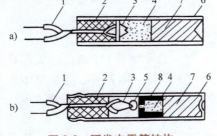

图 2-2　瞬发电雷管结构

a）直插式　b）药头式
1—脚线　2—密封塞　3—桥丝
4—起爆药　5—引火药头　6—管
壳　7—加强药　8—加强帽

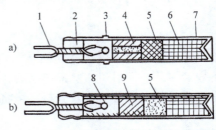

图 2-3　秒延期电雷管结构

a）索式　b）装配式
1—脚线　2—密封塞　3—排气孔　4—精制
导火索　5—起爆药　6—加强药　7—管壳
8—引火药头　9—延期药

表 2-7　不同段别秒延期电雷管的延期时间

雷管段别	1	2	3	4	5	6	7
延迟时间/s	≤0.1	1.0+0.5	2.0+0.6	3.1+0.7	4.3+0.8	5.6+0.9	7+1.0
标志（脚线颜色）	灰蓝	灰白	灰红	灰绿	灰黄	黑蓝	黑白

（3）毫秒延期电雷管　又称微差电雷管，毫秒延期电雷管通电后，经过毫秒量级的延迟后爆炸。其延期时间短，精度要求较高，因此延迟不能用导火索，而是用氧化剂、可燃剂和缓燃剂的混合物作为延期药，并通过调整其配比达到不同的时间间隔。其余结构与秒延期雷管基本相同。毫秒延期雷管中装有延期内管，它的作用是固定和保护延期药，并作为延期药反应时气体生成物的容纳室，以保证延期时间压力比较平稳。国产毫秒电雷管的结构有装配式（见图 2-4a）和直填式（见图 2-4b）。

部分国产毫秒延期电雷管各段别延期时间见表 2-8，其中第一系列为精度较高的毫秒延期电雷管；第二系列是目前生产中应用最广泛的一种；第三、四系列，段间延迟时间为 100ms、300ms；第五系列是发展中的一种高精度短间隔毫秒延期电雷管。

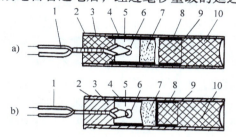

图 2-4　毫秒延期电雷管结构

a）装配式　b）直填式

1—脚线　2—管壳　3—密封塞　4—延期内管
5—气室　6—引火药头　7—压装延期药
8—加强帽　9—起爆药　10—加强药

表 2-8　部分国产毫秒延期电雷管的延期时间　　　　　（单位：ms）

段　　别	第 一 系 列	第 二 系 列	第 三 系 列	第 四 系 列	第 五 系 列
1	<5	<13	<13	<13	<14
2	25±5	25±10	100±10	300±30	10±2
3	50±5	50±10	200±20	600±40	20±3
4	75±5	$75\pm^{15}_{20}$	300±20	900±50	30±4
5	100±5	100±15	400±30	1200±60	45±6
6	125±5	150±20	500±30	1500±70	60±7
7	150±5	$200\pm^{15}_{20}$	600±40	1800±80	80±10
8	175±5	250±25	700±40	2100±90	110±15
9	200±5	310±30	800±40	2400±100	150±20
10	225±5	380±35	900±40	2700±100	200±25
11	—	460±40	1000±40	3000±100	—
12	—	550±45	1100±40	3300±100	—
13	—	655±50	—	—	—
14	—	760±55	—	—	—
15	—	880±60	—	—	—
16	—	1020±70	—	—	—
17	—	1200±90	—	—	—
18	—	1400±100	—	—	—
19	—	1700±130	—	—	—
20	—	2000±150	—	—	—

（4）抗杂散电流电雷管　在有杂散电流的环境中，杂散电流可能引起电雷管的早爆，导致事故，这时不能采用普通毫秒延期电雷管起爆装药，而应使用专门的抗杂散电流用的雷

管。抗杂散电流电雷管主要有以下形式：

1）无桥丝抗杂毫秒延期电雷管。它与普通毫秒延期电雷管的主要区别是取消了桥丝，而在引火药中加入适量的导电物质（如乙炔、炭黑和石墨等），做成具有导电性的引火头。当脚线两端电压较小时，点火药电阻很大，电流很小，点火药升温小，不会使点火药引燃；当电压升高到一定值时，导电物质颗粒由于受到电压和电流热效应的作用而发热膨胀，使各质点接触面积增大，电阻下降，就可使引火药发火。由于引火头的电阻随着外加电压和电流的变化而变化，所以无桥丝抗杂管具有一定的抗杂散电流的能力。

2）低阻桥丝式抗杂电雷管。低阻桥丝式抗杂电雷管的桥丝采用低电阻值的紫铜丝代替了康铜丝和镍铬丝。低阻桥丝式抗杂管具有良好的抗杂电性能，但是由于其电阻很小，现有的爆破测量仪表不易查出桥丝是否短路，且防潮性能差。

3）电磁雷管。雷管的脚线绕在环状磁芯上呈闭合回路，爆破作业时将单根导线穿过环状磁芯，由高频电流产生感应电流引爆雷管。这种雷管的抗杂效果较好。

（5）安全电雷管　在有沼气的工作面爆破时，除应使用安全炸药外，为避免雷管爆炸引燃瓦斯，须采用安全电雷管。安全电雷管同样有瞬发与延期雷管之分。安全电雷管对雷管的外壳、延期药的性能、脚线材料、外形结构和密封等提出了特殊的要求。

《煤矿安全规程》规定，在有瓦斯的工作面爆破时，总延迟时间最大不得超过130ms。因此，安全毫秒延时电雷管最大段别延期时间在130ms以内。

（6）电雷管主要性能参数　**电雷管的性能参数是检验电雷管的质量、计算电爆网路、选择起爆电源和测量仪表的依据。其主要性能参数有电雷管电阻、最大安全电流、最小发火电流、6ms发火电流、100ms发火电流、发火冲能、起爆能力和时间参数等。**

1）电雷管电阻。电雷管电阻为电雷管的桥丝电阻与脚线电阻之和，又称全电阻。它是进行电爆网路计算的基本参数。在设计网路的准备工作中，必须逐个测量电雷管电阻，并将电阻值相等或近似的用于同一网路中，以保证网路可靠起爆。目前，我国不同厂家生产的电雷管，即使电阻值相等或近似，但其电引火特性各有差异；就是同厂不同批的产品，也会出现电引火特性的差异。因此，在同一电爆网路中，最好选用同厂同批生产的电雷管。

2）最大安全电流。无限时供电，不会使任何一发雷管引爆的最大电流值叫作最大安全电流。而实际确定电雷管最大安全电流时，是给电雷管通电5min，以不致引爆电雷管的电流最大值作为最大安全电流。此电流值供选择电雷管测量仪表时参考。按安全规程规定，取30mA作为设计采用的最大安全电流值，故一切电雷管的测量仪表，其工作电流不得大于此值。

3）最小发火电流。给电雷管通以恒定的直流电，能准确引爆雷管的最小电流值称为最小发火电流，一般不大于0.7A。若通入的电流小于最小发火电流，即使通电时间很长，也难以保证电雷管被可靠引爆。

4）6ms发火电流。通电6ms能引爆电雷管的最小电流称为6ms发火电流。在有瓦斯的工作面爆破时，为保证安全，放炮通电时间不能超过6ms。因此，6ms发火电流是电雷管的一个重要参数。

5）100ms发火电流。通电时间为100ms，能引爆电雷管的最小电流称为100ms发火电流。该电流与电雷管的标称发火冲能值有关。

6）电雷管的反应时间。从通电开始到引火头发火的作用时间叫点燃时间；从引火头点燃开始到雷管爆炸的这一时间，称为传导时间；点燃时间与传导时间之和叫做电雷管的反应时间。

7）发火冲能。发火冲能定义为电雷管在发火时间内，每欧姆桥丝所提供的热能。若通过电雷管的电流为 i，发火时间为 t_s，则发火冲能为

$$K_s = \int_0^{t_s} i^2 \mathrm{d}t \qquad (2\text{-}1)$$

若通过的电流为直流电 I，则

$$K_s = I^2 t_s \qquad (2\text{-}2)$$

发火冲能与通入电流值的大小有关，非固定值。电流越小，散热损失越大，当电流值趋于最大安全电流时，发火冲能趋于无穷大；反之，热能损失小，电流增至无穷大时的发火冲能称为最小发火冲能。发火冲能是电流起始能的最低值，又称点燃起始能。

实际中，最小发火冲能常采用当电流强度等于两倍百毫秒发火电流时的发火冲能（称为标称发火冲能）值替代。该值只比最小发火冲能大 5%~6%，且已基本趋于稳定。发火冲能是表示电雷管敏感度的重要特性参数。

一般将发火冲能的倒数定义为电雷管的敏感度 S，即

$$S = \frac{1}{K_s} \qquad (2\text{-}3)$$

国产部分电雷管的性能参数见表 2-9。

3. 导爆管雷管

导爆管雷管为非电毫秒延期雷管，用塑料导爆管引爆。其结构如图 2-5 所示。它与毫秒延期电雷管的主要区别在于：不用毫秒延期电雷管中的电点火装置，而用一个与塑料导爆管相连接的塑料连接套，由塑料导爆管的爆轰波来点燃延期药。非电毫秒延期雷管的段别及其延期时间见表 2-10。

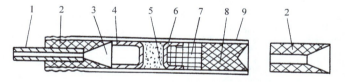

图 2-5　非电雷管结构

1—塑料导爆管　2—塑料连接套　3—消爆空腔　4—空信帽　5—延期药
6—加强帽　7—正起爆药 DDNP　8—副起爆药 PDX　9—金属管壳

表 2-9　国产部分电雷管的性能参数

桥丝材料及直径/μm	引火头	桥丝电阻/Ω	最大安全电流/A	最小发火电流/A	6ms发火电流/A	100ms发火电流/A	额定发火冲能/(A²·ms) 上限	额定发火冲能/(A²·ms) 下限	桥丝熔断冲能/(A²·ms)	传导时间/ms	20发准爆电流/A	制造厂家
康铜 50	桥丝直插 DDNP	0.76~0.94	0.03	0.35	1.65	0.575	12	—	37	2.6~5.1	—	抚顺 11 厂
康铜 50	桥丝直插 DDNP	0.73~0.98	0.35	0.425	1.65	0.75	19	9	56	2.1~4.9	1.5	阜新 12 厂

（续）

桥丝材料及直径/μm	引火头	桥丝电阻/Ω	最大安全电流/A	最小发火电流/A	6ms发火电流/A	100ms发火电流/A	额定发火冲能/(A²·ms)		桥丝熔断冲能/(A²·ms)	传导时间/ms	20发准爆电流/A	制造厂家
							上限	下限				
镍铬40	桥丝直插DDNP	—	0.125	0.2	0.75	0.4	3.2	2.2	15.4	2.2~7.2	—	开滦602厂
康铜50	桥丝直插DDNP	0.73~0.85	0.275	0.475	1.65	0.825	16.3	10.9	68	2.1~3.2	—	大同矿务局化工厂
康铜50	桥丝直插DDNP	0.8~0.85	0.35	0.45	1.60	0.825	15.7	10.9	54.4	2.2~2.4	—	淮南煤矿化工厂
康铜50	桥丝直插DDNP	0.65~0.90	0.35	0.425	1.65	0.825	16.3	10.9	46.2	2.2~2.5	—	徐州矿务局化工厂
锰白铜50	桥丝直插DDNP	0.79~1.14	0.325	0.425	1.50	0.775	13.2	8.4	45.6	—	—	淮北矿务局化工厂
康铜50	桥丝直插DDNP	0.69~0.91	0.275	0.45	1.75	0.80	18.7	9.5	66.6	2.6~5.2	1.8	淄博矿务局525厂
镍铬铜40	桥丝直插DDNP	1.6~3.0	0.15	0.2	0.7	0.35	2.9	2	10.3	2.4~4.3	0.8	峰峰607厂

表2-10 非电毫秒延期电雷管的段别及其延期时间

段　　别	DH-1系列/ms	段　　别	DH-2系列/ms
1	0	1	50±15
2	25±10	2	100±20
3	50±10	3	150±20
4	75±10	4	250±30
5	100^{+10}_{-20}	5	370±40
6	150±20	6	490±50
7	200±20	7	610±60
8	250±20	8	780±70
9	310±25	9	980±100
10	390±40	10	1250±150
11	490±45		
12	600±50		
13	720±50		
14	840±50		
15	990±75		

2.2.2　导火索

导火索是以具有一定密度的粉状或粒状黑火药为索芯，外面用棉纱线、塑料或纸条、沥青等材料包缠而成的圆形索状起爆材料。其作用是传递燃烧火焰，可用来起爆雷管或直接引爆黑火药，在秒延期雷管中起延期作用。导火索内径为 2.2mm 左右，外径为 5.2～5.8mm。工业导火索结构如图 2-6 所示。

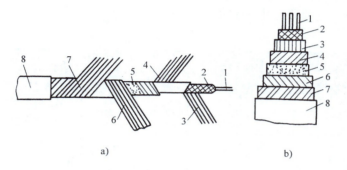

图 2-6　工业导火索结构

a）纵向结构　b）横向结构

1—芯线　2—索芯　3—内层线　4—中层线　5—防潮层

6—纸条层　7—外线层　8—涂料层

导火索分有防水导火索、安全导火索、速燃导火索和高秒导火索等品种。普通导火索的每米燃烧时间为 100～125s。

导火索起爆方法最为简单，易于掌握，费用低。但此法作业危险性较大，不易用仪器量测网路的好坏，难以预测爆破效果；导火索燃烧时有火焰喷发，产生大量有毒气体。导火索不允许在煤矿井下使用，正逐渐被淘汰。

2.2.3　导爆索与继爆管

1. 导爆索

导爆索属于索状起爆器材，它以黑索金或泰安作为索芯，用棉、麻、纤维及防潮材料包缠而成。导爆索可直接引爆炸药和塑料导爆管，也可以作为独立的爆破能源。根据使用条件和用途的不同，目前国产导爆索主要有普通导爆索、安全导爆索和油井导爆索三类。

（1）普通导爆索　普通导爆索可直接起爆炸药，但是这种导爆索在爆轰过程中，产生强烈的火焰，只能用于露天爆破和没有瓦斯或矿尘爆炸危险的井下爆破作业。普通导爆索的结构与导火索相似，但导爆索的芯药是采用黑索金或泰安制成的，外观为红色。导爆索的爆速与芯药黑索金的密度有关。目前国产的普通导爆索芯药黑索金，密度为 1.2g/cm³ 左右，药量 12～14g/m，爆速不低于 6500m/s。普通导爆索具有一定的防水性能和耐热性能，外径为 5.7～6.2mm，每（50±0.5）m 为一卷，有效期一般为两年。

（2）安全导爆索　它可以在有瓦斯或矿尘爆炸危险的井下爆破作业中使用。安全导爆索与普通导爆索结构上相似，所不同的是在药芯中或缠包层中增加了适量的消焰剂（通常是氯化钠），消焰剂药量为2g/m。安全导爆索在爆轰过程中产生的火焰小、温度较低，不会引爆瓦斯或矿尘。安全导爆索的爆速大于6000m/s，索芯黑索金药量为12~14g/m。

（3）油井导爆索。此导爆索是专门用以引爆油井射孔弹的，其结构同普通导爆索大致相同。但为了保证在油井内高温、高压条件下的爆轰性能和起爆能力，油井导爆索增强了塑料涂层并增大了索芯药量和密度。

导爆索的品种、性能和用途列于表2-11中。

表2-11　导爆索的品种、性能和用途

名　　称	外　表	外径/mm	药量/(g/m)	爆速/(m/s)	用　　途
普通导爆索	红色	≤6.2	12~14	≥6500	露天或无瓦斯、矿尘爆炸危险的井下爆破作业
安全导爆索	红色	—	12~14	≥6000	有瓦斯、矿尘爆炸危险的井下爆破作业
有枪身油井导爆索	蓝或绿	≤6.2	18~20	≥6500	油井、深水中爆炸作业
无枪身油井导爆索	蓝或绿	≤7.5	32~34	≥6500	油井、深水、高温中的爆破作业

2. 继爆管

继爆管是一种专门与导爆索配合使用，具有毫秒延期作用的起爆器材。导爆索爆速在6500m/s以上，单纯的导爆索起爆网路不能做到起爆延时。但导爆索与继爆管组合起爆网路，可以借助于继爆管的毫秒延期作用，实现毫秒爆破。

继爆管是装有毫秒延期元件的火雷管与消爆管的组合体。继爆管分单向和双向继爆管，图2-7所示为单向继爆管。当右端的导爆索1起爆后，爆炸冲击波和爆炸气体产物通过消爆管3和大内管5，压力和温度都有所下降，但仍能可靠地点燃延期药7，又不至于直接引爆起爆药。通过延期药来引爆起爆药、加强药及左端的导爆索。这样用继爆管实现了毫秒爆破。

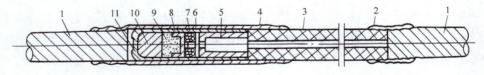

图2-7　单向继爆管

1—导爆索　2—连接管　3—消爆管　4—外套管　5—大内管　6—纸垫
7—延期药　8—加强帽　9—起爆药　10—加强药　11—雷管壳

单向继爆管在使用时，如果首尾连接颠倒，则不能传爆，而双向继爆管没有这样的问题。如图2-8所示，双向继爆管中消爆管的两端都对称装有延期药和起爆药，因此它两个方向均能可靠传爆。

双向继爆管使用方便，但是它所消耗的元件、原料几乎要比单向继爆管多一倍。在导爆索双向环形起爆网路中，则一定要用双向继爆管，否则就会失去双向保险可靠起爆的作用。

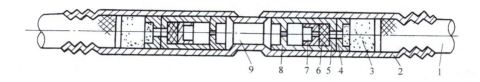

图 2-8　双向继爆管

1—导爆索　2—外套管　3—二硝基重氮酚　4—加强帽

5—内管　6—延期药　7—小帽　8—阻闸帽　9—缩孔

继爆管的起爆能力应不低于 8 号工业雷管，且在高温（40±2）℃和低温（−40±2）℃的条件下试验，继爆管的性能不应有明显的变化。继爆管采取浸蜡等防水措施后，也可用于水中爆破作业。继爆管可以用于具有杂散电流或静电的场所。由导爆索和继爆管组成的起爆网路目前在我国冶金矿山爆破中得到了广泛应用。

2.2.4　塑料导爆管和导爆管连通材料

1. 塑料导爆管

塑料导爆管为非电传爆材料，具有安全可靠、不受杂散电流干扰和便于操作等优点。因为起爆不用电能，故属非电起爆系统（又称 Nonel 起爆系统）。

（1）塑料导爆管的结构　塑料导爆管内壁涂有一层薄而均匀的高能混合炸药。管壁材料为高压聚乙烯，外径为（2.95±0.15）mm，内径为（1.4±0.1）mm；混合炸药的配比为：91% 的奥克托金或黑索金、9% 的铝粉与 0.25% ~ 0.5% 的附加物混合物；药量为 14 ~ 16mg/m。

（2）导爆管传爆原理　当导爆管被击发后，管内产生冲击波并传播，管壁内表面上薄层炸药受冲击波的作用而产生爆轰，爆轰反应释放出的热量及时不断地补充了沿导爆管内的爆轰波。从而使爆轰波阵面能以一个恒定的速度传爆。即导爆管传爆过程是冲击波伴随着少量炸药产生爆轰的传播，不同于炸药的爆轰过程。导爆管中激发的冲击波阵面以（1950±50）m/s 的速度（导爆管传爆速度）稳定传播。冲击波阵面过后，管壁完整无损，对管线通过的管段毫无影响。由于导爆管内壁的炸药量很少，形成的爆轰波能量不大，不能直接起爆工业炸药，而只能起爆火雷管或非电延期雷管。

（3）塑料导爆管的性能

1）起爆感度。火帽、工业雷管、普通导爆索、引火头等一切能够产生冲击波的起爆器材都可以引爆塑料导爆管。

2）传爆速度。国产塑料导爆管的传爆速度一般为（1950±50）m/s，也有（1580±30）m/s 的。

3）传爆性能。国产塑料导爆管传爆性能良好。一根长达数千米的塑料导爆管，中间不用中继雷管接力，且导爆管内的断药长度不超过 15cm 时，都可正常传爆。

4）耐火性能。火焰不能激发导爆管。用火焰点燃单根或成捆导爆管时，它只像塑料一样缓慢地燃烧。

5）抗冲击性能。一般的机械冲击不能激发塑料导爆管。

6）抗水性能。将导爆管与金属雷管组合后，具有很好的抗水性能，在水下80m深处放置48h也能正常起爆。雷管若加以适当的保护措施，可以在水下135m深处起爆炸药。

7）抗电性能。塑料导爆管能抗30kV以下的直流电。

8）破坏性能。塑料导爆管传爆时，不会损坏自身管壁，对周围环境不会造成破坏。

9）强度性能。国产塑料导爆管具有一定的抗拉强度，在50~70N拉力作用下，导爆管不会变细，传爆性能不变。

可见，塑料导爆管具有传爆可靠性高、使用方便、安全性好、成本低等优点，而且可以作为非危险品运输。

2. 导爆管连通器具

连通器具的功能是实现导爆管到导爆管之间的冲击波能量传递。我国现用的连通器多由连接块或多路分路器为主体构成。

图2-9所示为连接块及导爆管连通示意图，连接块通常用塑料制成，不同的连接块一次可起爆的导爆管根数不同。主爆导爆管先引爆传爆雷管。传爆雷管爆炸冲击作用于被爆导爆管，使被爆导爆管激发而继续传爆。如果传爆雷管采用延期雷管，采用连接块组成导爆管起爆系统，可以实现毫秒爆破。

图2-10所示为由多路分路器为主体构成的导爆管连通器具。它的作用原理跟连接块不一样。它不带传爆雷管，而是利用密闭容器中的空气冲击波来实现对被爆导爆管的激发。通常一根主爆导爆管可以通过一只多路分路器激发几根到几十根被爆导爆管。

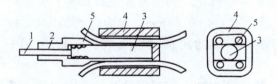

图2-9 连接块及导爆管连通示意图
1—主爆导爆管 2—连接块上的塑料卡子
3—传爆雷管 4—接块主体 5—被爆导爆管

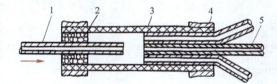

图2-10 多路分路器构成的导爆管连通器具
1—主爆导爆管 2—塑料塞 3—壳体
4—金属箍 5—被爆导爆管

在实际的爆破工程中，有时为了节约爆破材料和便于连接，经常采用8号雷管代替连通元件。将多根被爆导爆管用电工胶布绑扎在传爆雷管的四周，通过电雷管引爆被爆导爆管。普遍认为，连接时传爆雷管的聚能穴应与被引爆导爆管的传爆方向相反。

2.3 起爆方法

由于起爆器材的类型不同，起爆方法各异，**目前工程爆破使用最广泛的起爆方法通常分非电起爆和电力起爆两大类。非电起爆法包括导火索起爆法、导爆索起爆法和导爆管起爆法。**

在工程爆破中的起爆方法应根据环境条件、爆破规模、经济技术效果、安全可靠性，以及工人掌握起爆操作技术的熟练程度来选择。例如，在有瓦斯爆炸危险的环境中进行爆破，应采用电起爆而禁止采用非电起爆；对大规模爆破，如硐室爆破、深孔爆破和一次起爆数量较多的炮孔爆破，可采用电雷管、导爆管或导爆索起爆。

2.3.1　非电起爆法

1. 导火索起爆法

导火索起爆法操作方便、机动灵活、点火容易，不需敷设复杂的电气线路，易为爆破工人掌握。这一方法是利用导火索燃烧产生的火焰引爆火雷管，再由火雷管的爆炸能激发工业炸药爆炸。目前，这种方法应用较广，特别是在中小型开挖作业量少而分散的条件下和岩石的二次爆破中使用。火雷管起爆法的缺点是：点火时产生炮烟、劳动条件差、点火人员紧靠工作面、安全性较差。

（1）起爆雷管的组装加工　此项工作必须在专门的加工房或硐室内按照安全操作规程的要求进行。加工步骤如下：

按照现场实际需要，用锋利的小刀从导火索卷中截取导火索段，导火索段不得小于1.2m。插入火雷管的一端一定要切平，点火的一端可切成斜面，以增大点火时的接触面积。把导火索段平整的一端轻轻插入火雷管内，与雷管的加强帽接触为止。且勿把导火索斜面的一端插入雷管内。在加工工程中，如发现雷管口中有杂物，在导火索插入前，必须用指甲轻轻弹出，不能使导火索受到污染和折损。用专门的雷管钳夹紧雷管口，使导火索段固接在火雷管中。夹时不要用力过猛，以免夹破导火索。雷管钳的侧面应与雷管口平齐，夹的长度不得大于5mm，避免夹到雷管中的起爆药。如果是纸壳雷管可以采用缠胶布的办法来固定导火索段。

（2）药包加工　加工起爆药包时首先将一端用手揉松（最好将雷管装在无聚能穴的一端），然后把此端的包纸打开，用专用的锥子（木的、竹制的或铜制的）沿药包中央长轴方向扎一个小孔，再将起爆雷管全部插入，然后将药包四周的包纸收拢紧贴在导火索上，最后用胶布或细绳捆扎好。

（3）点火起爆　《爆破安全规程》规定，用导火索起爆时，应采用一次点火法点火。单个点火时，一人连续点火的根数（或分组一次点的组数）地下爆破不得超过5根（组），露天爆破不得超过10根（组）。装药结束，一切无关人员撤至安全地点并做好了警戒工作后，方能点火。点火前必须用快刀将导火索点火端切掉5cm，严禁边点火边切割导火索。必须用导火索段或专用点火器材点火，严禁用火柴、烟头和灯火点火，应尽量推广采用点火筒、电力点火和其他的一次点火的方法。

2. 导爆索起爆法

导爆索可以用来直接起爆炸药和导爆管等，但它本身需要雷管来起爆。由于在爆破作业中，从装药、堵塞到连线等施工程序上都没有雷管，而是在一切准备就绪，实施爆破之前才接上起爆雷管，其施工的安全性要比其他方法好。

（1）起爆药包加工　不同类型的爆破，起爆药包有多种加工方法：可以将导爆索直接绑扎在药包上（见图2-11a）送入孔内；散装炸药时，将导爆索的一端系一块石头或药包（见图2-11b），然后将它下放到孔内，接着将散装炸药倒入。对于硐室爆破，常将导爆索的一端挽成一个结（见图2-12），然后将这个起爆结装入一袋或一箱散装炸药的起爆体中。

（2）导爆索的连接形式　这里所指的是导爆索与导爆索、导爆索与雷管之间的连接。导爆索传递爆轰的能力有一定的方向性，顺向传播方向最强。因此在连接网路时，必须使每一支路的接头迎着传爆方向，夹角应大于90°。导爆索与导爆索之间的连接，应采用图2-13

所示的搭结、水手结和 T 形结等。

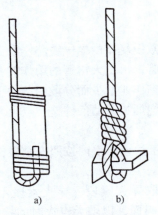

图 2-11 导爆索起爆药包
a) 导爆索直接绑扎在药包上
b) 导爆索系在石头或药包上

图 2-12 导爆索结

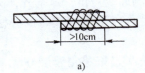  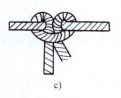

a) b) c)

图 2-13 导爆索间的连接形式
a) 搭结 b) 水手结 c) T 形结

导爆索的搭接长度不得小于 10cm。搭接部分用胶布捆扎。有时为了防止线头芯药散失或受潮引起拒爆，可在搭接处增加一根短导爆索，以增加传爆可靠性。在复杂网路中，由于导爆索接头较多，为了防止弄错传爆方向，可以采图 2-14 所示的三角形连接法。这样不论主导爆索的传爆方向如何，都能保证可靠地起爆。

导爆索与雷管的连接方法比较简单，直接将雷管捆绑在导爆索的起爆端，连接时雷管的集中穴（聚能穴）应朝向传爆方向。绑结雷管或药包的位置应在离导爆索末端 150mm 的地方。为了安全，只允许在起爆前将雷管或药包绑结在导爆索上。

（3）导爆索网路和连接方法 导爆索的起爆网路包括主导爆索、支导爆索和引入每个深孔和药室中的引爆索。导爆索起爆网路形式比较简单，没有复杂的计算，只需合理安排起爆顺序即可。

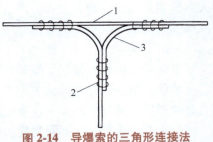

图 2-14 导爆索的三角形连接法
1—主导爆索 2—附加支索 3—支导爆索

工程对爆破要求不甚严格时。可采用图 2-15 所示的并联网路，或用并簇联或单向分段并联，或采用图 2-16 所示的串联网路。串联时会出现很短的延时。对于要求严格的导爆索起爆网路，可采用双向分段并联或环状起爆网路，即双向并联网路，如图 2-17 所示。

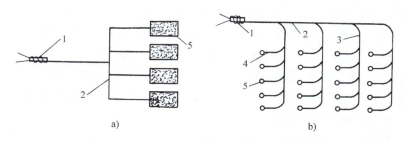

图 2-15　导爆索并联网路

a）并簇联　b）分段并联

1—雷管　2—主导爆索　3—支导爆索　4—引爆索　5—药包

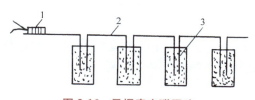

图 2-16　导爆索串联网路

1—雷管　2—导爆索　3—药包

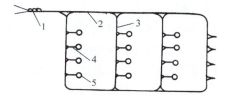

图 2-17　双向分段并联起爆网路

1—雷管　2—主导爆索　3—支导爆索

4—被引爆索　5—药包

采用继爆管加导爆索的网路形式时，可以实现毫秒爆破。采用单向继爆管时，应避免接错方向。主导爆索应同继爆管上的导爆索搭接在一起，被动导爆索应同继爆管的尾部雷管搭接在一起，以保证能顺利传爆。根据爆破工程要求和条件，网路形式有孔间毫秒延期、排间毫秒延期、孔间或排间交错毫秒延期等各种形式的毫秒爆破。图 2-18 所示为最简单的单排孔间毫秒起爆网路。

导爆索起爆法适用于深孔爆破、硐室爆破和光面或预裂爆破，其优点是：

1） 操作技术简单，与用电雷管起爆方法相比，准备工作量少。

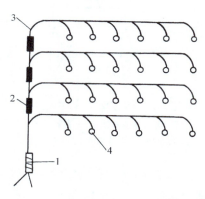

图 2-18　单排孔间毫秒起爆网路

1—雷管　2—连通管　3—导爆索　4—药包

2） 安全性较高，一般不受外来电的影响，除非雷电直接击中导爆索。

3） 导爆索的爆速较高，有利于提高被起爆炸药传爆的稳定性。

4） 可以使成组炮孔或药室同时起爆，而且同时起爆的炮孔数不受限制。

它的缺点是：采用导爆索起爆成本较高；在起爆以前，不能用仪表检查起爆网路的质量；在露天爆破时，噪声较大；导爆索爆破网路不适应城市控制爆破。

3. 导爆管起爆法

导爆管中传递的爆轰波是一种低爆速的弱爆轰波，它本身不能直接起爆工业炸药，只能起爆炮孔中的雷管，再通过雷管的爆炸引爆炮孔或药室的炸药包。

（1）导爆管起爆系统的工作原理　导爆管起爆系统如图2-19所示，它由三部分组成：击发（起爆）元件、连接（传爆）元件和末端工作元件。击发元件的作用是击发导爆管。雷管、击发枪火帽、电引火头导爆索和电击发笔等都可作为激发元件，最常用的为8号瞬发电雷管。传爆元件的作用是使弱爆轰波能量连续传递下去，它由导爆管和连接元件组成。工作元件是由引入炮孔或药室中的导爆管和它末端组装的雷管（瞬发的或延发的）组成，它最终用来引爆炮孔或药室中的装药。

击发元件使导爆管起爆和传爆。当传爆到连通管时，连通管所连接的导爆管有两类：一类属于末端工作元件的导爆管，它的传爆引起雷管起爆，结果使炮孔中的炸药爆轰；另一类属于传爆元件的导爆管，它的作用是传爆到另一个连通管中。就这样接连地传爆下去，使所有的炮孔或药室按一定的顺序起爆都起爆。

（2）爆破网路

1）导爆管网路常用的基本连接形式。

① 并联网路。并联网路如图2-20所示，即把炮孔或药包中非电毫秒雷管用一根导爆管延伸出来，然后把数根延伸出来的导爆管用连通管或传爆雷管并在一起。

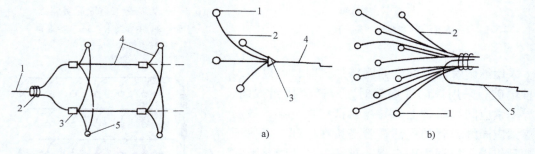

图 2-19　导爆管起爆系统

1—导火索或脚线　2—雷管
3—连通管　4—导爆管　5—炮孔

图 2-20　并联网路

a）连通管并联　b）即发雷管并联
1—炮孔　2—导爆管　3—连通管　4—击发笔　5—即发雷管

② 串联网路。导爆管的串联网路如图2-21所示，即把各起爆元件依次串联在传爆元件的传爆雷管上，每个传爆雷管的爆炸完全可以击发与其连接的分支导爆管。

③ 并串联网路。并联网路与串联网路的结合组成并串联网路，如图2-22所示。并串联网路是爆破起爆网路中最基本的，以此为基础可以构成如图2-23所示的并串串联网路和图2-24所示的并串并联网路。

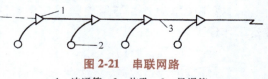

图 2-21　串联网路

1—连通管　2—炮孔　3—导爆管

另外还有并并联和串串联等爆破网路。采用什么样的网路，与工程实际条件和要求关系很大。

2）导爆管起爆网路的延时。使用导爆管网路，可通过非电延期雷管实现毫秒延时。导爆管起爆的延期网路，一般分为孔内延期网路和孔外延期网路。

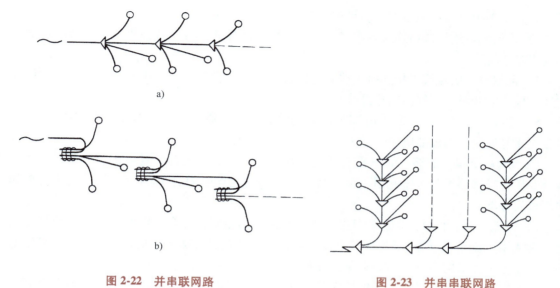

a)

b)

图 2-22　并串联网路

a）连通管并串联　b）传爆管并串联

图 2-23　并串串联网路

① 孔内延期网路。这种网路中传爆雷管（传爆元件）全用瞬发非电雷管，炮孔内的起爆雷管（起爆元件）则根据实际需要使用不同段别的延期非电雷管。干线上各传爆瞬发非电雷管顺序爆炸，相继引爆各炮孔中的起爆元件，通过孔内各起爆雷管的延期，实现毫秒爆破。

② 孔外延期网路。在这种网路中，炮孔内用非电瞬发雷管，而网路中的传爆雷管按实际需要用延期非电雷管。

必须指出，为了使爆破网路能够顺序、稳定传爆，使用典型导爆管延期网路时，不论孔内延期或孔外延期，在配备延期非电雷管时和决定网路长度时，都必须遵照下述原则：网路中，在第一响产生的冲击波到达最后一响的位置之前，最后一响的起爆元件必须被击发，并传入孔内。否则，

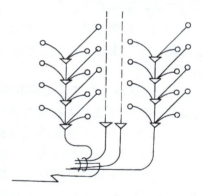

图 2-24　并串并联网路

第一响所产生的冲击波有可能赶上并超前网路的传爆，破坏网路。

2.3.2　电力起爆法

利用电雷管通电后起爆产生的爆炸能引爆炸药的方法称为电力起爆法。它由电雷管、导线和起爆电源三部分组成的起爆网路来实施。

（1）导线　根据导线在起爆网路中的不同位置划分为脚线、端线、连接线、区域线（支线）和主线（母线）。

1）脚线。脚线是从电雷管内引出的直径为 0.4~0.5mm 的铜芯或铁芯塑料包皮绝缘线，长度一般为 2m。

2）端线。端线是连接电雷管脚线至孔口或药室口的导线。其直径不得小于 0.8mm，常

用截面为 0.2~0.4mm² 多股铜芯塑料皮软线。

3）连接线。连接线指连接各串联组或各并联组的导线，常用截面为 2.5~1.6mm² 的铜芯或铝芯塑料线。

4）区域线。区域线是指连接主线和连接线的导线。实施分区爆破时，各分区与主线间的连线也称区域线。其规格同连接线。

5）主线。主线是连接起爆电源与区域线的导线，一般用动力电缆或专设的爆破电缆，可多次重复使用，通过的电流也最大。

（2）起爆电源　能够引爆电雷管的电源称起爆电源，干电池、蓄电池、照明线、动力线及专用的发爆器等都可做起爆电源。煤矿中常用的起爆电源有 220V 或 380V 交流电源和防爆型发爆器。

1）交流电源。如果网路比较复杂，电爆网路中的雷管数量多，需要起爆总电流强度大时，常使用交流动力电源。《煤矿安全规程》规定，煤矿井下放炮不能用这种电源，交流电源只能用于无瓦斯的井筒工作面和露天爆破。

采用交流电源时，必须在爆破的安全地点设置起爆接线盒。接线盒应满足：设置电源开关刀闸和起爆刀闸两个开关，且都必须是双刀双掷刀闸；设置指示灯，当电源开关刀闸合上以后，指示灯发光表明电源接通。在煤矿立井施工中，当接近和通过瓦斯煤层时，接线盒上应设置毫秒限时开关。

采用交流电源时，串联雷管的准爆电流要比使用直流电起爆时的大。为提高交流电源的起爆能力，可采用三相交流全波整流技术，将三相交流电源变成直流电源，并提高电源的输出电压。

2）发爆器。发爆器按使用条件分为防爆型和非防爆型两类。防爆型发爆器限时供电并有防爆外壳，以防电路系统的触电火花引燃瓦斯，确保起爆时安全。非防爆型的发爆器不必采用防爆外壳，通常仅在地面爆破时使用。发爆器按结构原理分为发电机式和电容式二种。电容式发爆器目前最为普遍。

电容式发爆器的种类很多，其典型工作原理如图 2-25 所示。它是应用晶体三极管振荡电路，将若干节干电池的低压直流电变为高频交流电，经变压器升压后，再由二极管整流，

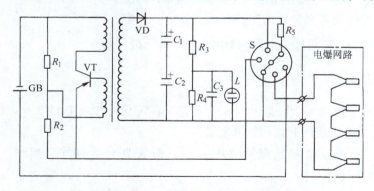

图 2-25　电容式发爆器工作原理

GB—干电池　VT—晶体三极管　VD—整流二极管

C_1，C_2—电容　L—氖灯　R_5—泄放电阻　S—毫秒开关

变成高压直流电，然后对电容器充电。当主电容电压达到额定电压值后，氖灯发光，指示可以起爆，对于大容量电容式发爆器，常采用仪器指针显示主电容电压值。如果是非防爆型发爆器，其供电时间没有限时，起爆后一定要及时地把控制开关拧到停止位置，接通泄放电阻，使电容器短路，将剩余电能全部泄放掉，以免发生危险。防爆型发爆器主电容在 3 ~ 6ms 以内向电爆网路放电，剩余电荷通过内部泄放电阻放掉。泄放电阻在防爆型发爆器中尤为重要，要经常检查其在线路中的工作状况，否则可能会引起误爆事故。

国产发爆器型号很多，但其工作原理基本相同，只是某些电路稍有改变。表 2-12 列出了部分国产电容式发爆器的性能及主要技术规格。

电容式发爆器通常所能提供的电流不太大，不足以起爆并联数目较多的雷管，一般只用来起爆串联网路。此外，只有发爆器处于完好状态，其起爆能力才能达到其铭牌规定的雷管数，一般情况难以保证达到规定的起爆雷管数。

表 2-12　部分国产电容式发爆器的性能及主要技术规格

型　　号	引爆能力/发	峰值电压/V	主电容量/μF	输出冲能/(A²·ms)	供电时间/ms	最大外阻/Ω	生　产　厂　家
MFB—80A	80	950	40×2	27	4~6	260	开封煤矿仪器厂
MFB—100	100	1800	20×4	25	2~6	320	抚顺煤研所工厂
MFB—100/200	100	1800	20×4	24	2~6	340/720	奉化煤矿专用设备厂
MFB—100	100	1800	20×4	≥18	4~6	320	渭南煤矿专用设备厂
MFB—150	150	800~1100	40×3	—	3~6	470	淮南矿务局五金厂
MFB—100	100	900	40×2	25	3~6	320	营门第二仪 2G 厂
MFF—100	100	900	40×2	>30	3~6	320	渭南煤矿专用设备厂
FR92—150	150	1800~1900	30×4	>20	2~6	470	沈阳新兴防爆电器厂
YJQL—1000	4000	3600	500×9	2347	—	104/600	营口市有线电厂

2.3.3　电雷管的串联准爆条件和准爆电流

串联网路是爆破工程中最常用的网路。在电雷管的串联爆破网路中，虽然通过每个电雷管的电流相同，但每个电雷管的性能参数是有差异的，对电能的敏感程度不尽相同。特别是桥丝电阻、发火冲能和传导时间的差异，对电雷管的引爆影响最大。若电流过小，有可能发生个别雷管不被引爆的现象。**为了保证串联网路中每个电雷管都被引爆，必须满足以下准爆条件：感度最高的电雷管爆炸之前，感度最低的电雷管必须被点燃，即感度最高的电雷管的爆发时间 τ_{min} 必须大于或等于感度最低电雷管的发火时间 t_{imax}**

$$\tau_{min} = t_{imin} + \theta_{min} \geq t_{imax} \tag{2-4}$$

式中　τ_{min}、t_{imin}——感度最高电雷管的爆发时间和发火时间；

θ_{min}——电雷管的最小传导时间；

t_{imax}——感度最低电雷管的发火或点燃时间。

（1）直流电源起爆　若将式（2-4）两边都乘以电流强度 I 的平方，则有

$$I^2 t_{imin} + I^2 \theta_{min} \geq I^2 t_{imax}$$

或者

$$I^2 \theta_{min} \geq I^2 t_{imax} - I^2 t_{imin} = K_{smax} - K_{smin} \tag{2-5}$$

式中　K_{smin}、K_{smax}——在给定的电流强度条件下，感度最高和感度最低的电雷管的发火冲能。

若 $I \geqslant 2I_{100}$，即电流强度大于等于两倍百毫秒发火电流时，发火冲能 K_s 可用标称发火冲能 K_B 代替，则串联电雷管的准爆条件可变化为

$$I \geqslant \sqrt{\frac{K_{Bmax} - K_{Bmin}}{\theta_{min}}} \geqslant 2I_{100} \tag{2-6}$$

式中　I——电起爆网路中的电流；

　　　I_{100}——百毫秒发火电流；

　　　K_{Bmax}——感度最低电雷管的标称发火冲能；

　　　K_{Bmin}——感度最高电雷管的标称发火冲能。

工业电雷管用于一般爆破时，直流串联准爆电流的标准为 2A，这个标准可以使电雷管的串联准爆性能有一定保证。要保证串联网路中每个电雷管都被引爆，还需要符合准爆条件。例如，阜新十二厂生产的直插式瞬发雷管，其发火冲能上限是 $19A^2 \cdot ms$，下限是 $9A^2 \cdot ms$；传导时间最小值是 2.1ms；百毫秒发火电流为 0.75A，按直流串联准爆条件计算的准爆电流应不小于 2.18A。为了能够可靠的引爆所有串联雷管，准爆电流就必须大于标准规定的 2A，进一步按准爆条件取为 2.18A。

（2）交流电源起爆　如用交流电起爆时，准爆电流应是交流电的有效值。当通电时间比一个周期大得多时，用电表测得的有效电流值进行计算是合理的。但当通电时间小于一个周期时，就不能用交流电表所测出的电流值作为有效值了。其起爆冲能不仅决定于通电时间的长短，也与通电时电流的相位有关。如果电路闭合时的相位不等于零，则电流通过电路的时间不是电流半周期的整倍数，则交流电给出的冲能比相同的直流电（与交流电有效值相同的直流电）给出的冲能小，因此，采用交流电时所需用的电流强度应比直流电的大。交流电按正弦曲线变化，即 $i = I_m \sin\omega t$（I_m 为电流最大值），而 $I_m = \sqrt{2}I$，则起爆冲能为

$$\int_{t_1}^{t_2} i^2 dt = \int_{t_1}^{t_1+\theta_{min}} 2I^2 \sin^2\omega t dt = I^2 \left\{ \theta_{min} - \frac{1}{2\omega} \left[\sin2\omega t(t_1 + \theta_{min}) \right] - \sin2\omega t_1 \right\}$$

此时准爆电流为

$$I = \sqrt{\frac{K_{Bmax} - K_{Bmin}}{\theta_{min} - \frac{1}{2\omega} \left[\sin2\omega(t_1 + \theta_{min}) - \sin2\omega t_1 \right]}} \tag{2-7}$$

当通电时间在图 2-26 所示范围内 $[(T/2 - \theta_{min}/2) \sim (T/2 + \theta_{min}/2)]$ 时，电流的有效值最小，即得到最不利时的交流准爆电流

$$I = \sqrt{\frac{K_{Bmax} - K_{Bmin}}{\theta_{min} \pm \frac{1}{\omega} \sin\omega\theta_{min}}} \tag{2-8}$$

式中　ω——交流电的角频率，$\omega = 2\pi f$，f 为交流电的频率；

　　　I——串联准爆交流电强度（A）。

工业电雷管交流串联准爆电流的标准为：串联 20 发镍铬桥丝电雷管不大于 2.0A；康铜桥丝电雷管不大于 2.5A。

（3）电容式发爆器引爆　串联爆破网路中，为保证电雷管可靠引爆，必须同时满足三个条件：

1) 发爆器的输出冲能 K 应大于感度最低电雷管发火冲能。电容式发爆器的输出电压是随时间变化的，可表示为

$$U = U_0 \mathrm{e}^{-\frac{t}{RC}} \tag{2-9}$$

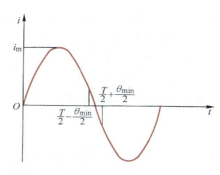

式中　U_0——发爆器最大输出电压（V）；

$\quad\quad t$——通电时间（s）；

$\quad\quad R$——电爆网路的总电阻（Ω）；

$\quad\quad C$——主电容（F）。

电容式发爆器的输出冲能为

$$K = \int_0^t i^2 \mathrm{d}t = \int_0^t (U/R)^2 \mathrm{d}t = \frac{U_0^2 C}{2R}\left(1 - \mathrm{e}^{-\frac{2t}{RC}}\right)$$

图 2-26　交流电有效值最小时通电相位

于是，要求有

$$\frac{U_0^2 C}{2R}\left(1 - \mathrm{e}^{-\frac{2t}{RC}}\right) \geqslant K_{\mathrm{smax}} \tag{2-10}$$

2) 满足准爆条件，即 $t_{\mathrm{imin}} + \theta_{\min} \geqslant t_{\mathrm{imax}}$。$t_{\mathrm{imin}}$，$t_{\mathrm{imax}}$ 为感度最高和最低雷管的发火时间，其值可由发爆器在该时间内给出的冲能 K_s 应至少等于雷管标称发火冲能的条件求出

$$t_{\mathrm{imax}} = -\frac{RC}{2}\ln\left(1 - \frac{2K_{\mathrm{smax}}R}{CU_0^2}\right) \tag{2-11}$$

$$t_{\mathrm{imin}} = -\frac{RC}{2}\ln\left(1 - \frac{2K_{\mathrm{smin}}R}{CU_0^2}\right) \tag{2-12}$$

将此式（2-11）、式（2-12）代入准爆条件并转换得

$$R \leqslant \frac{2\theta_{\min}}{C\ln\left(\dfrac{U_0^2 C - 2RK_{\mathrm{smin}}}{U_0^2 C - 2RK_{\mathrm{smax}}}\right)} \tag{2-13}$$

3) 最钝感电雷管的点燃时间应小于放电电流降到最小发火电流的放电时间，即

$$t_{\mathrm{imax}} \leqslant t_0 \tag{2-14}$$

式中　t_0——放电电流降到最小发火电流时的放电时间，t_0 按下式计算

$$t_0 = \frac{RC}{2}\ln\frac{U_0^2}{R^2 I_0^2} \tag{2-15}$$

$\quad\quad I_0$——电雷管的最小发火电流。

经变换可得到以下条件式

$$R \leqslant \frac{-K_{\mathrm{smax}} + \sqrt{K_{\mathrm{smax}}^2 + C^2 I_0^2 U_0^2}}{CI_0^2} \tag{2-16}$$

2.3.4　电爆网路及计算

电爆网路连接有串联、并联和混联三种方式。

（1）串联　串联网路简单，操作方便，易于检查，网路所要求的总电流小。串联网路

总电阻；计算公式为

$$R = R_m + nr \qquad (2\text{-}17)$$

式中　　R——串联网路总电阻；

　　　　R_m——导线电阻；

　　　　r——单个雷管电阻；

　　　　n——串联电雷管数目。

串联网路的总电流计算公式为

$$I = \frac{U}{R} = \frac{U}{R_m + nr} \geqslant I_{\text{准}} \qquad (2\text{-}18)$$

式中　　I——通过单个电雷管的电流；

　　　　U——电源电压。

当通过每个电雷管的电流大于串联准爆条件要求的准爆电流时，串联网路中的电雷管被全部引爆。在串联网路中，提高电源电压和减小电雷管的电阻，可以增大起爆的雷管数 n，从而提高起爆力。

（2）并联　并联网路的特点是所需要的电源电压低，而总电流大。并联线路总电阻为

$$R = R_m + \frac{r}{m} \qquad (2\text{-}19)$$

线路总电流为

$$I = \frac{U}{R} = \frac{U}{R_m + \dfrac{r}{m}} \qquad (2\text{-}20)$$

单个雷管获得的电流为

$$I_i = \frac{I}{m} = \frac{U}{m\left(R_m + \dfrac{r}{m}\right)} = \frac{U}{mR_m + r} \geqslant I_{\text{准}} \qquad (2\text{-}21)$$

式中　　m——并联网路电雷管数目。

当此电流满足准爆条件时，并联线路的电雷管将被全部引爆。对于并联电爆网路，提高电源电压 U 和减小网路电阻值，是提高起爆能力的有效措施。

如果用电容式发爆器做电源，并联网路时，按下式进行计算

$$K_x \geqslant m^2 K_{\text{smax}} \qquad (2\text{-}22)$$

式中　　K_x——电容式发爆器的输出冲能；

　　　　m——并联电雷管数目；

　　　　K_{smax}——感度最低电雷管的标称发火冲能。

即

$$\frac{U_0^2 C}{2R}\left(1 - e^{-\frac{2t}{RC}}\right) \geqslant m^2 K_{\text{smax}} \qquad (2\text{-}23)$$

上式变化后为

$$R \leqslant \frac{2\theta_{\min}}{C\ln\left(\dfrac{U_0^2 C - 2m^2 R K_{\text{smin}}}{U_0^2 C - 2m^2 R K_{\text{smax}}}\right)} \qquad (2\text{-}24)$$

除上式外，还应满足感度最低电雷管点燃时间小于放电电源降到最小发火电流时的放电

时间这个条件，即

$$R \leqslant \frac{-K_{\text{smax}} + \sqrt{K_{\text{smax}}^2 + \dfrac{I_0^2 C^2 U^2}{m^2}}}{CI_0^2} \tag{2-25}$$

（3）混联　混联由串联和并联网路组合而成，可分为串并联和并串联两类。串并联是将若干个电雷管串联成组，然后将若干串联组又并联在两根导线上，再与电源连接，如图 2-27 所示。并串联则是若干个电雷管并联，再将所有并联雷管组串联，尔后通过导线与电源连接，如图 2-28 所示。

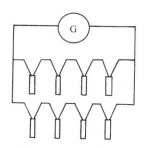

图 2-27　串并联网路

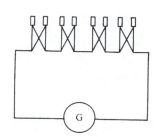

图 2-28　并串联网路

混联电爆网路的基本计算式如下：

网路总电阻

$$R = R_{\text{m}} + \frac{n_{\text{k}} r}{m_{\text{k}}} \tag{2-26}$$

网路总电流

$$I = \frac{U}{R_{\text{m}} + \dfrac{n_{\text{k}} r}{m_{\text{k}}}} \tag{2-27}$$

每个电雷管所获得的电流

$$I_i = \frac{I}{m_{\text{k}}} = \frac{U}{m_{\text{k}} R_{\text{m}} + n_{\text{k}} r} \geqslant I_{\text{准}} \tag{2-28}$$

式中　n_{k}——串并联时，为一组内串联的雷管个数，并串联时，为串联组的组数；

m_{k}——串并联时，为并联组的组数，并串联时，为一组内并联的雷管个数。

在电爆网路中，电雷管的总数 N 是固定的，$N = m_{\text{k}} n_{\text{k}}$，则 $n_{\text{k}} = N/m_{\text{k}}$。将 n_{k} 值代入式（2-24）得

$$I_i = \frac{m_{\text{k}} U}{m_{\text{k}}^2 R_{\text{m}} + Nr} \tag{2-29}$$

对串并联电路来说，式（2-25）中当 U、R_{m}、N、r 为常数时，通过雷管的电流是并联组数 m_{k} 的函数，故存在有最优分支数，使通过雷管的电流为最大。通过求极值可得最优分支数为

$$m_{\text{k}} = \sqrt{Nr/R_{\text{m}}} \tag{2-30}$$

混联网路可采用的形式很多，如串并并联、并串并联等，根据实际工程，应选择合理的连接方式，使爆破网路安全可靠地起爆。

电力起爆法在爆破工程中应用广泛，无论是露天或井下、小规模或大规模爆破，还是其

他特殊工程爆破均可使用。电力起爆法具有以下优点：

1）从准备到整个施工过程，所有工序都能用仪表进行检查，可及时发现施工和网路连接中的质量问题和错误，从而保证起爆的可靠性和准确性。

2）可以实现远距离操作，大大提高起爆的安全性。

3）可以准确控制起爆时间和延期时间，因而可保证良好的爆破效果。

4）可以同时起爆大量药包，有利于增大爆破量。

同时，电力起爆法有如下缺点：

1）普通电雷管不具备抗杂散电流和抗静电的能力。所以，在有外来电的露天爆破遇有雷电时，危险性较大，此时应避免使用普通电雷管。

2）电力起爆准备工作量大，操作复杂，作业时间较长。

3）电爆网路的设计计算、敷设和连接要求较高，操作人员必须要有一定的技术水平。

4）需要可靠的电源和必要的仪表设备等。

5）在有杂散电流或露天爆破遇雷电时，存在极大的危险性。

—————— 思考题 ——————

2-1 对工业炸药的基本要求有哪些？

2-2 按使用条件不同，炸药分有哪些种类？

2-3 起爆药和猛炸药的特点各是什么？

2-4 试分别绘出火雷管和电雷管（瞬发、秒延期、毫秒延期）的结构图，并比较它们的异同。

2-5 电雷管的性能参数有哪些？试分别解释之。

2-6 电力起爆方法的优、缺点有哪些？

2-7 导爆索起爆的连接有哪些方式？使用时应注意哪些事项？

2-8 导爆管起爆系统由哪些元件组成？各有何作用？

岩石爆破原理与方法　第3章

导读

基本内容：本章是本课程教学内容的又一个重点，是课程特色的主要体现。本章内容有：岩石的基本物理力学性质，爆炸引起的岩石中应力波及其破坏效应，爆炸作用引起岩石破坏的机理，爆破漏斗的特征、爆破漏斗的形成、岩石爆破装药量计算原理，爆破中的装药结构与起爆方法的效应与应用选择，炮孔堵塞的作用与堵塞设计，毫秒爆破的概念、机理和炮孔间起爆时差的计算方法，影响工程爆破效果的因素。

学习要点：掌握炸药爆炸的内部作用和外部作用，爆破漏斗的几何要素及爆破漏斗分类，以爆破漏斗理论为基础的爆破装药量计算方法，毫秒爆破的特点，影响爆破效果的因素；熟悉岩石可爆性的定义和岩石的可爆性分级，装药爆炸引起周围岩石不同破坏程度分区，岩石爆破的应力波作用机理、气体准静态作用机理和综合作用机理，装药结构形式及其爆炸作用机理，爆破起爆形式及其作用特点，毫秒爆破的机理和炮孔间起爆时差计算方法；了解岩石的物理力学性质，岩石爆破的炸药与岩石波阻抗匹配原理，装药结构、起爆方法与炮孔堵塞影响爆破效果的机理。

岩石爆破是利用炸药的爆炸作用对岩石施加荷载，使岩石破坏的力学过程。为达到既定的工程目的，实现理想的爆破效果，需要对岩石的物理力学性质有足够的了解。事实上，岩石力学知识是爆破理论与技术学习的重要基础。为此，本章将先介绍岩石的物理力学性质，然后介绍岩石的爆破原理与技术。

3.1　岩石的物理力学性质

3.1.1　概述

工程爆破的对象基本上是岩石或岩石类材料（如混凝土），具体爆破情况下的炸药类型、爆破参数及钻孔方法、钻孔工具、钻机类型、钻机工作参数等的选择，都涉及岩石的组成、结构、构造及其物理力学性质。为使爆破取得良好效果，必须对岩石的物理力学性质有足够的了解。

岩石是组成地壳的自然材料。在地质上，根据成因将岩石分为岩浆岩、沉积岩和变质岩三类。但无论哪种岩石，都是矿物颗粒的集合体，岩石内的矿物颗粒，或由其直接接触面上发生的互相作用力来联结，或由外来的胶结物联结，每种矿物都有其各自的物理力学性质、晶体结构和破裂特点。因此，**岩石的性质除受岩石内矿物组成和矿物性质的影响外，在很大程度上受岩石组构和结构的影响**。岩石组构是指矿物颗粒在小块岩石内的组织特征，包括矿物颗粒的大小、形状、表面特性和颗粒间联结的方式，岩块内存在的微观裂隙和缺陷等。

大范围内的岩石称为岩体。岩体内存在的层理、节理、不规则裂纹等称为结构。节理是在分布上具有一定方向性的规则裂纹，在岩体内分布较广，距离变化较大。此外，岩体内有无确定方向的不规则裂纹。规则或不规则裂纹间的接触面称为结构面。由于结构面的存在，岩体整体性和连续性遭到破坏，被分割成大小不同的岩块。因此，岩体也可视为由岩块组成的地质体。岩体的性质除取决于岩块性质外，在很大程度上也受其结构面的影响。结构面除能够降低岩体的强度外，具有一定方向的结构面还能使岩体表现出各向异性。

在工程爆破中，有效地利用岩体的各向异性，能提高破岩效率，降低能量消耗。由于裂隙能降低岩体强度，故与相同岩性的整体岩石比较，爆破裂隙性岩体所需单位耗药量较小。此外，裂隙会影响爆破崩落岩石的块度，其影响程度与岩石性质、裂隙发育分布情况、裂隙内填充的物质等因素有关。

3.1.2 岩石的物理性质

岩石的物理性质指由岩石固有的物质组成和结构特征所决定的表观密度、密度、相对密度、孔隙率等基本属性。

（1）岩石的表观密度 **岩石单位体积（包括岩石中的孔隙体积）的质量称为岩石的表观密度**，计算式为

$$\rho = m/V \tag{3-1}$$

式中 ρ——岩石的表观密度；

　　m——岩样的质量；

　　V——岩样的体积。

岩石的表观密度取决于组成岩石的矿物成分、孔隙发育程度和含水量。其大小反应岩石性质的优劣，一般表现密度越大，表明岩石性质越好。按岩石的含水情况，岩石表观密度分为天然表观密度、干表观密度和饱和表观密度。

（2）岩石的密度 **岩石单位实体体积（不包括岩石中的孔隙体积）的质量称为岩石的密度**，计算式为

$$\rho_r = m/V_s \tag{3-2}$$

式中 ρ_r——岩石的密度；

　　m——岩样的质量；

　　V_s——岩样的实体体积。

（3）岩石的相对密度 **岩石的相对密度指岩石固体部分的质量与4℃时同体积纯水的质量之比**，计算式为

$$G_r = m_V/(V_s \rho_w) \tag{3-3}$$

式中 G_r——岩石的相对密度；

　　m_V——体积 V 的岩石固体部分的质量；

　　ρ_w——4℃时单位体积水的质量。

注意到**岩石的密度与相对密度在数值上是相同的**。两者都取决于岩石的矿物相对密度及

其在岩石中的相对含量。

（4）岩石的孔隙比与孔隙率

1）孔隙比。**岩石的孔隙比指岩石中的孔隙体积与岩石实体体积之比**，计算式为

$$e = (V - V_s)/V_s \tag{3-4}$$

2）孔隙率。**岩石的孔隙率指岩石中的孔隙体积与岩石总体积之比**，计算式为

$$n = (V - V_s)/V \tag{3-5}$$

可以看出：岩石的孔隙比与孔隙率之间存在下列关系

$$e = n/(1 - n) \tag{3-6}$$

孔隙比、孔隙率可以用岩石的密度和表观密度来表示

$$e = \rho_r/\rho - 1 \tag{3-7}$$

$$n = 1 - \rho/\rho_r \tag{3-8}$$

根据孔隙率的大小，可将岩石分为：低孔隙率岩石（$n<5\%$）；中等孔隙率岩石（$5\%<n<20\%$）；高孔隙率岩石（$n>20\%$）。

（5）岩石的软化系数　**岩石的软化系数是表示岩石抗风化能力的指标，定义为岩石饱和单轴抗压强度 σ_{cs} 与干燥状态下的单轴抗压强度 σ_c 的比值**，计算式为

$$\eta = \sigma_{cs}/\sigma_c \tag{3-9}$$

软化系数是一个小于 1 的数，其值越小，表明岩石受水的影响越大。

某些岩石的物理性质参数见表 3-1。

表 3-1　某些岩石的物理性质参数

岩石名称	天然表观密度 /($10^3 kg/m^3$)	密度 /($10^3 kg/m^3$)	孔隙率 （%）	软化系数
花岗岩	2.30~2.80	2.5~2.84	0.5~4.0	0.80~0.98
闪长岩	25.2~29.6	2.6~3.1	0.18~5.0	0.70~0.90
辉长岩	25.5~29.8	—	0.29~4.0	0.65~0.92
斑岩	27.0~27.4	—	—	—
玢岩	24.0~28.6	2.6~2.9	2.1~5.0	—
辉绿岩	25.3~29.7	2.6~3.1	0.29~5.0	0.92
粗面岩	23.0~26.7	2.4~2.7	—	—
安山岩	23.0~27.0	2.4~2.9	1.1~4.5	—
玄武岩	25.0~31.0	2.5~3.3	0.5~7.2	0.70~0.95
凝灰岩	22.9~25.0	2.5~2.7	1.5~5.7	0.65~0.88
砾岩	24.0~26.6	2.67~2.71	0.8~10.0	—
砂岩	22.0~27.1	2.6~2.75	1.6~28.0	0.6~0.97
砂质页岩	26.0	2.72	—	—
页岩	23.0~26.2	2.57~2.77	0.4~10.0	0.55~0.70
泥质灰岩	23.0	2.7~2.8	—	—
角闪片麻岩	27.6~30.5	3.07	—	—
片麻岩	23.0~30.0	2.63~3.01	0.7~2.2	0.70~0.96
片岩	29.0~29.2	—	—	0.5~0.95
大理岩	26.0~27.0	2.7~2.9	0.1~6.0	—
白云岩	21.0~27.0	2.7~2.9	0.3~25.0	0.83
板岩	23.1~27.5	2.7~2.9	0.1~0.45	—
蛇纹岩	26.0	2.4~2.8	0.1~2.5	—
泥岩	—	—	3.0~7.0	0.10~0.50
石灰岩	—	—	0.5~27.0	0.68~0.94
石英岩	—	2.53~2.84	0.1~0.87	0.8~0.98

3.1.3　岩石的力学性质

岩石的力学性质是指在外荷载作用下岩石的变形规律与破坏特性，包括变形特性和强度特性，这两个方面对岩石爆破理论与技术的研究和应用具有重要的意义。

1. 岩石的变形特性

岩石在外力作用下产生变形，其变形性质可用应力-应变曲线来表示，并区分为弹性变形、弹塑性变形、塑性变形等。

弹性变形几乎是随着荷载的作用即刻发生的，并具有可逆性，即消除荷载后，变形也跟着消失。弹性变形又有线性变形和非线性变形两种。线性弹性变形又称为理想弹性变形，其应力-应变关系遵循胡克定律，而且在加载和卸载的一个循环过程中，不产生弹性后效和能量逸散。塑性变形则是不可逆的，消除荷载后，变形仍继续保留，理想塑性时保持荷载不变，随着时间的推移，变形也将继续增大。

一般来说，岩石在外力作用下，既产生弹性变形，又产生塑性变形。如果岩石在破碎前，不产生明显的塑性变形，就可将岩石视为是弹性的。理想的弹性岩石称作弹脆性岩石，产生弹性后效的弹性岩石称为黏弹性岩石。在外力作用下，只产生塑性变形的岩石称作理想的塑性岩石。既产生弹性变形，又产生塑性变形的岩石称作弹塑性岩石。一般情况下，只在应力超过一定限度后，塑性变形才比较明显。

图 3-1 所示为典型岩石的全应力-应变曲线，由六段组成，各段的特征为：

1）*OA* 阶段，曲线微呈上凹，斜率逐渐增大，这是岩石中的孔隙闭合，引起刚度增大的结果。

2）*AB* 阶段，应力-应变曲线近似呈直线，相应于 *B* 点的应力值称为比例极限（或弹性极限）。

3）*BC* 阶段，曲线偏离直线，岩石出现软化，相应于 *C* 点的应力值称为屈服极限。对大多数岩石，可以认为弹性极限与屈服极限是同一个值。

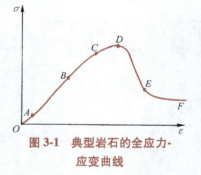

图 3-1　典型岩石的全应力-应变曲线

4）*CD* 阶段，变形随应力增加明显增大，至 *D* 点荷载达到最大值，相应于 *D* 点的应力值称为峰值应力，或岩石的单轴抗压强度。

5）*DE* 阶段，破坏后阶段，表明岩石在破坏点之后并不完全失去承载能力；而是保持一较小值，相应于 *E* 点的应力值为残余强度。

6）*EF* 阶段，应力不再增加，变形无限增长。

岩石的应力-应变曲线随岩石性质的不同而不同，根据米勒的研究，岩石的应力-应变曲线可分为六种类型，如图 3-2 所示。

类型 Ⅰ：应力-应变关系是一直线或者近似直线，直到岩石发生突然破坏为止。这样的岩石称为弹性体。

类型 Ⅱ：应力较低时，应力-应变曲线近似于直线，当应力增加到一定数值后，应力-应变曲线向下弯曲，随着应力逐渐增加而曲线斜率越变越小，直至破坏。这样的岩石称为弹塑性体。

类型 Ⅲ：在应力较低时，应力-应变曲线略向上弯曲、当应力增加到一定数值后，应力-应变曲线逐渐变为直线,直至发生破坏。这些岩石称为塑弹性体。

类型Ⅳ:应力较低时,应力-应变曲线向上弯曲,当压力增加到一定值后。变形曲线成为直线,最后,曲线向下弯曲,曲线似S形。这些岩石称为塑弹塑性体。

类型Ⅴ:基本上与类型Ⅳ相同,也呈S形,不过曲线斜率较平缓。

类型Ⅵ:应力-应变曲线开始先有很小一段直线部分,然后有非弹性的曲线部分,并不断蠕变。这类岩石称为弹黏性体。

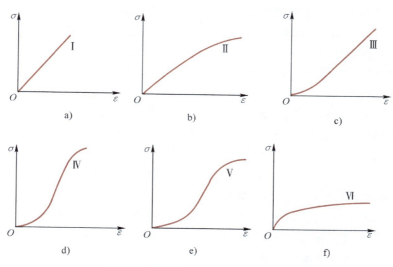

图3-2 不同岩石的应力-应变曲线
a) 弹性体 b) 弹塑性体 c) 塑弹性体 d) 塑弹塑性体 e) 塑缓弹塑性体 f) 弹黏性体

但须指出,即便是同一种岩石,由于所加外力的类型、大小和特性不同,也可具有不同的变形性质。因此,上述根据变形性质对岩石的划分不是绝对的。例如,在压应力作用下表现为弹塑性的岩石,在拉应力作用下可变成弹脆性岩石;在单轴应力作用下为弹脆性岩石,在三轴或多轴应力作用下可变为弹塑性岩石;在静荷载作用下是理想的塑性岩石,在冲击荷载作用下,可变为脆性岩石。在分析岩石破碎问题时,要首先根据破坏荷载的性质和破碎条件,确定岩石的变形性质和合理的岩石变形性质模型。

根据爆炸荷载的特点,在一般的研究和实际应用中,常将岩石视为弹性介质。按弹性理论,确定各向同性介质的弹性性质,常用的弹性常数有五个(弹性模量E、泊松比μ、体积弹性模量K、剪切模量G和拉梅常数λ),而且知道其中两个是独立的,其余三个便可计算出来。它们之间的一组关系是

$$K = E/[3(1 - 2\mu)] \tag{3-10}$$
$$G = E/[2(1 + \mu)] \tag{3-11}$$
$$\lambda = E\mu/[(1 + \mu)(1 - 2\mu)] \tag{3-12}$$

弹性模量分为初始弹性模量、割线弹性模量和切线弹性模量,如图3-3所示。通常所说的弹性模量E是指初始弹性模量。因岩石拉伸和压缩的应力-应变曲线不同,静态和动态的应力-应变曲线也不同,所以又分为拉伸、压缩、静态、动态弹性模量。在岩石工程计算中采用的弹性模量为压缩弹性模量。拉伸弹性模量一般比压缩弹性模量小。

最后，在三向压缩应力（σ_1，σ_2，σ_3）作用下，岩石的变形还具有以下规律：

1）当 $\sigma_2 = \sigma_3$ 时。随着围压的增加，岩石的屈服应力将随之提高，岩石的弹性模量变化不大，有随围压增大而增大的趋势，峰值应力所对应的应变值有所增大。其变形特性表现出低围压下的脆性向高围压的塑性转换。

2）当 σ_3 为常数时。随着 σ_2 的增大，岩石的屈服应力有所提高；弹性模量基本不变，不受 σ_2 变化的影响。当 σ_2 不断增大时，岩石由塑性逐渐向脆性转换。

3）当 σ_2 为常数时。其屈服应力几乎不变，岩石的弹性模量也基本不变，岩石始终保持塑性破坏的特性，只是随 σ_3 的增大，其塑性变形量也随之增大。

在爆炸等动态荷载作用下，岩石变形表现出的特点是：岩石由塑性、弹塑性变为脆性；岩石的弹性模量提高，强度也相应提高。

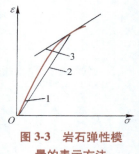

图 3-3 岩石弹性模量的表示方法

1—初始弹性模量 2—割线弹性模量 3—切线弹性模量

2. 岩石的强度特性

外荷载作用下岩石抵抗破坏的能力称为岩石的强度。在数值上岩石的强度等于破坏时所达到的最大应力值（绝对值）。根据外荷载形式的不同，岩石强度分为抗压强度、抗剪强度和抗拉强度等，按从大到小的顺序，岩石各种强度的排序为：三轴抗压强度>单轴压缩强度>抗剪强度>单轴抗拉强度>三轴抗拉强度。

需要指出，岩石的抗拉强度远小于抗压强度，一般情况下，岩石的抗拉强度只有其抗压强度的 3%~30%。岩石在受拉状态下很容易破坏，在受压状态下则难以破坏。

不同的荷载条件下，岩石破坏的表现形式不同，这是不同加载条件导致不同强度值的重要原因。图 3-4 所示为 Solenhofen 石灰岩在不同围压下的破坏形式，由此可以得出结论：岩石的破坏只有剪切破坏和拉伸破坏两种基本形式。

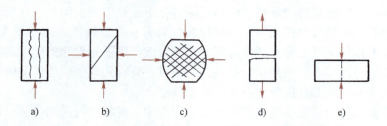

图 3-4 Solenhofen 石灰岩在不同围压下的破坏形式

a）单轴压缩下的纵向破裂 b）剪切破坏 c）多重剪切破坏
d）拉伸破坏 e）线荷载引起的拉伸破坏

影响岩石强度的因素很多，包括岩石自身的结构组成以及加载条件，如：加载形式（拉、压、剪、弯）、加载方式（单轴加载或多轴加载、单次加载或循环加载）及加载率等。图 3-5 和图 3-6 所示为假三轴加载的围压、真三轴加载的中间主应力对岩石强度的影响。

假三轴加载条件下，围压的变化会引起岩石破坏方式（如脆性破坏、延性破坏）的改变，因而也会改变岩石的强度值。随着围压的增加，岩石强度增大，破坏后的塑性变形量增大，峰值应力与残余强度的差值增加，且不同岩石对围压的敏感程度不同。

真三轴加载条件下，在一定的（较低应力）区间内，岩石强度随中间主应力 σ_2 的增加有所增加，但增加的程度比 σ_3 的影响小。当 σ_2 超过某一值后，岩石强度随 σ_2 的增加而下降。对各向异性岩石，这种影响的程度与 σ_2 相对于弱面的走向有关。σ_2 垂直于弱面时，影响最明显，σ_2 平行于弱面时，影响最不明显。

此外，加载率对岩石的强度有明显影响。加载率用应力率 $\dfrac{\mathrm{d}\sigma}{\mathrm{d}t}$（$\dot\sigma$）或应变率 $\dfrac{\mathrm{d}\varepsilon}{\mathrm{d}t}$（$\dot\varepsilon$）表示，对不同岩石，抗压或抗拉强度与加载率的关系可表示为

$$\sigma_d = K_M \lg\dot\sigma + \sigma_0 \tag{3-13}$$

式中　K_M——比例系数，见表 3-2；

　　　σ_d，σ_0——岩石的动态、静态强度；

　　　$\dot\sigma$——加载率。

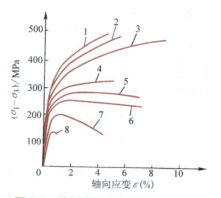

图 3-5　德国大理岩假三轴试验结果

1—$\sigma_3 = 326\text{MPa}$　　2—$\sigma_3 = 249\text{MPa}$

3—$\sigma_3 = 165\text{MPa}$　　4—$\sigma_3 = 84.5\text{MPa}$

5—$\sigma_3 = 62.5\text{MPa}$　　6—$\sigma_3 = 50\text{MPa}$

7—$\sigma_3 = 23.5\text{MPa}$　　8—$\sigma_3 = 0\text{MPa}$

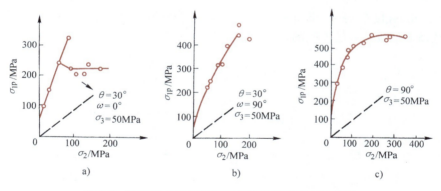

图 3-6　真三轴加载下岩石强度随中间主应力的变化

a）$\theta = 30°$，$\omega = 0°$　　b）$\theta = 30°$，$\omega = 90°$　　c）$\theta = 90°$，$0 < \omega < 90°$

注：图中 θ 为节理与 σ_1 方向的夹角，ω 为节理走向与 σ_2 的夹角。

表 3-2　比例系数 K_M

岩石名称	抗压强度		抗拉强度	
	σ_0/MPa	K_M	σ_0/MPa	K_M
石灰岩	30.8	6.9	1.8	0.27
砂岩	114.5	8.8	4.3	0.53
辉长岩	192.0	14.0	16.3	1.81

由此推知：静载强度高的岩石对加载率不如强度低的敏感。同时，加载率对抗压强度产生的影响较明显，对抗拉强度的影响则很小。

岩石在外荷载作用下是否发生破坏，用强度准则来判定。强度准则也称为破坏判据，是

指用以表征岩石破坏条件的应力函数或应变函数。一般地，强度准则可表示为

$$f(\sigma_1, \sigma_2, \sigma_3) = 0 \text{ 或 } f(\varepsilon_1, \varepsilon_2, \varepsilon_3) = 0 \tag{3-14}$$

它的几何图形是一个曲面，称之为破坏面。所有研究岩石破坏的原因、过程及条件的理论，称为岩石的强度理论。目前，已发展了多种强度准则，分别反映不同的破坏形式，并在不同的条件下适用。岩石爆破研究与工程设计中，常用到的强度准则有：

（1）最大拉应力准则　当岩石中出现的最大拉应力 σ_3 达到岩石的抗拉强度 σ_t 时，岩石发生破坏。强度准则为

$$-\sigma_3 = \sigma_t \tag{3-15}$$

（2）Mises 准则　Mises 准则的实质是畸变能破坏准则。根据能量原理推得的表达式为

$$(\sigma_1 - \sigma_2)^2 + (\sigma_2 - \sigma_3)^2 + (\sigma_3 - \sigma_1)^2 = 2\sigma_t^2 \tag{3-16}$$

（3）莫尔强度准则　在不同加载条件下进行试验，可以得到一系列代表极限应力状态的应力圆，这些极限应力圆的包络线就是岩石的莫尔强度曲线，通常简化为

$$\tau = \sigma\tan\varphi + C \tag{3-17}$$

式中　　C——内聚力（无正应力时的抗剪强度）；

　　　　φ——内摩擦角；

　　　　σ——垂直于剪切面的压应力强度；

　　　　τ——岩石的抗剪强度。

（4）Griffith 强度准则　Griffith 研究认为：固体中存在许多随机分布的微小裂纹，固体的破坏是从微小裂纹处开始发生的。强度准则表示为

当 $\sigma_1 + 3\sigma_3 > 0$ 时
$$\frac{(\sigma_1 - \sigma_3)^2}{8(\sigma_1 + \sigma_3)} = \sigma_t \tag{3-18}$$

当 $\sigma_1 + 3\sigma_3 < 0$ 时
$$-\sigma_3 = \sigma_t \tag{3-19}$$

这些强度准则分别适用于不同性质的材料（岩石）和应力条件，具体选用时，以下几条原则可供参考。

1）无论是延性岩石还是脆性岩石三轴受拉时，脆性岩石两向受拉应采用最大拉应力准则；脆性岩石在两向或三向应力状态且最大、最小主应力异号时，则采用莫尔准则；延性岩石除三轴拉伸外，三轴压缩下的延性岩石和脆性岩石均采用 Mises 准则。

2）从工程实际出发，在受压区采用直线型莫尔准则即可。

3）在用有限元或其他数值计算方法时，采用 D-P 准则比采用莫尔准则要好。

4）任何情况下，受拉区都可采用 Griffith 准则。

3.1.4　岩石的可爆性

岩石的可爆性是指岩石对爆破破坏的抵抗能力或岩石爆破破坏的难易程度。岩石的可爆性是岩石自身的物理力学性质和炸药性质、爆破工艺的综合反映，它在岩石爆破过程中表现出来，并影响着整个爆破效果。根据岩石可爆性的定量指标，将岩石划分为爆破破坏难易的等级称为岩石的可爆性分级，它既是爆破工程中进行方案选择、定额编制和爆破参数确定等爆破设计的重要依据，也是进行爆破工程管理的科学依据之一。

由于岩石性质的差异是多种多样的，影响岩石强度的因素很多，正确评价岩石可爆性是很困难的。现有的评价岩石可爆性的方法归纳起来大致有以下三种：

（1）岩石坚固性法 岩石坚固性方法又称为普氏分级方法，是普氏于20世纪20年代提出来的。其出发点是大多数岩石在各种方式破坏中的难易程度表现趋于一致，如某种岩石钻凿困难，那么爆破也困难，也就难以崩落。由此，提出了岩石坚固性的概念，用以表示各种方法破碎岩石（包括爆破破碎）的难易程度或岩石对任何外力造成破坏的抵抗作用，即不管外力的种类，也不管外力是由何引起，岩石所体现出来的对外力的抵抗作用是趋于一致的。

岩石的坚固性用岩石坚固性系数（也称为普氏系数）表示，定义为

$$f = \sigma_c/10 \tag{3-20}$$

式中 f——普氏系数（无量纲）；

σ_c——岩石静态单轴抗压强度（MPa）。

按普氏系数 f 值的大小将岩石分成10个等级，见表3-3。f 值越大，说明岩石越坚固。目前工业生产中常依据普氏系数来确定岩石爆破所需要的炸药量，并据此制定施工定额。

表3-3 岩石坚固性分级

等 级	坚固性程度	代表岩石	坚固性系数 f
I	最坚固	石英岩、玄武岩	20
II	很坚固	花岗岩、石英斑岩、硅质片岩、石英岩、砂岩、石灰岩	15
III	坚固	花岗岩、砂岩、石灰岩、砾岩	8~10
IV	较坚固	砂岩、铁矿、砂质页岩、页岩质砂岩	5~6
V	中等	砂岩、石灰岩、黏土质岩石、页岩、泥灰岩	3~4
VI	较软弱	石灰岩、页岩、冻土、石膏、煤	1.5~2
VII	软弱	黏土、冲积层、煤、砂质黏土、黄土、砾石	0.8~1.0
VIII	土质岩石	腐质土、泥煤、湿砂、砂质土	0.6
IX	松散性岩石	砂、松土、采下的煤	0.5
X	流沙性岩石	流沙、沼泽土、含水土	0.3

岩石坚固性方法的优点是抓住了岩石抵抗各种破坏方式的能力趋于一致这一主要性质，并从数量上用一个简单明了的岩石坚固性系数 f 来表示这种共性；缺点是实际上有些岩石的可钻性、可爆性和稳定性并不趋于一致，有的岩石易凿，但难爆破，有的岩石难凿，但易爆破。

（2）岩石波速表示法 由于岩石弹性波的波速取决于岩石弹性常数和岩石密度，而岩石弹性模量和密度都间接反映了岩石的强度，也反映出岩石裂纹的发育情况（裂纹少，波速高；裂纹发育，波速减小），因而可用弹性纵波波速对岩石进行可爆性分级。表3-4为岩石纵波波速的可爆性分级情况。用波速表示岩石可爆性的优点是波速测定简便、测值准确、有明确的理论概念、便于理论计算等。

表3-4 岩石纵波波速可爆性分级

等 级	I（易爆）	II（中等）	III（难爆）	IV（很难爆）
岩石的纵波波速/(m/s)	1200	1800	2400	3000
单位耗药量/(kg/m³)	0.3	0.5	0.6	0.7

（3）波阻抗表示法　岩石的波阻抗定义为岩石中的弹性波速度与岩石表观密度的乘积，**反映应力波是岩石质点运动时受到的阻力**，所以可用岩石的波阻抗对其可爆性进行分级，见表3-5。其优点与用波速表示可爆性有类似之处。

表 3-5　岩石波阻抗可爆性分级

可爆性等级	坚固性系数 f	密度 $/(10^3 kg/m^3)$	波阻抗 $/(MPa \cdot s/m)$	单位耗药量 $/(kg/m^3)$	岩石裂隙程度	裂隙等级
易爆	<8	<2.5	<5	<0.35	极度裂隙（破碎岩石）	I
中等	8~12	2.5~2.6	5~8	0.35~0.45	强烈裂隙	II
难爆	12~16	2.6~2.7	8~12	0.45~0.65	中等裂隙	III
很难爆	16~18	2.7~3.0	12~15	0.65~0.9	轻微裂隙	IV
特难爆	>18	>3.0	>15	>0.9	微少裂隙（整体岩石）	V

3.2　炸药的爆破作用

炸药爆炸时形成的爆轰波和高温、高压的爆轰产物，将对周围介质产生强烈的冲击和压缩作用，使周围介质（如岩石）发生变形、破坏、运动和抛掷。炸药爆炸对周围介质的各种机械破坏作用称为炸药的爆破作用，炸药的爆破作用分为两种：动作用和静作用。利用爆炸产生冲击波或应力波形成的破坏称为动作用，利用爆炸气体产物的流体静压或膨胀功形成的破坏或抛掷称为静作用。

采用炮孔法爆破岩石时，不论是耦合装药，还是不耦合装药，爆轰波或迅速膨胀的爆轰产物与岩石碰撞都将首先在岩石内产生爆炸冲击波或应力波，其初始压力或应力峰值很高，但下降很快（近似按指数规律下降），其后，炮孔壁上的压力及其在岩石内产生的静态应力场随时间缓慢发生变化。从炮孔壁上的脉冲压力峰值下降到流体静压力阶段称为炸药的动作用阶段或炸药作用的初期阶段。在该阶段内，应力、变形、位移、冲量和能量均以波的形式在岩体内传播，并在一定范围内产生破裂。其后为炸药静作用阶段，或炸药爆炸作用的后期阶段。在该阶段内，高温高压气体的流体静压膨胀做功，使原先产生的破裂增大，岩石被破碎成或大或小的块体，并产生一定的推动和抛掷作用。

一般来说，炸药都具有上述动和静的两种作用。不过，不同类型的炸药，这两种作用表现的程度不同：火药几乎不存在动作用；铵油炸药的动作用也较小；猛炸药的动作用表现则很明显。炸药的动作用和静作用也不是绝对的，可随装药结构、爆炸条件的不同而变化。

为了了解炸药动作用和静作用特性，以及不同作用的破坏机理及其表现形式，根据爆破任务合理选择炸药或装药结构，以合理有效地利用炸药能量，一般需要从两个方面对炸药进行评价：一是炸药的冲击能力或称猛度；二是炸药的做功能力。

3.2.1　炸药的猛度

炸药动作用的强度称为猛度，它用于表征炸药做功功率和爆炸产生冲击波及应力波的强度，是衡量炸药爆炸特性及爆炸作用的重要指标。

对某种爆破介质，如果爆炸的总作用采用总冲量来表示，则炸药猛度可用动作用阶段给出的冲量，即爆炸总冲量的先头部分来确定。这部分冲量主要决定于炸药的爆轰压力（爆轰压 $p_c = \rho D^2/4$）。因此，炸药的密度 ρ 和爆速 D 越高，猛度也越高。

猛度的试验测定方法有多种，其原理都是找出与爆轰压或头部冲量相关的某个参量作为炸药猛度的相对指标。较普遍采用的测定方法是铅柱压缩法和弹道摆法。

（1）铅柱压缩法 此法最简单，应用最广泛。试验时，将高为 60mm、直径为 40mm 的纯铅制成的铅柱置于钢砧上（见图 3-7），在铅柱上端放置一块厚为 10mm、直径为 41.5mm 的钢片。其上放药柱试样，并捆扎在钢砧上。试样的药量为 50g，直径为 ϕ40mm，密度 $\rho = 1g/cm^3$，用纸做药壳。药柱中心做出放置雷管的圆孔，孔深 15mm，最后插入 8 号雷管引爆。爆炸后铅柱被压缩成蘑菇状。用压缩前、后铅柱的高差（铅柱压缩值）来表示炸药的猛度，单位为 mm。

（2）弹道摆法 弹道摆（见图 3-8）是一个挂在旋转轴上的长圆柱形实心摆体 1。试验时，将一定质量炸药在一定压力下压制成药柱 5，并在其底部贴放一块钢片 4，放置于托板 7 上。药柱一端紧靠摆体并使药柱中心对正摆体轴心，然后引爆并记录下摆角。根据测得的摆角，按式（3-21）计算摆体获得的比冲量 I，用它作为炸药猛度的指标。

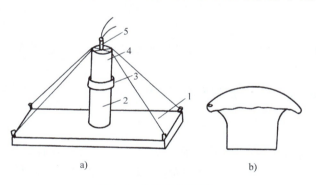

图 3-7 炸药猛度试验

a）试验装置 b）压缩后的铅柱

1—钢砧 2—铅柱 3—钢片 4—炸药柱 5—雷管

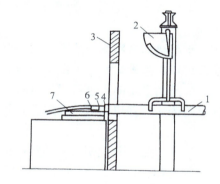

图 3-8 炸药猛度摆

1—摆体 2—量角器 3—防护板 4—钢片
5—炸药柱 6—雷管 7—托板

$$I = \frac{wt}{\pi S} \sin \frac{\alpha}{2} \tag{3-21}$$

式中　w——摆体重（N）；

　　　S——摆体受冲断面积（m^2）；

　　　α——摆角（°）；

　　　t——摆的周期（s），$t = \sqrt{L/g}$，g 为重力加速度（m/s^2）；

　　　L——摆臂长（m），即转动轴至摆体重心的距离。

爆破不同性质的岩石，应选择不同猛度的炸药。一般来说，岩石的声阻抗越大，选用炸药的猛度应越高。爆破声阻抗较小的岩石或进行土壤抛掷爆破时，选用炸药的猛度不宜过高。若炸药猛度过高，可采用空气柱间隔装药或不耦合系数较大的不耦合装药来减小作用在炮孔壁上的初始压力，从而降低炸药的猛度作用。关于这方面内容，将在第 5 章详述。

3.2.2 炸药的做功能力

炸药爆炸对周围介质所做机械功的总和，称为炸药的做功能力。它反映爆炸生成物膨胀做功的能力。

假设炸药爆炸生成的高温高压气体对外绝热膨胀，根据热力学第一定律及爆炸气体产物的绝热状态方程，可用下式计算出炸药做功能力的理论值

$$A = \int - \mathrm{d}u = Q_V \left[1 - (V_1/V_2)^{\kappa-1} \right] = Q_V \left[1 - (p_1/p_2)^{\frac{\kappa-1}{\kappa}} \right] = \eta Q_V \tag{3-22}$$

式中　A——系统对外做的功；

　　　u——系统的内能；

　　　Q_V——炸药的爆热；

　V_1、V_2——爆轰产物绝热膨胀初态、终态的比体积；

　p_1、p_2——爆轰产物绝热膨胀初态、终态的压力；

　　　κ——爆轰产物等熵指数；

　　　η——做功效率。

由式（3-22）可以看出。炸药的做功能力正比于爆热，同时取决于爆容，爆容越大，做功效率也越大。爆轰产物的组成直接影响产物的热容，从而影响等熵指数，也影响做功效率。

常把爆炸产物按绝热膨胀到一个标准大气压（$1.013 \times 10^5 \mathrm{Pa}$）时所做的功称为理想爆炸功，可用它来衡量炸药的做功能力。

炸药的做功能力也可通过试验方法测定。测定炸药做功能力的试验方法很多，最常采用的有铅铸法、弹道臼炮法和爆破漏斗法。

1. 铅铸法

一般工业炸药说明书中的炸药做功能力值都是采用铅铸法测定的。采用99.99%的纯铅铸成圆柱体，直径为200mm，高为200mm，质量为70kg，沿轴心有$\phi25$mm、深125mm的圆孔（见图3-9a），将待测炸药10g（误差不超过0.01g），装在$\phi24$mm的铝箔纸圆筒中，插入雷管，放进铅铸的轴心孔，然后用144孔/cm²过筛的石英砂将孔填满，以防止爆轰产物的飞散（见图3-9b）。

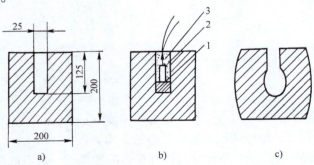

图3-9 铅铸试验

a）铅铸圆柱体　b）装药结构　c）爆后铅铸圆柱变形

1—炸药　2—雷管　3—石英砂

炸药爆炸后，铅铸中心的圆柱孔扩大为梨形孔（见图 3-9c），注水测出爆炸前后的体积差即扩孔量，以 mL 计。用此扩孔量来比较各种炸药的做功能力。由于存在环境温度对铅的性能有影响，雷管所起的扩孔作用等因素，需要对结果修正。雷管可单独试验，测其扩孔量，然后相减可得出单纯炸药的扩孔量。通常都是采用 8 号雷管，其扩孔值为 28.5mL。环境温度对扩孔值的校正值列入表 3-6 中。此铅铸扩孔量习惯上称为做功能力，是反映各种炸药做功能力的相对指标。

表 3-6 扩孔量的温度修正

温度/℃	−20	−15	−10	−5	0	+5	+8	+10	+15	+20	+25	+30
修正（%）	+14	+12	+10	+7	+5	+3.5	+2.5	+2	0	−2	−4	−6

2. 弹道臼炮法

弹道臼炮试验装置如图 3-10 所示。炸药爆炸后，爆轰产物膨胀做功分为两部分，一部分把炮弹抛射出去，另一部分使摆体摆动一个角度，摆体受到的动能转变为势能。这两部分功的和为炸药所做的膨胀功。

$$A = A_1 + A_2$$
$$= WL(1 + W/q)(1 - \cos\alpha)$$
$$= C(1 - \cos\alpha) \tag{3-23}$$

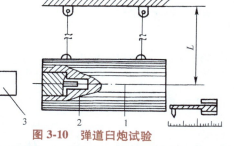

图 3-10 弹道臼炮试验
1—臼炮体 2—爆炸室 3—活塞式炮弹体

式中 A_1——炸药爆炸对摆体做的功（kN·m）；

$\quad\quad A_2$——炸药爆炸对炮弹做的功（kN·m）；

$\quad\quad W$——摆体重力（kN）；

$\quad\quad L$——摆长，即摆体重心到回转中心的距离（m）；

$\quad\quad q$——炮弹重力（kN）；

$\quad\quad \alpha$——摆体摆动角度（°）；

$\quad\quad C$——摆的结构常数（kN·m）。

通过试验所得到的摆角 α 可计算出炸药所做的功。常用三种指标来反映各种炸药的做功能力：一是质量强度，即单位质量炸药所做的功；二是体积强度，即单位体积炸药所做的功；三是 TNT 系数，即以单位体积 TNT 炸药所做的功为标准值 100%，其他炸药所做的功与 TNT 相比，比值的百分数为 TNT 系数值。

用这种方法测得的炸药做功能力指标为炸药做功能力的绝对值，但这种试验方法需要体积较大的试验装置。

3. 抛掷漏斗法

抛掷漏斗法是根据炸药在岩土中爆炸后形成的抛掷漏斗坑的大小来判断炸药的做功能力。当岩土介质相同，实验条件一样时，抛掷漏斗坑的大小便决定于炸药的做功能力。通常用抛掷单位体积岩土的炸药消耗量作指标。

这种方法的缺点是岩土性质变化大，就是同一地点、同一种岩土，其力学性质也不一定相同。此外，漏斗体积较难测量准确。因此这种方法误差较大，重复性较差，但这种试验方法测得的指标较为实用。

3.2.3　炸药的能量平衡

炸药的做功能力是由炸药爆炸能量转化而来的。爆炸能量不可能全部转化为机械功，其中仍有一部分能量继续留在爆炸产物内或损失在加热周围介质上，这部分能量称为化学损失和热损失。剩余部分的能量称为有效功，而有效功又可分为有益功和无益功。对于工程爆破而言，岩石在爆破时的压缩、变形、破碎和抛掷等均属于有益功；爆破地震、空气冲击波、飞石及过度粉碎等则属于无益功。通常，炸药的有益功估计只占炸药能量的10%左右。

图 3-11 所示为炸药具有的总能量及爆轰反应后产生的各种能量形式，可见炸药爆轰产生的能量和完成爆炸功形式的多样性。

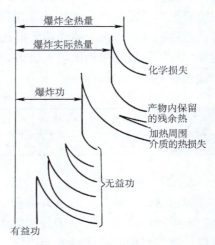

图 3-11　炸药的能量平衡

3.3　炸药爆炸的聚能效应

3.3.1　聚能现象

投石入水中，水内首先形成空洞，然后水向空洞中心运动，使空洞迅速闭合。在闭合瞬间，相向运动的水发生碰撞、制动，产生很高压力，将水向上抛出，形成一股高速运动的水流（见图 3-12）。这是日常生活中能观察到一种聚能现象。这种靠空穴闭合产生冲击、高压，并将能量集中起来，在一定方向上形成较高能流密度的聚能流效应，称为空穴效应。

根据这样的规律，**利用爆炸产物运动方向与装药表面垂直或大致垂直的规律，做成特殊形状的装药，也能使爆炸**

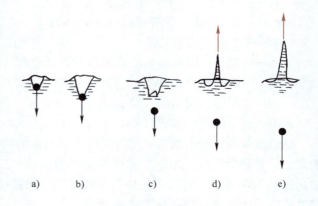

图 3-12　水面聚能流的形成

a）投石入水中形成的水中空洞　b）空洞增长　c）水面空洞中心运动后空洞闭合　d）水柱向上抛起　e）水柱达到最高

产物聚集起来，提高能流密度，增强爆炸作用，这种现象也称为炸药的聚能效应。聚集起来朝着一定方向运动的爆炸产物，称为聚能流。

3.3.2　聚能装药

如果将装药前端（与起爆端相对的一端）做成空穴，则当爆轰波传至空穴表面时，爆轰产物将改变运动方向（变成大致垂直空穴表面），在装药轴线上汇集、碰撞，产生高压，并在轴线方向上形成向前高速运动的爆炸产物聚能流（见图3-13）。这种能形成聚能流的装药称为聚能装药，借以形成聚能流的空穴称为聚能穴。但是，只有聚能穴近处炸药爆轰产物能形成聚能流。能形成聚能流的这部分炸药称为聚能装药的有效装药（见图3-13中的阴影）。

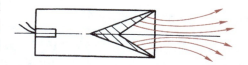

图3-13 装药前端有空穴时聚能流的形成

由图3-13可以看到，聚能流在运动过程中，其截面最初缩小，然后扩大。在截面最小处，聚能流的运动速度和能流密度最大。最小截面距装药端面的距离称为聚能流的焦距。在焦距处，聚能流的破坏作用和穿透能力最大。

事实上，这种结构的聚能装药，其聚能流的焦距较小，而且焦距处聚能流截面较大，不能明显增强破坏作用和穿透能力。

若将聚能穴衬以金属制成的药形罩，则当爆轰传至药形罩时，向装药轴向汇集的爆炸产物将压缩药形罩使其闭合（见图3-14）。在药形罩闭合过程中，由于碰撞产生极高的压力，使金属变成液体，并有一部分液体金属形成沿轴线方向向前射出的一股高速、高密度的细金属射流。剩余的液体金属形成较粗的杯体，称为杵体，以较低的速度尾随在射流后面运动。射流头部运动速度最大，尾部运动速度最小。因此，射流在运动过程中将不断被拉长、拉细。当射流头部运动速度超过一定限度后（5000~10000m/s），射流将不再连续，而开始断裂、分散，使截面增大，射流速度减小。分散的射流会像陨星那样很快被烧掉。连续射流的头部距装药端面的距离称为射流焦距，在焦距处，金属射流的穿透能力最大。

聚能装药的穿透能力不仅取决于炸药本身，还取决于装药结构，图3-15所示为不同装药结构时聚能装药的穿透能力。图3-15中，H表示聚能装药底面到待穿孔物体的垂直距离，称为炸高。因金属射流密度大，运动速度高，遇障碍物能产生极大的压力，故药形罩应采用塑性较高的金属制作，如纯铜、软钢等，以实现金属射流的强穿透作用。药形罩的厚度一般取其底部直径的1/40~1/20。聚能穴除了锥形外，也可以做成半球形、抛物线形等。

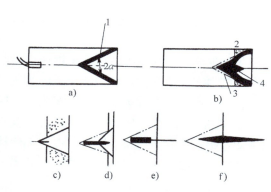

图3-14 衬有金属药形罩的聚能装药及金属射流的形成

a）带药形罩的聚能装药 b）药形罩变形，聚能流形成
c）初始聚能流 d）聚能流被拉长
e）聚能流被拉长变细 f）杵体形成
1—药形罩（聚能罩） 2—爆轰波阵面
3—杵体 4—射流

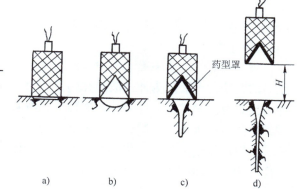

图3-15 不同装药结构的钢板穿孔能力

a）平底药柱 b）带有聚能穴的药柱
c）带有药形罩的聚能药柱 d）聚能药柱与钢板间有炸高距离

3.3.3 聚能效应的应用

聚能装药的应用始于19世纪末，最早用于制作破甲弹对付坦克。第二次世界大战以来，聚能装药在军事上的应用和研究极大地推动了它在工业领域的发展。目前，在民用爆炸材料和爆破工程中，聚能装药也得到了广泛应用，如利用聚能效应增强雷管的起爆能力，改善装药的殉爆、传爆性能等。

在材料工业，人们利用聚能爆破原理来加工难以加工的材料，如切割大块岩石、钢板；在交通运输业，人们利用聚能爆破来消除水下礁石，切割沉船、废桥墩、钢筋混凝土柱桩等；在矿山开采业，人们利用聚能装药爆破技术控制岩石破裂，在二次爆破中用来破碎岩石大块；在石油开采和炼钢工业，人们利用聚能射孔弹来提高原油的涌出量，消除出炉口钢渣；在隧道掘进爆破中，人们利用聚能装药来提高掏槽炮孔、崩落炮孔的爆破效率及周边孔的光面爆破质量等。

目前应用的聚能装药主要有轴对称轴向聚能装药（见图3-16a）、轴对称径向聚能装药（见图3-16b）、面对称聚能装药（见图3-16c）三种形式。这三种形式的聚能装药因聚能方向不同各有不同用途。

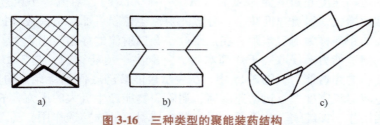

a)   b)   c)

图3-16　三种类型的聚能装药结构

a）轴对称轴向聚能装药　b）轴对称径向聚能装药　c）面对称聚能装药

3.4　岩石中的爆炸应力波

爆炸在岩体中所激起的应力扰动的传播称为爆炸应力波。爆炸应力波面在距爆炸点不同距离的区段内可表现为冲击波、弹塑性应力波、弹性应力波和地震波。在爆炸点近区产生的冲击波具有陡峭波头，并以超声速传播，波头上的岩石所有状态参数都发生突跃变化，传播过程中能量损失大，衰减快。随着距离增大，冲击波衰减为压缩（弹塑性）应力波，波头变缓，以声波速度传播，仍具有脉冲性，但传播中能量损失比冲击波小，衰减较慢。随传播距离再增大，压缩应力波衰减为具有周期性振动的地震波，以声速传播，衰减很慢，如图3-17所示。

另一方面，装药在岩石中爆炸时，最初施加于岩石的荷载为冲击荷载，特点是压力在极短时间内上升到峰值，其后迅速下降，作用时间很短；后期作用在岩体上的是准静态气体压力，压力随时间的变化速率降低。

爆炸应力波的产生随时间的变化，应力扰动的传播特性及衰减规律等与荷载特性、岩石的物理力学性质有关。这是一个比较复杂的问题，下面仅介绍爆炸应力波的一些基本特征。

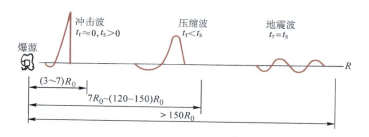

图 3-17 岩石中爆炸应力波的演变

R_0—装药半径 t_r—应力增至峰值的上升时间 t_s—峰值应力下降至零时的下降时间

3.4.1 岩石中的爆炸荷载初始值

首先引入几个基本概念。**如果炸药充满整个药室空间，不留有任何空隙，称为耦合装药。如果装入药室的炸药包（卷）与药室壁之间留有一定的空隙，称为不耦合装药。不耦合装药分为径向不耦合装药和轴向不耦合装药两种情况，分别用装药不耦合系数和装药系数来表述各自的装药不耦合程度。它们分别定义为**

$$k_d = d_b/d_c \tag{3-24}$$

$$l_L = l_c/l_b \tag{3-25}$$

式中　　k_d——装药不耦合系数；

　　　　l_L——装药系数；

d_b、d_c——药室直径和药包直径（m）；

l_b、l_c——药室长度和药包长度（m）。

如果装药的长度小于其直径的 4 倍，称为集中装药或球形装药或点装药；否则称为延长装药或柱状装药或线装药；距离较近的成排柱状装药组成平面装药或面装药。与之相对应的炸药药包分别称为集中药包或球形药包、柱状药包或延长药包或线药包及平面药包。

（1）耦合装药时岩石中的初始爆炸荷载　根据流体动力学爆轰理论，可以建立炸药正常爆轰条件下爆轰参数的简明计算式

$$D = 4\sqrt{Q_V}, \ p_c = \rho_0 D^2/4, \ \rho = 4\rho_0/3, \ u = D/4, \ c = 3D/4 \tag{3-26}$$

式中　　　Q_V——炸药的爆热；

　　　　　ρ_0——炸药的密度；

　　　　　D——炸药的爆速；

p_c、ρ、u、c——爆轰波阵面的压力、产物密度、质点速度和声速。

耦合装药条件下，炸药与岩石紧密接触，因而爆轰波将在炸药岩石界面上发生透射、反射。采用近似方法，将爆轰波对炮孔壁的冲击看成正冲击，按正入射求解岩石中的透射波参数。

假设平面爆轰波面在炸药内从左向右传播，到达炸药岩石分界面时，发生透射和反射，透射波面在岩石中继续向右传播，反射波面则在爆轰产物内向左传播。根据对入射波、反射波和透射波建立连续方程和运动方程，并利用界面上的连续条件即可求得炸药爆轰作用于岩

石中的透射压力 p 为

$$p = p_c \frac{1 + N}{1 + N\rho_0 D / \rho_{r0} D_2} \tag{3-27}$$

$$N = \frac{\rho_0 D}{\rho_1 (D_2' + u_1)}$$

式中　$\rho_0 D$、$\rho_1(D_2' + u_1)$、$\rho_{r0} D_2$——炸药的冲击阻抗、爆轰产物的冲击阻抗和岩石的冲击阻抗。

它们都是物质受扰动前的密度与波面相对于受扰动物质传播速度的乘积。如果 $\rho_{r0} D_2 > \rho_0 D$，即岩石的冲击阻抗大于炸药的冲击阻抗，则反射波为压缩波，$p > p_c$，如果 $\rho_{r0} D_2 < \rho_0 D_1$，则反射波为稀疏波，$p < p_c$。

实践表明，并非在所有岩石中都能生成冲击波，这取决于炸药与岩石的性质。对大多数岩石而言，即便生成冲击波，也很快衰减成弹性应力波，作用范围很小，故有时也近似认为爆轰波与炮孔壁岩石的碰撞是弹性的，岩石中直接生成弹性应力波（简称应力波），进而按弹性波理论或声学近似理论确定岩石界面上的初始压力。根据声学近似理论可推得岩石中的初始压力为

$$p = p_c \frac{2}{1 + (\rho_0 D_1)/(\rho_{r0} D_2)} \tag{3-28}$$

（2）不耦合装药时岩石中的爆炸荷载　不耦合装药情况下，爆轰波首先压缩装药与药室壁之间间隙内的空气，引起空气冲击波，再由空气冲击波作用于药室壁，对药室壁岩石加载。为求得岩石中的初始爆炸荷载值，先做三点假定：

1）爆炸产物在间隙内的膨胀为绝热膨胀，其膨胀规律为 $pV^3 =$ 常数，遇药室壁激起冲击压力，并在岩石中引起爆炸应力波。

2）忽略间隙内空气的存在。

3）爆轰产物开始膨胀时的压力按平均爆轰压 p_m 计算，即有

$$p_m = \frac{1}{2} p_c = \frac{1}{8} \rho_0 D^2 \tag{3-29}$$

由以上假设，爆轰产物撞击药室壁前的炮孔内压力，即入射压力为

$$p = p_m \left(\frac{V_c}{V_b} \right)^3 = \frac{1}{8} \rho_0 D_1^2 \left(\frac{V_c}{V_b} \right)^3 \tag{3-30}$$

式中　V_c、V_b——炸药体积和药室体积。

根据研究，爆轰产物撞击药室壁时，压力将明显增大，增大倍数 $n = 8 \sim 11$。因此，得到不耦合装药时，药室壁受到的冲击压力为

$$p = \frac{1}{8} \rho_0 D_1^2 \left(\frac{V_c}{V_b} \right)^3 n \tag{3-31}$$

对柱状装药，$V_c = \frac{1}{4} \pi d_c^2 l_c$，$V_b = \frac{1}{4} \pi d_b^2 l_b$，其中 d_c、d_b 分别为装药直径和炮孔直径，l_c、l_b 分别为装药长度和炮孔长度，则炮孔岩石壁受到的冲击压力为

$$p = \frac{1}{8} \rho_0 D_1^2 \left(\frac{d_c}{d_b} \right)^6 \left(\frac{l_c}{l_b} \right)^3 n \tag{3-32}$$

如果装药与药室之间存在较大的间隙，则爆轰产物的膨胀宜分为高压膨胀和低压膨胀两个阶段。当气体产物压力大于临界压力时，为高压膨胀阶段，膨胀规律为 $pV^3 =$ 常数，当气体产物压力小于临界压力时，为低压膨胀阶段，膨胀规律为 $pV^\chi =$ 常数（$\chi = 1.2 \sim 1.3$）。临界压力 p_{cri} 由下式计算

$$p_{cri} = 0.154 \sqrt{\left(e - \frac{p_m}{2\rho_0}\right)^2 \frac{\rho_0^2}{p_m}} \tag{3-33}$$

式中　e——单位质量炸药含有的能量。

3.4.2　岩石中的冲击波

炸药在岩石中爆炸后，是否形成冲击波取决于岩石性质、炸药特性和装药情况。图 3-18 为冲击荷载作用下岩石的典型变形曲线。岩石中应力波的速度可以表示为

$$c = \sqrt{d\sigma/d\rho} = \sqrt{(1/\rho_{r0})(d\sigma/d\varepsilon)} \tag{3-34}$$

式中　σ——应力（Pa）；

　　　ε——应变；

　　　c——应力波速度（m/s）。

如果是弹性波，则波速可表示为

$$c_p = \sqrt{E/\rho_{r0}} \tag{3-35}$$

式中　c_p——弹性纵波速度（m/s）；

　　　E——岩石的弹性模量（Pa）。

由此，可以看出不同的应力大小将在岩石中形成不同性质的爆炸应力波。

1）在装药近区，作用于岩石的爆炸荷载值很高，若 $\sigma > \sigma_c$，将在岩石中形成波阵面上所有状态参数都发生突变的冲击波（见图 3-19a），冲击扰动在岩石中以超声速传播，衰减最快。

2）随着冲击波面向外传播、衰减，当 $\sigma_B < \sigma < \sigma_C$ 时，如图 3-18 所示，由于变形模量 $d\sigma/d\varepsilon$ 随应力的增大而增大，波速大于图 3-18 中 AB 段的塑性波波速，但小于 OA 段的弹性波波速，因此应力幅值大的塑性波追赶前面的塑性波，塑性波追赶加载，形成陡峭的波阵面，但波速低于弹性波速，为亚声速，这种波称为非稳定的冲击波，如图 3-19b 所示。

3）当 $\sigma_A < \sigma < \sigma_B$ 时，由于 $d\sigma/d\varepsilon$ 不是常数，且随应力的增大而减小，因此应力幅值大的应力波速度低于小应力幅值的应力波，在传播过程中波阵面逐渐变缓，塑性波速度为亚声速。而应力小于 σ_A 的部分，则以弹性波速度传播，如图 3-19c 所示。

4）当 $\sigma < \sigma_A$ 时，$d\sigma/d\varepsilon$ 为常数，等于岩石的弹性常数，这时应力波为弹性波，速度为未扰动岩石中的声速，如图 3-19d 所示。

在爆炸源近区，一般情况下岩石中形成冲击波。这时可把岩石看成流体，冲击波压力 p

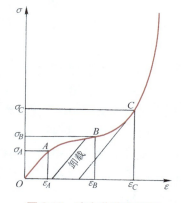

图 3-18　冲击荷载作用下岩石的变形特性

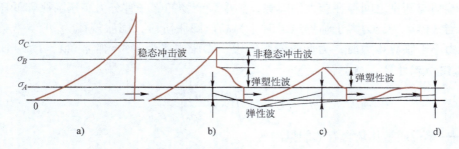

图 3-19　不同应力幅值时岩石中传播的各种应力波

a）近区稳态冲击波　b）近区非稳态冲击波　c）中区弹塑性波　d）远区弹性振动波

随距离的衰减规律为

$$p = \sigma_r = p_2 \bar{r}^{-\alpha} \tag{3-36}$$

式中　$\bar{r}$——比距离，$\bar{r} = r/r_b$，r 为距药室中心的距离，r_b 为药室（炮孔）半径；

　　　σ_r——径向应力峰值；

　　　α——压力衰减指数，对冲击波，取 $\alpha \approx 3$ 或 $\alpha = 2 + \mu/(1-\mu)$。

冲击波阵面上，各状态参数满足冲击波的基本方程，即

$$\begin{cases} \dfrac{D}{D-u} = \dfrac{V_0}{V} \\[2mm] \dfrac{Du}{V} = p - p_0 \\[2mm] e - e_0 = \dfrac{1}{2}(p + p_0)(V_0 - V) \end{cases} \tag{3-37}$$

式中　D——冲击波速度（m/s）；

　　　u——质点速度（m/s）；

p、V、e——压力（Pa）、比体积（kg/m³）和内能（J），有下标"0"的表示初始量。

利用式（3-37）求冲击波阵面上的状态参量，还需要知道岩石的状态方程或岩石的 Hugoniot 曲线。由于获得岩石的状态方程是十分困难，因此一般都利用岩石的 Hugoniot 曲线求解冲击波阵面上的参数。岩石的 Hugoniot 曲线通过岩石的冲击试验确定，其中之一是鲍姆提出的，形式为

$$p = \frac{\rho_{r0} c_p^2}{4} \left[\left(\frac{\rho_r}{\rho_{r0}} \right)^4 - 1 \right] \tag{3-38}$$

式中　c_p——岩石中的弹性波速度；

　ρ_{r0}、ρ_r——岩石受冲击前后的密度。

或用下式代替

$$D = a + bu \tag{3-39}$$

式中　a、b——试验确定的常数，部分岩石的 a、b 值见表 3-7。

表3-7 某些岩石的 a、b 值

岩石名称	密度/（10^3kg/m³）	a/（10^3m/s）	b
花岗岩（1）	2.63	2.1	1.63
花岗岩（2）	2.67	3.6	1.1
玄武岩	2.67	2.6	1.6
辉长岩	2.98	3.5	1.32
大理岩	2.7	4.0	1.32
石灰岩（1）	2.6	3.5	1.43
石灰岩（2）	2.5	3.4	1.27
页岩	2.0	3.6	1.34

这样，知道其中之一参数便可求得冲击波阵面上的所有状态变量。对冲击波，一般认为 $\sigma_r = \sigma_\theta$（σ_θ 为切向应力峰值），岩石处于各向等压状态。根据冲击波速度与波阵面传播距离的经验关系式

$$D = D_0 - B\,(\bar{r}-1) \tag{3-40}$$

式中　D_0——冲击波传播初始速度（m/s）;

　　　B——冲击波速度衰减常数，与炸药和岩石有关，如对大理岩中装填泰安炸药，有 $D_0 = 6850$m/s，$B = 152.5$。

进一步，可以求得冲击波的作用范围

$$r = r_b\left[1 + (D_0 - D)/B\right] \tag{3-41}$$

根据研究与实验观察，常规炸药在岩石中引起的冲击波作用范围仅为装药半径的 3～5 倍。冲击波作用范围虽小，但消耗了大部分的炸药能量。在实施周边爆破时，应设法避免在岩石中形成冲击波。

3.4.3　岩石中的应力波

冲击波衰减为应力波后，其瞬时性和高强度的特点都有所减弱，因此应力波波形比较平缓，不如冲击波陡峭，应力上升时间比应力下降时间短，应力波衰减较慢，作用范围较大，一般可达冲击波作用范围之外至 120～150 倍装药半径处。波阵面上的岩石介质状态参数不像冲击波那样突变，但仍能促使岩石的变形和破坏。冲击波速度是超声速的，且波速与波幅有关，波幅越高，波速越大。而应力波在岩石中的速度是声速，与波幅无关。

1. 应力波参数

随波阵面距离增大，冲击波衰变成爆炸应力波，应力波波头较缓，作用时间较长。岩石中爆炸应力波参数主要包括应力峰值 σ_{max}、作用时间 t_s、应力波冲量 I_0 和应力波比能 e_0 等。

（1）应力峰值　应力波随其波阵面传播距离增大，应力峰值将不断减少，在比距离 $\bar{r}$（$=r/r_b$，r 为计算点到炮孔中心的距离，r_b 为炮孔半径）处的径向压应力峰值为

$$\sigma_{r\max} = p/\bar{r}^\alpha \tag{3-42}$$

式中　p——初始应力峰值（Pa）;

　　　α——应力波衰减指数，不同于冲击波，这里的 α 可用下列经验公式计算

$$\alpha = -4.11 \times 10^7 \rho_{r0} c_p + 2.92 \tag{3-43}$$

或
$$\alpha = 2 - \mu / (1 - \mu) \tag{3-44}$$

式中　μ——岩石的泊松比。

切向拉应力峰值可按下式由径向压应力峰值计算

$$\sigma_{\theta max} = b\sigma_{rmax} \tag{3-45}$$

系数 b 与岩石的泊松比和应力扰动传播距离有关，爆炸近区的 b 值较大，接近于 1，但随距离增大 b 值迅速减小，并趋于只依赖于泊松比的固定值 $b = \mu / (1 - \mu)$，于是有

$$\sigma_{\theta max} = \mu / (1 - \mu) \sigma_{rmax} \tag{3-46}$$

图 3-20 所示为炮孔柱状装药爆破时，岩石内引起爆炸应力波的应力峰值随时间的变化，图 3-20a 为爆炸近区，图 3-20b 为距爆源较远处，从图中可归纳出以下几点：

1）近炮孔处切向拉应力幅值几乎与径向压应力幅值（绝对值）一样大，但随着传播距离增大，前者衰减比后者快。

2）无论是径向方向，还是切向方向，最初出现的都是压应力，而后切向应力转变成为拉应力，但在近炮孔处，径向方向以压应力为主，切向方向以拉应力为主。

3）随距离增大，径向方向压应力和拉应力的幅值比值减小，而切向方向该比值增大。

4）径向压应力幅值与切向拉应力幅值不在同一时刻出现，前者较早，后者较晚。根据径向应力是压应力，还是拉应力，相应地将应力波称为压缩波或拉伸波。压缩波内质点运动方向与波传播方向相同，拉伸波内质点运动方向与波传播方向相反。

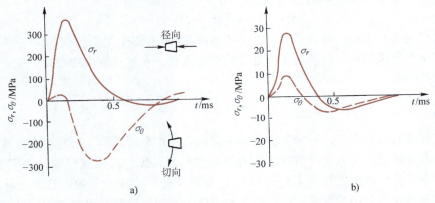

图 3-20　柱状装药在炮孔周围岩石中引起的应力波
a）炮孔近处的应力波形　b）较远处的应力波形

（2）作用时间　应力上升时间与下降时间之和称为应力波的作用时间。上升时间和作用时间与岩性、装药量、应力波阵面传播距离等因素有关，它们之间的经验关系式为

$$t_r = 1.2\sqrt{r^{(2-\mu)}} Q^{0.05} / K, \quad t_s = 8.4\sqrt[3]{r^{(2-\mu)}} Q^{0.2} / K \tag{3-47}$$

式中　t_r——上升时间（s）；

t_s——作用时间（s）；

K——岩石体积压缩模量（MPa）；

Q——炮孔内装药量（kg）；

μ——岩石泊松比；

$\bar{r}$——比距离。

（3）比冲量与比能量　应力波通过时，经单位面积传给岩石的冲量和能量称为比冲量和比能量，即

$$I_0 = \int_0^{t_s} \sigma_r(t)\, \mathrm{d}t \tag{3-48}$$

$$e_0 = \int_0^{t_s} \sigma_r(t)\, u_r(t)\, \mathrm{d}t \tag{3-49}$$

式中　I_0——比冲量（Pa·s）；

e_0——比能量（N/m）；

u_r——质点速度（m/s）。

（4）应力波应力与质点速度的关系　炸药爆炸在岩体内直接激起的应力波主要是纵波，但可以有不同的波面形状。例如，球状装药于中心起爆时激起的是球面波，柱状装药激起的是柱面波，平面装药激起的是平面波。

在应力的传播过程中，传播方向上的应力、质点速度和波速之间的关系，可根据动量守恒定律导出

$$\sigma = \rho_{r0} c_p u_p, \quad \tau = \rho_{r0} c_s u_s \tag{3-50}$$

式中　σ——纵波压应力（MPa）；

τ——横波切应力（MPa）；

ρ_{r0}——岩石密度（kg/m³）；

c_p——纵波速度（m/s）；

c_s——横波速度（m/s）；

u_p、u_s——质点在 p 和 s 方向运动速度（m/s）。

2. 应力波速度与岩石动力学性质参数的关系

岩石中应力波速度的大小取决于应力波的性质和岩石的物理力学性质参数。如：冲击波速度大于应力波速度，岩石中的冲击波速度与其应力峰值有关；纵波速度大于横波速度等。根据试验测试结果，结构完整岩石中的纵波速度与横波速度的比值为 1.7 左右。

岩石中的应力波速度值是岩石孔隙率、弹性模量、结构完整性等的综合反应。在弹性应力波假定前提下，利用实验测得的岩石（岩体）内的纵波与横波速度，可以计算出岩石的动态弹性模量和动态泊松比等性质参数

$$
\left.
\begin{aligned}
\mu_d &= (c_p^2 - 2c_s^2)\left[2(c_p^2 - c_s^2)\right]^{-1} \\
E_d &= \frac{c_p^2 \rho_r (1 + \mu_d)(1 - 2\mu_d)}{1 - \mu_d} = 2c_s^2 \rho_r (1 + \mu_d) \\
G_d &= \rho_r c_s^2 \\
K_d &= \rho_r (c_p^2 - 4c_s^2/3) \\
\lambda_d &= \rho_r (c_p^2 - 2c_s^2)
\end{aligned}
\right\} \tag{3-51}
$$

式中　μ_d、E_d、G_d、K_d、λ_d——岩石的动态泊松比、岩石的动态弹性模量（Pa）、动态切变弹性模量（Pa）、动态体积弹性模量（Pa）和动态拉梅常数。

岩石的应力波速度越高，表明岩石的孔隙率越低，完整性越好。对同种岩石，岩块试件

的波速高，岩体的波速低。表3-8为常见岩石的弹性波速度，表3-9为常见岩石的弹性性质。

表 3-8　常见岩石的弹性波速度

岩石名称	表观密度 /(10^3kg/m^3)	岩体内的纵波速度/(10^3m/s)	岩石杆件中的纵波速度/(10^3m/s)	岩体的横波速度/(10^3m/s)
石灰岩	2.42	3.43	2.92	1.86
石灰岩	2.70	6.33	5.16	3.70
白大理岩	2.73	4.42	3.73	2.80
砂岩	2.45	2.44~4.25	—	0.95~3.05
花岗岩	2.60	5.20	4.85	3.10
石英岩	2.65	6.42	5.85	3.70
页岩	2.35	1.83~3.97	—	1.07~2.28
煤	1.25	1.20	0.86	0.72

　　需要说明，应力扰动在岩体中传播，由于岩石的侧向变形受到限制，因而速度比其在岩石杆件中传播使大，应用时应注意区分。再者，岩石的表观密度与密度概念不同，二者有本质区别，但对于完整性好的岩石，二者在数值上相差不多，作为近似，可以相互代用。

表 3-9　常见岩石的弹性性质

岩石名称	泊松比	弹性模量 /(10^4MPa)	切变模量 /(10^4MPa)	体积压缩模量 /(10^4MPa)	拉梅常数 /(10^4MPa)	波阻抗 /(10MPa/s)
石灰岩	0.26	2.17	0.85	1.71	0.91	8.30
石灰岩	0.33	7.31	2.74	4.36	5.56	17.00
白大理岩	0.20	3.84	1.60	3.32	1.06	12.10
砂岩	0.25	4.41	1.47	2.94	2.45	6.0~10.0
花岗岩	0.22	6.20	2.54	3.77	2.06	13.5
石英岩	0.25	9.26	3.70	7.89	3.70	17.00
页岩	0.31	2.94	0.98	1.96	0.98	4.3~9.3
煤	0.36	0.18	0.07	0.09	0.05	1.5

3. 应力波的反射

　　应力在传播过程中，如果遇到岩石中的层理面、节理面、断层面和自由面，或者在传播过程中介质性质发生变化时，应力波的一部分会从交界面反射回来，另外一部分应力波则透射过交界面进入第二种介质，应力波的反射因其入射的角度不同有两种不同的反射情况，一种是应力波的垂直入射，另一种是应力波的倾斜入射。

　　(1) 应力波垂直入射　应力波呈垂直入射时，情况比较简单。波的反射部分和透射部分的应力大小取决于不同介质间的边界条件。这种边界条件是：①在边界的两侧，其应力必须相等；②垂直于边界面方向的质点运动速度必须相等。其数学表示式如下

$$\sigma_I + (-\sigma_R) = \sigma_T \tag{3-52}$$

$$u_I + u_R = u_T \tag{3-53}$$

式中 σ、u——应力（Pa）和质点速度（m/s），下标字母 I、R 和 T 分别代表入射、反射和透射的应力波。

如果应力波为压缩纵波，那么根据式（3-50），得

$$u_{\mathrm{I}} = \frac{\sigma_{\mathrm{I}}}{\rho_{r01} c_{p1}}, \quad u_{\mathrm{R}} = \frac{\sigma_{\mathrm{R}}}{\rho_{r01} c_{p1}}, \quad u_{\mathrm{T}} = \frac{\sigma_{\mathrm{T}}}{\rho_{r02} c_{p2}} \tag{3-54}$$

将（3-54）式代入式（3-53）中，得

$$\frac{\sigma_{\mathrm{I}}}{\rho_{r01} c_{p1}} + \frac{\sigma_{\mathrm{R}}}{\rho_{r01} c_{p1}} = \frac{\sigma_{\mathrm{T}}}{\rho_{r02} c_{p2}} \tag{3-55}$$

解式（3-52）和式（3-55），得

$$\sigma_{\mathrm{R}} = \left(\frac{\rho_{r02} c_{p2} - \rho_{r01} c_{p1}}{\rho_{r02} c_{p2} + \rho_{r01} c_{p1}} \right) \sigma_{\mathrm{I}} \tag{3-56}$$

$$\sigma_{\mathrm{T}} = \left(\frac{2 \rho_{r02} c_{p2}}{\rho_{r02} c_{p2} + \rho_{r01} c_{p1}} \right) \sigma_{\mathrm{I}} \tag{3-57}$$

式中的下标"1"和"2"分别代表入射岩石和透射岩石。

式（3-56）、式（3-57）具有重要的意义，它们有助于研究岩体爆破过程中应力波的弥散损失，根据不同的岩性选择炸药的品种和分析自由面对提高爆破效果都具有指导性的重要作用，并说明了反射应力波和透射应力波的大小是交界面两侧岩石特性阻抗的函数，可以看出：

1）如果 $\rho_{r01} c_{p1} = \rho_{r02} c_{p2}$，即两种岩石的波阻抗相同，那么 $\sigma_{\mathrm{R}} = 0$，$\sigma_{\mathrm{T}} = \sigma_{\mathrm{I}}$，此时入射波通过界面时不发生反射，入射应力波全部透射进入第二种介质，没有波能损失。

2）如果 $\rho_{r01} c_{p1} > \rho_{r02} c_{p2}$ 时，既会出现透射的压缩波，也会出现反射的压缩波。由于岩石的抗压强度一般都比较高，因此上述两种情况都不利于产生岩石的破坏。

3）如果 $\rho_{r01} c_{p1} < \rho_{r02} c_{p2}$ 时，既会出现透射的压缩波，也会出现反射的拉伸波。

4）如果 $\rho_{r02} c_{p2} = 0$，即入射应力波到达与空气接触的自由面时，那么 $\sigma_{\mathrm{T}} = 0$，$\sigma_{\mathrm{R}} = -\sigma_{\mathrm{I}}$。在这种条件下入射波全部反射成拉伸波。

由于岩石的抗拉强度大大低于它的抗压强度，因此后两种情况都可能引起岩石破坏，特别是最后一种情况。这用来说明自由面在提高爆破效果的重要作用。

图 3-21 表示入射的一种三角形波在自由面反射的过程。设入射的应力波是压缩应力波，应力波从左向右传播，如图 3-21a 所示。应力波在到达自由面以前，随着波阵面，介质承受压缩应力的作用，当波到达自由面时立即发生反射。图 3-21b 表示三角波正在反射过程中，图 3-21c 表示波的反射过程已经结束。反射前后的波峰应力值和波形完全一样，但极性完全相反，

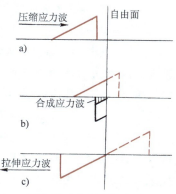

图 3-21 三角形波在自由面的反射过程

a）压缩波到达自由面
b）压缩波在自由面反射
c）反射拉伸波形成

由反射前的压缩应力波变为反射后的拉伸应力波，返回原介质中，随着反射应力波的前进，介质从原来的压缩应力下解除，转而承受拉伸应力。

（2）应力波倾斜入射 应力波倾斜入射情况比较复杂，入射波不管是纵波还是横波，反

射后一般情况反射波和透射（折射）波中都将
包含横波和纵波。下面仅分析纵波的倾斜入射。

若界面上两边岩石的黏结力不能使岩石沿
界面产生相对滑动，则应力波入射到界面上所
应满足的边界条件是：界面两边法向位移、切
向位移、法向应力、切向应力均应连续且相
等。为满足边界条件，在界面上将同时产生四
种不同的新波：反射纵波和反射横波，折射纵
波和折射横波，如图3-22所示。这些波之间存
在下列关系。

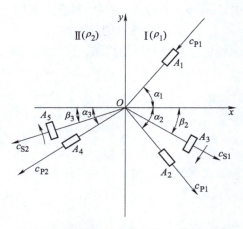

图 3-22　纵波在岩石界面上的反射与折射

1）入射角、反射角、折射角与波速的关系
遵从斯涅耳定理，即

$$\sin\alpha_1/c_{P1} = \sin\alpha_2/c_{P1} = \sin\alpha_3/c_{P2} = \sin\beta_2/c_{S1} = \sin\beta_3/c_{S2} \tag{3-58}$$

式中　c_{P1}、c_{S1}——第1种岩石中纵波和横渡的波速；

　　　c_{P2}、c_{S2}——第2种岩石中纵波和横波的波速。

2）各波位移幅值应满足下列方程（规定在波传播方向上产生的位移为正），由这四个
方程可求得用入射波位移幅值表示的反射波和折射波的位移幅值

$$\left.\begin{array}{l}
(A_1 - A_2)\cos\alpha_1 + A_3\sin\beta_2 - A_4\cos\alpha_3 - A_5\sin\beta_3 = 0 \\[4pt]
(A_1 + A_2)\sin\alpha_1 + A_3\cos\beta_2 - A_4\sin\alpha_3 + A_5\cos\beta_3 = 0 \\[4pt]
(A_1 + A_2)c_{P1}\cos2\beta_2 - A_3 c_{S1}\sin2\beta_2 - A_4 c_{P2}(\rho_{r02}/\rho_{r01})\cos2\beta_3 - \\[4pt]
A_5 c_{S2}(\rho_{r02}/\rho_{r01})\sin2\beta_3 = 0 \\[4pt]
\rho_{r01}c_{S1}^{\,2}\left[(A_1 - A_2)\sin2\alpha_1 - A_3(c_{P1}/c_{S1})\cos2\beta_2\right] - \rho_{r02}c_{S2}^{\,2} \\[4pt]
\left[A_4(c_{P1}/c_{P2})\sin2\alpha_3 - A_5(c_{P1}/c_{S2})\cos2\beta_3\right] = 0
\end{array}\right\} \tag{3-59}$$

正入射时，入射角和所有其他角度均等于零。在这种情况下，$A_3 = A_5 = 0$，即没有横波产
生，只产生反射纵波和折射纵彼。这两个波的位移幅值与入射波位移幅值的比值为

$$A_2/A_1 = (\rho_{r02}c_{P2} - \rho_{r01}c_{P1})/(\rho_{r02}c_{P2} + \rho_{r01}c_{P1}) \tag{3-60}$$

$$A_4/A_1 = 2\rho_{r01}c_{P1}/(\rho_{r02}c_{P2} + \rho_{r01}c_{P1}) \tag{3-61}$$

这就是式（3-56）和式（3-57），可见正反射是斜反射的特殊情况。

如果应力波在自由面（岩石介质与空气的分界面）反射，则无折射，只有反射纵波和
反射横波，且纵波反射角等于入射角，即 $\alpha_1 = \alpha_2$，而横波反射角与入射角的关系为

$$\sin\alpha_1/\sin\beta_1 = c_{P1}/c_{S1} = \sqrt{2(1-\mu)/(1-2\mu)} \tag{3-62}$$

利用边界条件，得到反射系数 R、反射纵波应力和反射横波应力为

$$R = \frac{\tan\beta_1 \tan^2 2\beta_1 - \tan\alpha_1}{\tan\beta_1 \tan^2 2\beta_1 + \tan\alpha_1} \tag{3-63}$$

$$\sigma_R = R\sigma_I \tag{3-64}$$

$$\tau_R = \left[(1+R)\cot2\beta_1\right]\sigma_I \tag{3-65}$$

如果是入射横波，则自由面上入射波与反射波引起的应力的关系为

$$\tau_R = R\tau_I , \quad \sigma_R = \left[(R-1)\cot 2\beta_1\right]\tau_I \tag{3-66}$$

应力波进一步向前传播，将衰减为地震波。关于地震波的特性将在后面讲述。以上讨论的应力波属于在岩石内部传播的体波，此外还有表面波，关于表面波的有关知识这里不再讨论，有兴趣的读者可参考相关书籍。

3.5 岩石爆破破碎原理

岩石爆破破碎原理主要揭示炸药在岩石中爆炸造成岩石破碎的规律。为简化起见，在下面的原理论述中，假定岩石是均匀介质，并且是一个自由面条件下单个集中药包的爆破破岩过程，而后在此基础上将这一原理推广到其他条件下的爆破过程。

岩石爆破破坏是一个高温、高压的瞬态过程，在几十微秒到几十毫秒内即完成。这使得研究岩石爆破破碎原理变得困难，目前所提出的各种破岩理论还只能算是假说。

3.5.1 岩石爆破破碎原理的几种假说

岩石爆破破碎原理的假说，依据其基本观点，可归结为三种。

（1）爆炸应力波反射拉伸作用假说　这种假说认为岩石的破坏主要是由于岩石中爆炸应力波在自由面反射后形成反射拉伸波的作用，引起岩石中的拉应力大于其抗拉强度而产生的，岩石是被拉断的。其基础是岩石杆件的爆破试验（也称为霍普金森杆件试验）和板件爆破试验。杆件爆破试验是用长条岩石杆件，在一端安置炸药爆炸，则靠炸药一端的岩石被炸碎，而另一端岩石被拉断成许多块，杆件中间部分没有明显的破坏，如图 3-23 所示。板件爆破试验是在松香平板模型的中心钻一小孔，插入雷管引爆，除平板中心形成破坏外，在平板的边缘部分形成了由自由面向中心发展的拉断区，如图 3-24 所示。这些试验说明了拉伸波对岩石的破坏作用。这种理论称为动作用理论。

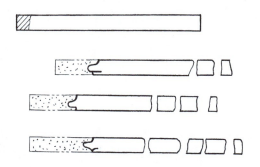

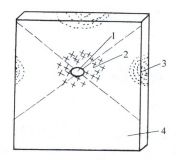

图 3-23　岩石杆件的爆破
（霍普金森杆件）试验

图 3-24　板件爆破试验
1—装药孔　2—破碎区
3—拉断区　4—震动区

（2）爆生气体膨胀作用假说　该假说认为炸药爆炸引起岩石破坏，主要是高温高压气体产物对岩石膨胀做功的结果。爆生气体膨胀造成岩石质点的径向位移，由于药包距自由面（岩石与空气的分界面）的距离在各个方向上不一样，质点位移所受的阻力就不同，自由面垂线方向阻力最小，岩石质点位移速度最高。正是由于相邻岩石质点移动速度不同，造

107

成了岩石中的剪应力，一旦切应力大于岩石的抗剪强度，岩石即发生剪切破坏。其后，破碎的岩石又在爆生气体膨胀推动下沿径向抛出，形成一倒锥形的爆破漏斗坑（见图3-25）。这种理论称为静作用理论。

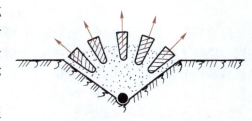

图 3-25　爆炸生成气体产物的膨胀作用

（3）**爆生气体和应力波综合作用假说**　该假说认为，实际爆破中，爆生气体膨胀和爆炸应力波都对岩石破坏起作用，不能绝对分开，岩石爆破效果应是两种作用综合的结果，由此加强了岩石破碎作用。例如，冲击波对岩石的破碎，作用时间短，而爆生气体的作用时间长，爆生气体的膨胀促进了裂隙的发展；同样，反射拉伸波加强了径向裂隙的扩展。

至于哪一种作用是主要作用，应根据不同的情况来确定。黑火药爆破岩石，几乎不存在动作用。而猛炸药爆破时又很难说是气体膨胀起主要作用，因为往往猛炸药的爆容比硝铵类混合炸药的爆容要低。岩石性质不同，情况也不同。经验表明：对松软的塑性土壤，波阻抗很低，应力波衰减很大，这类岩土的破坏主要靠爆生气体的膨胀作用，而对致密坚硬的高波阻抗岩石，主要靠爆炸应力波的作用才能获得较好的爆破效果。

这种假说的实质可以认为是：岩体内最初裂隙的形成是由冲击波或应力波造成的，随后爆生气体渗入裂隙并在准静态压力作用下，使应力波形成的裂隙进一步扩展。爆生气体膨胀的准静态能量是破碎岩石的主要能源。冲击波或应力波的动态能量与岩石特性和装药条件等因素有关。哈努卡耶夫认为，岩石波阻抗不同，破坏时所需应力波峰值不同，岩石波阻抗高时，要求高的应力波峰值，此时冲击波或应力波的作用就显得重要。他把**岩石按波阻抗值分为三类**：

第一类岩石属于高阻抗岩石。其波阻抗为 15~25MPa·s/m。这类岩石的破坏主要取决于应力波，包括入射波和反射波。

第二类岩石属中阻抗岩石。其波阻抗为 5~15MPa·s/m。这类岩石的破坏主要是入射应力波和爆生气体综合作用的结果。

第三类岩石属低阻抗岩石。其波阻抗小于 5MPa·s/m。这类岩石的破坏以爆生气体形成的破坏为主。

3.5.2　爆破的内部作用

药包的爆破作用可分为两类。一般地，**装药中心距自由面的垂直距离称为最小抵抗线（简称最小抵抗）**。若其最小抵抗线超过某一临界值（称为临界最小抵抗线），则装药爆炸后，在自由面上不会看到爆破的迹象，也就是爆破破坏作用只发生在岩体的内部，未能达到自由面。装药的这种作用称为内部作用。发生这种作用的装药称为药壶装药，相当于药包在无限介质中爆炸。临界抵抗线取决于炸药类型、岩石性质和装药量。当药包埋深小于临界抵抗线时，爆破破坏作用能达到自由面时，这种情况称为爆破的外部作用，相当于药包在半无限介质中爆炸。

当药包在无限介质中爆炸时，它在岩石中激发出的冲击波的强度随着距离的增加而迅速衰减，因此它对岩石施加的作用也随之发生变化。如果将爆破后的岩石沿着药包中心剖开，那么可以看出，岩石的破坏特征也将随着离药包距离的增大而变化，如图3-26所示。**按照**

岩石的破坏特征，大致可将破坏范围分为四个区域：扩大空腔、压碎区、破裂区和振动区。

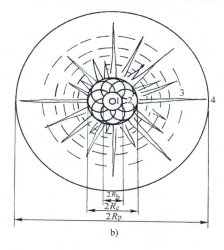

a)   b)

图 3-26 无限岩石中炸药的爆破作用

a）有机玻璃模拟爆破试验结果   b）无限岩石中的爆破破坏分区

1—扩大空腔   2—压碎区   3—破裂区   4—振动区

R_b—空腔半径 R_c—压碎区半径 R_p—裂隙区半径

（1）扩大空腔   在爆炸荷载作用下，炮孔周围将产生破坏，炮孔增大，形成扩大空腔，如图 3-26b 所示。

（2）压碎区（压缩区）   这个区是指直接与炸药包接触的岩石。当密封在岩石中的药包爆炸时，爆轰压力在数微秒内就能迅速地上升到几千甚至几万兆帕，并在此瞬间急剧冲击药包周围的岩石，在岩石中激发出冲击波，其强度远远超过了岩石的动抗压强度。此时，大多数在冲击荷载作用下呈现明显脆性的坚硬岩石被压碎，而可压缩性比较大的软岩（如塑性岩石、土壤和页岩等）则被压缩成压缩空洞，并且在空洞表层形成坚实的压实层。因此，压碎区又称为压缩区，如图 3-26b 所示。由于压碎区是处于坚固岩体的约束条件下，大多数岩石的动抗压强度都很大，冲击波的大部分能量业已消耗于岩石的塑性变形、粉碎和加热等方面，致使冲击波的能量急速下降，其波阵面的压力很快就下降到不足以压碎岩石。所以，压碎区的半径很小，一般为药包半径的几倍。

近年来，许多学者对压碎区大小的计算进行了研究，提出了不同的计算方法，由于各自的出发点不同，计算结果往往有一定差距。下面介绍一种估算方法

$$R_c = (0.2\rho_{r0}c_p^2/\sigma_c)^{\frac{1}{2}} R_b \tag{3-67}$$

式中 R_c——压碎区半径（m）；

     R_b——爆破后形成的空腔半径（m）；

     σ_c——岩石的单轴抗压强度（Pa）；

     ρ_{r0}——岩石密度（kg/m^3）；

     c_p——岩石纵波速度。

爆破后形成的空腔半径由下式计算

$$R_b = \sqrt[4]{p_m/\sigma_0}\, r_b \tag{3-68}$$

式中　r_b——炮孔半径（mm）；

　　　p_m——炸药的平均爆压（Pa），$p_m = \rho_{r0} D^2/8$，D 为炸药爆速（m/s）；

　　　σ_0——多向应力条件下的岩石强度（Pa），$\sigma_0 = \sigma_c \sqrt[4]{\rho_{r0} c_p / \sigma_c}$。

（3）破裂区（破坏区）　当冲击波通过压碎区以后变成弱的压缩波（压缩应力波），且波阵面继续在岩石中向外传播时，由于传播范围扩大而导致单位面积上的能流密度降低，其强度已低于岩石的动抗压强度，不能直接压碎岩石。然而它可使压碎区外层的岩石遭到径向压缩，使岩石的质点产生径向位移，因而导致外围岩石产生径向扩张和引起切向拉应力。这种切向拉应力超过岩石的抗拉强度，因此在外围的岩石层中产生径向裂隙。这种裂隙以 0.15~0.4 倍压缩应力波的传播速度向前延伸。当切向拉应力低于岩石的抗拉强度时，裂隙便停止向前发展。

另外在冲击波扩大药室时，压力下降了的爆轰气体也同时作用在药室四周的岩石上，在药室四周的岩石中形成一个准静态应力场。在应力波造成径向裂隙的期间或以后，爆轰气体开始膨胀并挤入这些径向裂隙中，引起裂隙的扩张，同时在裂隙尖端上，由于气体压力引起的应力集中，也导致径向裂隙向前延伸。这些径向裂隙按照内密外疏的规律分布，即邻近压碎区这面的裂隙较密，而远离压碎区那面的裂隙较稀疏。

当压缩应力波通过破裂区时，岩石受到强烈的压缩，储蓄了一部分弹性变形能，应力波通过后，岩石中的应力释放，便会产生与压缩应力波作用方向相反的向心拉应力，使岩石质点产生反向的径向移动，当引起的径向拉应力超过岩石的动抗拉强度时，在岩石中还会出现环向裂隙。径向裂隙和环向裂隙的相互交错，将该区中的岩石割裂成块，此区域称为破裂区（或破坏区）。岩石的爆破主要依靠的就是破裂区。

破裂区范围的计算方法有：

1）按应力波作用计算。径向裂隙是由切向拉应力引起的忽略冲击波的压碎效应，当岩石中的切向拉应力大于岩石的抗拉强度时，产生径向裂隙，于是有

$$R_p = (b p_r / \sigma_t)^{1/\alpha} r_b \tag{3-69}$$

式中　σ_t——岩石的抗拉强度（Pa）；

　　　R_p——破裂区半径（m）；

　　　p_r——炮孔壁初始压力峰值（Pa）；

　　　b——侧应力系数。

2）按爆生气体准静压作用计算。封闭在炮孔内的爆生气体以准静压的形式作用于炮孔壁，其应力状态类似于受均匀内压的厚壁筒。根据弹性力学的厚壁圆筒理论及岩石中的抗拉强度准则，有

$$R_p = (p_0 / \sigma_t)^{1/2} r_b \tag{3-70}$$

式中　p_0——作用于炮孔壁的准静态压力，视装药条件分别计算，当采用柱状不耦合装药时，有

$$p_0 = \frac{1}{8} \rho_{r0} D^2 (r_c / r_b)^6$$

式中　r_c——装药半径。

（4）弹性振动区　破裂区以外的岩石中，由于应力波引起的应力状态和爆轰气体压力建立起的准静应力场均不足以使岩石破坏，只能引起岩石质点作弹性振动，直到弹性振动波

的能量被岩石完全吸收为止，这个区域称为弹性振动区。弹性振动区的外半径可按下式估算

$$R_s = (1.5 \sim 2.0) \sqrt[3]{Q} \tag{3-71}$$

式中　R_s——弹性振动区半径（m）；

　　　Q——装药量（kg/m³）。

3.5.3　爆破的外部作用

当将药包埋置在靠近地表的岩石中时，药包爆炸除产生内部破坏作用外，还会产生外部破坏作用，造成地表附近的岩石破坏，这些破坏可从以下几个方面来解释。当然，由于入射波和反射波的叠加构成了自由面附近岩石中的复杂应力状态，因此爆破外部作用引起岩石破碎的机理是复杂的。

（1）反射拉应力造成岩石破坏　炸药爆炸在岩石中产生的冲击波或应力波传播到自由面时，将产生反射；入射波为压缩波时，反射波则为拉伸波。由于岩石的抗拉强度很低，很容易被拉断。随反射拉伸的传播，岩石将从自由面开始，向岩石内部形成片落破坏块，如图3-23、图3-24所示。

（2）反射拉应力引起径向裂隙延伸　从自由面反射回岩石中的拉伸波，即使它的强度不足以产生片裂，但是反射拉伸波同径向裂隙尖端处的应力场相互叠加，可使径向裂隙大大地向前延伸。裂隙延伸的情况与反射应力传播的方向和裂隙方向的交角 θ 有关。如图3-27所示，当 $\theta = 90°$ 时，反射拉伸波将最有效地促使裂隙扩展和延伸；当 $\theta < 90°$ 时，反射拉伸应力以一个垂直于裂隙方向的拉伸分力促使径向裂隙扩张和延伸，或者在径向裂隙末端造成一条分支裂隙；当径向裂隙垂直于自由面（$\theta = 0°$）时，反射拉伸波再也不会对裂隙产生任何拉力，故不会促使裂隙继续延伸发展，相反地，反射波在其切向上是压缩应力状态，会使已经张开的裂隙重新闭合。

（3）自由面改变了岩石中的准静态应力场　自由面的存在改变了岩石由爆生气体膨胀压力形成的准静态应力场中的应力分布和应力值的大小，使岩石更容易在自由面方向受到剪切破坏。爆破的外部作用和内部作用结合起来，造成了自由面附近岩石破坏在自由面方向加强，如图3-28所示。

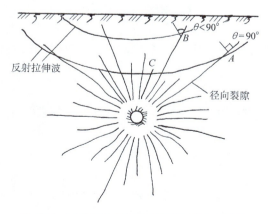

图3-27　反射拉伸波对径向裂纹形成的影响

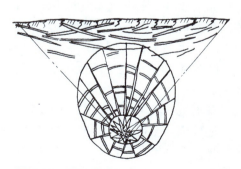

图3-28　岩石的破坏在自由面方向加强

由此可见，自由面在爆破破坏过程中起着重要作用。有了自由面，爆破后的岩石才能从自由面方向破碎、移动和抛出，自由面越大、越多，岩石的夹制作用越弱越有利于爆破的破坏作用，从而可减小爆破的炸药消耗量。因此，爆破工程中要充分利用岩体的自由面，或者人为地创造新的自由面，以提高炸药能量的利用率，改善爆破效果。

此外，自由面与药包的相对位置对爆破效果的影响也很大。当其他条件相同时，炮孔与自由面夹角越小，爆破效果越好。炮孔平行于自由面时，爆破效果最好；反之，炮孔垂直于自由面时，爆破效果最差。

通过以上对岩石爆破破碎机理的分析可知，岩石的爆破破碎、破裂是爆炸应力波的压缩、拉伸、剪切和爆生气体的膨胀、挤压、致裂和抛掷等共同作用的结果。

3.6 爆破漏斗及利文斯顿的爆破漏斗理论

3.6.1 爆破漏斗

当埋入岩石中的炸药包临近自由面时，炸药爆炸除在其周围岩石中产生压碎区、裂隙区和振动区之外，岩石在自由面方向的破坏得到加强，视药包到自由表面距离的不同，还将在自由表面引起岩石的破裂、鼓包和抛掷，在岩石中形成一漏斗状的炸坑，称为爆破漏斗，如图3-29所示。

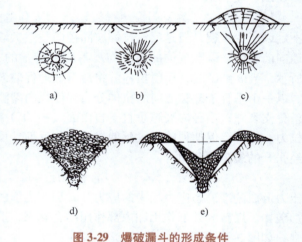

图3-29 爆破漏斗的形成条件
a) 表面无破坏 b) 表面破裂 c) 表面鼓包
d) 松动漏斗 e) 抛掷漏斗

炸药在岩石爆炸中形成爆破漏斗的条件用炸药的相对埋深表示。炸药的相对埋深 Δ 定义为

$$\Delta = W/W_c \qquad (3-72)$$

式中 W——炸药的埋置深度，称为最小抵抗线，如图3-30所示；

W_c——炸药埋置的临界深度或临界最小抵抗线。

如果 $\Delta < 1$，则形成爆破漏斗，如果 $\Delta \geqslant 1$ 或 $W \gg W_c$，炸药爆炸引起的破坏仅限于岩石内部，在岩石表面将不产生任何破坏。

1. 爆破漏斗的几何要素

图3-30所示为集中药包在单一自由面条件下形成的爆破漏斗，可用以下几何要素进行描述。

最小抵抗线 W——药包中心到自由面的垂直距离，即药包的埋置深度。

爆破漏斗半径 r——爆破漏斗的底圆半径。

爆破漏斗作用半径 R——也叫作破裂半径，即自药包中心到爆破漏斗底圆圆周上任一点的距离。

爆破漏斗深度——自爆破漏斗尖顶至自由面的最短距离，在数值上等于最小抵抗线。

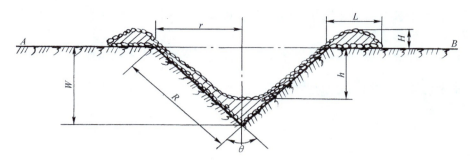

图 3-30　爆破漏斗的几何要素
W—最小抵抗线　θ—爆破漏斗张开角　r—爆破漏斗半径　L—爆堆宽度
R—爆破漏斗作用半径　H—爆堆高度　h—可见爆破漏斗深度

可见爆破漏斗深度 h——自爆破漏斗中岩堆表面最低洼点到自由面最短距离。 在一定抵抗线和装药量条件下，形成爆破漏斗范围内的一部分岩石被抛掷到漏斗外，一部分岩石被抛掷后又回落到漏斗坑内，回落后爆破漏斗的最大可见深度为爆破漏斗的可见深度。

爆破漏斗张开角 θ——爆破漏斗的顶角。

在以上除爆破漏斗可见深度的所有要素中，只有两个是独立的。通常用最小抵抗线和爆破漏斗半径来描述爆破漏斗的形状和大小。

除了上述构成爆破漏斗的一些要素以外，在爆破工程中还有一个经常用到的重要指数，即爆破作用指数 n，它是爆破漏斗半径 r 和最小抵抗线 W 的比值，表示为

$$n = r/W \tag{3-73}$$

爆破作用指数 n 是一个极重要的参数。若改变爆破作用指数 n，则爆破漏斗的大小、岩石的破碎性质和抛移程度都随之而发生变化。工程爆破中常根据爆破作用指数 n 值的不同，可对爆破漏斗进行分类。

2. 爆破漏斗的分类

工程爆破中，根据爆破作用指数 n 值的不同，将爆破漏斗分为四类，如图 3-31 所示。

（1）标准抛掷爆破漏斗（见图 3-31c）　爆破作用指数 n=1，即最小抵抗线 W 与爆破漏斗半径 r 相等，漏斗张开角 θ=π/2，形成标准爆破漏斗，这时爆破漏斗体积最大，能够实现最佳的爆破效率，相应的最小抵抗线称为最优抵抗线，如图 3-32 所示。工程中，确定不同种类岩石爆破的单位体积炸药消耗量时，或者确定或比较不同炸药的爆炸性能时，往往用标准爆破漏斗的体积作为比较标准。

（2）加强抛掷爆破漏斗（见图 3-31d）　爆破作用指数 n>1，漏斗张开角 θ>π/2，此时，爆破漏斗半径 r 大于最小抵抗线 W。当 n>3 时，炸药的能量主要消耗在破碎岩石的抛掷上，爆破漏斗的体积明显减小。因此，工程中，加强抛掷爆破漏斗的作用指数控制为 1<n<3。一般情况下，实施抛掷爆破时，爆破作用指数的取值范围为 n=1.2~2.5。

（3）减弱抛掷（加强松动）爆破漏斗（见图 3-31b）　当爆破作用指数取值范围为 0.75<n<1 时，形成的爆破漏斗为减弱抛掷爆破漏斗，也称为加强松动爆破漏斗。这是进行隧洞掘进爆破参数设计时常考虑的爆破漏斗形式。

（4）松动爆破漏斗（见图 3-31a）　爆破作用指数 n≈0.75。此时，爆破漏斗内的岩石被

破坏、松动，但不被抛出漏斗坑外。当 n 小于 0.75 很多时，将不能形成从药包到自由面间的连续破坏，不能形成漏斗。

单自由面条件下，集中药包爆炸形成的体积随炸药埋深的变化如图 3-32 所示。

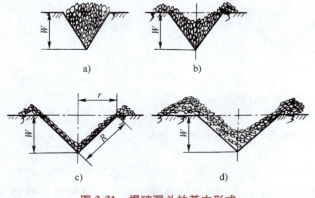

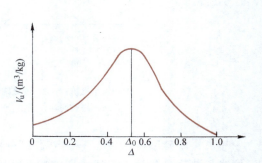

图 3-31　爆破漏斗的基本形式

a）松动爆破漏斗　b）减弱抛掷爆破漏斗
c）标准抛掷爆破漏斗　d）加强抛掷爆破漏斗

图 3-32　爆破漏斗体积与炸药相对埋深的关系

3. 形成标准爆破漏斗的条件

在柱状装药条件下，若忽略反射横波的作用，则形成标准爆破漏斗的力学条件可表述为：漏斗边缘处入射波产生的切向拉应力与反射拉伸波产生的径向拉应力之和等于岩石的拉伸强度，即

$$\sigma_{\theta I} + \sigma_{rR} = \sigma_t \tag{3-74}$$

取产生标准爆破漏斗时的最佳抵抗线为 W_0，则入射波到达漏斗边缘需经过的距离为 $\sqrt{2}\,W_0$。因而漏斗边缘处入射波产生的切向拉应力与反射拉伸波产生的径向拉应力可表述为

$$\sigma_{\theta I} = bp \left[\sqrt{2W_0}/r_b\right]^{-\alpha} \tag{3-75}$$

$$\sigma_{rR} = Rp \left[\sqrt{2}\,W_0/r_b\right]^{-\alpha} \tag{3-76}$$

式中　p——炸药爆炸作用于炮眼壁上的最大压力；

b——侧向应力系数，$b = \dfrac{\mu}{1-\mu}$；

μ——岩石的泊松比；

α——爆炸应力波衰减指数，可近似取 $\alpha = 2 - b$；

r_b——炮孔半径；

R——应力波反射系数，$R = \dfrac{\tan\beta\tan^2 2\beta - \tan\delta}{\tan\beta\tan^2 2\beta + \tan\delta}$；

δ——应力纵波入射角；

β——应力横波反射角，$\beta = \sin^{-1}\left[\left(\dfrac{1-2\mu}{2(1-\mu)}\right)^{1/2}\sin\delta\right]$。

纵波反射系数 R 为负值，计算时仅以绝对值代入。

将式（3-75）与（3-76）代入式（3-74），则得到形成标准爆破漏斗的最优最小抵抗线，为

$$W_0 = \left[(R + b)p/\sigma_t\right]^{\frac{1}{\alpha}} \frac{\sqrt{2}\, r_b}{2} \tag{3-77}$$

进一步，单位长度炮孔形成的标准爆破漏斗的体积 $V_0 = W_0^2$，用 q_l 表示单位长度的炮孔装药量，则有形成标准爆破漏斗的单位体积炸药消耗量

$$q = \frac{q_l}{V_0} = \frac{q_l}{W_0^{\,2}} \tag{3-78}$$

形成自由表面破坏的装药临界抵抗线为

$$W_c = \sqrt{2}\, W_0 = \left[(R + b)p/\sigma_t\right]^{\frac{1}{\alpha}} r_b \tag{3-79}$$

4. 延长装药产生的爆破漏斗

工程中的炮孔爆破大都采用延长装药。当延长装药垂直于自由面时，由于炸药对岩石的施力方向和冲击波方向与集中装药不同，爆破时受岩石的夹制作用较大，形成爆破漏斗较困难，但一般仍能形成爆破漏斗，但往往留有残孔，如图 3-33 所示。对这种条件的爆破漏斗形成进行分析时，大都是把延长药包看成由一系列集中药包组成。靠近炮孔口的集中药包，抵抗线小，起强抛掷作用，而靠近孔底的集中药包，抵抗线大，只能起松动作用，甚至不能形成爆破漏斗。这些集中药包形成爆破漏斗的轮廓线构成延长药包的爆破漏斗。由于孔底破坏弱，爆破后会留有残孔。

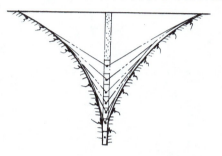

图 3-33　装药垂直自由面的爆破漏斗

如果延长装药平行于自由面，这时存在两个自由面，爆破效果要比一个自由面的情况好，如图 3-34a 所示。这种情况在隧道掘进爆破和露天台阶爆破中较常见，而且只需要将岩石从原岩体中分离下来，并实现松动即可，不需要产生大量的抛掷。这种情况下，为实现露天爆破后孔底平坦，炮孔深度应加深一超深深度 e，如图 3-34b 所示。

如果炮孔倾斜于自由面，情况则介于垂直和平行之间，形成的爆破漏斗是锥体形，如图 3-35 所示。

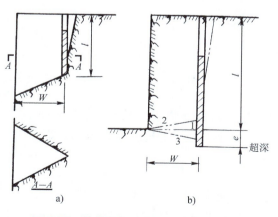

图 3-34　装药平行于自由面的爆破漏斗

a）无超深　b）有超深

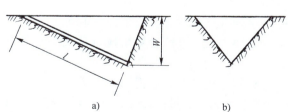

图 3-35　装药倾斜自由面的爆破漏斗

a）纵截面　b）横截面

5. 多药包同时爆破形成的爆破漏斗

当相邻两药包同时起爆时，一方面来自两孔的压缩应力波将在两线中点相遇，在连线方向上产生应力叠加，其切向拉应力加强（见图3-36），有助于形成连线裂隙。炮孔内爆生气体的准静态压力作用，使两炮孔各自在连线方向上产生切向拉应力，由于炮孔的应力集中，产生的切向拉应力在炮孔壁炮孔连线方向上最大（见图3-37），因此裂隙将由此开始沿炮孔连线发展，使两炮孔沿中心连线断裂。

此外，来自炮孔的压缩应力波遇到自由面反射后，反射拉伸应力叠加，也将使两装药炮孔连线上的拉应力增大，使得炮孔连线处容易被拉断。如图3-38所示，某花岗岩中的横波、纵波速度之比为0.6，B、C相邻两炮孔同时起爆产生的应力波经自由面反射后，在A点叠加，形成的拉应力值将是单一炮孔爆破时拉应力值的1.88倍，明显加强。

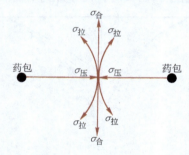

图3-36　相邻炮孔应力波相遇叠加

图3-37　相邻炮孔中心连线上准静态拉应力分布

另一方面，相邻两炮孔连线中点以外的区域，由于叠加应力波的相互抵消，形成应力降低区（见图3-39），不利于岩石破碎，出现爆破大块。

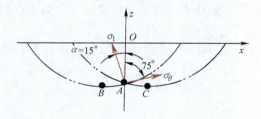

图3-38　反射拉伸波在两相邻炮孔间的叠加

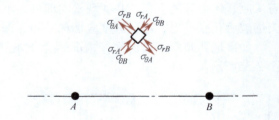

图3-39　相邻炮孔同时起爆时应力降低区的形成

多炮孔爆破时，装药密集（临近）系数，也称炮孔密集（临近）系数，是影响爆破效果的重要因素。装药密集系数m定义为相邻炮孔的间距a与最小抵抗线W的比值，即

$$m = a/W \tag{3-80}$$

根据工程实践，取得以下结论：

1）当$m \geq 2$，即$a \geq 2W$时，两装药各自形成单独的爆破漏斗，如图3-40a所示。

2）当$2 > m > 1$时，两装药形成一个爆破漏斗，但往往两装药之间底部破碎不充分，如图3-40b所示。

3）当$0.8 \leq m \leq 1$时，两装药形成一个爆破漏斗，且漏斗底部平坦，漏斗体积最大，如

图 3-40c 所示。

4）当 $m<0.8$ 时，两装药距离较近，大部分能量用于抛掷岩石，漏斗体积反而减小，如图 3-40d 所示。

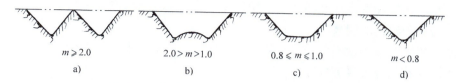

$$m \geqslant 2.0 \qquad 2.0 > m > 1.0 \qquad 0.8 \leqslant m \leqslant 1.0 \qquad m < 0.8$$
a)   b)   c)   d)

图 3-40 装药密集系数对爆破漏斗形状的影响

3.6.2 利文斯顿的爆破漏斗理论

1. 炸药爆破能量变化对岩石变形破坏的影响

爆破漏斗理论最早是由美国学者利文斯顿（Livingston C. W.）提出的，是**以能量平衡为准则**的岩石爆破破碎的爆破漏斗理论。Livingston C. W. 认为，炸药在岩石中爆破时，传给岩石能量的多少与速度的大小取决于岩石性质、炸药性能、药包质量、药包埋置深度等因素。埋于岩石中的炸药爆炸时，释放能量的绝大部分将被岩石所吸收，岩石吸收的能量达到平衡状态后，岩石表面才开始产生破坏、鼓包、位移、抛掷等；反之，岩石表面将不产生破坏。在岩石表面形成破坏临界状态的炸药量 Q 与炸药埋深之间有如下关系

$$W_c = E_b Q^{1/3} \tag{3-81}$$

式中 Q——炸药量；

   W_c——临界抵抗线；

   E_b——岩石变形能系数（$\mathrm{m \cdot kg^{-\frac{1}{3}}}$）。

E_b 反映一定装药条件下，表面岩石开始破裂时，岩石可能吸收的最大能量；其大小是衡量岩石爆破难易程度的一个指标。

Livingston C. W. 将岩石爆破破坏效果与能量平衡关系划分为四个带，即弹性变形带、冲击破坏带、破碎带和空爆带。

（1）弹性变形带 当岩石爆破条件一定时，或者装药量很小，或者炸药埋置很深，爆破作用仅限于岩石内部。爆破后岩石表面不出现破坏，炸药的全部能量被岩石所吸收，表面岩石只产生弹性变形，爆破后岩石恢复原状。实现这一状态的炸药埋深最小值为**临界埋深**。

（2）冲击破裂带 当岩石性质和炸药品种不变时，减少炸药埋深至小于临界埋深时，表面岩石将呈现出破坏、鼓包、抛掷等，进而形成爆破漏斗。爆破漏斗体积将随炸药的埋深减少而增大。当爆破漏斗体积达到最大时，炸药能量得以充分利用，此时的炸药埋深称为**最佳埋深**。

（3）破碎带 若炸药埋深进一步减小，小于炸药的最佳埋深时，表面岩石将更加破碎，爆破漏斗体积随炸药埋深的减小而减小，炸药爆炸释放的能量消耗于岩石破碎、抛掷等的比例进一步增大。

（4）空爆带 当炸药埋深很小时，表面岩石得以过度破碎，并远距离抛掷，这时消耗于空气冲击波的能量大于炸药爆炸传给岩石的能量，此时岩石将形成强烈的空气冲击波。

据此，在爆破实践中，可以通过改变药包埋置深度（即最小抵抗线）来调整或平衡炸

药爆炸能量的分配比例，实现最佳的爆破效果。

从以上四个范围来看，**炸药的爆炸能量消耗在下列四个方面：岩石的弹性变形，岩石的破碎，岩石的抛移、飞散及形成空气冲击波。** 消耗在岩石弹性变形上的能量不可避免，而消耗在岩石抛移、飞散和形成空气冲击波的能量应力求避免。从提高爆破效果来讲，应该尽量提高消耗在岩石破碎上的能量。

利文斯顿爆破漏斗理论不仅表明了装药量与爆破漏斗的关系，还能确定不同岩石的可爆性，比较不同炸药品种的爆破性能。

2. 利文斯顿爆破漏斗的特性

为了便于分析，常将比例爆破漏斗体积（V/Q——单位炸药量的爆破漏斗体积）、比例埋置深度（$W/Q^{1/3}$）、比例爆破漏斗半径（$r/Q^{1/3}$）和相对埋深 Δ（$=W/W_c$）作为研究对象。

爆破漏斗的形状（包括深度和半径）及体积随药包埋置的深度不同而变化，爆破漏斗体积的大小在实际爆破工程中具有重要的意义。为弄清爆破漏斗的特性，必须进行爆破漏斗试验，找出 V/Q-Δ 和 $r/Q^{1/3}$-$W/Q^{1/3}$ 等关系曲线，全面描述爆破漏斗的特性。目前，已完成了许多不同炸药在不同岩石条件的爆破漏斗特性研究，有关成果可参考相关资料。

3. 利文斯顿爆破漏斗理论的应用

爆破漏斗试验是以利文斯顿的理论为基础的。首先，根据爆破漏斗试验的有关数据可以合理地选择爆破参数，提高爆破效率；其次，对不同成分的炸药进行爆破漏斗试验和对比分析，为选用炸药提供依据；再次，利文斯顿的变形能系数可以作为岩石可爆性分级的参考判据。

（1）对比炸药的性能　用爆破漏斗试验可代替习惯沿用的铅铸测定炸药做功能力的方法。根据利文斯顿爆破漏斗理论，在同一种岩石中，炸药量一定，但炸药品种不同，进行爆破漏斗试验时，炸药做功能力大者，传给岩石的能量高，则其临界埋深 W_c 值比较大；反之，炸药做功能力小者，其临界埋深也小。由于 W_c 值的不同，E_b 值也就不一样，因此可以对比各种不同品种炸药的爆破性能。

（2）评价岩石的可爆性　根据式（3-81）在选定炸药品种及炸药量为常数时，根据炸药的临界抵抗线 W_c 可求出不同岩石种类的变形能系数 E_b。当 $Q=1$ 时，可认为单位质量的炸药（如 1kg）的弹性变形能系数 E_b 在数值上就等于 W_c。爆破坚韧性岩石，单位药量爆破的 W_c 值必然小，弹性变形能系数 E_b 也较小，说明消耗能量大，岩石难爆；爆破非坚韧性岩石，单位药量爆破的 W_c 必然较大，弹性变形能系数 E_b 也较大，表明吸收的能量小，故岩石易爆。所以，可以用岩石弹性变形能系数 E_b 作为对比岩石可爆性的判据。

（3）爆破漏斗理论在工程爆破中的应用　爆破漏斗理论被广泛应用于露天台阶深孔爆破、露天开挖药室爆破及深孔爆破掘进天井等，这里仅以露天台阶深孔爆破为例加以说明。

在露天台阶爆破设计中，如果岩石性质、炸药品种和炸药量等因素中有一个变化时，可以根据其变化函数的关系，依次求得其余相应的爆破参数。

已知药量 Q_1 对应的最佳埋深 W_{01}，当药量增加或减少为 Q_2 时，则此药量下的最佳埋深为

$$W_{02} = (Q_2/Q_1)^{1/3} W_{01} \tag{3-82}$$

据此可确定出相应的孔距等爆破参数。

4. 利文斯顿爆破漏斗理论的推广

生产中常用长柱状条形药包进行爆破，而爆破漏斗理论是以球状集中药包为基础提出的。将球状集中药包看成点药包，单孔柱状长条形药包看成线药包，成排孔柱状长条形药包看成面药包（见图 3-41），并根据几何相似和量纲原理，找出了三者之间的相关关系。

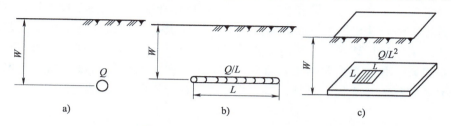

图 3-41　不同装药类型的几何图
a）点药包　b）线药包　c）面药包

在点药包条件下，有

$$K_{\text{point}} = W_{\text{point}}/Q^{1/3} \quad \text{或} \quad W_{\text{point}} = K_{\text{point}}Q^{1/3} \tag{3-83}$$

式中　K_{point}——点药包的比例埋置深度；

$\quad\quad W_{\text{point}}$——点药包埋深；

$\quad\quad Q$——集中药包装药量。用量纲表示有

$$\left.\begin{array}{l} [W_{\text{point}}] = [W_{\text{point}}{}^3/Q]^{1/3}[Q^{1/3}] \\ [K_{\text{point}}] = [W_{\text{point}}{}^3/Q]^{1/3} \end{array}\right\} \tag{3-84}$$

对线药包和面药包，相应的关系式分别为

$$\left.\begin{array}{l} [W_{\text{line}}] = [W_{\text{line}}{}^3/Q]^{1/2}[Q/L]^{1/2} \\ [K_{\text{line}}] = [L^3/Q]^{1/2} \end{array}\right\} \tag{3-85}$$

和

$$\left.\begin{array}{l} [W_{\text{plane}}] = [W_{\text{lane}}{}^3/Q][Q/L^2] \\ [K_{\text{plane}}] = [L^3/Q] \end{array}\right\} \tag{3-86}$$

式中　W_{line}、W_{plane}——线药包和面药包的埋置深度；

$\quad\quad Q/L$——线药包的单位长度炸药量；

$\quad\quad Q/L^2$——面药包的单位面积炸药量；

$\quad\quad K_{\text{line}}$、$K_{\text{plane}}$——线药包和面药包的比例埋置深度。

面药包的比例埋置深度的倒数为 Q/L^3，相当于单位体积炸药量，由于点药包、线药包、面药包的比例埋置深度都与 Q/L^3 有关，因而有下列关系。

$$[K_{\text{point}}]^3 = [K_{\text{line}}]^2 = [K_{\text{plane}}] \tag{3-87}$$

近几十年来，Livingston C. W. 的爆破漏斗理论在爆破工程实际中得到了广泛应用，并在不断地改进和完善中。

3.6.3　装药量计算原理

爆破工程中，装药量合理与否对爆破效果、工程成本和安全均有重要影响。多年来，爆

破合理装药量的计算一直受到重视，但由于岩石物理力学性质的多变性及对岩石爆破破坏机理与规律认识十分有限，目前还不能对爆破装药量进行精确的计算。工程中爆破装药量的确定都是以近似计算为准。

目前已有的爆破装药量近似计算是建立在爆破漏斗的能量平衡基础上的。以集中药包形成爆破漏斗的情况为例，为了形成爆破漏斗，炸药的爆炸能量需要完成以下功：首先，应使爆破漏斗范围的岩石从岩体中分离出来，其耗能大小与漏斗的表面积成正比；其次，还需要将漏斗范围的岩石进行破碎，其耗能与被破碎的岩石（爆破漏斗）体积成正比；最后，如果实施抛掷爆破，并需要将破碎的岩石抛移到漏斗以外，其耗能与爆破漏斗体积和抛移距离（漏斗作用半径）成正比。于是，爆破的装药量 Q 应该由三部分组成，即有

$$Q = C_1 W^2 + C_2 W^3 + C_3 W^4 \tag{3-88}$$

式中　　　　Q——装药量（kg）；

C_1、C_2、C_3——系数；

　　　　W——最小抵抗线（m）。

如果忽略式（3-88）中的第一、第三项，则爆破装药量与爆破岩石体积成正比，进而变成爆破装药量计算的体积公式。

实际中的体积公式是根据爆破相似法则得出的。实验结果指出，在均质岩石中爆破时，当装药的体积按比例增大时，岩石爆破破碎的体积也将按比例增大，这就是岩石爆破的相似法则，如图 3-42 所示。伏奥班则提出了以 $r=W$ 作为标准爆破漏斗的体积公式，其实质是：

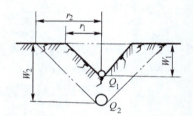

图 3-42　爆破漏斗相似原理

在一定的岩石条件和装药量的情况下，爆落的土石方体积与所用的炸药量成正比，即

$$Q = qV \tag{3-89}$$

式中　q——爆破单位体积岩石的装药量（kg/m³），称单位体积装药量或单位体积耗药量，可通过试验确定或查表选取；

　　　V——爆破漏斗体积（m³）。

如果集中装药，标准抛掷爆破时，爆破作用指数 $n=1$，即 $r=W$，爆破漏斗体积为

$$V = \frac{1}{3}\pi r^2 W \approx W^3$$

标准爆破时的装药量 Q_b 则为

$$Q_b = qW^3 \tag{3-90}$$

式（3-90）也称为豪赛尔公式，是最基本的爆破装药计算公式。

对加强抛掷和减弱抛掷等爆破，则需要相应地增减装药量。适用于各种类型抛掷爆破的装药量计算公式为

$$Q_p = f(n)qW^3 \tag{3-91}$$

式中　$f(n)$——爆破作用指数的函数。

标准抛掷爆破的 $f(n)=1$；加强抛掷爆破的 $f(n)>1$；减弱抛掷爆破，$f(n)<1$。对于 $f(n)$ 的计算，鲍列斯柯夫的经验公式为

$$f(n) = 0.4 + 0.6n^3 \tag{3-92}$$

式（3-91）和式（3-92）作为抛掷爆破装药量计算的通用公式，应用于加强抛掷爆破装药量计算公式，尤为接近实际情况。

松动爆破漏斗的装药量 Q_s 为标准爆破漏斗装药量的 $0.33 \sim 0.55$ 倍，因此松动爆破时更为合适的经验计算公式为

$$Q_s = (0.33 \sim 0.55)qW^3 \tag{3-93}$$

岩石可爆性好时取小值，岩石可爆性差时取大值。

柱状装药的装药量计算公式与集中装药计算原理相同。当装药垂直于自由面时，装药量为

$$Q = f(n)qW_j^3 \tag{3-94}$$

式中　W_j——计算抵抗线，取炮孔深度。

当装药平行于自由面时（见图 3-34），抛掷爆破的装药量为

$$Q_p = f(n)qW^2l \tag{3-95}$$

松动爆破时的装药量

$$Q_s = (0.33 \sim 0.55)qW^2l \tag{3-96}$$

式中　l——炮孔深度。

多药包爆破时，装药量的计算分两种情况。如果各炮孔的抵抗线相同，则计算较简单，单个炮孔装药量为

$$Q = f(n)qaWl = f(n)qmW^2l \tag{3-97}$$

式中　a——炮孔间距；

　　　m——装药密集系数。

如果各炮孔的抵抗线不同，则计算较为烦琐。如图 3-43 所示，各炮孔（平行于自由面）的抵抗线分别为 W_1，W_2，$\cdots$，W_n，若将炮孔间距调整为

$$a_{i(i+1)} = (W_i + W_{i+1})/2$$

则炮孔装药量为

$$Q_i = f(n)qW_i^2l \tag{3-98}$$

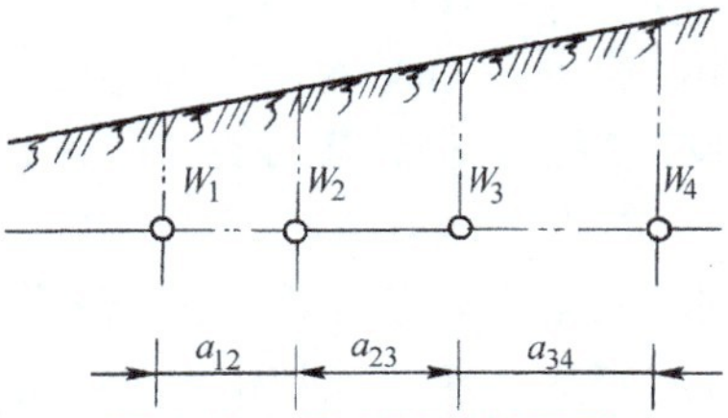

如果采用相同的炮孔间距，则装药量计算公式需用装药密集数进行修正

图 3-43　最小抵抗线不同时的炮孔布置

$$m_{i(i+1)} = 0.5a/(W_i + W_{i+1})$$

于是，炮孔装药量计算公式为

$$Q_i = f(n)qW_i^2lm_{i(i+1)} \tag{3-99}$$

上述各计算式中的**单位体积装药量 q 值，应考虑多方面的影响因素综合确定**，确定方法有：

1）查表、参考定额或有关资料数据选取。

2）参照条件类似的爆破工程炸药消耗成本或矿山单位耗药量的统计值选定。

3）通过标准爆破漏斗试验求算。

4）根据经验公式确定

$$q = 0.4 + (\rho/2450)^2 \tag{3-100}$$

式中　ρ——岩石表观密度（kg/m^3）。

　　综合上述，装药量的多少取决于要求爆破的岩石体积、爆破类型等，但爆破的质量（块度）问题的重要性却未能在计算公式中反映出来。虽然如此，体积公式仍一直沿用至今，给人们提供了估算装药量的依据。在长期的生产实践中，都以体积公式为依据，结合各自岩石性质和爆破的要求，采用不同的单位体积装药量 q 进行装药量的计算。

　　此外，以上计算公式都是以单自由面为前提的，而在实际工程中，为了改善爆破效果，也常实施多自由面爆破，因此计算装药量时，还应考虑自由面数量的影响。一般地，当自由面数由 1 增加到 2 时，q 降低 10%，当自由面数由 2 增加到 3 时，q 降低 30%。如果采用的炸药品种改变时，还须进行炸药量的当量换算。

3.7　装药结构与起爆方法

3.7.1　装药结构

　　装药在炮孔（眼）内的安置方式称为装药结构，它是影响爆破效果的重要因素之一。最常采用的装药结构有：

　　耦合装药——炸药直径与炮孔直径相同，炸药与炮孔壁之间不留间隙。

　　不耦合装药——炸药直径小于炮孔直径，炸药与炮孔壁之间留有间隙。

　　连续装药——炸药在炮孔内连续装填，不留间隔。

　　间隔装药——炸药在炮孔内分段装填，装药之间由炮泥、木垫或空气柱隔开。

　　各种装药结构如图 3-44 所示。

　　试验证明，在一定岩石和炸药条件下，采用空气柱间隔装药，可以增加用于破碎或抛掷岩石的爆炸能量，提高炸药能量的有效利用率，减少装药量。空气柱间隔装药的作用原理是：

　　1）降低了作用在炮孔壁上的冲击压力峰值。若冲击压力过高，在岩体内激起冲击波，产生压碎圈，使炮孔附近的岩石过度破碎，就会消耗大量能量，影响压碎圈以外岩石的破碎效果。

　　2）增加了应力波作用时间。原因有两个：其一，由于降低了冲击压力，减小或消除了冲击波作用，相应地增大了应力波能量，从而能够增加应力波的作用时间；其二，当两段装药间存在空气柱时，装药爆炸后，首先在空气柱内激起相向的空气冲击波，并在空气柱中心发生碰撞，使压力增高，同时产生反射的相向空气冲击波，其后又发生反射和碰撞。炮孔内空气冲击波往返、多次碰撞，增加了冲击压力及其激起的应力波的作用时间。

　　图 3-45 所示为在相似材料模型和相同试验条件下测得的连续装药和空气柱间隔装药激起的应力波波形。可见，空气柱间隔装药激起的应力波，其峰值应力减小，应力波作用时间增大，又由于空气冲击波碰撞，在应力波波形上可以看到两个峰值应力，但总的来看，应力变化比较平缓。

　　3）增大了应力波传给岩石的冲量，而且比冲量沿炮孔长度分布较均匀。这是以上两点带来的结果。有关试验结果表明：在连续装药情况下，炮孔底比冲量远高于炮孔口比冲量，比冲量沿炮孔全长分布不均，这会使爆破块度不匀并增加大块率；采用空气柱间隔装药时，炮孔底比冲量减小，而炮孔口比冲量增大，比冲量活炮孔全长分布趋于均匀，故能改善块度质量并减小大块率。

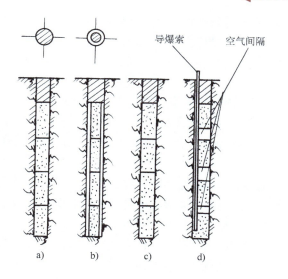

图 3-44　装药结构
a）耦合装药　b）不耦合装药
c）连续装药　d）间隔装药

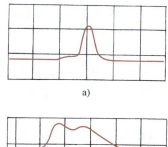

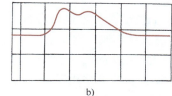

图 3-45　连续装药与空气柱间隔装药
激起的应力波波形
a）连续装药　b）空气柱间隔装药

由于空气柱间隔装药有以上三个方面的作用，因此在一定的岩石和炸药条件下，合理确定空气柱长度与装药长度的比值，能达到调整应力波参数，提高炸药量的有效利用率，改善爆破效果的目的。

在通常采用的炸药条件下，不同岩石适用的空气柱长度与装药长度的比值见表 3-10。

若空气柱长度超过 3.5m，应采用多段间隔装药。在隧道或井巷掘进中，一般可将装药分为两段，其中底部装药应为总药量的 65%~70%，装药间用导爆索连接起爆。如果没有合适的起爆方法，也可以采用多段间隙装药，但须使装药间距离不超过炸药的殉爆距离，或采用连续装药，将空气柱留在装药与炮泥之间。

表 3-10　合理的空气柱长度

岩 石 名 称	软岩	中等坚固多裂隙岩石（$f=8\sim10$）	中等坚固块体岩石（$f=8\sim10$）	多裂隙的坚固岩石（$f=1\sim16$）	坚固、坚韧且具有微裂隙的岩石
空气柱长度与装药长度之比	0.35~0.4	0.3~0.32	0.21~0.27	0.15~0.2	0.15~0.2

在周边爆破中，如没有专用的炸药可供使用，也采用空气柱间隔装药（增大空气柱长度）来控制炸药的爆破作用，详见第 4 章。

3.7.2　起爆方法

装药采用雷管起爆时，雷管所在位置称为起爆点。起爆点通常是一个，但当装药长度很大时，也可设多个起爆点，或沿装药全长敷设导爆索起爆（相当于无穷多个起爆点）。

单点起爆时，若起爆点置于装药顶端（靠近炮孔口的装药端），爆轰传向孔底，这种起爆方式称为正向起爆，若起爆点置于装药底端，爆轰传向孔口则为反向起爆。

　　起爆点位置和爆轰传播方向也是影响岩石爆破作用和爆破效果的重要因素。试验结果表明，反向起爆优于正向起爆，表现在：炮孔利用率随起爆点移向装药底部而增加，增加程度与岩石性质、炸药性质、炮孔深度有关；单位体积装药量相同时，反向起爆能减少大块率等。

　　目前，关于起爆点位置和爆轰传播方向对岩石破碎过程的影响有以下几种观点：

　　1）反向起爆时，炮泥开始运动的时间比正向起爆推迟 Δt（$\Delta t = l_c/D$，l_c 为装药长度，D 为炸药爆速），这使爆炸气体在炮孔内存留的时间相应增大，从而增加了岩石内应力波的作用时间。

　　2）起爆点位置不同，岩石内的应力分布不同。若柱状装药全长同时起爆，在岩石内激起的应力波为柱面波。但在正、反向起爆的情况下，应力波的波面形状决定于炸药爆速和岩石中纵波波速的比值 D/c_p。当 $D/c_p > 1$ 时，应力波波面形状为锥体，$D/c_p < 1$ 时，则为球体。

　　在露天台阶上采用正、反向起爆时，岩石内激起应力波的波面形状及其应力传播情况如图 3-46 所示。可以看出，若设正、反向起爆在台阶底线处沿应力波波面法线方向产生的应力矢量相等，则反向起爆沿台阶底板的应力分量较正向起爆大；反向起爆沿台阶坡面的应力分量的方向与正向起爆相反，后者的应力分量方向朝向台阶底板。反向起爆的这种应力状态有利于底部岩石的破碎。

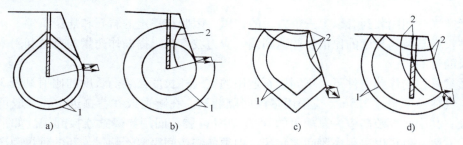

图 3-46　正、反向起爆时应力波在岩石内的传播情况及在台阶低线处的应力状态

a）反向起爆，$D/c_p > 1$　b）反向起爆，$D/c_p \leqslant 1$

c）正向起爆，$D/c_p > 1$　d）正向起爆，$D/c_p \leqslant 1$

1—入射波　2—反射波

　　3）若装药长度较大，正向起爆时，在装药爆轰未结束前，由起爆点 A 产生的应力波到达上部自由面后，产生向岩体内部传播的反射应力可能越过 A 点（见图 3-47）。在这种情况下，反射波产生的裂隙将使炮孔内气体迅速逸出，将导致炮孔下部岩石破碎条件恶化和炮孔利用率的降低。反向爆破时，爆轰由 B 点向 A 点传播，爆轰产物在孔底部存留的时间较长，而且若 $c_p > D$，由炮孔底部产生的应力波超前于爆轰波，能加强炮孔上部应力波的作用。因此，反向爆破不仅能提高炮孔利用率，也能加强岩石的破碎。

　　需要说明，无论是正向起爆，还是反向起爆，岩石内的应力分布都是很不均匀的，但若相邻炮孔分别采用正、反向起爆，将能改善这种状况。

　　若采用多点起爆，由于爆轰波发生相互碰撞，可以增大爆炸应力波的参数，包括峰值应力、应力波作用时间及其冲量，从而提高岩石的破碎度，但起爆点数目超过 4 个时，冲量和破碎度不再明显增加。因为目前尚未实现多点起爆的完善方法，故在大多数情况下仍采用单

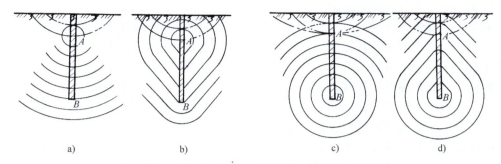

图 3-47 正、反向起爆时的炸药爆轰及应力波传播

a）正向起爆，$D/c_p \leq 1$　b）正向起爆，$D/c_p > 1$　c）反向起爆，$D/c_p \leq 1$　d）反向起爆，$D/c_p > 1$

点起爆。

需要引起注意的是：某些国家在安全规程中规定，在有瓦斯的工作面内进行爆破时，只能采用反向起爆。我国《煤矿安全规程》规定：在高瓦斯矿井、低瓦斯矿井的高瓦斯区域的采掘工作面实施毫秒爆破时，若采用反向起爆，必须采取相应的安全措施。

3.8　炮孔的堵塞

工程爆破中，一般都要对炮孔进行堵塞。用来封堵炮孔的材料统称为炮泥。用炮泥堵塞炮孔可以达到以下目的：

1）保证炸药充分反应，使之放出最大热量，减少有毒气体生成量。

2）降低爆生气体逸出自由面的温度和压力，提高炸药的热效率，使更多的热量转变为机械功。

3）在有沼气的工作面内，除降低爆炸气体逸出自由面的温度和压力外，炮泥还起着阻止灼热固体颗粒（如雷管壳碎片等）从炮孔内飞出的作用，提高爆破安全性。

除此之外，炮泥也会影响爆炸应力波的参数，从而影响岩石的破碎过程和炸药能量的有效利用。试验表明，爆炸应力波的参数与炮泥材料、炮泥长度和填塞质量等因素有关。

分析炮泥对爆炸应力波参数的影响，需要了解炮泥在炸药爆炸过程中的运动规律。试验研究得到，炮泥运动具有以下规律（见图 3-48）：

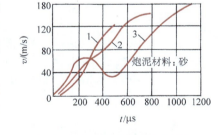

图 3-48 装药爆炸时炮泥运动速度的变化

1—上段炮泥　2—中段炮泥　3—下段炮泥

1）炮泥一般是可压缩性物质，其运动不是在所有截面同时发生的。靠近装药的炮泥层最先运动（曲线3），后面的层依次跟着发生运动（曲线2、1）。

2）在不同区段上，炮泥运动具有不同的规律。靠近装药的一段炮泥的运动规律最复杂。

3）离装药较远或近炮孔口的一段炮泥，从运动开始，其速度一直在增长，不发生减速，而且超过一定时间后，其运动速度将大于靠近装药段炮泥的运动速度，从而对靠近装药炮泥的运动不再产生任何阻碍作用。

从炮泥运动规律可以看出，在岩石破碎以前，炮泥能够阻止爆炸气体从炮孔内逸出，增加爆炸应力波的作用时间及其冲量。但不同区段炮泥阻止爆炸气体逸出的机理不同。下段炮泥（靠近装药的炮泥）在未发生剪切前，主要靠横推力产生的摩擦力阻止炮泥运动和气体膨胀，剪切后则靠其惯性延迟气体逸出；上段（靠近炮孔端）炮泥在一定时间内靠惯性阻止下段炮泥的运动，但当运动速度超过下段炮泥的运动速度后，就不再起任何作用。

影响岩石内应力波参数的因素，首先是炮孔内气体压力的变化。若没有炮泥，装药与大气直接接触，气体压力就会很快由最大值下降到大气压；当装有炮泥，又没有裂隙与自由面相通时，气体压力下降较慢，从而能够增加压力作用时间和爆炸传给岩石的比冲量。

图 3-49 所示为在一定距离处（$r/r_b = 40$）测得的无炮泥和有炮泥时的应力波形。从图 3-49 中看出，在有炮泥时，应力上升较快，到达峰值后下降较慢，应力作用时间增大，而且应力波形与炮泥材料有关。炮泥材料的密度、压缩性、抗剪强度和内摩擦系数越高，对炮孔内气体运动和膨胀产生的阻力就越大，因此压力作用时间和传给岩石的比冲量也将相应增大。采用低爆速、低猛度炸药时，炮泥的作用尤为显著。

在有瓦斯的工作面内，可以采用聚乙烯塑料袋装的水炮泥。但采用水炮泥时，仍需用声阻抗比水大的其他材料封堵孔口（或采用两个以上的水炮泥）。试验表明，采用这种结构的填塞方式时，装药爆炸后，在水炮泥一端激起的冲击波和从另端反射回冲击波相碰撞时，可产生很高阻力，减缓水炮泥的运动（见图 3-50）。

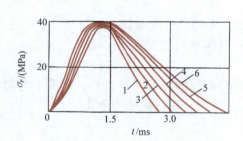

图 3-49　无炮泥和有炮泥时的径向应力波形

1—无炮泥　2—黏土　3—砂　4—三袋水泡泥　5—碎石　6—两袋水泡泥和其他材料封口

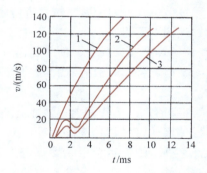

图 3-50　不同结构水泡泥运动速度的变化

1——袋水炮泥　2——三袋水炮泥　3——袋水炮泥及其他材料封口

除选用合适的炮泥材料外，还需确定合理的炮泥长度。一种简单的计算方法是使炮泥全长卸载的时间大于爆炸气体压力在装药全长卸载的时间，即

$$2l_s/c_{ps} \geq l_c/c_0 \qquad (3\text{-}101)$$

式中　l_s——炮泥长度（m）；

　　c_{ps}——炮泥中纵波波速或声速（m/s）；

　　l_c——装药长度（m）；

　　c_0——稀疏波波尾传播速度，等于静止爆炸产物中的声速（m/s）。

根据炸药爆轰流体动力学理论算出 $c_0 = D/2$，代换后得

$$l_s \geq l_c c_{ps}/D \tag{3-102}$$

小直径炮孔爆破一般采用砂和黏土混合物做炮泥，其内声速为 $1500 \sim 1800 \mathrm{m/s}$，若取炸药爆速 $D = 3000 \sim 5000 \mathrm{m/s}$，按式（3-102）计算出的炮促长度应为装药长度的 $35\% \sim 50\%$。

我国《爆破安全规程》和《煤矿安全规程》都规定，在有瓦斯的条件下，爆破作业必须用炮泥堵塞炮孔，而且堵塞长度不能小于一定值。

3.9 毫秒爆破

3.9.1 毫秒爆破的概念及其优点

爆破都是采用许多的炮孔，而且要求这些炮孔必须按一定顺序起爆，否则无法获得预期的爆破效果。选择起爆顺序的原则是，后期起爆的装药能充分利用先期起爆装药爆破形成的自由面。一次起爆装药的数目越少或起爆段数越多，除能充分利用自由面外，还能减小装药爆炸产生的振动、空气冲击波的强度和爆炸噪声。

利用秒延期雷管实现装药按顺序起爆的爆破称为秒延期爆破。这种爆破方法能达到较高的炮孔利用率，减小岩石抛掷及其造成的破坏作用，但岩石破碎块度较大，个别炮孔产生拒爆的可能性也较大。此外，由于延期时间较长，不能在有瓦斯或煤尘爆炸危险的工作面内使用。

利用毫秒雷管或其他毫秒延期引爆装置，实现装药按顺序起爆的方法称为毫秒爆破。这种爆破方法除具有秒延期爆破的优点外，还能克服其缺点。所以，在有瓦斯或煤尘爆炸危险的工作面内，可采用毫秒爆破。

归纳起来，毫秒爆破有以下主要优点：

1）增强破碎作用，能够减小岩石爆破块度，或扩大爆破参数，降低单位体积耗药量。

2）减小抛掷作用和抛掷距离，能防止爆破对周围设备的损坏，而且爆堆集中，有利于提高装岩效率。

3）能降低爆破产生的振动作用，防止对周围岩体或地面建筑造成破坏。

4）可以在地下有瓦斯的工作面使用（放炮前，沼气的体积分数不超过 1%，总延期时间不超过 $130\mathrm{ms}$），实现全断面一次爆破，缩短爆破作业时间，提高掘进速度，并有利于工人健康。

3.9.2 毫秒爆破的破岩机理

为使毫秒爆破获得较好的爆破效果，必须合理确定炮孔间距、起爆顺序和起爆间隔时间。这些问题的解决依赖于对毫秒爆破破岩机理的了解。对此，目前有以下几种主要假说。

（1）应力波相互干涉假说 已经知道，若相邻两装药同时爆炸，由于应力波的相互干涉，在两装药中间岩体某区域内将形成无应力或应力降低区，从而容易产生大块。但若使相邻的两装药间隔一定时间爆炸，如当先期爆炸装药在岩体内激起压缩波从自由面反射成拉伸波后，再引爆后期爆炸的装药，不仅能消除无应力区，还能增大该区内的拉应力，如图 3-51 所示。

试验表明：在深孔毫秒爆破中，后起爆药包较先起爆药包滞后十至几十毫秒起爆，两组

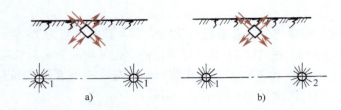

图 3-51　瞬发爆破与毫秒爆破时相邻装药产生应力波的比较

a）瞬发爆破　b）毫秒爆破

1、2—起爆顺序

深孔爆破产生的应力波叠加，可以改善破碎效果。

（2）**自由面假说**　该假说认为，毫秒爆破能够改善岩石的破碎质量，是由于先期装药爆炸在岩体内已造成了某种程度的破坏，形成了一定宽度的裂隙和附加自由面，为后期装药爆炸创造了有利的破岩条件。

图 3-52 所示，在先爆破炮孔形成漏斗后，对后起爆炮孔来说，相当于增加了新的自由面，后起爆炮孔的最小抵抗线和爆破作用方向都有所改变，增加了入射压缩波与反射拉伸波在自由面方向的破岩作用，并减少夹制作用。此外，由于先期爆炸产生的新自由面改变了后期爆炸装药的作用方向（不再垂直原有自由面），故能减小岩石的抛掷距离和爆堆宽度，并为运动岩块相互碰撞、利用动能使之发生二次破碎创造了条件。

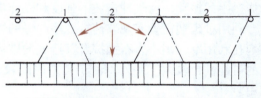

图 3-52　台阶爆破单排炮孔微差起爆

1、2—起爆顺序

按这种假说，在毫秒爆破的各种形式中，以台阶爆破的炮孔间隔起爆或波浪行毫秒爆破的爆破效果最好。

（3）**剩余应力假说**　该假说的主要内容包括：

1）先期爆炸激起的爆炸应力波在岩体内形成动态应力场并产生一系列裂缝。

2）岩体承受高压爆炸气体的作用，使裂缝进一步扩展，但随着爆炸气体的膨胀，炮孔内压力不断降低。

3）后期装药爆炸应在先期装药爆炸产生的静态应力场尚未消失前起爆，利用先期装药爆炸在岩体产生的剩余应力来改善岩石的破碎质量。

（4）**岩块碰撞假说**　该假说认为，在毫秒爆破过程中，从岩体内破碎下的运动岩块能够发生相互碰撞，利用动能使其再次破碎，同时减小了岩石的抛掷距离和爆堆宽度。按这种假说，毫秒爆破最好的起爆方式和起爆间隔时间应能为岩块发生碰撞创造条件。

后两个假说与自由面假说是相辅相成的，常结合起来用以说明毫秒爆破在破岩机理方面所具有的特点。

除此之外，还有许多其他假说，如悬臂梁、振动或共振破坏假说等，但这些假说均未被多数人所承认。尽管国内外学者对毫秒爆破的破岩机理进行了许多研究，提出了许多论点，但目前尚未形成统一的认识，仍有待进一步的研究。

3.9.3 毫秒爆破间隔时间的确定

采用毫秒爆破时，其爆破效果除与装药起爆方式和起爆顺序有关外，还决定于所采用的爆破参数。毫秒爆破参数确定方法与一般爆破相同。但毫秒爆破还需要确定另一个重要参数——延迟时间。确定毫秒爆破的延迟时间，目前有以下方法。

(1) 按应力波干涉假说计算 按应力波干涉假说，波克罗弗斯基给出能够增强破碎效果的合理炮孔延迟时间为 Δt 为

$$\Delta t = \sqrt{a^2 + 4W^2}/c_p \tag{3-103}$$

式中　a——炮孔距离（m）；

　　　W——最小抵抗线（m）；

　　　c_p——应力波传播速度（m/s）。

(2) 按自由面假说计算 哈努卡耶夫认为，后爆破炮孔起爆延迟以在先爆炮孔刚好形成爆破漏斗，且爆岩脱离岩体，形成 $0.8 \sim 1.0$ cm 宽的裂缝时起爆为宜。于是，有

$$\Delta t = t_1 + t_2 + t_3 = 2W/c_p + L/c_l + B/v_r \tag{3-104}$$

式中　t_1——弹性波传至自由面并返回的时间（s）；

　　　t_2——形成裂缝的时间（s）；

　　　t_3——破碎岩石离开岩体距离 B 的时间（s）；

　　　L——裂缝长度（m），$L \approx 1.4W$；

　　　B——裂缝宽度（m）；

　　　c_l——裂缝扩展平均速度（m/s），$c_l = 0.1c_p$；

　　　v_r——岩石运动平均速度（m/s）。

(3) 依经验公式计算 目前有以下几个应用较多的经验公式

1）我国长沙矿冶研究院提出的公式

$$\Delta t = (20 \sim 40)W_0/f \tag{3-105}$$

式中　W_0——实际最小抵抗线（m）；

　　　f——岩石的坚固性系数。

2）U. Langefors（兰格弗斯）等人的瑞典经验公式

$$\Delta t = 3.3kW \tag{3-106}$$

式中　k——除最小抵抗线外，决定于其他因素的系数，$k = 1 \sim 2$。

3）苏联矿山部门的公式

$$\Delta t = k'W(24 - f) \tag{3-107}$$

式中　k'——岩石裂隙系数，裂隙不发育的岩石 $k' = 0.5$，中等发育岩石 $k' = 0.75$，发育岩石 $k' = 0.9$。

式（3-82）~式（3-84）中，Δt 单位均为 ms。

近年来，各国采用的毫秒爆破合理起爆间隔时间情况是：美国 $\Delta t = 9 \sim 12.5$ms；瑞典 $\Delta t = 3 \sim 10$ms；加拿大 $\Delta t = 50 \sim 75$ms；法国 $\Delta t = 15 \sim 60$ms；英国 $\Delta t = 25 \sim 30$ms；苏联和我国 $\Delta t = 25$ms 等。

由于岩石条件的复杂性、爆破性能的离散性、爆破孔网参数的不均匀性、实施毫秒爆破

器材的局限性等，工程毫秒爆破中的最优时间间隔应是一个区间或范围，而不应是一个固定值。然而，我国目前批量生产的毫秒雷管只有一种，其延迟时间为25ms，而且段数较少，尚不能很好满足选择合理延迟时间的需要。

3.9.4　毫秒爆破的减振作用

毫秒爆破不仅可以改善岩石破碎质量，改善爆破效果，而且可以减小周围岩体产生的振动。关于毫秒爆破的减振机理，目前有以下几种观点。

（1）**相反相位振动的叠加**　这种观点认为，毫秒爆破的减振作用与岩石破碎质量或爆破效果无关，主要决定于先后爆炸装药产生地震波的相位差。当相位相反时，地震波叠加后的强度或质点振速将减小。但这种观点存在不足：首先，如果这种观点成立，那么同样会存在着使振动增强的可能性，然而在实际中并未观测到有振动增强现象的发生；其次，在井下黏土页岩试验巷道内的观测资料表明，一次爆炸产生振动过程的延续时间只有4~8ms，而毫秒爆破采用的延迟时间远大于该时间，这说明实际上不可能发生振动的叠加。

（2）**减小了一次爆炸的药量**　这种观点认为，由于振动过程的延续时间很短，每组装药爆炸激起的地震波可视为是孤立的，当一次爆炸的药量越大时，距爆源相同距离处产生的振速就越大。但这种观点不能用来说明毫秒爆破与秒延期爆破在减振作用方面的区别。

（3）**提高了炸药能量的有效利用**　实际观测资料表明，毫秒爆破的减振作用与延迟时间有很大关系，毫秒爆破在合理延迟时间条件下能够减小振动的原因，主要是改善了破碎质量，使炸药能量获得了较充分的利用，从而减小了地震波的能量和强度。这种观点已被多数人所承认。如果这种观点正确的话，减振作用的合理延迟时间应与改善岩石破碎质量的合理延迟时间相一致。

3.9.5　毫秒爆破的安全性

在有瓦斯危险的工作面内进行爆破工作，以瞬发爆破最安全，但在这种情况下，全断面只能分次爆破。爆破次数越多对施工进度影响越大，爆破次数越少对爆破效果和振动作用影响越大。秒延期爆破，因其延期时间较长，在爆破过程中从岩体内泄出的瓦斯有可能达爆炸限，不能在有瓦斯危险工作面内使用。毫秒爆破除能克服瞬发爆破的上述缺点外，只要总延迟时间（即最后一段雷管的延迟时间）不超过一定限度和不违反安全规程，就不会发生秒延期爆破的那种危险。

为了安全起见，各国对在有瓦斯工作面采用毫秒爆破时总延迟时间都有明确规定，但规定的数值不完全相同，我国规定为130ms。

3.10　影响炸药爆破效果的因素

影响爆破效果的因素很多，但可大体归纳为：炸药因素、岩石因素、炸药与岩石的相关因素、爆破条件、与爆破技术有关的因素等。

3.10.1　炸药因素

在炸药的各种性能（物理性能、化学性能和爆炸性能）中，直接影响爆破作用及其效果的有炸药密度、爆速、爆热、爆轰压力、爆炸压力、爆轰气体产物的体积、炸药与岩石的波阻抗匹配及炸药的能量利用率等。其中，主要的影响因素是炸药密度、爆热和爆速，因为它们决定了在岩体内激起爆炸应力波的峰值压力、应力波作用时间、热化学压力、传给岩石的比冲量和比能。

1. 炸药密度、爆热和爆速

无论是破碎还是抛掷岩石，都是靠炸药爆炸释放的热能做功的。增大爆热和炸药密度，可以提高单位体积炸药的能量密度，也提高了爆速；爆速是炸药本身影响其能量有效利用的一个重要指标。不同爆速的炸药在岩体内爆炸激起应力波的参数不同，从而对岩石爆破作用及其效果有着明显的影响。若炸药密度和爆热相同，提高爆速可以增大应力波的应力峰值，但相应地减小了它的作用时间。爆破岩石时，其内裂隙的发展不仅决定于应力峰值，而且与应力波形、应力波作用时间有关。

2. 爆轰压力

当爆轰传播到炮孔壁面上时，在孔壁的岩体中会激发成强烈的冲击波，这种冲击波在岩体中会引起岩石粉碎和破裂，它为整个岩石破碎创造了先决条件。一般来说，爆轰压力越高，在岩石中激发的冲击波的初始峰值压力和引起的应力及应变也越大，越有利于岩石的破裂，对坚韧致密岩石的爆破来说更是如此。但对某些岩石来说，爆轰压力过高将会造成炮孔周围岩石的过度破碎，浪费了能量。另外，爆轰压力越高，冲击波对岩石的作用时间越短，冲击波的能量利用率低，而且造成岩石破碎不均匀。因此，必需根据岩石的性质和工程的要求来合理选配炸药品种，以使炸药与岩石的波阻抗匹配由于爆轰压力与炸药密度的一次方和爆速平方的乘积成正比，所以在爆破坚硬致密的岩石时，以选用密度较大和爆速较高的炸药为宜。

3. 爆炸压力

爆炸压力又叫爆压或炮孔压力，是对破碎效果起决定性作用的因素。在爆破破碎过程中，爆压对岩石起胀裂、推移和抛掷作用。一般来说，爆压越高，说明爆轰气体产物中含有的能量越大，对岩石的胀裂、推移和抛掷的作用越强。

在整个爆破过程中，冲击波的作用超前于爆轰气体产物的膨胀作用，冲击波在岩体中造成的初始变形，为爆压的胀裂作用创造了有利条件。另外，炸药的爆轰反应是一个极短暂的过程，往往在岩石破碎尚未完成以前就结束了，爆轰压力起作用的时间短于爆压作用的时间，爆炸压力使由爆炸应力波在岩体中造成的初生裂隙进一步得到延伸和发育，有利于提高爆炸能量的利用率。

图 3-53 表示炮孔中的药包起爆后，炮孔内的压力随时间变化的曲线。t_1 为炸药包爆轰反应所经历的时间，t_2 为爆轰气体膨胀作用的时间。p_1 为爆轰压力，p_2 为爆轰气体的膨胀压力在均压以后的爆炸压力。从图 3-53 中可以看出，曲线越陡，爆轰压力越高，t_1 时间越短，炸药爆轰的破碎作用越大，能量利用率越低；t_2 时间越长，爆炸压力作用的时间也越长，这样能使由爆轰压力在岩体中引起的初始裂隙得到充分的胀裂和延伸，能量利用率高，岩石破碎也较均匀。

爆炸压力的大小取决于炸药的爆热、爆温和爆轰气体的体积。爆炸压力作用的时间除与炸药本身的性能有关以外，还与爆破时炮泥的堵塞质量有关。因此，在工程爆破中，除了针对岩石性能和爆破目的选用性能相适应的炸药品种外，还应注意炮孔的堵塞质量。

4. 炸药爆炸能量利用率

炸药在岩体中爆炸时所释出的能量，通过爆炸应力波和爆轰气体膨胀压力的方式传递给岩石，使岩石产生破碎。但真正用于破碎岩石的能量只占炸药释出能量的极小部分，大部分能量都消耗在做无用功上。如采用抛掷爆破时用于爆破破碎上的有用

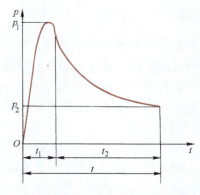

图 3-53　炮孔内的压力-时间曲线

功只占总能量的 5%~7%，就是采用松动爆破，能量用率也不会超过 20%。因此，提高炸药能量的有效利用率是有效破碎岩石、改善爆破效果和提高经济效益的重要手段。

在工程爆破中，造成岩石的过度破碎，产生强烈的抛掷，形成强大爆破地震波、空气冲击波、噪声和飞石均属无益消耗的爆炸功。因此，必须根据爆破工程的要求，采取有效措施来提高炸药爆炸能量的有效利用率。例如，根据岩石性质来合理选择炸药的品种，合理确定爆破参数，选择合理的装药结构和药包的起爆顺序，保证堵塞质量等，都可以提高炸药在岩体中爆炸时的能量有效利用率。

3.10.2　炸药与岩石的相关因素

1. 炸药波阻抗同岩石波阻抗间的匹配

对于一定的炸药来说，炸药在岩石中爆轰所激发的冲击波压力，随着岩石波阻抗的不同而变化。对于一定的岩石来说，它又因炸药波阻抗的不同而异。这说明，炸药爆轰传给岩石的能量及传递效率与岩石、炸药的波阻抗有直接的关系。

冲击波压力越大，表明炸药传给岩石的能量越多，岩石中产生的应变值也越大。炸药的波阻抗值与岩石的波阻抗值越接近时，炸药爆炸后传递给岩石的能量越高。这对在工程爆破中根据岩石性质选用相匹配的炸药具有重要的指导意义。

对高阻抗岩石，因其强度较高，为使裂隙发展，应力波应具较高的应力峰值。对中等阻抗岩石，应力波峰值不宜过高，而应增大应力波的作用时间；在低阻抗岩石中，主要靠气体静压形成破坏，应力波峰值应尽可能削掉。

从提高炸药能量的传递效率来看，也应使炸药阻抗应尽可能与岩石阻抗相匹配。对坚硬致密的岩石，希望获得较好的破碎效果，就必须选用波阻抗较大的炸药品种；对于软岩，引起它破坏所需的应变值较小，只需选用波阻抗值较小的炸药品种。

综上所述，从经济和爆破效果来考虑，对不同岩石应选择不同性能的炸药。各种岩石宜选用炸药的性能，见表3-11。

2. 药包与孔壁的耦合

药包与孔壁的不耦合将会使炸药在炮孔中爆炸时爆轰波能量受到很大的损失，降低在岩

表 3-11　爆破不同岩石选用炸药的性能

岩石波阻抗 /(10^6 kPa/s)	坚固性 系数 f	炸药爆炸性质			
		爆轰压 /(10^2 MPa)	爆速 /(10^3 m/s)	密度 /(10^3 kg/m³)	潜能 /(10^3 kg·m/kg)
16~20	14~20	200	6.3	1.2~1.4	500~550
14~16	9~14	165	5.6	1.2~1.4	475~500
10~14	5~9	125	4.8	1.0~1.2	420~475
8~10	3~5	85	4.0	1.0~1.2	350~420
4~8	1~3	48	3.0	1.0~1.2	300~350
2~4	0.5~1	20	2.5	0.8~1.0	280~300

石中的爆炸应力波的强度，从而影响了岩石的破碎效果。这对爆破坚硬致密的岩石来说，是极不利的。但是对于光面、预裂及其他需控制孔壁岩石过度粉碎的爆破来说，常常要借助增大不耦合系数来控制爆轰波对孔壁的冲击作用。

采用不耦合装药可以有效降低爆炸作用于炮孔壁的压力峰值，增加爆炸压力的作用时间，避免炮孔壁附近岩石的过度粉碎破坏，提高炸药的能量有效利用率。采用不耦合装药所能达到的效果与采用空气柱间隔装药达到的效果是类似的，这里不再重复。

3.10.3　爆破因素

（1）自由面的影响　自由面的大小和数目对爆破作用效果有着明显的影响。自由面小和自由面的个数少，爆破作用受到的夹制作用大，爆破困难，单位炸药消耗量增大。

自由面的位置对爆破作用也会产生影响。炮孔中的装药在自由面上的投影面积越大，越有利于爆炸应力波的反射，越有利于破坏岩石。如果在一个自由面的条件下，垂直于自由面布置炮孔，那么在这种条件下炮孔中装药在自由面的投影面积极小，所以爆破破碎也很小，如图 3-54a 所示。如果炮孔与自由面成斜交布置，那么装药在自由面上的投影面积比较大，爆破破碎范围也比较大，如图 3-54b 所示。另外，当其他条件一样时，若自由面位于装药的下方（见图 3-55a），由于在这种条件下有岩石重力的作用，所以爆破效果比较好；反之若自由面位于装药的上方（见图 3-55b），爆破效果就要差一些，因为此时爆破的作用要克服岩石的重力。

（2）堵塞的影响　堵塞的作用是将装炸药的药室（如炮孔、深孔及硐室等）与大气的通道用固体或液体材料堵死，即将炸药密封在岩石中，以达到在岩石爆破破碎之前，阻止高压的爆轰气体过早地泄漏到大气中，这样能延长高压爆轰气体对岩石的加压作用，提高爆炸能量的利用率。

堵塞质量直接影响爆破效果和能量的利用率。如采用裸露药包破碎大块时，由于药包没有密闭，爆破后的爆轰气体迅速扩散到大气中，它的大部分能量没有用来破碎岩石。在这种条件下岩石的破碎几乎完全依靠爆轰波的直接冲击，因而能量利用率低，炸药消耗高。

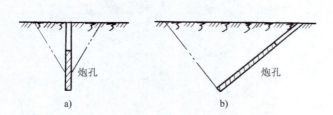

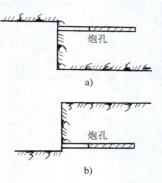

图 3-54 炮孔与自由面相对
关系对爆破效果的影响

a）垂直布置炮孔 b）倾斜布置炮孔

图 3-55 自由面位置对爆
破效果的影响

a）自由面在炮孔下方
b）自由面在炮孔上方

在炮孔中爆破时，良好的堵塞质量可以阻止爆轰气体的过早逸散，使炮孔在相对较长的时间内保持高压状态，从而大大提高爆破的作用。如图 3-56 所示，在有堵塞和无堵塞两种条件下，堵塞对炮孔壁的冲击初始压力虽然没有明显的影响，但大大增加了爆轰气体膨胀作用在孔壁上的压力并延长了压力作用时间，从而提高了它对岩石的胀裂和抛掷作用。良好的堵塞还加强了它对炮孔中的炸药爆轰时的约束作用，使炸药的爆炸反应及其爆炸性能得到一定程度改善，从而全面地提高炸药爆炸能量的利用率和做功能力。

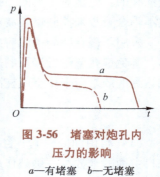

图 3-56 堵塞对炮孔内
压力的影响

a—有堵塞 b—无堵塞

（3）起爆药包的位置 采用柱状装药时，起爆药包的位置决定着炸药起爆以后爆轰的传播方向，也决定了爆炸应力波的方向和爆轰气体的作用时间，所以对爆破作用产生一定的影响。

根据起爆药包在炮孔中装置的位置不同，有三种不同的起爆方式：反向起爆、正向起爆和中间（或双向）起爆。实践证明，反向起爆能提高炮孔利用率，减小岩石的块度，降低炸药消耗量和改善爆破作业的安全条件。**反向起爆取得较好效果的原因是：提高了爆炸应力波的作用；增大了应力波的动压和爆轰气体静压的作用时间；增大了孔底的爆破作用。**

应当指出，当孔太深而又采用做功能力较小的硝铵类炸药时，不论是采用正向起爆法还是反向起爆法，都有可能因间隙效应而引起某些药包的拒爆。此时，若将起爆药包放置在整个药柱的中间，有可能保证全药柱的可靠传爆。

（4）装药结构的影响 装药结构对爆破效果的影响十分明显。采用不耦合装药或空气柱间隔装药，能够有效降低炸药爆炸作用于炮孔壁的压力峰值，增加爆炸压力的作用时间，并使爆炸压力沿炮孔全场分布趋于均匀，消除炮孔壁岩石的过度压碎性破坏，从而提高炸药能量的有效利用率。不耦合装药和空气柱间隔装药是周边控制爆破常采用的装药结构形式，在降低爆破造成洞室围岩破坏，保护爆破后岩石完整性方面发挥着重要的作用。

采用不耦合装药时，需要采取必要的措施避免发生炸药爆炸间隙效应；采用空气柱间隔装药时，则应保证各段装药的可靠起爆。

思 考 题

3-1　什么叫岩石的坚固性？岩石坚固性如何表示？

3-2　什么叫岩石的可爆性？岩石的可爆性分级有何意义？

3-3　什么是炸药的猛度和爆力？岩石的可爆性分级有何意义？

3-4　什么是炸药爆炸的聚能效应？目前聚能效应有哪些应用？

3-5　简述炸药在岩石爆炸时产生的冲击波和应力波的传播特点。

3-6　岩石爆破破坏原（机）理的假说有哪些？试分别简述之。

3-7　什么是岩石的波阻抗？炸药与岩石的波阻抗匹配有何意义？

3-8　爆破漏斗有哪些几何要素？试分别解释之。

3-9　简述利文斯顿的爆破漏斗理论。

3-10　根据爆破作用指数的不同，爆破漏斗如何分类？

3-11　炸药量计算体积公式的实质是什么？

3-12　什么是装药结构？装药结构有哪些形式？

3-13　炮孔中炸药的起爆方式有哪些？哪种方式的破岩效果好一些？

3-14　简述影响爆破效果的因素。

3-15　何谓毫秒爆破？其优点有哪些？毫秒爆破的破岩机理是什么？

导 读

　　基本内容：全面介绍周边爆破技术的内容，包括周边爆破的概念、分类及周边爆破技术的发展历程，周边爆破的优缺点和爆破效果的评价方法，周边爆破的炮孔间贯通裂纹形成机理与周边爆破参数确定方法，周边爆破的设计内容和施工技术要点，以及岩石定向断裂爆破技术的方法分类、炮孔间的裂纹形成和工程应用优越性。

　　学习要点：掌握光面爆破与预裂爆破的爆破效果评价指标，周边爆破的炮孔间贯通裂纹形成机理，光面爆破参数的理论确定方法；熟悉光面爆破与预裂爆破的区别，周边爆破常用的装药结构形式，周边爆破工程设计方法和施工技术要点；了解周边爆破技术的发展历程，岩石定向断裂爆破技术的分类、炮孔间裂纹形成机理。

4.1　概述

4.1.1　周边爆破方法及分类

　　工程施工中，无论规模大小、地上地下，爆破开挖都是在有限的范围内进行的。因此，实施爆破需要解决两个同等重要的问题：①用最有效的方法将既定范围内的岩石适度破碎，必要时，再将破碎后的岩石抛掷，以达到预期的工程目的，并取得良好的经济效益；②降低爆破对开挖范围以外岩石的破坏（损伤），最大限度地保持岩石原有的强度和稳定性，以利于爆破后周围岩石的长期稳定，降低工程的支护与维护费用，同时也包括设法降低爆破地震效应等。

　　经过长期的研究，人们提出并发展了光面爆破、预裂爆破、岩石定向断裂控制爆破等。这些爆破方法与技术均用于爆破开挖范围的周边，统称为岩石周边爆破。**目前较为常用的各种周边爆破技术（或方法）的关系如下：**

岩石周边爆破
- 普通周边爆破
  - 光面爆破
  - 预裂爆破
- 定向断裂爆破
  - 切槽孔爆破
  - 聚能药包爆破
  - 切缝药包爆破

将周边爆破分为光面爆破和预裂爆破是针对周边炮孔与其他炮孔起爆先后而言的，分为普通周边爆破和定向断裂爆破则是针对它们形成炮孔间贯通裂纹的本质区别而言的。光面爆破是在设计轮廓线内的岩石爆破崩落以后，再爆破周边炮孔，形成设计轮廓的方法；预裂爆破则是事先沿设计开挖轮廓线爆破周边炮孔，形成裂缝，再起爆轮廓范围内的炮孔爆落岩石的方法；普通周边爆破中，炮孔内装药爆破后，对炮孔壁不同方位施加相同大小的爆炸压力，因此在形成炮孔间贯通裂纹的同时，也在起炮孔壁的其他方向形成裂纹，不可避免地对岩石造成一定的破坏；但是定向断裂爆破采用特殊的装药结构或炮孔形状，炮孔内装药形成的爆炸荷载大小具有明显的方向性，促使裂纹在炮孔间连线方向优先产生和扩展，大大降低爆破对岩石的损伤，周边爆破效果明显提高。

工程实际中，应用较多的是光面爆破方法，对周边爆破的已有研究大多也是围绕光面爆破进行的。

4.1.2 光面爆破技术的发展

光面爆破技术起源于瑞典。20世纪50年代苏联等有关国家采用大直径炮孔爆破提高爆破效率时，瑞典开始了研究小直径药包、低爆速装药的光面爆破技术。兰格福尔斯（Langefors U.）等人首先在实验室进行了模型试验，研究了装药密度、爆破时差、最小抵抗线等爆破参数的影响，并在地下隧道掘进中取得了成功，获得了光滑平整的岩壁，因而称为"光面爆破"（Smooth Blasting），随后又研制了光面爆破专用炸药。挪威、美国、加拿大、英国、苏联、日本、澳大利亚等国，也先后研究推广和发展了光面爆破技术。

我国铁路、冶金、水电、煤炭等部门在20世纪60年代中期，特别是70年代初期，专门成立科研小组在各种岩石隧道、巷道和硐室中进行光面爆破试验，以配合推广锚喷支护和机械化快速掘进技术，同时对光面爆破理论、技术和光面爆破材料进行了研究。

预裂爆破是在光面爆破基础上发展起来的一种技术。它和光面爆破的主要区别是：预裂爆破中，周边炮孔在岩石开挖爆破之前起爆，预先沿设计轮廓线爆出一条具有一定宽度的裂缝。当主爆区爆破时，应力波传到预裂缝处发生反射，减少对保护岩石的破坏作用，同时使爆破后的开挖面整齐规则，减少用于支护的混凝土消耗，从而提高经济效益。

岩石定向断裂爆破技术是近年来发展的周边爆破技术，它能克服普通光面、预裂爆破的不足，进一步提高爆破效果，使岩石得到更有效的保护，实现更好的经济效益。根据实现岩石定向断裂方式的不同，这种爆破技术又分为切槽孔爆破、聚能药包爆破和切缝药包爆破等。

普通周边爆破（包括预裂爆破和光面爆破）是在密集钻孔爆破法、龟裂爆破法、缓冲爆破法等基础上发展起来的。目前，这些方法仍在一定范围内被采用，故此作简单介绍。

1. 密集钻孔爆破法

密集钻孔爆破法，也称线性钻孔法，是一种最初始阶段采用的方法，即沿着设计的开挖轮廓线钻一排密集的钻孔，孔距为孔径的2~4倍，形成一条密孔幕，也称防振孔，孔内不装炸药，必要时也可以设置2~3排。这种防振孔幕能起到一定的减振作用，但限制裂缝延伸的效果并不十分理想。例如，我国青铜峡水利枢纽的混凝土拆除爆破试验，裂缝穿过三排防振孔，延伸达3m。另外，这种方法的钻孔工作量大，要求钻孔整齐地排列在轮廓线上，才能获得较为理想的效果。因此这种方法很少大面积使用，只是在局部的地点有重点地采用。密集钻孔爆破法的布孔如图4-1所示。

2. 龟裂爆破法

在我国，很早以前就有用龟裂爆破方法开采料石的做法，其方法就是沿着开挖轮廓线布置一排间距很小的钻孔，每隔一孔或数孔装填少量的黑火药作为爆破孔（未采用不耦合装药），其余不装药的空孔作为导向孔，利用空孔应力集中的效应，爆破时岩体就沿钻孔连心线方向裂开。现在已多采用硝铵类炸药代替黑火药。通常的钻孔间距取 20~30cm，最小抵抗线一般为 30~50cm，装药量控制在 100~200g/m³，隔一孔或数孔装药。我国青铜峡水利枢纽水轮机组改建混凝土拆除爆破中，用龟裂爆破法整修保留区混凝土的界面，效果良好。龟裂爆破法布孔如图 4-2 所示。与密钻孔法相比较，龟裂爆破的效果要好些，但由于未采用不耦合装药，炮孔装药部位附近的岩体仍受到较大程度的破坏，同时它的钻孔数量仍是比较多的。

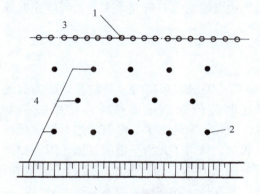

图 4-1　密集钻孔爆破法钻孔布置
1—防振孔　2—爆破孔
3—保留区　4—爆破开挖区

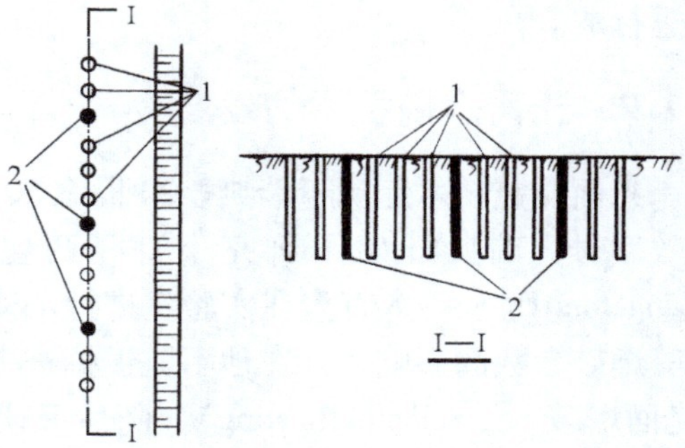

图 4-2　龟裂爆破法炮孔布置
1—导向孔　2—爆破孔

3. 缓冲爆破法

这种爆破方法与龟裂爆破法相似，也是沿着开挖轮廓线钻一排平行的钻孔，隔孔装药。所不同的是炮孔内的药卷直径小于炮孔孔径，分段装填，并在药卷的四周充填惰性填塞物。药卷一般用导爆索起爆。炸药四周的填塞物或空气起到对爆炸应力波的缓冲作用，借以减轻爆破对保留区岩石的破坏作用。缓冲爆破的钻孔间距不宜过大，应小于最小抵抗线。缓冲爆破的布孔如图 4-3 所示。

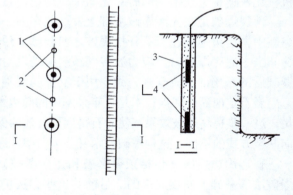

图 4-3　缓冲爆破法炮孔布置
1—爆破孔　2—导向孔　3—充填料　4—装药

4.1.3　周边爆破理论现状及其内容

60 多年来，岩石周边爆破得到了较大发展，已在各行业的岩石爆破开挖工程中得到了广泛应用。归纳起来，周边爆破理论的发展大体经历了以下两个阶段。

（1）以材料抗拉强度理论为基础的发展阶段　在这一阶段内，岩石周边爆破理论主要是光面爆破理论。它认为岩石是均质的、各向同性的，未考虑岩石中含有的各种缺陷和弱面。而且还认为当岩石中的拉应力达到其抗拉强度时，便发生突然破坏，形成炮孔间的贯通裂纹。这一阶段的理论已维持了相对较长的时间，其主要贡献在于形成了得到普遍接受的应力波与爆生气体的综合作用理论，即认为：光面爆破中，炮孔间贯通裂纹的形成是爆炸应力波和爆生气体共同作用的结果，爆炸应力波首先在炮孔周围形成初始导向裂纹，然后爆生气体的作用使初始裂纹进一步扩展，最后形成炮孔间的贯通裂纹。

（2）以 Griffith 强度理论为基础的发展阶段　在这一阶段，岩石中含有的裂纹对周边爆破炮孔间贯通裂纹形成的影响受到重视，认为：爆炸荷载作用下，岩石中的既有裂纹尖端将产生应力集中；当裂纹尖端的应力强度因子达到岩石的断裂韧度时，这些裂纹起裂、扩展；如果炮孔间距适当，则将进一步将形成炮孔间贯通裂纹。由此，推导出了相应的周边爆破参数计算方法，还提出了在周边爆破的炮孔壁上制造人为的定向裂纹，可达到对炮孔周围岩石裂纹发展方向的有效控制，实现良好的周边爆破效果。由此发展的岩石定向断裂周边爆破技术，目前正逐步得到推广应用。

以上两阶段发展的理论中，以材料力学理论为基础的理论强调相邻炮孔产生爆炸荷载的共同作用（如应力波叠加），但未考虑岩石中固有缺陷的影响；基于断裂力学的理论充分考虑了岩石固有各种缺陷的影响，但对相邻炮孔荷载的共同作用重视不够，两者均存在不足。

实际上，完备的岩石周边爆破理论应能充分体现周边爆破的以下特点：

1）炮孔间贯通裂纹的形成是相邻炮孔爆炸荷载共同作用的结果。

2）岩石中固有的各种缺陷对炮孔间贯通裂纹的形成有一定影响。

3）周边爆破在形成炮孔间贯通裂纹的同时，也对围岩造成损伤，引起岩石力学性质的劣化，降低围岩稳定性。

目前尚无令人满意的周边爆破理论。**因为在爆炸荷载作用下，岩石的破坏过程是十分复杂的，岩石的最终破坏表现是多种破坏方式并存的结果。用单一理论（或假说）不足以解释周边爆破现象，只有综合应用已有的各种理论，才有可能对周边爆破做出较为满意的解释，进而有助于取得良好的周边爆破效果。**

由于实施周边爆破的根本目的是保护围岩，尽可能减少爆破过程对围岩稳定性的扰动，因而研究岩石周边爆破造成围岩损伤的规律，合理设计爆破参数，达到降低围岩由于爆破引起的破坏，有效保护围岩，同时也使岩石周边爆破理论更趋深入和完善，这是十分必要的，也是具有重要现实意义的。

因此，岩石周边爆破理论应该是炸药爆炸荷载作用下，相邻炮孔之间贯通裂纹形成的理论，包括有利于实现良好周边爆破效果的爆炸作用理论（如炮孔数量尽可能少、岩石断裂面平整、凸凹度小及爆破过程对围岩的破坏程度低），相邻炮孔之间贯通裂纹形成的力学机理及其与爆破参数之间的影响关系，爆破在围岩中造成损伤因子的分布规律及与之相关的周边爆破参数优化等研究内容。

4.2　周边爆破的优点与效果评价

4.2.1　周边爆破的优点

周边爆破是控制爆破中的一种，目的是使爆破后设计开挖轮廓线形状规整，符合设计要求，具有光滑表面，更重要的是爆破轮廓线以外的岩石受到的破坏小，使岩石保持原有的强度和稳定性。

在隧道掘进中，周边爆破又称为轮廓爆破，主要形式是光面爆破。在目前的隧道掘进中，光面爆破已全面推广，并成为一种标准的施工方法。**在隧道掘进中应用光面爆破，与采用普通的爆破法相比，具有以下优点：**

1）能减少超挖，特别在松软岩层中更能显示其优点。

2）爆破后成形规整，提高了隧道（井巷）轮廓质量。

3）爆破后隧道轮廓外的围岩不产生或很少产生爆破裂缝，有效保持了围岩的稳定性和减小了其承载能力的降低程度，不需要或很少需要加强支护，减少了支护工作量和材料消耗。

4）能加快隧道掘进速度，降低成本，保证施工安全。

总之，与普通爆破法相比，光面爆破的优点是快速、优质、安全、高效、低耗。

图 4-4 所示为光面爆破形成的隧道轮廓形状，图 4-5 所示为地下隧道施工爆破采用普通爆破和光面爆破对围岩造成破裂的情况对比。可见，采用光面爆破可以有效提高隧道轮廓成形质量和大大降低爆破对围岩的破坏程度与范围。

例如，我国唐山开滦的马家沟煤矿采用光面爆破创造了上山月进560.8m及下山月进378.4m 的纪录。根据开滦煤矿在 1976 年唐山大地震后，对 4515m 光面爆破锚喷巷道调查，震后完好率达 95%。据统计，在 150km 井巷掘进施工中，共节约坑木 15000m³，钢材

图 4-4　光面爆破形成的隧道轮廓形状

4000t，节约资金 2300 万元，降低成本 30% 左右。又如，铁路大秦线隧道施工中以 19km 隧道统计，如果减少超挖 10cm，就相当于少开挖 1km 同断面隧道。可见，采用光面爆破的效果是明显的。

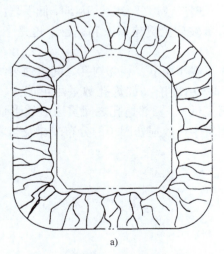

a)

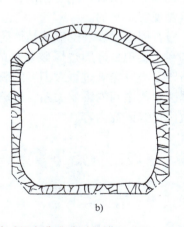

b)

图 4-5　隧道掘进采用普通爆破与光面爆破对围岩造成破裂的情况对比

a）普通爆破　b）光面爆破

几十年来，我国煤炭、铁道、水电、冶金矿山等各行业，都普遍采用了光面爆破技术，都获得了良好的经济效益，也获得了良好的社会效益。

4.2.2　周边爆破质量评价

无论是光面爆破还是预裂爆破，由于影响因素复杂，单纯通过计算很难合理地定出最优的爆破参数，往往需要通过现场试验，逐步地使各项选用参数向最优靠近，实现最优的爆破效果。

评价爆破效果的唯一标准就是爆破质量是否达到所要求的周边成形效果，对周围的岩体有无破坏。对此，光面爆破与预裂爆破有所不同。

(1) 光面爆破的质量评价标准　光面爆破的质量标准，目前尚未统一，通常采用的标准是：

1) 平均线性超挖量≤100mm，最大线性超挖量≤250mm。 超挖量指实际的开挖轮廓与设计开挖线的差值。

2) 壁面光滑，凸凹度在 50mm 左右。

3) 炮孔眼痕率≥50%，并在围岩表面均匀分布。

4) 不应出现欠挖，特别是在坚硬岩层中。

5) 围岩内原有裂隙大体上没有扩展，也没有产生过多的新的爆破裂隙，围岩完整稳固。

N. 布劳当尼克曾提出，以眼痕保留程度作为光面爆破的评价标准，并分为五个质量等级，见表 4-1。

表 4-1　光面爆破质量评价标准

级　别	1	2	3	4	5
眼痕情况	沿全孔长留下眼痕	除炮孔个别地方外，全孔都有眼痕	全孔长的 50%~70%留有眼痕	全孔长的 50%以下留有眼痕	全孔长的个别地方外留有眼痕

一般认为，仅从个别炮孔眼痕来评价光面爆破效果是不全面的，除个别眼痕外，断裂面眼痕分布的均匀性、断裂面的凸凹度及岩石性质等都应该体现在光面爆破质量的评价指标体系之中。

(2) 预裂爆破的质量评价标准　通常，在评价预裂爆破的质量时，首先是直接观察爆破后出现的一些现象，对预裂爆破效果进行初步评价，而后做出最终的评定，这需要有一定的指标。**初步的评价——表面观察，主要包括下列内容：**

1) 爆破后应形成一条连续的、基本上沿着钻孔连心线方向的裂缝，且预裂缝要达到一定的宽度。 从实际的工程情况看，缝宽的大小与岩石的性质、强度等因素有关，不必统一。例如，完整性较好的坚硬岩石，不易开裂，表面的缝宽小一些并不影响它的效果。相反，如果过分强调裂缝的宽度，反而会带来不良的后果。例如，东江水电站坝基的预裂爆破位于新鲜完整的花岗岩上，当地表的预裂缝宽度达 0.5cm 时，预裂面是比较理想的，但当缝宽达到 1cm 时，表层岩石破坏严重，深部也随着层面产生错动，这说明爆破的装药量已经过大了。

2）**预裂缝顶部的岩体无破坏**。一般情况下都应当这样要求，但在一些松软的、被构造和节理裂隙严重切割的岩体中，要使岩体表面一点都不破坏是困难的，此时，局部少量的表面破坏、松动或预裂缝的偏斜等，只要不影响整个预裂面的质量，应该是允许的。

3）在有条件的地方，应采用声波探测、孔内电视等手段检查预裂缝的状况。

最终评定则要在爆破区开挖清渣以后，预裂面全部显露出来才能进行。指标包括：

1）预裂面的不平整度，一般要求不超过 15cm。

2）预裂面上的半孔率，好的预裂面，钻孔的痕迹应保留 80% 以上。

3）预裂面上的岩体完整，不应出现明显的爆破裂隙，特别是要检查药卷所在位置处的破坏情况。

根据试验结果，最终可给出符合工程实际的预裂爆破优化参数。预裂爆破的现场试验，就是根据初步选定的爆破参数，如线装药密度、炮孔间距、装药结构等，在现场进行试验爆破，然后按照上述各项指标进行预裂面质量的检查。如果预裂的效果良好，则说明所选用的参数是合适的。如果预裂面的质量不高，达不到设计上的要求，则要分析其原因，并进行适当调整，主要是调整孔距和线装药密度。装药结构的调整范围不大，只要保证预裂缝的顶底部不出现异常现象即可。如果顶部出现漏斗或者破坏严重，这可能是堵塞段过短或者上部的线装药密度太大，此时应增加堵塞的长度或者适当减小顶部的线装药密度。底部主要是观察增加的炸药量是否合适，根据预裂缝的形成情况和岩体的破坏程度，作适当的增减。

光面爆破的优化参数可以按类似的试验方法获得。

4.3　周边爆破原理

周边爆破原理是关于相邻炮孔之间贯通裂纹形成的理论，而且认为对光面爆破和预裂爆破是一致的。这里先介绍普通周边爆破的炮孔间裂缝形成机理，定向断裂的爆破机理将在后面另节介绍。

4.3.1　普通周边爆破炮孔间贯通裂纹的形成

由于岩石爆破过程本身的复杂性及理论研究的不成熟，对普通周边爆破爆孔间是通裂纹的成缝机理各家的观点尚不一致。这里，只介绍几种有代表性的观点。

1. 应力波叠加理论

应力波叠加理论认为，当相邻两炮孔同时起爆时，各炮孔爆炸产生的压缩应力波面，以柱面波的形式向四周扩散，并在两孔连心线的中点相遇，产生应力波叠加。在交会处，应力波切向分量合力的方向垂直于炮孔连心线，而且方向相背，促使岩体向外移动，产生拉应力，如图 4-6a、图 4-6b 和图 4-6d 所示。当合成应力超过岩石的抗拉强度时，便会在两炮孔的中间点首先产生裂缝，然后沿连心线向两炮孔方向发展，最后形成断裂面。

应力波叠加原理是一种纯理论的分析，要使相邻炮孔的爆炸应力波在其连心线中点相遇，必须保证相邻两炮孔绝对同时起爆。这在生产实践中往往是很难做到的，即使采用瞬发电雷管或采用导爆索起爆，仍然或多或少地存在着一定时差。在光面、预裂爆破中，相邻两孔的间距一般都只有几十厘米，而应力波在岩体中的速度往往达到 4000m/s 以上，可知两孔之间的传播时间只有 0.1～0.2ms，有时甚至还要更短些。而实际的起爆时差，要比上述数值大得多，因此，在生产实践中，单纯用应力波叠加的理论来进行分析，是很难完全解释清楚的。这是应力波叠加理论的不足。

2. 爆炸高压气体作用理论

爆炸高压气体作用理论认为应力波的作用是微小的，炮孔间贯通裂纹的形成主要由爆炸生成高压气体的准静态应力所致。该理论强调不耦合装药条件下的缓冲作用，空气间隙的存在，使得作用于炮孔壁的冲击波波峰压力大大地减小。尹藤一郎等人用铝块做的爆破试验表明，随着不耦合系数的不断增大，作用于孔壁的压力呈指数衰减急剧下降。当不耦合系数为 2.5 时，孔壁上的压力值约为不耦合系数等于 1.1 时的压力值的 1/16。当不耦合系数大时，炮孔壁压力与时间的关

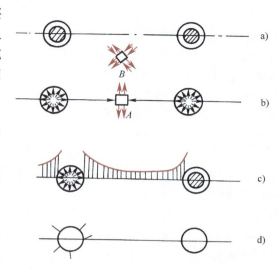

图 4-6　普通周边爆破炮孔间贯通裂纹的形成

a）不耦合装药　b）两孔同时起爆，应力波叠加
c）两孔顺序起爆，孔壁应力集中　d）贯通裂纹形成

系曲线已不再是冲击波的典型形式，而是呈台阶状，压力峰值下降，但作用时间延长，这主要是爆炸高压气体所造成的准静态压力的作用。此外，该理论还特别强调空孔的效应。炮孔爆破时，若附近有空孔存在，则沿爆破孔与空孔的连心线将产生应力集中，如图 4-6a、图 4-6c、图 4-6d 所示，相邻两个炮孔越接近，应力集中现象越显著。此时，首先在孔壁上应力集中最大的地方出现拉伸裂隙，然后，这些裂隙沿着炮孔连心线方向延伸。如果孔距合适，则相向延伸的裂缝互相贯通，形成一个光滑的断裂面。但该原理不能解释周边爆破中实际存在的相邻炮孔的起爆时差对光面、预裂爆破效果的影响。

3. 应力波与气体压力共同作用理论

应力波和爆炸气体压力共同作用的理论是目前得到较多认可的理论。该理论认为应力波的主要作用是在炮孔周围产生一些初始径向裂缝，随后，爆炸高压气体准静态应力的作用使初始径向裂缝进一步扩展。当相邻的两个炮孔爆炸时，不论是同时起爆，还是存在不同程度的起爆时差，由于应力集中，沿炮孔的连心线方向首先出现裂缝，并且发展也最快。在爆炸气体压力的作用下，由于最长的径向裂隙扩展所需的能量最小，所以该处的裂缝将优先扩展。因此，连心线方向也就成为裂缝继续扩展的优先方向，而其他方向的裂缝发展甚微，从而保证了裂缝沿着连心线将岩体裂开，这种解释比较符合实际情况。

4.3.2　相邻两孔起爆时差对成缝机理的影响

工程实践表明，要使预裂爆破或光面爆破中的所有炮孔都同时起爆，实际上是很难做到的。从一些实际的预裂或光面爆破工程中也发现，即便是各孔间的起爆时差较大，如采用毫秒分段起爆时，照样也能获得良好的爆破效果。这就有必要来分析一下不同的起爆时差时周边爆破炮孔间裂缝形成过程中的作用情况。

实际中，相邻炮孔起爆可能出现的时间差，归纳为四种典型情况：

（1）**相邻炮孔起爆时差大**　极端的情况是，两个炮孔起爆的时间间隔很长，A 炮孔的爆炸应力场（动应力和准静态应力）几乎完全消失后，B 炮孔才起爆（见图 4-7）。此时，如果两炮孔的间距比较大，则可以认为是两个炮孔单独爆破，互相不产生影响，因此这种时差条件不形成炮孔间裂缝面。如果两炮孔相距很近，则当 A 炮孔爆炸时 B 炮孔可视为空孔，使得 A 炮孔的爆炸动静应力向 AB 连心线方向集中，在 A、B 孔壁处达到极大值，并从该处首先出现开裂，不论该裂缝是否贯通，当 B 炮孔爆破时，将首先使此裂缝扩展，从而在两孔的连心线方向上形成裂缝面。

（2）**相邻炮孔起爆时间差较小**　这种情况下，当 A 炮孔爆炸时，孔壁四周裂隙的形成并未受到 B 炮孔爆炸的影响，至少其初始阶段是这样，只是由于 B 炮孔的空孔效应，可能在 AB 连心线方向上出现较长的裂纹，或者在 B 孔的孔壁上出现初始裂纹。待到 B 炮孔爆炸时，由于 A 炮孔产生的准静态应力场在 B 炮孔周围的应力集中，将协助 B 炮孔的爆炸应力波在连心线方向形成裂缝。在 A 炮孔的准静态应力作用下，在 B 炮孔的周围，沿孔连线产生切向拉伸，垂直连线方向炮孔壁则为切向压缩（见图 4-7）。当 B 炮孔爆炸时，在孔壁四周产生的应力将与 A 孔的准静态应

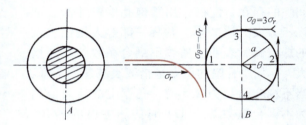

图 4-7　孔壁上的应力集中

力相叠加。此时，沿炮孔连线方向的切向拉应力将是同号相加而得到增强，垂直炮孔连线方向则为异号相减而削弱。这就使得裂缝沿炮孔连线方向开展，在其垂直方向则受到某种程度的抑制。B 炮孔的应力波波峰过后，高压气体的楔入，促使裂缝进一步扩大，此时，即使 A 炮孔的准静态应力可能已经很小，但根据长裂纹扩展所需能量较小的原理，在 B 炮孔准静态应力的作用下，裂缝继续沿着连心线方向扩展，并形成具有一定宽度的裂缝面。

（3）**相邻炮孔起爆时差极小**　如果相邻炮孔的起爆时差再进一步缩短，使得在 A 炮孔的冲击波波峰通过 B 炮孔的瞬间，B 炮孔起爆。此时，B 炮孔处，A 炮孔爆炸产生的动拉应力集中与 B 炮孔的动拉应力相叠加，达到最大的拉应力值。动应力波波峰过后，A、B 孔的高压气体准静态应力的叠加，同样达到极大值。这种形式的光面、预裂爆破，无论是在能量利用还是在成缝方面，都是非常理想的，可以获得很好的爆破效果。但是，在生产实践中，这样的条件是难以实现的，只能是尽量接近它，以期获得较好的效果。

（4）**相邻炮孔同时起爆**　A、B 两孔的起爆时间差等于零，或者虽有时间差，但其值极小，小于 A 孔冲击波传播到达 B 孔的时间。此时，两孔的爆炸冲击波在孔间的中点相遇，或者在偏于 B 孔一侧某处相遇，在相遇处产生应力波的叠加。如果两孔的间距比较大，由于应力波作用过程的衰减，在相遇叠加后的切向拉应力并不大，仍小于岩石的抗拉强度，此处不会首先产生裂缝。此时，成缝的原因仍是在 B 孔壁的炮孔连线方向处，由于受到 A 孔的准静态应力集中与 B 孔动应力的共同作用，首先产生连心线方向的裂纹，且在 B 孔高压气体的作用下，迅速贯通成缝。如果孔距较小，叠加后的动应力值超过了岩石的抗拉强度，则在相遇处会首先出现裂缝，但是由于此开裂点没有高压气体的楔入，裂缝发展缓慢，最后仍需靠 B 孔处裂缝和中间开裂点共同扩展，才能贯通成缝。

模型试验和实际爆破效果表明：光面、预裂爆破，周边炮孔同时起爆时，贯通裂缝平整，毫秒延迟起爆次之，秒延期起爆最差。若周边孔起爆时差超过0.1s，各炮孔就如同单独爆炸一样，炮孔周围将产生较多的裂缝，并形成凹凸不平的壁面。因此，光面、预裂爆破中应尽可能减小周边孔的起爆时差。图4-8所示为不同起爆时差下的炮孔间贯通裂纹形成情况，可明显看出起爆时差对断裂面形成质量的影响。

此外，周边孔与其相邻炮孔的起爆时差对爆破效果的影响也很大。如果起爆时差选择合理，可获得良好的光面爆破效果。理想的起爆时差应该是先发爆破的岩石应力作用尚未完全消失，且岩石刚开始断裂移动时，后发爆破立即起爆。在这种状态下，既为后发爆破创造了自由面，又能造成应力叠加，发挥了毫秒爆破的优势。实践证明，起爆时差随炮孔深度的不同而不同，炮孔越深，起爆时差应越大，一般为50~100ms。

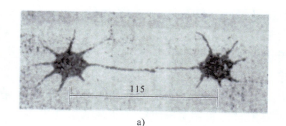

图4-8　不同起爆时差的炮孔间贯通裂纹形成情况
a）同时起爆　b）大时差顺序起爆

4.3.3　周边爆破中空孔的导向作用

如果装药孔的附近有空孔，除了前面提到的产生应力集中效应，有助于径向裂缝向空孔方向发展外，空孔的存在对其他方向的径向裂缝发展能起抑制作用。这时，空孔称为导向孔。如图4-9所示，假定岩石未被破坏，1、2两点距装药孔的距离相等，1点在空孔壁上（见图4-9a），由于应力集中，其切向拉应力大于2点的切向拉应力，1点的拉应力首先达到岩石的抗拉强度而使岩石裂开，所经过的时间设为t_1，在此瞬间2点不会开裂。1点一旦开裂，其切向应力被释放，应力释放（卸载）向岩石内传播，1、2点的距离为l，应力释放从1点到2点的时间为l/c_u（c_u为应力释放波的速度）。2点的拉应力达到岩石的动态抗拉强度的时间设为t_2。如果$t=t_1+l/c_u<t_2$，则2点的切向拉应力在达到岩石动态抗拉强度之

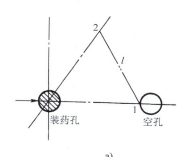

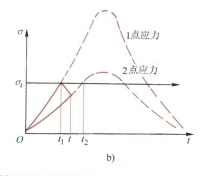

图4-9　孔空对裂缝扩展的抑制作用
a）空孔位置　b）空孔引起的应力释放

前就被释放（卸载），从装药孔延伸过来的裂缝将不会到达 2 点（见图 4-9b）。反之，如果 t 大于 t_2，则 2 点就可形成裂缝。由分析可知，空孔距装药孔越远，在空孔壁上的应力集中值越小，抑制裂缝的效果也越差。装药孔附近只有一个空孔，虽然两孔之间能够形成贯通裂缝，但装药孔的另一侧仍然有径向裂缝产生，即在一个空孔的条件下，不能完全消除装药孔周围的径向裂缝。如果装药孔两侧都有空孔，它不仅增加一个形成贯通裂缝的条件，而且在装药孔的其他方向形成径向裂缝的机会也将大大减少。

如果邻近两边都是不耦合装药，互为空孔，两孔同时起爆，应力波必然在两孔之间相遇，立即形成贯通裂缝，以后切向应力释放，其他方向的径向裂缝不再延伸。这是最理想的条件，但是一般难以做到同时起爆。

4.4　周边爆破的参数确定

光面爆破与预裂爆破的参数确定是普通周边爆破研究的主要问题之一，长期以来受到了有关学者的普遍关注。在近年提出的各种普通周边爆破参数计算方法中，许多都涉及了断裂力学知识，基于读者尚不具备这方面知识，本书不打算介绍这些方法。下面介绍的是有助于理解光面爆破与预裂爆破原理的、目前得到认可的参数计算方法。

4.4.1　周边爆破参数的理论计算

光面爆破与预裂爆破的炮孔间裂纹形成机理是一致的，由此它们的参数计算方法除了最小抵抗线外，也是相同的。光面与预裂爆破的参数包括炮孔装药量、炮孔间距和最小抵抗线。

1. 炮孔装药量的计算

光面与预裂爆破的炮孔装药量，通过炮孔装药不耦合系数或装药系数（即单位长度炮孔的装药长度）来控制。

（1）装药不耦合系数　不耦合装药的目的是降低作用于炮孔壁上的爆炸压力。为了实现光面爆破效果，要求作用在炮孔壁上的压力小于岩石的抗压强度，但大于岩石的抗拉强度 σ_t。通常以下式为计算原则

$$p_2 \leqslant K_b \sigma_c \tag{4-1}$$

式中　p_2——爆炸作用于炮孔壁上的压力（MPa）；

　　　K_b——体积应力状态下的岩石强度提高系数，$K_b = 10$；

　　　σ_c——岩石的单轴抗压强度（MPa）。

对沿炮孔全长的不耦合装药，有

$$p_2 = \rho_0 D^2 (d_c / d_b)^6 n / 8 \tag{4-2}$$

式中　ρ_0——炸药密度（kg/m³）；

　　　D——炸药爆速（m/s）；

d_c、d_b——装药直径和炮孔直径（cm）；

　　　n——爆炸冲击波撞击炮孔壁引起的压力增大系数，一般取 $n = 8 \sim 11$。

由式（4-1）和式（4-2），得到装药不耦合系数 k_d 的倒数为

$$k_d^{-1} = d_c/d_b \geqslant \left(\frac{8K_b\sigma_c}{n\rho_0 D^2} \right)^{\frac{1}{6}} \tag{4-3}$$

（2）装药系数　当采用空气柱间隔装药时，炮孔装药量由装药系数决定。取空气柱间隔装药作用于炮孔壁上的压力为

$$p_2 = \rho_0 D^2 (d_c/d_b)^6 [l_c/(l_c + l_a)] n/8 \tag{4-4}$$

式中　l_c、l_a——装药长度和空气柱长度。

若忽略炮泥长度（炮泥长度一般为 $0.2 \sim 0.3\mathrm{m}$），则 $l_c + l_a = l_b$，l_b 为炮孔长度。于是由式（4-1）和式（4-4），可得到装药系数 l_L 为

$$l_L = l_c/l_b \leqslant \frac{8K_b\sigma_c}{n\rho_0 D^2} (d_b/d_c)^6 \tag{4-5}$$

因而，炮孔装药线密度 q_l 为

$$q_l = \frac{\pi}{4} \rho_0 d_b^2 k_d^2 l_L \tag{4-6}$$

2. 炮孔间距

按照应力波叠加理论，要实现炮孔间的贯通裂缝，必须使炮孔连线中点的拉应力大于岩石的抗拉强度。若作用于炮孔壁上的初始压力峰值为 p_2，且相邻炮孔同时起爆，则在炮孔连线中点产生的最大拉应力为

$$\sigma_\theta = 2bp_2/\bar{r}^\alpha \tag{4-7}$$

式中　$\bar{r}$——比距离，$\bar{r} = r/r_b$，r 为应力计算点到炮孔中心的距离，r_b 为炮孔半径；

　　　α——应力波衰减指数，$\alpha = 2 - \mu/(1-\mu)$；

　　　b——切向应力与径向应力之比，$b = u/(1-\mu)$。

取 $r = a/2$，$\sigma_\theta = \sigma_t$（a 为炮孔间距），可得

$$a = (2bp_2/\sigma_t)^{1/\alpha} d_b \tag{4-8}$$

按照应力波与爆炸气体共同作用理论，则炮孔间距为

$$a = 2R_k + pd_b/\sigma_t \tag{4-9}$$

式中　R_k——每个炮孔产生的裂纹长度（m），$R_k = (bp_2/\sigma_t)^{1/\alpha} r_b$；

　　　p——爆炸气体充满爆孔体积时的静压力（Pa）。

根据凝聚炸药的状态方程，有

$$p = (p_c/p_k)^{j/k} (V_c/V_b)^k p_k \tag{4-10}$$

式中　p_k——爆生气体膨胀过程中的临界压力，一般取 $p_k = 100\mathrm{MPa}$；

　　　p_c——爆轰压；

　　　k——高压状态下爆生气体的绝热膨胀指数，可取 $k = 3$；

　　　j——低压状态下爆生气体的等熵膨胀指数，可取 $j = 1.4$；

　　V_b、V_c——炮孔体积和装药体积。

3. 最小抵抗线 W

这里，光面或预裂爆破的最小抵抗线指周边爆孔到邻近一圈（或排）崩落爆孔之

间的垂直距离，如图 4-10 所示。最小抵抗线过大或过小都不利于获得理想的周边爆破效果。

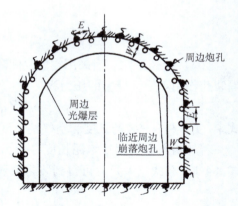

图 4-10　隧道（巷道）爆破的周边炮孔最小抵抗线

知道炮孔间距后，光面或预裂爆破的最小抵抗线 W 可利用装药的密集系数确定，有

$$W = a/m \qquad (4\text{-}11)$$

式中　W——光面或预裂爆破的最小抵抗线；
　　　m——装药密集系数，一般取 $m = 0.8 \sim 1.0$。

事实上，光面爆破与预裂爆破的靠近周边一层岩石的破坏机理是不同的。光面爆破时，靠近周边一层岩石的破坏由周边炮孔爆破完成，预裂爆破时，这一层岩石的破坏则是由临近周边的一圈（或排）炮孔的爆破完成的，因而计算周边孔最小抵抗线时，应当对光面爆破和预裂爆破加以区分。对光面爆破，由于周边炮孔最后起爆，其爆破相当于台阶爆破，周边孔最小抵抗线（也称光爆层厚度）的计算式可借助豪柔公式推得

$$W = \sqrt{q_l / [m q_t f(n)]} \qquad (4\text{-}12)$$

式中　q_l——周边炮孔的单位长度装药量；
　　　q_t——台阶爆破的单位体积耗药量（kg/m^3），参见表 4-2 选取；
　　$f(n)$——爆破作用指数函数，$f(n) = 0.4 + 0.6n^3$；
　　　n——爆破作用指数，对水平巷道或隧道、倾斜巷道的上部炮孔，取 $n = 0.75$，对水平巷道或隧道、倾斜巷道的下部炮孔及立井周边爆破，取 $n = 1$。

表 4-2　台阶爆破的单位体积耗药量（2号岩石炸药）

岩石坚固性系数	2~3	4	5~6	8	10	15	20
单位体积耗药量/（kg/m^3）	0.39	0.45	0.50	0.56	0.62~0.68	0.73	0.79

预裂爆破时，周边炮孔与其临近一层岩石的破坏是由临近周边的崩落炮孔爆破完成的，为使临近周边的崩落炮孔的爆破造成周边一圈岩石的破坏，要求临近周边的崩落炮孔爆破产生的应力波到达周边炮孔位置时，引起的拉应力不小于岩石的抗拉强度。为简便计算，取临近周边的崩落炮孔为耦合装药，忽略其周围冲击波的存在，且应力波在预裂纹处完全透射，于是要求有

$$\frac{1}{4}\rho_0 D^2 \cdot 2\left(1 + \frac{\rho_0 D}{\rho_{r0} c_p}\right)^{-1} \cdot b\left(\frac{W}{r_b}\right)^{-\alpha} \geqslant \sigma_t$$

由此得预裂爆破的周边孔最小抵抗线为

$$W = \left\{ \frac{\rho_0 D^2 b}{2\sigma_t [1 + \rho_0 D/(\rho_{r0} c_p)]} \right\}^{1/\alpha} r_b \qquad (4\text{-}13)$$

式中　$\rho_0 D$——炸药的冲击阻抗（$Pa \cdot s$）；
　　　$\rho_{r0} c_p$——岩石的声阻抗（$Pa \cdot s$）。
　　　ρ_{r0}——岩石密度（kg/m^3）。

c_p——岩石中的弹性波速度（m/s）。

【例4-1】 某掘进隧道，岩石的坚固性系数 $f=8$，取 $\sigma_c=80\text{MPa}$，$\sigma_t=6.7\text{MPa}$，表观密度 $\rho_{r0}=2.42\times10^3\text{kg/m}^3$，泊松比 $\mu=0.25$，纵波波速 $c_p=3430\text{m/s}$；所用炸药密度 $\rho_0=1000\text{kg/m}^3$，爆速 $D=3600\text{m/s}$，直径 $d_c=3.2\times10^{-2}\text{m}$；炮孔直径采用 $d_b=2r_b=4.2\times10^{-2}\text{m}$。试计算周边爆破参数。

解：（1）计算炮孔装药量 首先，由式（4-5）求出装药系数

$$l_L \leq \frac{8K_b\sigma_c}{n\rho_0 D^2}(d_b/d_c)^6 = \frac{8\times10\times80\times10^6}{10\times1000\times3600^2}\times\left(\frac{4.2\times10^{-2}}{3.2\times10^{-2}}\right)^6 = 0.25$$

于是，炮孔线装药密度为

$$q_l = \frac{\pi}{4}\rho_0 d_b^2 k_d^2 l_L = \frac{\pi}{4}\times1000\times(4.2\times10^{-2})^2\times\left(\frac{3.2\times10^{-2}}{4.2\times10^{-2}}\right)^2\times0.25\text{kg/m} = 0.2\text{kg/m}$$

（2）计算炮孔间距 根据应力波叠加原理，由式（4-8），有炮孔间距为

$$a = (2bp_2/\sigma_t)^{1/\alpha}d_b$$

这里，$p_2 = K_b\sigma_c = 10\times80\text{MPa} = 800\text{MPa}$；$b = \mu/(1-\mu) = 0.25/(1-0.25) = 0.33$；$\alpha = 2-\mu/(1-\mu) = 2-0.33 = 1.67$。因此，

$$a = (2\times0.33\times800/6.7)^{1/1.67}\times4.2\times10^{-2}\text{m} = 0.57\text{m} = 570\text{mm}$$

按照应力波与爆生气体的共同作用原理，首先单个炮孔在应力波作用下的裂纹长度为

$$R_k = (bp_2/\sigma_t)^{1/\alpha}r_b = (0.33\times800/6.7)^{1/1.67}\times2.1\times10^{-2}\text{m} = 0.17\text{m}$$

又装药体积与炮孔体积比为

$$\frac{V_c}{V_b} = \frac{\pi d_c^2 l_L L/4}{\pi d_b^2 L/4} = \left(\frac{3.2\times10^{-2}}{4.2\times10^{-2}}\right)^2\times0.25 = 0.145$$

爆轰压为

$$p_c = \rho_0 D^2/4 = (1000\times3600^2/4)\text{Pa} = 3240\text{MPa}$$

爆炸气体充满爆孔体积时的静压力为

$$p = (p_c/p_k)^{j/k}(V_c/V_b)^k p_k = (3240/100)^{1.4/3}\times0.145^3\times100\text{MPa} = 1.546\text{MPa}$$

最后，由式（4-9）得炮孔间距为

$$a = 2R_k + pd_b/\sigma_t = (2\times0.17+1.546\times4.2\times10^{-2}/6.7)\text{m} = 0.37\text{m} = 370\text{mm}$$

（3）最小抵抗线计算 根据式（4-11），最小抵抗线为

$$W = a/m = [370/(0.8\sim1)]\text{mm} = 370\sim463\text{mm}。$$

4.4.2 预裂爆破参数的经验公式计算

从本质上说，光面爆破与预裂爆破是不同的。预裂爆破不仅要求形成炮孔间的贯通裂纹，而且要求形成的贯通裂纹达到一定宽度。这使得预裂爆破主要参数的计算更为复杂，很难从理论上得出一个完整无缺的公式，上述理论计算式的结果只能是极近似的。为了获得满意的预裂爆破效果，不少爆破工作者根据各自积累的经验，针对几个最主要的影响因素，归纳了一些经验计算式。在这些计算式中，主要考虑线装药密度 q_l 与岩石的单轴抗压强度 σ_c、炮孔间距 a 及炮孔直径 d_b 之间的关系，基本的形式有

$$q_l = K\sigma_c^\delta a^\beta d_b^\gamma \tag{4-14}$$

式中　K、δ、β、γ——系数。

这类经验公式，常见的有：

1）长江科学院提出的计算式

$$q_l = 0.034\sigma_c^{0.53} a^{0.67} \tag{4-15}$$

2）葛洲坝工程局提出的计算式

$$q_l = 0.367\sigma_c^{0.5} d_b^{0.86} \tag{4-16}$$

3）武汉水利电力学院提出的计算式

$$q_l = 0.127\sigma_c^{0.5} a^{0.84} (d_b/2)^{0.24} \tag{4-17}$$

4.4.3　周边爆破参数的工程类比确定

在光面或预裂爆破设计中，爆破参数除了用理论公式或经验公式计算外，往往还需要参考某些已完成工程的实际经验数据，进行分析对比确定。这是因为爆破的影响因素太复杂，计算结果的出入有时较大。在理论计算公式中，考虑的因素只是有限几项。其他如地质构造等重要的因素，对爆破效果的影响是大家所公认的，但计算式中却很难确切地反映。经验公式则往往受到归纳整理这些公式所处条件的限制，只能在一定范围内适用，当偏离这些条件太远时，就会给这些公式的应用带来困难。特别是对于初次从事周边爆破的人们来说，困难就更大。此时，参考一些已完成工程的实际经验资料，从地质条件、钻孔机具及爆破规模等各个方面因素进行类比，从中找出适合于本工程条件的近似数据，作为工程使用参考，是一种行之有效的方法。现将国内外学者推荐的数据和一部分工程实例列举如下，供参考（见表4-3~表4-7）。

表4-3　我国的巷道光面爆破参数（马鞍山矿山研究院资料）

岩石条件	巷道宽度/m		周边炮孔参数				
			炮孔直径/mm	炮孔间距/mm	最小抵抗线/mm	密集系数	线装药密度/(kg/m)
整体稳定性好，中硬到坚硬	拱部	<5	35~45	600~700	500~700	1.0~1.1	0.20~0.30
		>5	35~45	700~800	700~900	0.9~1.0	0.20~0.25
	侧墙		35~45	600~700	600~700	0.9~1.0	0.20~0.25
整体稳定性一般或欠佳，中硬到坚硬	拱部	<5	35~45	600~700	600~800	1.0~1.1	0.20~0.25
		>5	35~45	700~800	800~1000	0.8~0.9	0.15~0.20
	侧墙		35~45	600~700	700~800	0.8~0.9	0.20~0.25
节理、裂隙很发育，有破碎带，岩石松软	拱部	<5	35~45	400~600	700~900	0.6~0.8	0.12~0.18
		>5	35~45	500~700	800~1000	0.5~0.7	0.15~0.20
	侧墙		35~45	500~700	700~900	0.7~0.8	0.15~0.20

表4-4　瑞典古斯拉夫松的光面爆破参数

炮孔直径/mm	线装药密度/(kg/m)	炸药品种	炸药直径/mm	最小抵抗线/m	炮孔间距/m
25~32	0.07	古力特	11	0.3~0.45	0.25~0.35
25~43	0.16	古力特	17	0.70~0.80	0.50~0.60

（续）

炮孔直径 /mm	线装药密度 /（kg/m）	炸药品种	炸药直径 /mm	最小抵抗线 /m	炮孔间距 /m
45~51	0.16	古力特	17	0.80~0.90	0.60~0.70
51	0.30	纳比特	22	1.00	0.80
64	0.36	纳比特	22	1.00~1.10	0.80~0.90

表 4-5 我国铁道部门的隧道光面爆破参数

开挖方式	岩石条件	周边炮孔间距 /mm	最小抵抗线 /mm	炮孔密集系数	线装药密度 /（kg/m）
全断面 一次爆破	$f=4~5$	600~650	700~800	0.80~0.82	0.30~0.35
	$f=2~3$	500~600	650~750	0.75~0.80	0.20~0.30
	$f≤2$	350	450	0.78	0.06~0.11
上半部 弧形导硐	$f=4~5$	550~650	700~800	0.75~0.95	0.25
	$f=2~3$	650~750	600~700	0.95~1.15	0.24
	$f≤2$	350~450	400~500	0.85~0.90	0.07~0.12
小导硐 全断面 一次爆破	$f=4~5$	450~500	450~500	1.0	0.12~0.17
	$f=3~4$	400~500	500~600	0.8~1.0	0.10~0.15
	$f=2~3$	300~400	500~600	0.7~0.9	0.07~0.12
预留 光爆层	$f=4~5$	600~700	700~800	0.7~1.0	0.20~0.30
	$f=2~3$	400~500	500~600	0.8~1.0	0.10~0.15
	$f≤3$	400~450	500~600	0.7~0.9	0.07~0.12

注：f 为岩石普氏系数。

表 4-6 我国部分工程预裂爆破参数

工程名称	岩石种类	炮孔直径 /mm	炮孔间距 /mm	炸药品种	线装药密度 /（kg/m）
船坞工程	花岗岩	50	600		0.36
		100	800		0.80
南山铁矿	黄铁矿、辉长岩 闪长岩	150	1700~2200	2号岩石炸药	1.2~1.6
			1300~1700	铵油炸药	1.0~1.9
东江水电站	花岗岩	110	1000	2号岩石炸药	0.70~0.73
		35~40	350	2号岩石炸药	0.456
葛洲坝 三江电厂	砂岩、黏质粉土 砂岩	91	1000	40%耐冻胶质炸 药、2号岩石炸药	0.20
		65	800		0.273
三江船闸	砂岩	170	1350	40%耐冻胶质 炸药	0.20
三江非溢流坝		45	500	2号岩石炸药	0.125

表 4-7　兰格弗尔的光面爆破与预裂爆破经验参数

炮孔直径/mm	线装药密度/(kg/m)	炸药品种	炸药直径/mm	光面爆破参数		预裂爆破炮孔间距/m
				最小抵抗线/m	炮孔间距/m	
30		古力特		0.7	0.5	0.25~0.40
37	0.12	古力特		0.9	0.6	3.5~0.5
44	0.77	古力特		0.9	0.6	0.3~0.5
50	0.25	古力特		1.1	0.8	0.45~0.7
62	0.35	纳比特	22	1.3	1.0	0.55~0.8
75	0.50	纳比特	25	1.6	1.2	0.6~0.9
87	0.70	代纳比特	25	1.9	1.4	0.7~1.0
100	0.90	代纳比特	25	2.1	1.6	0.8~1.2
125	1.40	纳比特	40	2.7	2.0	1.0~1.5
150	2.00	纳比特	50	3.2	2.4	1.2~1.8
200	3.00	代纳比特	52	4.0	3.0	1.5~2.1

4.5　周边爆破的设计与施工

光面爆破与预裂爆破同属于周边爆破，但光面爆破多用于地下工程，如隧道掘进和各类矿山巷道掘进，预裂爆破则多用于地面的路堑等边坡开挖中。由于使用条件不同，它们在设计内容和施工要求方面存在着一定的区别。下面就其设计与施工中的有关事项分别叙述如下。

4.5.1　光面爆破的设计与施工

（1）光面爆破的设计　在应用于隧道或巷道掘进的条件下，光面爆破设计一般按下列步骤进行：

1）收集基本资料，包括隧道或巷道开挖断面的大小、一次循环的进尺、岩石的种类、构造发育程度及岩石物理力学性质等方面的资料。

2）确定光面爆破的施工顺序，是全断面开挖，还是采用预留光爆层的分次开挖，预留光爆层的情况。

3）选择合理的光面爆破参数，包括炮孔间距、线装药密度和周边孔抵抗线等。

4）确定炮孔的装药结构。

5）确定起爆方法及网路的连接形式。

光面爆破中，为了获得良好的爆破效果，一方面应避免炮孔局部因爆炸荷载过大而出现压碎，另一方面也避免局部爆炸荷载不足而影响光爆层岩石的破坏，因此应尽可能使炮孔全长范围内岩石受到的爆炸荷载趋于合理均匀。同时，还要求光面爆破的装药结构不能过于复杂，以免增加施工难度。基于这两方面的考虑，在实际施工中，周边孔常用的几种装药结构如图 4-11 所示。图 4-11a 为标准药径（φ32mm）的耦合空气柱间隔装药；图 4-11b 为小直径药卷不耦合空气柱间隔装药；图 4-11c 为小直径药卷不耦合连续装药；图 4-11d 为标准直径药卷不耦合孔底集中连续装药。其中，图 4-11c 是一种典型的光面爆破装药结构形式。

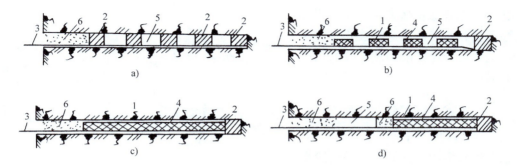

图 4-11 周边孔常用的装药结构

a）耦合空气柱间隔装药　b）不耦合空气柱间隔装药

c）不耦合连续装药　d）不耦合孔底集中装药

1—小直径药卷　2—标准直径药卷　3—导爆索或雷管脚线

4—环向空间　5—空气柱　6—堵孔炮泥

在以上4种装药结构形式中，图 4-11a、d 所示装药结构施工简便，通用性强，但由于药包直径大，靠近药包孔壁容易产生细小裂纹；图 4-11b 所示装药结构对围岩破坏作用小，用于开掘质量要求较高的巷道；图 4-11c 所示装药结构的爆破效果最好，但必须使用光爆专用炸药，应用受到一定限制；图 4-11d 所示装药结构用于炮孔深度小于2m 时，爆破效果较好。

需要说明的是，隧道光面爆破的设计与掏槽、崩落炮孔布置是不能分开的。掏槽、崩落孔的爆破结果直接影响到光面爆破的效果；另一方面，为了满足光面爆破的要求，也必然影响到掏槽、崩落炮孔的布置，因此，两者必须互相结合，整体考虑，不能顾此失彼，影响总的爆破效果。

（2）光面爆破施工　为保证光面爆破的良好效果，除根据岩层条件、工程要求正确选择光爆参数外，精确钻孔也极为重要。对炮孔的要求是"平、直、齐、准"。**炮孔钻进的注意事项如下：**

1）所有周边孔应彼此平行，并且其深度一般不应比其他炮孔大。

2）各炮孔均应垂直于工作面。实际施工中，周边孔不可能都与工作面垂直，必须有一个向外的倾斜角度，根据炮孔深度向外倾斜角一般取3°~5°。

3）如果工作面不齐，应按实际情况调整炮孔深度和装药量，力求所有炮孔底落在同一个断面上。

4）开孔位置要准确，偏差值不大于30mm。周边孔开孔位置均应位于井巷或隧道断面的路廓线上，不允许有偏向轮廓线内的误差。

光面爆破掘进隧道或巷道时有两种施工方案，即全断面一次爆破和预留光爆层的分次爆破。全断面一次爆破时，按起爆顺序分别装入多段毫秒电雷管或非电塑料导爆管起爆系统起爆，起爆顺序为"掏槽孔—辅助孔—崩落孔—周边孔"，多用于掘进小断面巷道。

在大断面隧道或巷道掘进时，可采用预留光爆层的分次爆破，如图 4-12 所示。这种方法又称为修边爆破，其优点是可根据最后留下光爆层的具体情况调整爆破参数，这样可以节约爆破材料，有利于提高光爆效果和质量。其缺点是隧道或巷道施工工艺复杂，增加了辅助时间。

此外，光面爆破施工中，还必须按设计装药量和装药结构进行装药，确保装药在炮孔内的位置准确及炮孔的堵塞长度和质量。

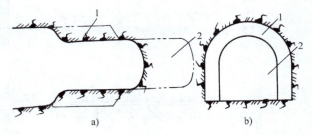

图 4-12 预留光爆层
a）纵断面 b）横断面
1—预留光爆层 2—超前开挖区

4.5.2 预裂爆破的设计与施工

1. 预裂爆破的设计

预裂爆破多用于地面开挖的台阶爆破，其设计一般应包括 6 个方面：

（1）收集基本资料 包括：

1）开挖轮廓设计的基本情况：台阶开挖深度、开挖轮廓的形态、保留面的倾斜度、钻孔深度、地下水位以及周围的建筑物状况等。

2）爆破岩石的基本情况：岩石的种类、抗压和抗拉强度、泊松比，岩石的层理、节理裂隙、风化程度、断裂构造和软弱带的分布等。

3）炸药性能：使用炸药的种类、做功能力、猛度、殉爆距离、爆热、炸药密度及临界直径等。

（2）确定钻孔直径 应当根据工地的机具条件、炮孔深度以及地质条件等综合考虑，一方面要从技术上的可靠性方面进行论证，另一方面也应当尽量简化施工，降低成本。

（3）确定炮孔间距 根据选定的孔径，按一定的比值选取炮孔间距，一般可取 $a = (7 \sim 12)d_\mathrm{b}$。孔径大时取小值，孔径小时取大值；完整坚硬的岩石取大值，软弱破碎的岩石取小值。多数情况下，炮孔间距采用计算或经验确定。

（4）计算药量 按理论公式或经验公式计算，求出线装药密度，同时也应参考已完成工程的经验数据，作进一步的调整，并根据所采用的炸药品种，折算成实际的装药量。

（5）确定装药结构 首先要根据地质条件、钻孔直径、孔深、炸药品种、装药量等确定堵塞段的长度和底部的装药增加量及其范围，然后根据钻孔和炸药的情况，决定是采用间隔装药还是采用小直径药卷连续装药。

（6）确定起爆网路 选定起爆方式并进行起爆网路的设计和计算，提出起爆网路图。

2. 预裂爆破施工

预裂爆破多用于露天高边坡开挖爆破，这种情况下的工程施工包括以下内容：

（1）施工准备 施工准备工作包括场地平整、测量放样，以及其他常规的准备工作。

1）场地平整。在准备进行预裂爆破时，首先要平整场地，清除预裂线两侧一定范围内的覆盖层或浮渣等。清理的范围可以根据所采用的机具来确定，要能满足钻机的安装和行走，清理应当使得工作面平整，且最好处在同一高程上或是不同高程的多个平面上。

2）测量放样。由于预裂面一般就是最终的边界开挖面，因此，预裂缝的位置必须准确，当采用垂直的预裂孔时，放样工作没有什么困难，只要按照设计的孔位精确地测量就可以了。对于倾斜的孔，特别是预裂面呈某种曲折面的斜孔，放样工作就要复杂得多。这是因为斜孔的孔口与孔底并不在同一个坐标位置上，而是随该孔的倾斜度及地面的起伏而变化。在地面比较平整的情况下，它可以通过计算来确定孔口的位置。但是，在实际工程中，地面的起伏往往是无规则的，想要精确地定出孔口的位置比较困难，此时，采用整体样架放样可能方便得多。

（2）钻孔　钻孔的机具根据炮孔的直径和孔深来选用，在一般情况下，直径小于50mm，深度在 8m 以内的钻孔，多采用风钻，孔径在 70~80mm 以上的深孔，则要采用潜孔钻。钻孔时，必须严格控制质量，允许的偏斜度应控制在 1° 以内。保证钻孔质量的措施有：

1）由于岩面的不平整或与钻进的方向不垂直，往往容易引起孔口的偏离，此时，可以采用人工撬凿或者用钻机冲凿的办法，凿出孔口位置，经检测无误后，再行开孔、钻进。

2）当钻进 5~10cm 时，应对钻孔的方向、倾角等进行一次检查，若有误差，及时纠正。以后，每钻进一定距离，检查一次，直至终孔。

3）岩体中的软弱夹层及与钻孔方向相近的节理裂隙等容易使钻孔的方向产生某种程度的改变。另外，当钻进倾斜的钻孔时，由于钻头、冲击器本身具有一定的重量，在自重的作用下，钻孔有下垂弯曲的趋势。在开始钻孔之前，应根据这些因素做出估计，使得钻孔能达到设计的要求。

（3）药包加工　用于预裂爆破的药包，最好能在钻孔内均匀地连续分布。此时，对于不同的线装药密度，应有不同的药卷直径。为适应这一情况，已有不同直径的药卷供施工者选用，如古力特炸药的小直径药卷有 11mm、13mm 和 22mm 等。但因其规格品种少，在实际施工中，大多须进行现场加工。加工通常采用两种方法，一是将炸药装填于一定直径的硬塑料管内连续装药，为了顺利地引爆和传爆，在整个管内贯穿一根导爆索。这种方法多用于小直径的钻孔，施工比较方便。另一种方法是采用间隔装药，即按照设计的装药量和各段的药量分配，将药卷绑扎在导爆索上，形成炸药串。由于每个钻孔的深度不一致，装药量也不同，因此，对于每个钻孔应当分别准备各自的炸药串，炸药串加工好后，应立即编上该孔的孔号，然后包扎好待用。

（4）装药、堵塞和起爆

1）装药。为使炸药爆炸时能够获得良好的不耦合效应，药柱（或者药卷串）应置于炮孔的中心。为达到此目的，可采用一种塑料制的膨胀连接套管将药柱固定在炮孔的中央。在我国的预裂爆破中，多将药卷串绑扎在竹片上，再插入孔中。对于垂直的孔，竹片应置于靠保留区的一侧，对于倾斜的孔，竹片应置于孔的下侧面。对于深度较小而直径较大的孔，也可以不用竹片，直接将药卷串装填于炮孔中。

2）堵塞。炸药装填好后，孔口的不装药段应使用干砂等松散材料堵塞，在装填之前，先要用纸团等松软的物质盖在炸药柱上，在堵塞过程中，应注意使药卷串保持在孔中央的位置上，不要因堵塞而将药卷串推向孔边。堵塞应密实，以防止爆炸气体过早冲出，影响预裂效果。

3）起爆。在预裂爆破中，一般都采用导爆索起爆，有时也可采用电雷管起爆。采用电雷管起爆时，电雷管本身存在着时间差，特别是采用高段次延期电雷管时，时间差就更大。当炮孔内采用间隔装药时，药卷分散数量多，电雷管起爆网路复杂，宜采用导爆索起爆。预裂孔最好能一次同时起爆，但当预裂规模大时，为了减轻预裂爆破过程中的振动影响，也可以沿轮廓线长度分区，分段起爆。在同一时段内采用导爆索起爆，各段之间则分别用毫秒电雷管引爆。

4.6　岩石定向断裂爆破技术

4.6.1　定向断裂爆破的基本方法

在隧道与巷道开挖、地面的光面与预裂等爆破工程中，人们发现普通周边爆破不仅在炮孔间形成贯通裂纹，而且也在炮孔周围其他方向形成随机径向裂纹，对围岩造成损伤、破坏，在裂隙发育岩石或低强度岩石中还会引起超挖。一般认为，**普通周边爆破存在以下不足：**

1）炮孔间距小，增大了钻孔工作量，增加了起爆器材消耗量。

2）在裂隙发育岩层中，很少能形成光滑的壁面，不可避免地出现超挖，对围岩造成损伤、破坏。

3）由于超挖，增加了出渣工作量，增加了支护材料用量。

为了减少或避免爆破超挖和更有效地保护围岩，从根本上改进普通周边爆破技术已成为十分迫切的问题之一。早在1905年，Foster曾提出过在岩石中预制裂缝以控制爆破断裂方向的设想。1963年，瑞典的U. Langefors和日本的尹藤一郎等发展了这一方法。20世纪70年代中期，美国马里兰大学的W. L. Fourney等人在实验室做了模拟实验，并在现场试验中取得了一些成效，进而，促进了岩石定向断裂爆破技术的发展和日趋成熟。

岩石定向断裂爆破采用特殊方法，在周边炮孔之间的连线方向上首先形成初始裂纹，为炮孔间爆破贯通裂纹的形成定向。然后，初始定向裂纹在炮孔内爆炸荷载作用下扩展，形成孔间贯通裂纹，从而提高周边断裂面光滑的程度。能够实现定向断裂的爆破方法很多，根据炮孔壁上初始裂纹形成机制和方式的不同，大体上分为3类，即**切槽孔岩石定向断裂爆破、聚能药包岩石定向断裂爆破和切缝药包岩石定向断裂爆破。**

1. 炮孔切槽爆破

这一方法是在炮孔壁既定方向沿轴线切割出$60°\sim80°$的V形槽。柱状药包爆炸后产生的应力波首先在切槽尖端引起应力集中而使其孔壁开裂，然后在爆炸气体作用下，裂缝沿切槽方向持续延伸，直到相邻炮孔贯穿。炮孔壁V形槽的形成工艺为：用普通钻头按设计的孔间距将周边孔全部打出，然后换上特制钎杆并装有套槽钻头（见图4-13），将切槽钻头的刀槽对准开挖轮廓线方向，对已凿出的周边炮孔，将特制钻头直冲到孔底，形成预定方向的切槽（见图4-14a）。切槽速度与岩石性质有关，在切槽过程中，钎尾是圆形，使

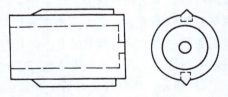

图4-13　炮孔切槽钻头

钎杆不会转动，另外有对称切槽刀具的相互制约作用，使切槽具有良好的方向性。每次冲到孔底，即可拔出钎杆。

切槽孔方法还有两种演变形式：图4-14b为在炮孔壁两侧设置空孔，利用空孔的应力集中和导向作用形成导向裂纹；图4-14c为利用椭圆形炮孔形成导向裂纹，根据弹性力学理论，爆炸荷载作用下，在椭圆孔长轴两端会有较大的切向拉应力，因而在此方向上将首先产生裂纹。图4-14c也可看成是图4-14b的两侧导向孔与装药孔连通的情况。

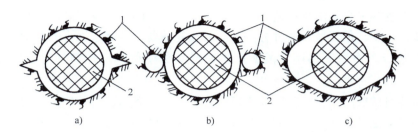

图 4-14　炮孔切槽及异形钻孔方法

a）炮孔切槽　b）设置导向孔　c）异形炮孔

1—炮孔壁　2—孔内装药

2. 聚能药包爆破

这一方法是利用聚能药包爆炸后首先在炮孔壁的一定部位产生初始裂缝，然后在爆生气体作用下裂缝继续扩展，形成定向断裂面，如图 4-15a 所示。

根据聚能射流原理，药卷聚能穴外加金属铜罩后，聚能穴形成的聚能气流推动金属罩向轴线运动，将能量传递给金属罩体。因为罩体金属材料本身的可压缩性很小，所以它的内能增加很少，所传递能量的大部分表现为动能形式，迅速产生向轴线方向的压合运动。当压力足够大时，罩体表面内的速度比罩体本身的压合运动速度高得多，罩壁在轴线处迅速汇聚碰撞的同时，发生能量的再分配，产生极高的碰撞压力，形成沿轴线方向射出的高速、高压、高能量密度的金属粒子的射流，进而优先在岩石中形成定向裂缝。目前来看，周边聚能装药定向断裂爆破，还需要进一步从机理上对聚能穴的几何形状、炸药品种和性质、聚能罩的材料等问题进行研究。

属于这类方法的还有另外两种形式。图 4-15b 为利用接触孔壁炸药爆轰波的直接作用，形成导向裂纹，图 4-15c 为利用高硬度中间介质体将爆炸载荷传递到炮孔壁，形成导向裂缝。在这三种方法中第一种较简单可靠，但是要求药包精确地在炮孔中放置，其余两种加工复杂、技术要求高，影响其广泛的工程应用。

3. 切缝药包爆破

切缝药包爆破是利用轴向切槽的硬质管（见图 4-16），将炸药装于管内，再装入炮孔

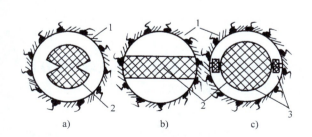

图 4-15　聚能装药及异形药包方法

a）聚能药包　b）矩形药包　c）设置高硬度介质

1—炮孔壁　2—孔内装药　3—高硬度介质

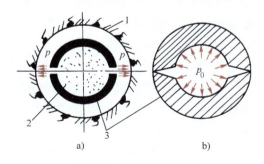

图 4-16　切缝药包方法

a）切缝药包　b）内切槽装药管

1—炮孔壁　2—切缝管内装药　3—切缝管

中爆炸，炮孔中管内壁受到的均布荷载，而在切槽处受到的集中拉应力，导致径向裂缝在预定区域的扩展优先于其他区域。这种方法不需要预先减弱炮孔周边岩石的力学强度，是利用特殊切缝管在爆轰产物高压作用阶段所产生的局部集中荷载来控制预定区域径向裂缝的发展。

利用硬质塑料做成的切缝药包现场爆破试验表明，切缝药包爆破技术应用于岩巷掘进中可改进现行的光面爆破技术，获得更好的爆破效果：炮孔距增大 50% ~ 100%；炮孔残痕率达 95% 以上，断裂面精度大为提高。因而认为，这一方法具有实际应用价值。

比较得知，切缝药包岩石定向断裂爆破具有装药结构简单、操作容易、施工快速等诸多优点。近年来，这一技术在矿山地下硐室开挖中得到了生产应用，并产生了明显的经济效益，受到了现场工程技术人员的普遍欢迎。

4.6.2 定向断裂爆破的贯通裂纹形成

普通周边爆破的装药结构决定了周边炮孔中的装药爆炸后，炮孔壁各个方向受到的作用力的时间和大小相同，因此，爆破除在周边孔间形成贯通裂纹外，也在炮孔壁的其他方向产生径向裂纹，降低围岩稳定性。而岩石定向断裂爆破，通过特定方法制造初始导向裂纹，在炮孔间连线方向上造成比其他方向大得多的破坏系数 N。在 N 最大的地方，岩石优先断裂，随即抑制其他方向裂纹的产生与扩展，从而实现岩石的定向断裂。

破坏系数 N 由下式定义

$$N = F/R \tag{4-18}$$

式中　F——使岩石发生断裂破坏的力（广义力）；

　　　R——岩石的抗破坏力（广义力）。

根据式（4-18），实现岩石沿周边炮孔间连线方向定向断裂爆破的基本方法是：增强沿炮孔间连线方向的爆炸作用力（如侧向聚能药包爆破、切缝药包爆破）；或削弱光爆孔间连线方向岩石的抗破坏力（如炮孔切槽爆破）；或将两种方法同时使用。

与普通周边爆破不同，定向断裂爆破的炮孔间贯通裂纹形成过程由两个阶段构成，即初始导向裂缝形成和初始导向裂缝的扩展、贯通。以上 3 种定向断裂爆破方法的区别也在于初始裂缝形成机理的不同。炮孔切槽方法是利用钻孔机械在炮孔壁事先形成初始导向裂纹；聚能药包方法是利用炸药爆炸的聚能效应在炮孔壁形成初始导向裂纹；切缝药包法则利用切缝管的作用使炸药能量相对集中，优先作用于炮孔壁特定位置形成初始导向裂纹。

初始导向裂纹形成后，炮孔间贯通裂纹的最后形成是相同的，都是在炮孔内爆炸准静态荷载作用下，切槽圆孔周围裂缝的扩展问题。炮孔壁上初始炮孔裂纹的最终扩展长度根据断裂力学方法计算。

定向裂纹的形成与利用，是岩石定向断裂爆破应用于裂隙发育岩层能够获得较好周边爆破效果的保证，也是岩石定向断裂爆破与普通周边爆破的根本区别所在。岩石定向断裂爆破中，初始导向裂缝长度是一个十分重要的参数，对爆破效果有重要的影响，并决定着炮孔装药量和炮孔间距的取值。这方面的论述涉及断裂力学理论，近年来已有较多的研究成果问世。

4.6.3 定向断裂爆破的优越性

岩石定向断裂爆破的炮孔爆炸荷载作用或断裂破坏的方向性首先在炮孔连线方向形成初始导向裂纹，大大减少了炮孔裂纹起始方向的随机性，从而有助于减少周边爆破形成轮廓表面的凸凹度，改善周边控制爆破成形质量，有效减少爆破引起的围岩稳定性降低。

与普通周边爆破相比，导向裂纹形成后，定向断裂爆破仅需较小的炮孔荷载便能使其起裂、扩展，形成炮孔间的贯通裂纹，因而，采用岩石定向断裂爆破技术，有助于减少炮孔装药量。由于周边爆破对围岩造成的破坏与炮孔装药量成正比，因此，采用岩石定向断裂爆破技术还能有效降低周边爆破对围岩的破坏。

由于岩石定向断裂控制爆破的定向断裂作用，在炮孔壁产生的裂纹数较普通周边爆破明显减少，这能够降低炮孔内荷载的衰减速度，有助于实现较长的炮孔间裂纹扩展，实现较大的炮孔间距，从而减少周边爆破的炮孔数量，提高炸药爆炸能量的利用率。

采用岩石定向断裂控制爆破技术，若岩石强度高、完整性好，则可采用适度较大的炮孔装药量，以增大炮孔内的荷载值，增大导向裂纹的扩展长度，达到增大炮孔间距，减少炮孔数量的目的。当岩石裂隙发育、松软，强度较低，稳定性较差，需要对爆破引起的围岩破坏进行严格限制时，则应严格控制炮孔装药量，充分发挥采用切缝药包岩石定向断裂控制爆破技术的先进性，有效保护围岩。

4.7 定向断裂爆破的工程应用

4.7.1 在开滦矿业集团唐山矿、范各庄矿的应用

（1）岩石条件　开滦唐山矿、范各庄矿的巷道所处岩层为近水平，岩石为粗砂岩，单向静态抗压强度 σ_c 为 70~100MPa，岩石坚固性系数 $f=8~10$。岩石结构致密，层理不明显，巷道工作面无淋水、无瓦斯。

（2）主要爆破参数　根据开滦矿业集团当时的条件和巷道的岩石情况，试验选用 2 号抗水岩石硝铵炸药，选用开滦矿业集团所属 602 厂生产的 1~5 段毫秒延期电雷管。这种毫秒延期电雷管的段间延期为 25ms。唐山矿的周边孔参数为：炮孔间距 $a=540$mm，最小抵抗线 $W=500$mm。范各庄矿的周边孔参数为：炮孔间距 $a=500$mm，最小抵抗线 $W=450$mm。

（3）应用效果　应用取得了较好结果，除炮孔利用率有一定提高，达到 92.3% 外，周边孔痕率达到 87.5%，从而有效地控制了超欠挖，周边不平整度不大于 100mm，周边孔间距较采用普通周边爆破时增大 30%~50%。更重要的是减少了工作面的炮孔数，降低了炸药与雷管消耗，从而降低了巷道施工成本，加快了巷道施工速度，提高了经济效益。

正确应用岩石定向断裂爆破技术后，两矿的爆破效果得到了明显提高。具体表现为：与采用光面爆破的情况相比，唐山矿和范各庄矿的每米巷道炸药消耗分别下降 15% 和 16.1%；每米巷道雷管消耗分别下降 11.7% 和 12.5%；循环周边孔数分别减少 26.1% 和 19.1%；炮孔利用率分别提高 23.1% 和 25.1%；周边孔痕率分别提高 18.2% 和 27.4%。

4.7.2　在大雁矿区软岩巷道中的应用

（1）岩石条件　大雁矿区是我国典型的膨胀软岩矿区，过去爆破质量一直很差，冒顶片帮现象严重，为了提高爆破质量，在特软岩层中实施定向断裂控制爆破。大雁矿区内主要岩层为发育粉砂岩、泥岩等，主要物理力学特征是：

1）强度低。单轴抗压强度一般为 1.02~9.13 MPa，遇水崩解泥化或溃散。

2）强膨胀性。蒙脱石含量高，平均 56%，亲水性强，遇水膨胀。

3）孔隙率大。岩石孔隙率在 32.18%~41.55%，有较好的重塑性和很大的流变性。

4）弱胶结性。均为泥质胶结，胶结程度差，巷道开挖后自稳时间短，自稳能力差。

（2）主要爆破参数　周边帮和顶部炮孔最小抵抗线为 550mm，底部炮孔最小抵抗线平均为 500mm，帮和顶炮孔采用切缝药包进行定向断裂爆破，帮孔间距 600mm，顶孔间距 435mm，两肩孔间距缩至 450mm。周边孔距巷道轮廓线 50~100mm，以防打锚杆孔时部分岩石掉落。

（3）应用效果及简要分析　在极软岩巷道实施切缝药包的定向断裂控制爆破时，要同时控制周边孔和二圈孔的装药量，对于泥岩或砂质泥岩类不稳定岩石，周边孔每米炮孔的装药量应控制在 50~75g，二圈孔每米炮孔的装药量应控制在 125~150g。

定向断裂控制爆破在大雁矿区极软岩巷道的应用，获得以下几方面明显成效：

1）减少了打孔数。应用前采用普通光面爆破，周边孔间距为 300~350m，周边孔数设计 17 个，实际 16~19 个。应用后采用切缝药包的定向断裂爆破，周边眼间距设计 400~550mm，实际 450~600mm，周边孔数设计 12 个，实际 10~14 个。每循环减少了约 6 个炮孔。

2）提高了巷道成型质量。经过一段时间的试验和调整，周边孔痕率从起初的 50%~80% 提高到了 80%~100%，最大超欠挖从 70~120mm 降低到 50~70mm，在特软巷道中取得了良好的爆破效果。

3）节约了材料。每米巷道节省雷管 6 发，炸药 1.1kg，同时降低了钻头和钻杆的消耗。此外，由于减少了超挖，每米还可以节省支护喷射混凝土 0.74m³。

4）保护了围岩。采用定向断裂爆破技术后，由于周边孔痕率和成形质量得到了提高，巷道围岩的破坏大大降低，从而降低了巷道的维护费用，有助于提高巷道的服务年限。

5）便于实现快速掘进。定向断裂爆破技术减少了炮孔数，降低了超欠挖，降低了出矸量和喷浆量，使得完成每米巷道的实际工作量大为减少，在作业方式不变的情况下，可以适当增加炮孔深度，提高循环进尺，从而便于组织快速施工。

综合认为：定向断裂控制爆破技术具有打孔少、半孔痕率高、减少超欠挖、提高成形质量、保护围岩、节省材料、降低成本等优点，可以应用于类似大雁矿区的玄武岩、泥岩和砂质泥岩等软岩和特软岩巷道中。

思 考 题

4-1　周边爆破指什么？都有哪些形式？如何分类？

4-2　光面爆破的优点有哪些？

4-3　简述光面、预裂爆破炮孔间贯通裂缝形成的应力波与爆生气体共同作用理论。

4-4　光面爆破中，空孔的作用有哪些？

4-5　光面、预裂爆破的常用装药结构有哪些形式？

4-6　试分析光面爆破与预裂爆破的异同。

4-7　定向断裂爆破有何优点？其形成定向预裂纹的方式有哪些？

导读

基本内容： 钻爆法施工的隧道开挖方法，掏槽爆破的炮孔布置形式、特点与参数确定方法，崩落爆破的参数计算，掘进工作面的爆破参数及其确定方法，掘进工作面炮孔布置原则和方法，爆破钻孔施工技术要点，工作面爆破图表的内容与编制方法，隧道掘进快速光爆施工技术要点，立井施工爆破技术。

学习要点： 掌握常见的掏槽爆破形式的特点、参数确定方法，掘进工作面爆破参数及确定方法，工作面炮孔布置原则和方法，爆破图表的内容和编制方法；熟悉不同岩石条件和施工要求条件下的爆破掏槽形式选择与参数确定方法，优化工作面爆破参数的方法，提高爆破效果，进而实现地下洞室爆破快速施工的技术要点；了解立井爆破的炮孔布置与爆破设计的技术要点。通过本章学习，应具备进行隧道掘进爆破图表设计的能力，能够完成一般条件下隧道工程开挖的爆破设计。

5.1 概述

人类进行地下掘进的理由有两条：一是开采地下资源，如采矿开采；二是获取、利用地下空间，如仓库和运输通道等。隧道或巷道既是进入地下矿体的通道，也是跨越地理障碍的主要地下结构。

地下掘进是频繁的地下作业，也是地下采矿的主要方法之一，还可以是岩石硐室施工的一部分。

目前，隧道掘进施工主要有两种方法。

（1）综合机械化施工法 采用大型巷道或隧道掘进机开挖，如采用隧道掘进机（TBM）整体掘进。这种方法具有安全、作业连续、均匀、自动化程度高等优点，但也有机械设备重量大、刀具寿命短、适用范围小、成本高等缺点，目前还很难在岩石巷道掘进中大量使用。

（2）钻孔爆破法 即传统的钻孔、爆破、化整为零的开挖方法。这是隧道施工采用的基本方法。若岩石坚固性系数 $f>6$，该法是唯一有效和经济的隧道施工方法。其优点是适应于各种地质结构，施工快速、机动、灵活等；缺点是各工序不连续、机械化作业线配套设备多、组织管理复杂等。

钻孔爆破法中，钻孔及爆破是隧道掘进循环作业中的先行和主要工序，其他后续工序都要围绕它来安排，并实现周期性循环作业。

隧道掘进的施工方法，影响到爆破参数（如掏槽形式、炮孔深度等）的选择，因此有必要对隧道的施工方法有一个基本的了解。

5.2　隧道掘进施工方法

根据地质与水文条件、隧道断面及形状、长度、支护形式、埋深、施工技术与装备、工程工期等因素的不同，可选择的隧道掘进施工方法有全断面一次施工、台阶式施工、导坑式施工等，一般宜优先选用全断面法和正台阶法。对地质条件变化大的隧道，选择施工方法时要考虑有较大的适应性，以便在围岩变化时易于变换施工方法。

5.2.1　全断面一次施工法

全断面一次施工法是利用在整个掘进断面上布置的炮孔一次爆破向前推进。从隧道钻爆法的发展趋势看，全断面施工将是优先被考虑的施工方法。采用这种方法施工时，可用凿岩台车钻凿炮孔，然后装上炸药、爆破，经通风排烟后，用大型装岩机及配套的运载车辆将矸石运出。当采用锚喷支护时，一般由凿岩台车同时钻出锚杆孔，并进行隧道支护。

该法的优点是：可最大限度地利用洞内作业空间，工作面宽敞，能使用大型高效设备，加快施工进度；断面一次挖成，施工组织与管理比较简单；能较好地发挥深孔爆破的优越性；通风、运输、排水等辅助工作及各种管线铺设工作均较便利。

该法的缺点是：要使用笨重而昂贵的凿岩台车或钻架；一次投资大；由于使用了大型机具，需要有相应的施工便道、组装场地、检修设备及能源等；当隧道较长、地质情况多变而必须改换其他施工方法时需要较多的时间；多台钻机同时工作时的噪声极大。

一般认为，该法主要用于围岩稳定、坚硬、完整、不需临时支护的Ⅰ、Ⅱ类围岩［岩石类别以《公路隧道设计规范　第一册　土建工程》（JTG 3370.1—2018）中的岩石分类为准，本节以下同］的岩石隧道以及高度不超过5m、断面不超过30m²的中小型断面隧道。使用凿岩台车钻孔，一次掘进循环进尺可达2.5～4.0m。但近几年来，随着大型施工设备的不断出现，施工机械化程度和施工技术的不断提高，大断面和全断面一次施工的隧道越来越多，施工断面已超过50m²，甚至多达100m²。尤其在一些重点工程上，已基本不采用传统的导坑法施工，即使在地质条件比较差的软弱围岩隧道中，由于新奥法、锚杆喷射混凝土、注浆加固、管棚支护及防排水等新技术的配合，也都尽量采用全断面一次施工法。

5.2.2　台阶式施工法

该法是将隧道断面分成若干（一般为2～3）个分层，各分层呈台阶状同时或顺序推进施工。其最大特点是缩小了断面高度，无须笨重的施工设备。按台阶布置方式的不同，台阶式施工法可分为正台阶法和反台阶法两种。

1. 正台阶法

该法为最上分层工作面先超前施工，又称下行分层施工法。施工时首先掘上部弧形断面（高一般为2.0～2.5m），然后逐一挖掘下面各部分。如图5-1所示的3个分层的情况，施工顺序见图中数字顺序（图中开挖用阿拉伯数字①、②、③表示，衬砌或其他支护结构用罗马数字Ⅳ、Ⅴ表示，本节以下各图同）。

该法工序少，干扰小，上部钻孔可与下部装渣同时作业，必要时可以喷射混凝土或砂浆作为临时支护，采用锚喷作为永久支护时更适宜。可用于围岩稳定性较好、不需或仅需局部临时支护的隧道，但要求有较强能力的出渣设备。

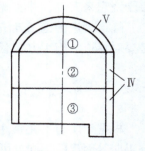

图 5-1　正台阶施工法

2. 反台阶法

反台阶法又叫上行分层施工法，施工顺序正好与正台阶施工法相反。该法施工能使工序减少，施工干扰小，下部断面可一次挖至设计宽度，空间大，便于出渣运输和布置管线，特别有利于爆破破岩，能节省大量材料，适合于围岩稳定、不需临时支护、无大型装渣设备的情况。

5.2.3　导坑法施工

导坑法是以一个或多个小断面导坑超前一定距离开挖，随后逐步扩大开挖至隧道设计断面，并相继进行砌筑的方法。导坑法按导坑位置不同分为中央下导坑、中央上导坑、上下导坑和两侧导坑等。

1. 中央下导坑先墙后拱法或先拱后墙法

该法的施工顺序是先挑顶后开帮，在开帮的同时完成砌墙工作，比较适用于围岩较稳定的隧道施工，一般为Ⅴ、Ⅵ类围岩石质隧道。根据围岩条件、断面大小可采用六部开挖法或三部开挖法。六部开挖法（见图5-2），其下导坑①部宜超前一定距离（一般超过50m），随后架设漏斗棚架，向上拉槽②部和挑顶③部。②部和③部之间的距离一般为15~20m，③部开挖完后立即刷帮，开挖④、⑤、⑥部。最后按先墙后拱的顺序衬砌浇筑。该法除下导坑和左右两帮（①和⑥部）外，其余各部位的岩渣均可经由漏斗漏到棚下的斗车内，再运出洞外。围岩条件允许时，可将①部与②部合并、③部与④部合并、⑤部与⑥部合并，即成为三部开挖法，使工序大为简化。

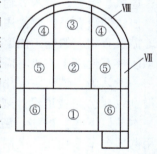

图 5-2　下导坑漏斗施工法

该法的施工特点是：可容纳较多人员同时施工；可以小型机械为主施工，可利用棚架作为脚手架；棚架上岩渣可由漏斗口漏入车内，省力、速度快。

下导坑先拱后墙法，其开挖顺序基本上与上导坑先墙后拱法相同，不同之处是在上部开挖后先浇筑圈混凝土，然后开挖下部和两侧，再浇筑边墙。

2. 中央上导坑施工法

该法适用于需随挖随砌的Ⅲ、Ⅳ类围岩的岩石及土质隧道。施工顺序如图5-3所示。

导坑①部超前开挖并架临时支撑，随后落底②部，更换导坑支撑。最后依次扩大两侧③部，并立即砌筑。如果岩质差、断面大，也可将导坑再分成几个小断面挖掘，先挖顶部后挖两帮并进行临时支撑，最后挖掉中间部分。土质隧道中，中间⑤部可分三层进行。为防止两侧内移，可在拱脚处架设横撑梁（也叫卡口梁），或在中上部设横撑（过河撑）。

两侧墙⑥、⑧部采用马口开挖，每侧开挖完成后立即砌墙。马口开挖分对开马口和错开马口两种。马口长度以4~8m为宜，松软破碎围岩可小于4m。对开马口（两帮马口同时相对开挖）适合于石质较好的隧道，错开马口（两帮马口相错开挖）适合于石质松软、破碎的隧道。

该法的特点是：拱圈衬砌及时，围岩暴露时间短；施工干扰大，速度慢；衬砌整体性差，故较适合于围岩稳定性差及长度短（300m以内）的隧道。

3. 两侧导坑施工法

（1）品字形导坑先拱后墙施工法　该法适用于Ⅲ～Ⅴ类围岩石质多线隧道施工，施工顺序如图5-4所示。先开挖呈品字形布置的导坑①、②部；再在上导坑②部扩大拱部③、④，矸石从漏斗漏至①部中的斗车内运出，挖完拱部围岩后立即砌拱圈Ⅴ，在拱圈保护下开挖边墙⑥部，并砌筑边墙Ⅶ；最后开挖核心⑧部和⑨部。

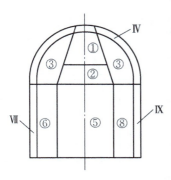

图 5-3　上导坑先拱后墙法

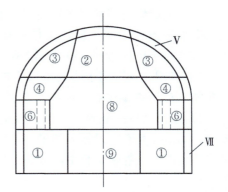

图 5-4　品字形导坑先拱后墙施工法

该法工作面较多，施工干扰小，一般不需要支撑或需简单的支撑，保留核心有利于支撑和施工安全，出渣运输方便，两个下导坑可用装岩机装渣。拱部扩大的大量岩渣可经由漏斗漏至下导坑的车斗内运出。核心部分⑧及⑨部可用大型机械全断面开挖，也可分台阶开挖。其缺点是导坑较多，衬砌整体性差，核心爆破时会影响下导坑运输及其他工序，遇到地层条件变化时，更换其他施工方法较难。

（2）侧壁导坑先墙后拱法　该法适用于Ⅰ、Ⅱ类围岩土质隧道，施工顺序如图5-5所示。当围岩比较稳定时，侧导坑可宽些，以留出运输通道。但围岩不稳定、围岩压力大时，或者在松软含水层处，导坑宽度就要尽量小些。此时，一般在边墙砌筑后便没有空间通行，往往是先回填土石，以防边墙被侧压推动或压坏，砌筑边墙时是由内向外，开挖一段砌筑一段。

上导坑尺寸不宜过大，开挖时也要考虑抬高量（30～40cm）；不良地段要短开挖（5～10m）、强支撑、快衬砌。必要时可用先撑后挖方式开挖，如插桩法，即在开挖面上沿开挖轮廓线先打入插桩（木

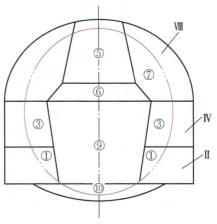

图 5-5　侧壁导坑先墙后拱法

板、圆木、钢轨等）作为支撑，然后在支护范围内开挖，支一点挖一点，逐步向前。衬砌时如需抽换支撑，应按先顶后抽的原则进行。

拱圈做好后，可用大型挖土机械挖去核心部分。挖底和浇筑仰拱可用分段跳槽法。

该法的优点时断面分块小，自下而上随挖随砌，因此暴露时间短，对围岩的破坏扰动小，安全可靠。其缺点是工序多、速度慢、导坑多、造价高、通风排水困难。

5.3 掏槽爆破

掘进爆破的主要任务是保证在安全条件下，高速度、高质量地将岩石按规定断面爆破下来，并尽可能不损坏隧道周围的岩石。为此，需在工作面上合理布置一定数量的起不同作用的炮孔，确定炸药用量，然后装药、填塞、连线和放炮。

以水平隧道为例，掘进工作面布置炮孔（或称炮眼）按作用不同分为三种（见图5-6）：

1）掏槽孔——用于爆破形成新的自由面，为其他炮孔创造有利的爆破条件。

2）崩落孔——破碎岩石的主要炮孔。经掏槽孔爆破后，崩落孔就有了足够大的平行或大致平行于炮孔的第二个自由面，能在该自由面方向上形成较大体积的破碎漏斗。

3）周边孔——又称轮廓孔，主要作用是使爆破后的隧道断面、形状和方向符合设计要求。巷道中的周边孔按其所在位置又分为顶孔、帮孔和底孔。

此外，根据需要，有时工作面布置了为数不多的辅助孔，起扩大掏槽孔爆破后形成槽腔体积的作用。

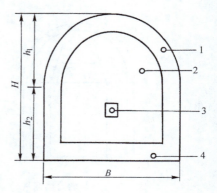

图5-6 各种用途的炮孔名称
1—周边孔 2—崩落孔 3—掏槽孔
4—底孔 h_1—拱高 h_2—墙高
H—掘进高度 B—掘进宽度

隧道爆破与地面台阶爆破条件的主要不同之处在于前者只有一个可供岩石移动的自由面，后者则有两个或更多的这种自由面。因此，隧道爆破岩石所受夹制作用较大，这就要求必须开创一个可供岩石破碎，并使之能从表面抛出的自由面，即第二自由面，通常由掏槽获得。

掏槽完成后崩落孔爆破类似于台阶爆破，只是单位体积炸药消耗量更高，是台阶爆破的3~10倍，这是因为隧道掘进爆破的炮孔爆破条件差，炮孔布置较多，岩石膨胀的空间较小，相邻孔之间缺乏共同作用。隧道爆破装药量计算精度要求不高，即使装药过量，也不会引起类似露天爆破装药过量而出现的灾难性事故。

5.3.1 掏槽方式

隧道爆破中，都是使几个炮孔在只有一个自由面的工作面条件下先爆破，为后继炮孔的爆炸创造出第二个自由面，以提高隧道爆破的效率，这就是掏槽爆破。掏槽爆破是隧道掘进爆破技术中的主要难点和关键，掏槽的好坏直接影响其他炮孔的爆破效果。因此，必须选择合理的掏槽孔布置方式。

掏槽孔按其布置方式的不同，分为斜孔掏槽和直孔掏槽（也称斜眼掏槽和直眼掏槽）两类。每一类又有各种不同的布置方式，常用的掏槽方式如图 5-7 所示。

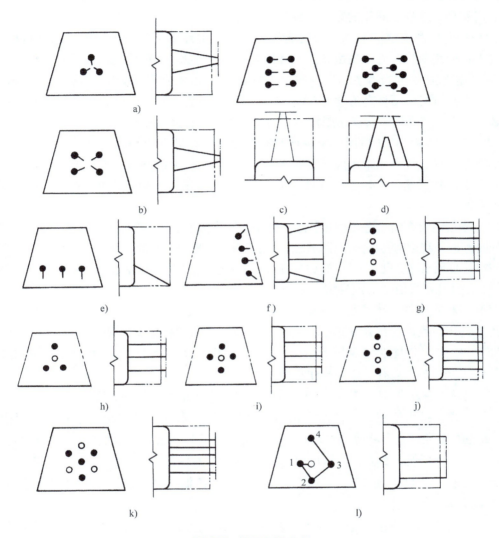

图 5-7　常用掏槽方式

a）三角锥形掏槽　b）四角锥形掏槽　c）垂直楔形掏槽　d）复楔形掏槽　e）底部单向掏槽
f）侧部单向掏槽　g）龟裂掏槽　h）单空孔三角柱形掏槽　i）中空四角柱形掏槽　j）双空孔菱形掏槽
k）六角柱形掏槽　l）螺旋式掏槽
●—装药孔　○—空孔

斜孔掏槽的特点是：适用范围广，爆破效果好，所需炮孔少；但炮孔方向不易掌握，炮孔深度受巷道断面大小的限制，碎石抛掷距离大。

直孔掏槽的特点是：所有炮孔都垂直于工作面，钻孔技术易于掌握，有利于实现多台钻机同时作业；有较高的炮孔利用率；矸石抛掷距离小，岩堆集中；孔深不受断面大小限制。但总炮孔数目多，炸药消耗量大。直孔掏槽中一般都有不装药的炮孔作为装药孔爆破时的自由面和破碎岩石膨胀的补偿空间。

（1）锥形掏槽 爆破后槽腔呈角锥形，常用于坚硬或中硬完整岩层。根据孔数的不同有三角锥形和四角锥形（见图5-7a、b），前者适用于较软一些的岩层。这种掏槽不易受工作面岩层层理、节理及裂隙的影响，故较为常用。

（2）楔形掏槽 该法适用于各种岩层，特别是中硬以上的坚固岩层。因其掏槽可靠，技术简单而应用最广。它一般由2排3对相向的斜孔组成。槽腔垂直的为垂直楔形掏槽（见图5-7c），槽腔水平的为水平楔形掏槽，可根据岩石层理等情况选用。炮孔孔底距离200～300mm，炮孔与工作面相交角度为60°左右。当断面较大、岩石较硬、炮孔较深时，还可采用复楔形（见图5-7d），内楔孔深较小，装药也较少，且掏槽孔先行起爆。

（3）单向掏槽 该法适用于中硬或具有明显层理、裂隙或松软夹层的岩层。根据自然弱面的赋存情况，可分别采用底部（见图5-7e）、侧部（见图5-7f）或顶部掏槽。底部掏槽中槽孔向上的称爬孔，向下的称插孔。顶、侧部掏槽一般向外倾斜，单向掏槽炮孔倾斜角度为50°～70°。

（4）平行龟裂掏槽 炮孔相互平行、与开挖面垂直并在同一平面内（见图5-7g），隔孔装药，同时起爆。利用空孔作为两相临装药孔的自由面和破碎岩石的膨胀空间，多数情况下，装药孔与空孔直径相同。孔距一般取（1～2）d（d为空孔直径）。该法适用于中硬以上、整体性较好的岩层及小断面隧道（或导坑）掘进。

（5）角柱式掏槽 该法是应用最为广泛的直孔掏槽方式，适用于中硬以上岩层。根据装药孔、空孔的数目及布置方式的不同，有各种各样的角柱形式，如单空孔三角柱形（见图5-7h）、中空四角柱形（见图5-7i）、双空孔菱形（见图5-7j）、六角柱形（见图5-7k）等。装药孔近旁至少应有一个空孔作自由面。

（6）螺旋式掏槽 所有装药孔都绕空孔呈螺旋线状布置（见图5-7l）。1、2、3、4号孔顺序起爆，逐步扩大槽腔。这种方式在实用中取得较好效果。其优点是炮孔较少而槽腔较大，后继起爆的装药孔易将碎石抛出。其缺点是需要的延期雷管的段数较多。空孔距各装药孔（1、2、3、4号孔）的距离可依次取（1～1.8）d、（2～3）d、（3～3.5）d、（4～4.5）d。遇到难爆岩石时，也可在1、2号和3、4号孔之间各加一个空孔。空孔比装药孔深30～40cm，且需采用大空孔。

（7）大孔掏槽 它由一个或多个不装药的大直径炮孔和围绕在它周围的小直径装药炮孔组成，小孔到大孔的抵抗线较小，爆破孔围绕着空孔呈矩形布置。

图5-8为国外广泛采用的一种角柱式大孔掏槽，称为四部掏槽。其特点是：中心空孔为$\phi75～\phi110$mm的大直径钻孔，装药孔（包括槽孔和辅助孔）采用多段延期雷管按图中所标数字顺序起爆。

（8）漏斗形掏槽（见图5-9） 这种掏槽的特点是没有空孔，利用垂直工作面的一个或多个相距较近的装药孔爆炸后形成爆破漏斗的原理来掏槽。与其他直孔掏槽相比较，这种掏槽法没有什么优点。但在反井掘进中，若不能保证装药孔与空孔的平行精度，从而使装药孔不可能向空孔方向爆破时，可以利用这种掏槽方式，只是掏槽深度不宜过大。

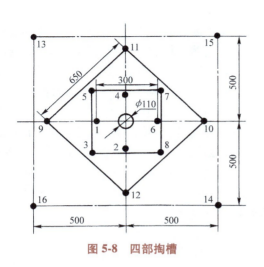

图 5-8　四部掏槽

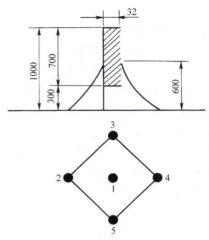

图 5-9　漏斗形掏槽

（9）分阶掏槽与分段掏槽（见图 5-10）　深孔柱状装药爆破时，岩石所受的夹制作用很大，当岩石条件一定时，其夹制作用强度随着炮孔深度的增大而加大，但不呈线性关系。对二阶掏槽爆破来说，一阶槽孔对槽腔内岩石的破坏起主要作用，二阶槽孔则主要用于克服底部岩石夹制作用和增强掏槽效果。对深孔柱状装药分段毫秒爆破时，由于上分段装药起爆后创造了新自由面，导致岩石夹制作用沿孔深方向上的重新分布，减少了下段岩石，特别是底部岩石的夹制作用，因此在同样炮孔深度、同等装药量条件下，分段起爆的破岩深度要大于单次起爆时的破岩深度，故其能提高破岩效果，减少了残孔长度。

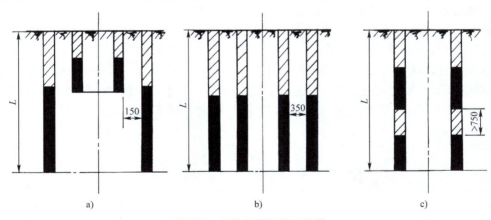

图 5-10　分阶掏槽与分段掏槽
a）二阶不同深掏槽　b）二阶同深掏槽　c）一阶筒式分段掏槽

5.3.2　直孔掏槽机理

目前，在隧道掘进爆破中深孔爆破主要采用直孔掏槽。它主要有角柱式空孔掏槽和漏斗式掏槽两种类型。二者的区别在于前者除掘进断面被作为爆破自由面外，还设有空炮孔作为辅助自由面。

直孔掏槽实际上是单自由面下具有一定排列规律和起爆时序的柱状装药的群孔爆破。它的特点是炮孔间距小，炸药单耗高，排渣困难。研究表明，槽腔的形成过程大体可分为两个阶段：第一阶段，爆炸冲击波对岩石进行粉碎性破碎，即破碎过程；第二阶段，爆炸气体产物在压力下膨胀，将已破碎的岩石抛掷出腔外，即排渣过程。为了从理论上对排渣过程进行分析，我们做如下基本假设：

① 爆炸应力波仅使槽腔内岩石变形破碎，但对其抛掷速度的影响很小，可忽略不计；②岩渣在抛掷运动过程中，不再发生二次破碎；③岩体破碎结束后，爆炸气体膨胀抛掷岩体，并迅速向已破碎岩体渗流；④掏槽炮孔堵塞良好；⑤腔壁平整，岩块与腔壁之间摩擦系数为 $\tan\phi$。

据此假设可以认为：槽腔内岩石开始向外抛掷运动时，爆破对岩石的破碎过程已经结束，可以将腔内的岩渣看成为松散体，它的运动规律可借助散体力学理论描述。

当掏槽孔装药爆炸后，槽腔内的岩石被过度破碎，此时爆炸气体产物迅速渗入已破碎的岩石中。考虑基本假设，并简化计算，进一步假设爆炸气体的渗流仅发生在装药段 l_c 内。槽腔内岩石碎块的排弃运动可分为两个区域进行描述，如图 5-11 所示。

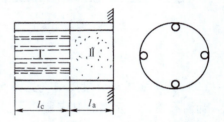

图 5-11　槽腔排弃运动分区

（1）爆炸气体产物渗流区（Ⅰ区）　Ⅰ区内含有高压气体和碎块（松散体）。岩石遭受粉碎性破坏，认为：在该区内高压气体均匀地渗流到松散体，松散体随着高压气体的体积膨胀向外运动。Ⅰ区内高压气体自身膨胀，带动该区内碎块向外运动，同时推动Ⅱ区的碎块向外抛射。

（2）爆炸气体产物未渗流区（Ⅱ区）　在爆炸气体产物未渗流区，仅含有岩石碎块（松散体）。统计理论证明，散体的运动满足流体力学运动方程和连续性方程。

槽腔内岩石碎块只能向一个方向运动，且岩块在膨胀压力作用下产生的体密度变化是微量，可以忽略不计（视岩块为刚体）。该区内岩块的抛射动力来自Ⅰ区的膨胀压力。

当碎块被抛出槽腔后，就不再受到爆炸气体膨胀压力的作用，因此它的运动规律为以碎块脱离槽腔瞬间的速度（也称为逃逸速度）为初速度，开始按照抛物体外弹道规律抛射。

直孔掏槽爆破中，掏槽孔的未装药长度 l_a 与装药长度 l_c 的比值 l_L 随爆破条件不同而异（见表 5-1）。

表 5-1　不同爆破条件下的 l_L

爆 破 条 件	$l_L = l_a/l_c$	爆 破 条 件	$l_L = l_a/l_c$
浅孔（<1.8m）爆破	<1.7	深孔（2.5~5m）爆破	2.0~2.5
中深孔（1.8~2.5m）爆破	1.7~2.0	超深孔（>5m）一次成井	>2.5

随 l_L 值不同，排渣过程也略有不同。当 $l_L>1/2$ 时，即装药段长度很大情况下（尤其是超深孔一次成井），排渣运动主要发生在爆炸气体渗流区（Ⅰ区），与Ⅰ区相比，Ⅱ区的长度较小，因此对Ⅰ区的影响也较小。Ⅱ区的岩块运动可进一步简化处理。当 $l_L>2$ 时，由于装药段长度较小（尤其是浅孔爆破），Ⅱ区的岩块运动规律对Ⅰ区排渣影响较大，此时Ⅱ区的岩块运动不能简化。

5.3.3 掏槽孔装药量计算

（1）斜孔掏槽的装药量计算 每个掏槽孔装药量 $Q(\text{kg})$ 与炮孔的抵抗线 $W(\text{m})$、间距 $a(\text{m})$、掘进深度 $H(\text{m})$ 成正比，即

$$Q = qWaH \qquad (5\text{-}1)$$

式中 q——掏槽爆破岩石单位体积炸药消耗量（kg/m^3）。

根据围岩的不同情况，q 的取值：Ⅰ类为 $2.0 \sim 2.5\text{kg/m}^3$；Ⅱ类为 $1.8 \sim 2.2\text{kg/m}^3$；Ⅲ~Ⅳ类为 $1.5 \sim 1.75\text{kg/m}^3$；Ⅴ~Ⅵ类为 $1.0 \sim 1.5\text{kg/m}^3$。这里的 q 值以 2 号岩石炸药为标准，采用其他炸药时，应进行当量换算。

（2）平行直孔掏槽装药量的计算 兰格弗尔斯认为，平行直孔掏槽炮孔朝向一个空孔时，其线装药密度 $q_l(\text{kg/m})$，取决于空孔直径 $d_1(\text{m})$ 和装药炮孔距空孔的距离 $a_1(\text{m})$，有如下的经验公式，即

$$q_l = 1.5 \times 10^{-3}(a_1/d_1)^{3/2}(a_1 - d_1/2) \qquad (5\text{-}2)$$

计算 q_l 值是以 35%狄纳米特（dynamite）炸药为准，围岩为坚硬的花岗岩。

根据隧道爆破的经验，平行直孔掏槽炮孔的线装药密度，与装药炮孔距空孔的净距离成正比，提出如下简化公式

$$q_l = q_a(a_1 - d_1/2) \qquad (5\text{-}3)$$

式中 q_l——平行直孔掏槽炮孔线装药密度（kg/m）；

a_1——装药炮孔与空孔的中心距（m）；

d_1——空孔直径（m）；

q_a——平行直孔掏槽单位面积岩石破裂装药系数（kg/m^2）。

围岩为Ⅰ类时，$q_a = 6.5 \sim 7.5\text{kg/m}^2$；Ⅱ类，$q_a = 6.0 \sim 6.5\text{kg/m}^2$；Ⅲ~Ⅳ类，$q_a = 5.5 \sim 6.0\text{kg/m}^2$；Ⅴ~Ⅵ类，$q_a = 4.5 \sim 5.0\text{kg/m}^2$。

（3）按装药系数确定直孔掏槽的炮孔装药量 每个炮孔的装药量 Q 也可按下式计算

$$Q = \eta L q_l \qquad (5\text{-}4)$$

式中 L——炮孔深度（m）；

η——炮孔装药系数，见表 5-2；

q_l——直孔掏槽炮孔线装药密度（kg/m），见表 5-3。

表 5-2 炮孔装药系数 η

炮 孔 名 称	岩石坚固性系数 f					
	10~20	10	8	5~6	3~4	1~2
掏槽孔	0.80	0.70	0.65	0.60	0.55	0.50
辅助孔	0.70	0.60	0.55	0.50	0.45	0.40
周边孔	0.75	0.65	0.60	0.55	0.45	0.40

表 5-3 2 号岩石线装药密度 q_l

装药直径/mm	32	35	38	40	45	50
$q_l/(\text{kg/m})$	0.78	0.96	1.10	1.25	1.59	1.90

（4）直孔掏槽的炮孔装药长度　若认为隧道掏槽爆破是单自由面下的漏斗爆破，则集中装药单自由面下爆破的炸药用量常按鲍氏公式计算

$$Q = q_K W^3 (0.4 + 0.6n^3) \tag{5-5}$$

式中　Q——集中装药药量（kg）；

$\quad\quad q_K$——掏槽孔炸药单耗（kg/m^3），对砂岩 $q_K = 0.45 \sim 0.55$kg/m^3；

$\quad\quad n$——爆破作用指数；

$\quad\quad W$——集中装药抵抗线（m）。

一般认为，柱状装药长度在大于 4 倍装药直径（耦合装药时为孔径）时，就不能按集中装药计算。按此概念，将柱状装药上端部装药长度取为 4 倍药包直径 d_c 的药量视为等效集中装药，其余为柱形装药，且爆破漏斗的形成主要取决于等效集中药包的强度，柱形装药决定各炮孔间的相互关系。

按此假设（见图 5-12），等效集中装药长度为

$$l_d = 4d_c \tag{5-6}$$

式中　l_d——等效集中装药长度（m）；

$\quad\quad d_c$——装药直径（m）。

设炮孔深度为 L，装药长度为 l_c，装药密度为 ρ_0，则等效集中装药抵抗线为

$$W_d = L - l_c + 2d_c \tag{5-7}$$

等效集中装药药量 Q_d 为

$$Q_d = \frac{\pi}{4} d_c^2 l_d \rho_0 = \pi d_c^3 \rho_0 \tag{5-8}$$

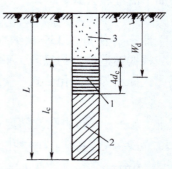

图 5-12　炮孔装药结构
1—等效集中装药
2—柱形装药　3—炮泥

为形成相同的爆破漏斗，Q_d 应与最小抵抗线为 W_d 的集中药包药量相同，即

$$Q_d = q_K W_d^3 (0.4 + 0.6n^3)$$

所以

$$\pi d_c^3 \rho_0 = q_K W_d^3 (0.4 + 0.6n^3)$$

$$W_d = d_c \sqrt[3]{\frac{\pi \rho_0}{q_K(0.4 + 0.6n^3)}} \tag{5-9}$$

比较式（5-7）、式（5-9），有

$$d_c \sqrt[3]{\frac{\pi \rho_0}{q_K(0.4 + 0.6n^3)}} = L - l_c + 2d_c$$

故

$$l_c = L + 2d_c - d_c \sqrt[3]{\frac{\pi \rho_0}{q_K(0.4 + 0.6n^3)}}$$

$$= L + d_c \left[2 - \sqrt[3]{\frac{\pi \rho_0}{q_K(0.4 + 0.6n^3)}} \right] \tag{5-10}$$

最后，合理炮孔深度应根据所用机具性能、炸药做功能力及正规循环作业情况确定。

5.3.4　掏槽孔间距确定

（1）直孔掏槽炮孔间距　柱形装药的装药深度超过了其临界抵抗线，只能产生内部爆炸作用。因此在掏槽设计时，主要以柱形装药内部爆炸作用在介质中产生的破碎区大小为依据确定孔距。

破碎区内岩石处于各向压缩状态，其内应力超过了岩石强度而破碎，破碎区半径可按下列方法计算。

作用在炮孔壁上的压力 p_2 为

$$p_2 = 2p_H \left[1 + \frac{\rho_0 D}{\rho_{r0} c_p} \right]^{-1}$$

式中　D、ρ_0——炸药爆速（m/s）、装药密度（kg/m³）；

　　　ρ_{r0}、c_p——岩石密度（kg/m³）、声速（m/s）；

　　　p_H——炸药爆轰压力（Pa），$p_H = \rho_0 D^2 / 4$。

应力随远离装药中心衰减规律为

$$p = p_2 / \bar{r}^{\alpha}$$

式中　p——距装药中心 r 处的应力波压力；

　　　$\bar{r}$——比例距离，$\bar{r} = r/r_b = 2r/d_b$，r 为距装药中心的距离，r_b、d_b 为装药半径和直径；

　　　α——衰减指数，$\alpha = 2 - \mu/(1-\mu)$，μ 为岩石泊松比。

当 p 大于岩石的抗压强度 σ_c 时，岩石破碎。由此可计算出破碎 r_p 值，从而确定孔距 a，则孔距近似为

$$a = 2r_p = d_b \left(p_2 / \sigma_c \right)^{\frac{1}{\alpha}} \tag{5-11}$$

考虑到炮孔间的相互作用，孔距 a 可比计算值适当放大 30% 左右。

一般地，岩石情况不同，装药孔与空孔之间的距离可按如下取值，装药炮孔直径与空孔直径均为 35~40mm 时，装药炮孔距空孔为：软的石灰岩、砂岩等，150~170mm；硬的石灰岩、砂岩等，125~150mm；软的花岗岩、火成岩，110~140mm；硬的花岗岩、火成岩，80~110mm；硬的石灰岩等，90~120mm。

（2）斜孔掏槽炮孔间距　目前还没有较好的理论计算公式，大多依照经验参数取值，参见表 5-4、表 5-5。

表 5-4　锥形掏槽孔参数

岩石坚固性系数 f	炮孔倾角（°）	相邻炮孔间距/m	
		孔口间距	孔底间距
2~6	75~70	1.00~0.90	0.40
6~8	70~68	0.90~0.85	0.30
8~10	68~85	0.85~0.80	0.20
10~13	65~63	0.80~0.70	0.20
13~16	63~60	0.70~0.60	0.15
16~18	60~58	0.60~0.50	0.10
18~20	58~55	0.50~0.40	0.10

表5-5　楔形掏槽的主要参数

岩石坚固性系数 f	炮孔与工作面夹角（°）	两排炮孔孔口距离/m	炮 孔 数 目
2~6	75~70	0.6~0.5	4
6~8	70~65	0.5~0.4	4~6
8~10	65~63	0.4~0.35	6
10~12	63~60	0.35~0.30	6
12~16	60~58	0.30~0.20	6
16~20	58~55	0.20	6~8

5.4　崩落孔爆破与周边孔爆破

5.4.1　崩落孔爆破

掏槽爆破后，由于槽腔的存在，崩落孔爆破就存在两个自由面，类似露天台阶爆破情况，因此崩落孔爆破参数的选取与台阶爆破相同，其最小抵抗线可按以下方法计算或按表5-6确定。

表5-6　崩落孔的最小抵抗线 W　　　　　　　　（单位：m）

岩石坚固性系数 f	炸药做功能力/mm		
	300~345	350~395	≥400
1~1.5	0.88~0.96	1.0~1.10	1.15~1.20
1.6~2	0.82~0.90	0.92~0.96	1.0~1.10
3~4	0.72~0.80	0.82~0.90	0.92~1.0
5~6	0.66~0.70	0.72~0.80	0.82~0.90
7~8	0.60~0.65	0.66~0.70	0.72~0.80
9~11	0.52~0.58	0.60~0.64	0.66~0.70
12~14	0.45~0.50	0.52~0.50	0.60~0.64
15~18	0.42~0.44	0.45~0.50	0.52~0.60

注：1. 表内数值适用于直径为36~37mm 的药卷。

　　2. 药卷直径为31~32mm 时，表中数值除1.1。

　　3. 药卷直径为44~45mm 时，表中数值乘1.2。

1）根据单孔的装药量原理确定。当平行布孔时，最小抵抗线值按下式计算

$$W = \frac{d_b}{100} \sqrt{\frac{0.785\rho_0 l_c}{mq}} \tag{5-12}$$

式中　d_b——炮孔直径（m）；

　　　q——单位体积炸药消耗量（kg/m³）；

　　　l_c——炮孔装药系数，$l_c = 0.7~0.8$；

　　　m——炮孔密集系数，对于平行孔 $m = 0.8~1.1$ 或更大。

当密扇形布孔时，最小抵抗线值也按此式计算，但炮孔密集系数 m 应取平均值，$m = 1~1.25$，l_k 值可取 0.65~0.85，深孔越长则装药系数越大。

2）根据最小抵抗线和孔径的比值选取。坚硬的矿石为 $W = (25~30)d_b$；中等坚硬的矿石为 $W = (30~35)d_b$；松软的矿石为 $W = (35~40)d_b$。

3）经验公式

$$W = \rho_0 g d_c / (2\sqrt{3} f_k)，\text{且 } W \leqslant 3L/5$$

式中　ρ_0——装药密度（kg/m³）；

　　　d_c——装药直径（m）；

　　　g——炸药相对做功能力，水胶炸药 $g = 110$；

　　　L——炮孔深度（m）；

　　　f_k——岩石抗爆性系数，砂岩 $f_k = 1.2 \sim 1.3$，与普氏系数关系为 $f_k = 1 + f/15$。

崩落爆破炮孔间距取为 $a_b = (0.8 \sim 1.3)W$。

崩落孔装药量 $Q_b = qa_b WL$，q 为单位体积炸药消耗量（kg/m³）。

5.4.2　周边爆破

隧道爆破开挖，不但要做到开挖轮廓平整、光滑，而且要尽可能降低爆破对围岩的破坏，以保证围岩的原有强度和稳定性。因此，隧道周边爆破必须按光面爆破进行设计和施工。近年来，定向断裂爆破技术在工程中的应用已经显示出了其在保护围岩、减少周边炮孔数和降低爆破材料消耗等方面具有明显优越性，在松散、裂隙发育岩层中尤其明显，因此应该成为隧道周边爆破优先采用的方法。需要指出，隧道爆破不宜采用预裂爆破。

隧道光面爆破的参数设计可以采用理论计算确定，也可以根据经验或参照工程类比确定。具体的隧道光面爆破参数设计与施工方法和有关要求详见第 4 章。

5.5　掘进工作面爆破参数设计

1. 单位体积炸药消耗量

爆破 1m³ 原岩所需的炸药量叫单位体积炸药消耗量（也称"炸药单耗"或"单位耗药量"），它与炸药性质、岩石性质、断面大小、自由面多少、炮孔直径与深度等有关。其数值大小直接影响着岩石块度、飞散距离、炮孔利用率、对围岩的扰动，以及对施工机具、支护结构的损坏等，故合理确定炸药用量十分重要。

单位体积炸药消耗量 q 可根据经验公式计算或者根据经验选取，也可根据炸药消耗定额确定。经验公式有多种，此处仅介绍形式较简单的公式。

1）普氏公式

$$q = 1.1K\sqrt{f/S} \tag{5-13}$$

式中　f——岩石坚固性系数；

　　　S——隧道掘进断面面积（m²）；

　　　K——考虑炸药做功能力的修正系数，$K = 525/e$，e 为所选用炸药的做功能力（mL）。

若根据炸药消耗定额确定时，见表 5-7、表 5-8。

表 5-7　隧道爆破单位体积炸药消耗量 q（以 2 号岩石炸药为准）　　　　　（单位：kg/m³）

断面面积 S/m^2	Ⅱ~Ⅲ类围岩软岩	Ⅲ~Ⅳ类围岩次坚石	Ⅴ类围岩硬岩	Ⅵ类围岩硬岩
4~6	1.50	1.75	2.20	2.50
6.1~10	1.32	1.60	1.90	2.30
10.1~16	1.15	1.35	1.60	1.90
16.1~20	1.00	1.25	1.45	1.75
20.1~25	0.90	1.10	1.30	1.60
>25	0.90	1.05	1.25	1.45

（续）

断面面积 S/m^2	II～III类围岩软岩	III～IV类围岩次坚石	V类围岩硬岩	VI类围岩硬岩
扩大炮孔	0.60	0.70	0.85	1.10
周边炮孔	0.55	0.65	0.75	0.90
底板炮孔	1.00	1.10	1.20	1.40

注：表列 q 值系炮孔深度为 1.2～3.0m 者。炮孔深度<1.2m 者，适当增加 5%～10%；炮孔深度>3.0m 者，适当增加 10%～15%。

表 5-8　采用光面爆破掘进时单位体积炸药消耗量

巷道掘进断面 /m²	岩石坚固性系数 f	单位体积炸药消耗量/（kg/m³）	掘进掏槽方法	循环进尺 /m
6.85	6～8（砂岩）	1.88	五星空孔（山东）	1.5
7.22	4	2.22	楔形（开滦）	1.0
9.6	4～6（砂页岩）	1.92	五星空孔（开滦）	2.5
11.8	6～8	1.6	混合（大同）	1.8
12.4	4～6	1.24	楔形（徐州）	1.5
27.2	花岗岩	1.25	五星空孔（山东）	2.5
36.7	4	0.92	楔形（兖州）	1.8

2）经验公式

$$q=\frac{kf^{0.75}}{\sqrt[3]{S_x}\sqrt{d_x}}e_x \tag{5-14}$$

式中　k——常数，对平巷或隧道可取 0.25～0.35；

S_x——断面影响系数 $S_x=S/5$，S 为巷道（隧道）掘进断面积（m^2）；

d_x——药径影响系数，$d_x=d_c/32$，d_c 为药径（mm）；

e_x——炸药做功能力影响系数，$e_x=320/e$，e 为炸药做功能力（mL）。

单位体积炸药消耗量确定后，根据隧道断面尺寸、炮孔深度及炮孔利用率可求出每循环所使用的总炸药消耗量，然后按炮孔的类别及数目加以分配（按卷数或质量计）。掏槽孔因只有一个自由面，药量可多些；周边孔中底部孔装药量最多，帮孔次之，顶孔最少。扩大开挖时，由于有 2～3 个自由面，炸药用量应相应减少，2 个自由面时减少 40%，3 个自由面时可减少 60%。

2. 炮孔数目

炮孔数目主要与挖掘的隧道断面尺寸、岩石性质、炸药性能、自由面数目等有关。目前尚无统一的计算方法，常用以下几种方法估算。

根据掘进断面面积 S 和岩石坚固系数 f 估算

$$N=3.3\sqrt[3]{fS^2} \tag{5-15}$$

根据每循环所需炸药量与每个炮孔的装药量计算

$$N=\frac{qS\eta l_{ex}}{\bar{l}_L m_{ex}} \tag{5-16}$$

式中　N——炮孔数目；

q——单位体积炸药消耗量（kg/m³）；

η——炮孔利用率；

l_{ex}——每个药卷的长度（m）；

$\bar{l}_L$——炮孔的平均装药系数，取 $0.4\sim0.7$；

m_{ex}——每个药卷的质量（kg）。

根据炮孔的平均每米装药量 q 计算

$$N = qS/q_0 \tag{5-17}$$

式中符号意义同前。其中 q_0 与炸药的种类有关，硝铵炸药为 $0.5\sim0.7$；62%硝化甘油炸药为 $0.95\sim1.20$；安全硝铵炸药为 $0.5\sim0.8$。

此外，可按炮孔参数布置确定炮孔数量，即按掏槽孔、崩落孔、周边孔的具体参数布置，然后将各类炮孔数相加求得炮孔数量。扩大开挖时，最小抵抗线 W 一般为孔深的 $2/3$，圈距与 W 相同，孔距为 $1.5W$，由此可初步确定炮孔数量，然后根据实际爆破效果加以调整。

3. 炮孔深度

炮孔深度指炮孔孔口至炮孔孔底自由面的竖直距离。炮孔深度受掘进速度、采用的钻孔设备、循环方式、断面大小等影响。循环组织方式有浅孔多循环和深孔少循环两种。深孔钻孔时间长，进尺大，总的循环次数少，相应的辅助时间可减少。但钻孔阻力大，钻速受影响。我国常用的孔深为 $1.5\sim2.5\text{m}$。

确定炮孔深度的方法有多种。一般取掘进断面高（或宽）的 $0.5\sim0.8$ 倍；围岩坚硬及断面小时，对爆破夹制力大，系数取小值。也可根据所使用的钻孔设备确定，采用手持式或气腿式凿岩机时，炮孔深度一般为 $1.5\sim2.5\text{m}$；使用中小型台车或其他重型钻机时，孔深一般为 $2.0\sim3.0\text{m}$；使用大型门架式凿岩台车时，孔深可达 5m。另外，炮孔深度 L 还可按月（或日）进度计划确定，如下式

$$L = \frac{L_m}{MN\eta\eta_1} \tag{5-18}$$

式中　L_m——月或日计划进尺（m）；

　　　M——每月用于掘进作业的天数，按日进度计算式，$M=1$；

　　　N——每日完成的掘进循环数；

　　　η——炮孔利用率，$0.85\sim0.9$；

　　　η_1——正规循环率，$0.85\sim0.9$，按日进度计划式，$\eta_1=1$。

以能够获得最高的掘进速度和最低的工时消耗为标准确定炮孔深度。从当前条件和技术来看，其主要影响因素是钻孔机具和钻孔工艺。

（1）以每米工时的消耗分析　实验表明，当炮孔深度变化时，纯钻爆、纯装岩和纯支护的单位耗时量基本不变，但各种转换工序和辅助工作的单位耗时量随孔深增大而减少，原因是减少了工作面钻具转移时间及放炮、通风、检查时间。

（2）以钻孔速度变化分析　钻孔速度对钻爆法掘进速度向来是一个重要参数，主要表现在钻速随钻孔深度变化的规律上。通过观测，在中硬岩石中使用 7655 型气腿式风钻打一个 2.5m 深的炮孔需 $5\sim7\text{min}$，如果孔深 3m，钻速明显下降。

在理论计算上，合理的循环进尺必须使主要工序和辅助工序所需要的时间为最小。根据

研究和试验，认为具体确定最佳炮孔深度的科学方法还应该按照实际情况，以技术工艺、机械设备和组织管理等都能发挥最大能力，钻孔、爆破、装岩、支护和其他转换、辅助工作的效率尽可能提高，消耗于每米巷道的各工序耗时量都减少为原则，进行综合分析和计算。在此情况下，炮孔深度的计算式为

$$L = \frac{2}{a_v + \sqrt{\dfrac{2a_v N_1 (H v_0 \tau / e)}{\eta K_2 K_3 T_3 v_0}}} \tag{5-19}$$

式中 a_v——钻速降低速率，实测 $a_v = 0.12 \sim 0.08$；

N_1——每台钻机平均钻孔个数；

v_0——初始纯钻速（mm/min），$v_0 = 0.3 \sim 0.5 \text{mm/min}$；

τ——每转换一次钎子需花费的时间（min），$\tau = 5 \sim 1 \text{min}$；

e——每转换一次钎子，钎杆递增长度（m），$e = 1.5 \sim 2.5 \text{m}$；

K_2——相互干扰影响系数，$K_2 = 0.7 \sim 0.95$；

K_3——不同步影响系数，$K_3 = 0.6 \sim 0.9$；

T_3——每循环辅助工作等消耗的总时间（min），$T_3 = 12 \sim 40 \text{min}$。

4. 炮孔直径

炮孔直径对钻孔效率、炸药消耗、岩石破碎块度等均有影响。合理的孔径应实现相同条件下，掘进速度快、爆破质量好、费用低。采用不耦合装药时，孔径一般比药卷大 5~7mm。目前，国内药卷直径有 32mm、35mm、45mm 等几种，其中 32mm 和 35mm 使用较多，故炮眼直径多为 38~42mm。

一般来讲，炮孔直径主要是根据装药直径来确定的（光面爆破除外），而装药直径的选择需考虑以下几个方面因素：

（1）对装药爆轰性能的影响 装药直径不能小于炸药的临界直径。对工业用混合炸药来说，在临界直径和极限直径范围内增大装药直径，可以提高炸药的爆速、爆轰压、殉爆和爆轰的稳定性。

（2）对应力波参数的影响 增大装药直径可以增大应力波峰值（因应力波峰值与爆速有关），应力波作用时间及其冲量。

（3）对爆破参数和爆破效果的影响 增大装药直径，可以增大装药的最小抵抗，减小炮眼数目，降低单位体积炸药消耗量，提高炮孔利用率和改善岩石破碎块度，但相应地增加了破碎岩石的功能、抛掷距离和爆堆范围。

需要指出的是，装药直径与岩石破碎块度之间具有非常复杂的关系。从装药直径对爆炸应力波参数的影响来看，增大装药直径可以减小岩石的破碎块度，但同时增加了块度的不均匀性，容易产生大块。此外，增大装药直径相应地可以增加炮孔间距，但这更增强了岩体内冲量、应力分布及岩石爆破块度的不均匀性。这些影响与岩石性质有关，坚固性小的岩石比坚固性大的岩石表现得更为突出。

（4）对钻孔爆破技术经济指标的影响 改变装药直径会直接或间接地影响掘进循环各工序的工时和劳动生产率，从而影响到掘进速度和成本。其中受影响最大的工序是钻孔、装药和装岩。

1）钻孔。每米隧道的钻孔工时（以人·min/m 为单位）取决于炮孔数目和钻孔速度。

增大装药直径，虽然能够减少炮孔数目，但降低了钻孔速度。一般说来，在坚固性较小的岩石中，钻孔速度的下降不甚明显，故增大装药直径可以减小钻孔工时，但在坚固性较大的岩石中，装药直径增大到一定程度后，钻孔速度急剧下降，炮孔数目却减少得不多，结果将导致钻孔工时的增加。

2）装药。每米隧道的装药工时主要决定于炮孔数目。在一定范围内增大装药直径，可以减少炮孔数目和装药工时。该范围与岩石性质和隧道断面大小有关。

3）装岩。每米隧道的装岩工时与岩石破碎块度和爆堆形状有关，因而也同装药直径有关。一般来说，在一定范围内增大装药直径，可以提高装岩机的生产率，减少装岩工时，但超过该范围，其结果相反。

分析看出，在具体条件下，存在一最佳装药直径，使掘进隧道所需钻孔爆破和装岩的总工时为最小。

5. 隧道工作面炮孔布置

（1）对炮孔布置的要求　除合理确定炮孔爆破参数外，还需合理布置工作面炮孔。合理的炮孔布置应能保证：

1）有较高的炮孔利用率。

2）先爆炸的炮孔不会破坏后爆炸的炮孔，或影响其内装药爆轰的稳定性。

3）爆破块度均匀，大小符合装岩要求，大块率小。

4）爆堆集中，爆堆高度和宽度符合要求，飞石距离小，不会损坏支架或其他设备。

5）爆破后断面和轮廓符合设计要求：不会发生欠挖或过量超挖；壁面平整且能保持隧道围岩本身的强度和稳定性。

6）便于打孔，并尽可能减少钻孔机械和设备的移动时间。

（2）炮孔布置的方法和原则

1）**周边孔按光面爆破参数布置（除特殊情况外，不包括底孔）。** 原则上，周边孔应布置在设计轮廓线上，但为便于打孔，通常向外（或向上）偏斜一定角度。偏斜角又称外甩角，其大小根据炮孔深度来调整（一般为 $3° \sim 5°$）。在坚硬岩石中，孔底应超出设计轮廓线 100mm 左右，软岩中应在设计轮廓线内 $100 \sim 200$mm。采用普通光面爆破时，周边孔深度不应大于崩落孔深度，全断面炮孔数目较普通爆破增加 $15\% \sim 20\%$，炮孔填泥长度至少为 0.2m。

2）**选择适当的掏槽方式和掏槽位置。** 掏槽位置会影响岩石的抛掷距离和破碎块度，也会影响炮孔的数目，通常将掏槽孔布置在断面中央偏下。直孔掏槽面积（包括辅助掏槽孔）占巷道总断面 $5\% \sim 10\%$，楔形掏槽面积占巷道总断面 $10\% \sim 20\%$。掏槽孔应比其他炮孔深 $10\% \sim 25\%$ 或 200mm 左右，装药系数也应比其他炮孔大。

3）**布置好周边孔、掏槽孔后，布置崩落孔。** 崩落孔以槽洞为中心层层布置，圈距一般为 $650 \sim 800$mm，孔距和最小抵抗线之比（装药密集系数）一般为 $0.8 \sim 1.0$。

4）**底孔孔口应高出底板水平 150mm 左右；** 孔深宜与掏槽孔相同，孔距和抵抗线与崩落孔相同。

为避免欠挖、消除底坎，应适当减小底孔的间距（减小值根据岩石情况而定），一般为 $0.5 \sim 0.6$m，并使钻孔方向朝底板下方有一定的倾斜角度。在软岩中倾角可小些，在硬岩中倾角要大些，使炮孔根部低于地板标高 $100 \sim 150$mm 为宜。此外，底孔较其他周边孔要增加装药量，减少堵塞长度。

6. 装药结构与填塞

装药结构指炸药在炮孔内的装填情况，主要有耦合装药、不耦合装药、连续装药、间隔装药、正向起爆装药及反向起爆装药等。

不耦合装药时，药卷直径要比炮孔直径小，目前多采用此种装药方式。间隔装药时药卷之间用炮泥或空气柱隔开。这种装药爆破振动小，故较适用于光面爆破等抵抗线较小的控制爆破及炮孔穿过软硬相间岩层时的爆破。反向装药由于爆破作用时间长，破碎效果好，故优于正向装药。

在炮孔孔口一段应填塞炮泥。炮泥通常用黏土或黏土加砂混合制作，也可用装有水的聚乙烯塑料袋作为充填材料。填塞长度约为炮孔长度的1/3，当孔长小于1.2m时，填塞长度需达到炮孔长度的1/2左右。

7. 钻孔施工要点

根据统计，用浅孔钻爆法施工时，在中硬岩石中的钻孔时间约占掘进循环时间的1/3，这是一个冗长而繁重的大工序。在快速光面爆破施工中，由于周边孔数量有所增加，钻孔位置、方向和深度又要求比较严格，如果仍按旧的打孔经验不仅难于达到光爆的效果，钻孔时间还可能要增长。因此，必须提高快速光面爆破的钻孔技术，精心设计研制新型的钻孔机具。施工中，必须认真操作，以达到以下四个要求：

（1）快　除加快纯钻孔速度外，还应快速定位，快速开钻打孔，快速换钎接杆，快速拔钎移钻等。

（2）准　要严格按设计优选的参数施工，特别是平行掏槽孔和周边光面孔，尽量减小钻孔误差；孔口偏位一般不能大于孔径的一倍，孔底偏位一般不能大于孔径的两倍。因此，钻孔越深，精度要求越高，这已成为超深孔光面爆破的最大难关。

（3）直　钻孔轴线要尽量成一直线，避免弯曲，否则，钻孔易卡钎，装药易堵塞，爆破易失败。

（4）齐　在循环爆破中，为减少本循环清渣工作量，便于下循环布孔开钻，应尽量使爆破出来的工作面比较整齐。为此，在全断面一次光面爆破施工中，除掏槽孔稍需加深一些外，辅助孔和周边孔的孔底落点应尽量平齐、同深，并加大底部装药做功能力，以使爆破后的平巷或隧道工作面能成为一个平齐的垂直面，立井爆破工作面能形成一个中心略凹的锅底形工作面为佳。

为达到上述要求，根据国内外经验和试验体会，隧道快速光面爆破的钻孔技术应做如下改进：

1）在炮孔布置上应推广采用平行孔（平行于隧道中心线）爆破。垂直工作面钻平行孔有很多优点：容易布孔画线，容易开孔钻进，容易掌握孔向，可减少钻孔长度，便于多台钻机同时作业，利于高度机械化钻孔，可减少爆破飞石距离和数量，可增大钻孔爆破深度，可改善光面质量、破碎块度等。

2）在钻孔工艺上推广"三严三快"的先进经验。"三严"是：严格认真的工作态度；严格按照钻孔布置图画线开钻，布孔较密的平行掏槽孔有必要实行样板钻孔；严格控制钻孔方向。"三快"是：快速用短钎子定位开钻；快速换钎或接钎；快速退钻拔钎。冲洗岩屑的水压要足够大，流出的冲洗水应保持较大的流速，不能使岩屑在孔内沉积。

3）钻孔机具上应大力研制推广高效率、低噪声钻机、专用钻孔台车或钻装机、新型钎头或钻头，以及优质合金钢钎杆或钻杆等。应特别注意研究钻孔破岩机理和新型的钻孔破岩方法，应根据不同的岩石和孔深采用不同的钻孔机具。目前通用的轻型气腿式凿岩机只能较好地适用于中硬以上岩石中钻凿浅孔和中深孔，钻深孔则需要采用中型以上的钻机、钻孔台车或专用钻架、钻装机等。在中硬以下的松软岩石中不论钻浅孔或深孔，都应采用旋转的削式钻孔法及钻孔机具。为在中硬以上岩石中提高钻速，欧美等国早在20世纪60年代就开始大力研究发展独立回转式的风动凿岩机和液压凿岩机。我国近几年来也设计研制了YGZ-70、YGZ-90、YGZ-120、YZ-25型四种独立回转式风动凿岩机和YYG-80等型号的液压凿岩机，其冲击功和转矩都较大，钻速可调，能钻大直径深孔，又不易卡钎子。在相同的条件下，其钻速可比手持式风动凿岩机提高1~4倍，特别是液压钻机更显优越，冲频高，噪声低，是今后钻机的主要发展方向。

对安装架设、操纵各种中型和重型的导轨式凿岩机钻凿中深孔和超深孔，国外近十几年来发展了很多种隧道凿岩台车或钻装机。我国近几年来也设计研制了十几种凿岩台车或钻装机，在某些隧道掘进和地下工程中，还研制或引进了几种汽车式的凿岩梯架和大型动臂式凿岩车。

从技术上来看，目前国内已经设计研制和试验过的一些凿岩台车主要有以下缺点：液压原件及其装配加工质量欠佳，装配的凿岩机效率低而且台数太少，大部分行走方式都为轨轮式，需要占用轨道，与装岩运输互相干扰。因此即使这样的凿岩台车机构设计得很好，仍敌不过能同时使用较多台数、机动灵活、价廉易造的气腿式凿岩机，且不能满足独头长隧道快速施工的要求。克服这些缺点的技术方向主要有两个方向：一是向钻装联合机的方向发展，既能解决频繁调遣争道的矛盾，又可装配较多的中小型凿岩机，快速钻浅孔，进行简易光面爆破，或装配大中型高效凿岩机，钻深孔，实行深孔光面爆破；二是向重型专用钻深孔台车的方向发展，采用轮胎式或履带式行走机构，解决前后调遣与装岩运争道的矛盾，采用多台、重型、高效率钻机深孔，进行深孔光面爆破，以加快钻爆速度。前一种适用于较软岩石，隧道断面较小的情况。后一种适用于岩石较坚硬、隧道断面较大的情况。

8. 毫秒延迟时间

最佳起爆时差应以能够获得最佳爆破效果和最少的有害作用为准则。提高爆破能量的有效利用率和降低有害的爆破作用是相辅相成的。最佳的起爆时差就是从时间上控制群孔和群药包爆炸力学效应，使之朝有利发展，并抑制有害作用的重要因素。

根据多年来的试验观察和理论分析，在掏槽孔与崩落孔、崩落孔与周边孔之间的起爆间隔时间必须加大，崩落孔要在掏槽孔爆破后，把岩块抛离原位，开始形成槽腔自由面后才能起爆。周边孔则要在相邻内圈崩落孔爆破后，把大部分石块抛离原位，已经充分形成平行自由面后起爆，才能取得较好的光面效果。根据国外用高速摄影机对硝铵类炸药在页岩、砂岩、煤层中的爆破过程进行摄影记录的结果，从炮孔中药包起爆到岩石开始移动——形成裂缝、破成碎块的时间，在一个自由面条件下为4.3~58.0ms，有两个自由面时为0.4~7.0ms；由岩石开始移动到巷道或隧道开始出现岩块的时间为4~21.6ms；两者相加则为8.3~79.6ms。据此认为，各类炮孔间的起爆间隔时间以50~100ms为宜。如果深孔掏槽为二阶至三阶的复式掏槽，各类掏槽孔的起爆间隔时间也应加大到50ms为宜，但是内圈崩落孔与外圈崩落孔之间的起爆间隔时间无须加大，仍按一般毫秒爆破间隔25ms左右为宜。

隧道、立井各种爆破方案中的各类炮孔间的合理起爆时差见表5-9。

表5-9 各类炮孔间的合理起爆时差

炮孔深度/m	炮孔种类与爆破段高/m	具体计算公式	起爆时差/ms
浅孔与中深孔 $l_1 = 1.2 \sim 2.5$	掏槽孔与掏槽孔间 $l_T = l_1$	$t_n = \dfrac{l_2}{D} + \dfrac{\eta l_1}{\overline{V}_2 \cos \dfrac{\alpha}{2}} + \dfrac{l_1}{\overline{V}_3}$	$75 \sim 150$
	掏槽孔与崩落孔间 $l_T = l_1$		$75 \sim 150$
	崩落孔与崩落孔间 $l_T = l_1$	$t_n = \dfrac{l_2}{D} + \dfrac{W}{\overline{V}_2 \cos \dfrac{\alpha}{2}} + \dfrac{10}{\overline{V}_3}$	$3 \sim 10$
	崩落孔与周边孔间 $l_T = l_1$	$t_n = \dfrac{l_2}{D} + \dfrac{W}{\overline{V}_2} + \dfrac{W}{\overline{V}_3}$	$50 \sim 70$
深孔与超深孔 $l_1 = 2.5 \sim 6.0$	掏槽孔与掏槽孔间 $l_T = 2 \sim 4$	$t_n = \dfrac{l_T}{D} + \dfrac{\eta l_T}{\overline{V}_2 \cos \dfrac{\alpha}{2}} + \dfrac{l_T}{\overline{V}_3}$	$103 \sim 296$
	掏槽孔与崩落孔间 $l_T = 2 \sim 4$	$t_n = \dfrac{l_T}{D} + \dfrac{\eta l_T}{\overline{V}_2 \cos \dfrac{\alpha}{2}} + \dfrac{l_T}{\overline{V}_3}$	$130 \sim 310$
	崩落孔与崩落孔间 $l_T = l_1$	$t_n = \dfrac{l_2}{D} + \dfrac{W}{\overline{V}_2 \cos \dfrac{\alpha}{2}} + \dfrac{10}{\overline{V}_3}$	$3 \sim 10$
	崩落孔与周边孔间 $l_T = l_1$	$t_n = \dfrac{l_2}{D} + \dfrac{W}{\overline{V}_2} + \dfrac{W}{\overline{V}_3}$	$50 \sim 70$
超深孔全深龟裂分段抛碴 $l_1 = 6 \sim 25$ $\left(\text{全深分 } n = \dfrac{l_1}{l_T} \text{段}\right)$	龟裂孔与抛槽孔间 $l_T = l_1$	$t_n = \dfrac{l_2}{D} + \dfrac{E}{\overline{V}_2} + \dfrac{10}{\overline{V}_3}$	$5 \sim 10$
	抛槽孔与抛槽孔间 $l_T = 2 \sim 4$	$t_n = \dfrac{l_2}{D} + \dfrac{l_T}{\overline{V}_2 \cos \dfrac{\alpha}{2}} + \dfrac{l_T}{2\overline{V}_3}$	$103 \sim 207$
	抛槽孔与崩岩孔间 $l_T = 2 \sim 10$	$t_n = \dfrac{l_2}{D} + \dfrac{l_T}{\overline{V}_2 \cos \dfrac{\alpha}{2}} + \dfrac{l_T}{2\overline{V}_3}$	$103 \sim 207$
	崩岩孔与崩岩孔间 $l_T = l_1$	$t_n = \dfrac{l_2}{D} + \dfrac{l_T}{\overline{V}_2 \cos \dfrac{\alpha}{2}} + \dfrac{l_T}{2\overline{V}_3}$	$103 \sim 207$

9. 钻孔爆破说明书和爆破图表

钻孔爆破说明书和爆破图表是隧道施工组织设计中的一个重要组成部分。说明书的主要内容包括：

1）简单描述隧道的特征（名称、用途、位置、断面形状和尺寸、坡度等），穿过岩石的名称、地质条件和岩石的物理力学性质，矿井瓦斯等级和通过岩层含瓦斯情况等。

2）钻孔机械、钻孔工具和其他钻孔设备的选择。

3）爆破器材的选择。

4）钻孔爆破参数的计算，包括掏槽形式和掏槽爆破参数、光面爆破参数、崩落孔的爆破参数。

　　5）爆破网路的计算。

　　6）爆破采取的各项安全措施。

　　根据说明书绘出爆破图表。在爆破图表中应有：

　　1）炮孔布置图，特殊装药形式的装药结构图。

　　2）炮孔布置参数和装药参数，见表 5-10。表中的炮孔编号应在炮孔布置图上标出。具有相同参数的炮孔在表内占一行，编号连续时在该行内只写最小编号和最大编号，中间以连字符连接。

表 5-10　炮孔布置参数和装药参数

炮孔编号	炮孔名称	炮孔长度 /m	倾　角		装药量 /kg	炮泥长度/m	起爆方向	起爆顺序	雷　管	
			垂直方向	水平方向					数量	段别

　　3）主要爆破条件和技术经济指标，见表 5-11。

表 5-11　主要爆破条件和技术经济指标

项 目 名 称	单　位	数　量
矿井瓦斯和煤尘等级	—	
隧道净断面	m^2	
隧道掘进断面	m^2	
岩石坚固性系数 f	—	
凿岩机（型号）	台	
每循环所需钻头（型号、直径）数目	个	
每循环炮孔数目	个	
每循环所需炮孔总长	m	
每米隧道所需炮孔总长	m	
炮孔利用率	%	
单位体积炸药消耗量（炸药品种）	kg/m^3	
每循环炸药消耗量	kg	
每米隧道炸药消耗量	kg	
每循环所需雷管数目	个	
每米隧道雷管消耗数	个	
每循环隧道进度	m	
每循环出岩量	m^3	

5.6　隧道掘进快速施工技术

　　过去，光面爆破大多是在施工条件和爆破条件较好的工程中应用，主要追求一个"光"字，主要着眼于使爆破轮廓面达到"平整光滑"，因此需要增多钻孔，需要采用做功能力低的专用炸药，还需要十分认真仔细的设计和操作，这样的光面爆破在我国现有条件下不仅难以推广，而且难以加快掘进速度。为了全面达到既优质、安全，又快速、易行的要求，我国铁路、煤矿、冶金和一些地下工程的施工的单位，自从1965年开始，特别是从1973年以来，在各种岩石井巷、隧道洞库施工中，全面研究试验了各种快速易行的光面爆破技术及与其紧密相关的掏槽爆破方式和辅助爆破参数，由单项分解试验到综合配套试验，全面着眼，有机结合，逐步形成为既"光"又"快"的钻孔爆破技术，称之为"隧道掘进快速光爆"技术。

5.6.1 隧道快速光爆施工方法的种类和特点

根据研究试验和近几年来的推广经验，能在隧道掘进和类似工程中推广应用的，或大有前途的快速光爆施工方法，按其主要特点大致分有如下几种。

（1）按爆破时序分类

1）周边后裂法（又称修边法）。不论在全断面一次爆破或分次爆破中，周边的光面炮孔都安排在最后起爆，前者与目前通用的全断面一次爆破法的起爆顺序基本相同，后者又称为预留光面层法或预掘导洞法，目前在我国应用广泛。

2）周边先裂法（又称预裂法）。其起爆顺序与周边后裂法相反，即最先起爆周边炮孔，沿轮廓线首先裂出一条贯通缝，然后在爆掉中心的岩石。此法可大大减弱爆破地震作用。在我国某工程中使用此法掘进竖井，先预裂出井筒轮廓线，再分段分次爆掉中间的岩石，一次预裂深度高达到20m，但掘进循环高度仅有一至数米。这种方法在隧道施工中的应用不多见。

3）龟裂抛渣法。根据隧道断面大小和环境条件，安排各炮孔的起爆顺序，把全断面的炮孔按爆破作用分为龟裂孔和抛渣孔两大类，在掘进断面的炮孔全深度范围内先起爆龟裂孔，把整体岩石沿各炮孔连线龟裂成许多碎块，再延期起爆抛渣孔，分段爆松或抛掉这些碎块体，这一方法称为无掏槽爆破法。这种爆破方法突破了传统的爆破方式，于1975年8月31日在我国某工程中首次试用，一次爆成了一个深度达20m的方形立井，效果较好。

（2）按爆破深度分类

1）浅孔光爆法。又称简易光爆法，循环钻爆深度因受钻爆器材等条件限制，一般不大于2.5m。

2）深孔光爆法。循环钻爆深度主要受掏槽技术的限制，一般不能超过6m的极限深度。

3）超深孔光爆法。循环钻爆深度可达6m以上，超过了用普通掏槽方法所能达到的极限深度，因此在爆破方案和钻孔技术上变化较大。

为此，全面改革隧道掘进中传统的钻孔爆破方式，采用高效率、高精度的钻孔机具和钻孔技术，采用高做功能力、高感度的安全炸药和装药结构，采用多段数、长脚线的毫秒雷管和起爆技术及先龟裂、后抛渣的爆破方案和掏槽方法，或先裂、后裂的光爆方法和减振措施等，这是可以使隧道一次爆深超过6m，较理想地达到既快又光，高效掘进目的的前提。

5.6.2 实现隧道快速光爆施工的技术要点

1. 正确选择方案

正确选用方案是隧道光爆达到快速、优质、安全、高效、低耗的首要工作，必须根据具体的工程目的、隧道种类、岩石性质、周围环境、施工机具、爆破材料、施工队伍、经验水平，以及装岩、运输、支护、通风、安全等技术设备状况，综合选择最优的钻孔爆破方案。

根据我国目前的设备、材料条件和技术水平，不论在何种隧道和岩石矿体中，都可以采用浅孔光面爆破方案，只需要稍加改变装药结构，调整几个爆破参数，即可达到较好的爆破效果。原来实行浅孔爆破的地方都可以推广这种浅孔光面爆破方案，配合推行喷锚支护、机械装岩、激光定向等新技术就可使整个隧道掘进水平提高一步。

在各种中小断面的长隧道掘进中，为加快施工速度，应尽力创造条件，提高技术水平，实现中深孔至深孔爆破一次成形。

在各种大断面的洞室、变断面隧道、连接处和交叉处以及其他对光面质量要求较高的工程中，可选用预留光面层或预掘导洞分次爆破或预裂爆破。

在杂散电流或感应电压较大的隧道掘进中，可根据机具材料条件，采用抗杂电雷管和非电起爆系统，或选择用导爆线先裂周边的一次爆破法、全面龟裂抛渣一次爆破法、预裂爆破法、预留光面层或预掘导洞分次爆破法等，浅孔龟裂抛渣爆破只需分两段起爆，第一段全面龟裂，第二段全面抛渣，但是需要钻孔较多。

2. 合理布置炮孔

隧道爆破不同于其他类型爆破工程的最大特点和最大难点是：工作面狭窄，每循环爆破都要在只有一个狭小工作面作为垂直自由面的条件下进行。为达到既快又光的爆破效果，必须根据工作面条件、岩石性质、机具材料和选定的爆破方案，严格按照科学原理和参数合理布置炮孔，使每个炮孔都能起到应有的爆破作用。

根据试验研究、总结，隧道快速光爆的合理布孔原则可以概括为"抓两头、带中间"。对普通爆破方案来说，就是一头抓掏槽孔，一头抓周边孔；对龟裂抛渣爆破方案来讲，则是一头抓全面龟裂孔，一头抓分段抛渣孔；首先抓好这两"头"炮孔的布置，中间的崩岩孔（或称辅助孔、破坏孔）就好布置了，在小断面隧道中甚至可以取消崩岩孔。这种布孔方法称为"分类布孔法"。

按照普通的隧道爆破方案，掏槽孔是每循环爆破进尺的前提，由于它只能在仅有一个垂直自由面条件下起爆，所以它既是整个循环的关键，又是整个爆破的最难点。因此，掏槽孔应布置在整个掘进断面中最容易爆破或最容易打孔的部位，当掘进断面中存在显著易爆的软岩层时，则应考虑将掏槽孔布置在这些软弱夹层中。掏槽孔一般又可分为首爆的开槽孔和继爆的扩槽孔，直至把槽腔扩大到有一个边宽接近于正常装药炮孔的临界抵抗线（见表5-12）时为止。然后按照临界抵抗线布置崩落孔，保证各个崩落孔的爆破能在比较充分的自由条件下大量、高效地破岩。所谓充分的自由条件指：在正常装药炮孔的爆破作用范围内有足够大的平行自由面和岩石自由碎胀空间，能使从装药孔中心线至自由面两端线所形成的自由抛掷角接近或大于90°，同时又能使这个范围内的岩石能自由碎胀到1.6倍以上。

表5-12 各类炮孔最大临界间距与临界抵抗线

炮孔种类	临界间距		临界抵抗	
	坚硬整体岩石	松软破碎岩石	坚硬整体岩石	松软破碎岩石
崩岩孔（辅助孔）	$(25\sim35)\,d_b$	$(45\sim55)\,d_b$	$(25\sim32)\,d_b$	$(40\sim55)\,d_b$
光面孔（周边孔）	$(25\sim30)\,d_b$	$(10\sim18)\,d_b$	$(25\sim30)\,d_b$	$(13\sim20)\,d_b$
掏槽孔（包括扩槽孔）	$(20\sim40)\,d_b$	$(20\sim40)\,d_b$		

注：d_b 为炮孔直径。

周边孔的布置是决定光面效果的关键，要求其孔口中心都应布置在隧道、井筒设计断面的轮廓线上，并避开大的裂隙孔洞，离开轮廓线的误差不应大于10mm。孔底则应稍向轮廓线外偏斜，最大距离不超过150mm，这样既便于下循环凿岩工作，又减少超挖量和接茬间的台阶高度。在水平和倾斜的隧道中底边孔布置则应充分考虑底孔抛渣负载的增大，底孔应多向下插一些，孔口可高于底板标高50~100mm，孔底可插到底板标高以下200~300mm，以防"拉底上漂"。

崩落孔的布置原则是应能充分利用掏槽孔创造的自由面和自由空间，以临界抵抗线和临界间距为依据布置孔位和孔向，使崩下的岩块大小和堆积范围都便于装岩工作。靠近周边孔的一圈崩落孔应保证为周边孔创造出最好的光面爆破条件，即留下岩层厚度等于光面层最小抵抗线，并使爆下的岩渣尽量抛开。

周边预裂光爆时，最接近周边孔的一排崩岩孔与周边预裂线的间距，应略比周边后裂光爆法略小，以能崩落预裂线内的全部岩石，又不致破坏预裂线外的围岩，并且不被预裂孔装药的爆破作用挤死为原则。

3. 确定钻孔爆破参数

不同的爆破方案和技术措施是由所采取的各种钻孔爆破技术参数来具体体现和确切说明的。研究、试验、设计和选择最优钻孔爆破技术参数，既是合理的钻孔、正确装药和准确起爆的需要，也是取得"光""快"效果的科学保证。

根据近十几年来的研究试验、国内外经验及快速光面爆破要求，必须深入研究每一炮孔和每一钻爆过程的功能原理，应按照分类布孔、分类装药和分类起爆的原则，分别设计和选用不同的钻孔爆破技术参数，并认真施工。

4. 提高钻孔技术

提高快速光面爆破的钻孔技术，精心设计研制新型的钻孔机具，认真严格仔细地操作施工，应达到"快、准、直、齐"四个要求。

5. 正确的装药结构

装药结构是控制装药密度和装药量的主要措施，也是影响装药爆轰、传爆长度和爆破作用性质、范围、方向的主要因素。在快速光爆特别是深孔和超深孔光爆中，必须根据各类炮孔的作用、深度和炸药品种采用各种不同的合理装药结构。

概括来说，周边光面孔都应采取猛度低、爆轰波峰压较小而作用时间较长、低密度的装药，中部孔（挤压掏槽法、扩槽孔、崩落孔、破坏孔及其他辅助孔等）需要采取高做功能力、高密度的装药，以发挥每个炮孔的最大爆破作用。炮孔越深，装药结构越复杂。实现不同做功能力、不同装药密度并能保证稳定爆轰的装药结构比较简单，主要是用不同做功能力和不同直径的药卷来调整装药的做功能力。

根据研究试验，为达到"光""快"的爆破效果，在装药方向上应采取反向装药、反向起爆传爆法，在装药构造上，应采取传爆长度大的、管道效应弱的炸药品种和构造，在装药种类上采用抗水炸药或严格防水的包装，在装药封堵上应采取孔口封堵炮泥法。

6. 改善起爆方法

合理而可靠的起爆方法是保证爆破安全和高效的一个很重要因素，也是隧道快速光面爆破技术中的一个复杂问题。其具体要求是：使每个炮孔内的全部装药都能够按时、按序、按要求的方向和速度，准确无误地起爆和传爆。为此，必须深入研究、掌握和改善各种起爆手段及其形成的网路系统的准爆条件，避免产生拒爆、早爆或晚爆、空炮和带炮等不良事故。

在隧道爆破掘进中，装药起爆顺序分为正序起爆和反序起爆。先从掏槽孔、辅助孔最后周边孔爆破，称为正序起爆，光面爆破属于这种。反序起爆是先起爆周边孔，再起爆掏槽孔和辅助孔，预裂爆破就属于这种。

7. 改进掏槽方式

在大多数隧道掘进爆破中，每循环爆破都须先掏槽为后继爆炮孔创造第二个自由面。因此，掏槽爆破是隧道掘进的难点和关键，在国内外隧道掘进工程中，迄今使用的掏槽爆破方式很多，也达到了良好的爆破效果，但总的来看，基本上都还处于经验摸索阶段，对影响因素掌握不准，缺乏比较科学的设计计算方法，掏槽爆破抛渣能力不足，钻孔偏斜误差等对爆破效果的影响又极为敏感，掏槽效果不稳定，不同条件（特别是国外）的先进经验不能移用，掏槽深度仍然有限，因此还亟待进一步研究解决。

5.6.3 快速光面爆破实例

1. 平巷浅孔光爆试验实例

试验地点为新汶矿务局孙村煤矿−600m 水平上部车场电控室平巷，巷道断面为 5.3m² 三心拱形，上部围岩为整体性较好的厚层砂岩，下部围岩为裂隙甚发育的薄层砂岩和砂页岩。

钻孔爆破器材中，钎头直径为 38~42mm，钎杆长度为 1.6~1.8m；钻孔的手持式气腿风钻为 5 台；使用的主要炸药为新汶矿务局化工厂生产的铵沥蜡炸药（性能很不稳定），也用过 2 号岩石铵梯和 1 号煤矿铵梯等炸药，药卷直径为 35mm，掏槽方式以半空孔发射式最好。

周边孔装药结构曾试验 4 种，最终采用单段空气柱式，简单易行。

周边孔参数试验 17 组，最优范围列于表 5-13。光面爆破边孔间距和抵抗线不是随岩石的坚固性增大而减小，而是随岩石的松软裂隙增大而减小，层理、节理、裂隙越发育时，边孔间距、抵抗线和装药都应越小，在中硬以上的整体性岩石中，边孔数目增加很少。

平巷浅孔光爆炮孔布置如图 5-13 所示，爆破参数见表 5-14。

起爆用 1~5 段毫秒或秒差雷管均可，但以毫秒雷管较好。

表 5-13 平巷浅孔光面爆破边孔参数范围

岩　　　性	装药量/(g/m)	孔间距/mm	抵抗线/mm	孔间距/抵抗线
厚层砂岩和砂页岩 （f=6~10）	190~260	550~600	600~650	0.85~1.0
薄层砂岩和砂页岩 （f=4~8）	150~200	500~550	550~600	0.8~1.0
裂隙发育的砂岩、 砂页岩及硬页岩	100~170	400~500	500~550	0.7~1.0

注：所用炸药为新汶矿务局自产的 2 号反修炸药，药卷直径为 35mm。

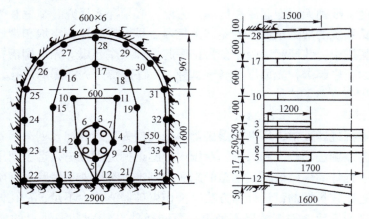

图 5-13　平巷浅孔光爆炮孔布置

表 5-14　爆破参数（厚层砂岩，2 号岩石铵梯及铵沥蜡）

起爆顺序	炮孔名称	炮孔编号	孔数/个	孔深/mm	装药量		药卷直径/mm
					/(卷/孔)	/(kg/m)	
1	掏槽孔	1~5	5	1200	5	0.625	32
2	半空孔	6~9	4	1700	3	—	32
3	扩槽孔	10~12	3	1600	6	0.562	32
4	辅助孔	13~21	9	1600	6	0.562	32
5	周边孔	22~34	13	1500	1.5	0.225	32
合计		—	34	51.5m	128.5 个	19.28kg	—
掘进断面	循环进尺		炸药消耗		炮孔消耗		雷管种类
6.85m²	1.5m		1.88kg/m³		5.0m/m³		5 段毫秒雷管

爆破取得良好效果，循环进尺可达 1.6m 以上，炮孔利用率可达 0.9~1.0，孔痕率可达 50%以上，超挖率可降低到 10%以下。总结其主要优点如下：

1）巷道成形好，围岩震裂少。

2）超挖岩量少、抛渣状况好。比一般爆破超挖岩量减少 50%以上，因而可减少装药工作量和装渣时间 10%左右。

3）爆破效率高，工料消耗少。每立方米岩石的炮孔消耗量和炸药消耗量可比一般爆破时减少 5%~15%。

4）掘进速度快，劳动效率高。有利于使用多台风钻同时打孔，更利于凿岩车或钻装机作业，边孔装药时间可以减少一倍，放炮后处理危石和临时支护工序都可以简化或取消。在中硬以上岩石中可不用支护，在软弱、多裂隙、易风化岩石中可简化锚喷。与普通爆破相比，虽然需要多打几个炮孔，但整个循环的时间还可减少 20%以上，并能实行台车打孔或钻装机作业，每个掘进迎头每班只需 2~4 人。

5）简单易行，效率可靠。可以在各种巷道、各种条件下立即应用，不需要任何特殊设备和材料，但需要多打炮孔，且必须认真打孔。

2. 马家沟矿 3m 深孔光面爆破

该巷道位于马家沟矿八水平西翼，岩石为 $f = 6 \sim 8$ 的砂岩和砂质硬岩。采用 YT-26 气腿式凿岩机，ZYP-17 耙斗装岩机，毫秒电雷管，煤矿导爆索起爆，2 号和 4 号岩石炸药爆破。

掏槽孔分正、副掏槽。正掏槽为三角柱三空孔，副掏槽为一正六角形。图 5-14 为掏槽孔布置和巷道炮孔布置。

试验表明，3m 深孔爆破和 1.5m 浅孔爆破相比，提高工效 87.4%，炸药消耗减少 0.03kg/m³，掘进成本减少 73.2 元/m。

为克服间隙效应，总结出以下几种办法：

1）散装药填满炮孔直径，消除间隙效应。将岩石炸药卷外皮沿轴向用刀划破，装入炮孔中用炮棍冲压，将炸药制成粉状，填满炮孔，这对增大装药直径，消除间隙效应，提高掏槽有利。

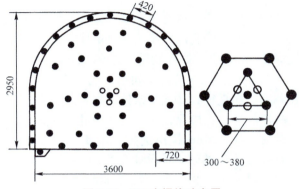

图 5-14　3m 光爆炮孔布置

2）正确选择不耦合系数。根据试验，试验组总结出间隙效应的范围大于 1.12，小于 3.71。

3）在药圈表面涂一层 1mm 炮泥或黄油，可以改善间隙效应。

4）将雷管放在炮孔中间位置起爆，以增加传爆长度。

3. 大瑶山隧道爆破

国内外先进经验证明，在坚硬岩石中掘进巷道时，如果能够将炮孔深度提高到 5m，掘进生产率将大大提高。我国大瑶山隧道深孔光面爆破，提供了 5m 深孔光面爆破和预裂爆破的实践经验。

大瑶山隧道使用瑞典 Atlas Copco 公司的 TH286 四臂全液压钻孔台车，解决了钻孔深为 5.15m 的钻孔技术问题。在双线铁路隧道全断面深孔爆破中，采用大中空孔平行直孔掏槽，1~15 段塑料导爆管非电毫秒雷管进行全断面（82~101.3m²）一次爆破，循环进尺 4.5~5.15m，炮孔利用率达 87%~100%，孔痕率达 70%~80%。

（1）掏槽方式及装药参数　在深孔爆破中，掏槽好坏是成败的关键。大瑶山隧道先后采用了四空孔、单空孔、双空孔和三空孔平行直孔掏槽进行试验，掏槽形式如图 5-15 所示，其掏槽装药参数见表 5-15。

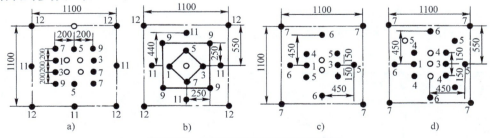

图 5-15　大瑶山隧道采用的掏槽方式

a）四空孔直孔掏槽　b）单空孔直孔掏槽　c）双空孔直孔掏槽　d）三空孔直孔掏槽

表 5-15　掏槽装药参数

非电毫秒雷管段别	钻孔直径/mm	装药直径/mm	不耦合系数	装 药 系 数	单孔装药量/kg	堵塞长度/mm
1，3，5，7，9，11，13，15	48	42	1.14	0.95	6.176	250

实践证明，炮孔深度为 3.0~3.5m 时宜采用双空孔形式，炮孔深度 3.5~5.15m 时宜采用三空孔形式，炮孔深度小于 3.0m 时宜采用单空孔形式。大瑶山隧道，在砂岩夹板岩中，炮孔深度 5m 以上，炮孔利用率达 92.5%。

（2）掏槽空孔与装药孔间距　确定掏槽空孔直径与装药孔间距考虑下列因素：①空孔直径和装药孔直径；②地质条件，如岩层有无裂隙；③钻孔精度；④装药炮孔起爆顺序。装药孔顺序起爆后，应保证让炮孔之间的岩柱充分破碎并把碎的岩石尽可能抛出槽腔之外。

瑞典 V. Langefors 提出的炮孔间距 S 随空孔直径 ϕ 不同的破碎情况如图 5-16 所示。从图中可以看出，装药孔直径为 32mm，空孔直径为 102mm，孔间距为 70~150mm 时，掏槽为抛掷掏槽，效果最好。当孔间距在 150~220mm，掏槽为充分破碎掏槽；当孔间距超过 220mm 时，则是塑性变形，掏槽效果不好。

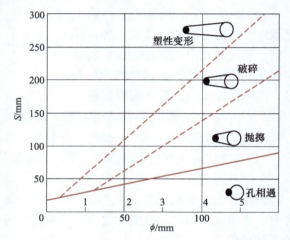

图 5-16　炮孔间距随空孔直径不同的破碎情况

大瑶山隧道掏槽试验结果是：当装药孔与空孔间距为 150~180mm 时，掏槽效果好，炮孔利用率为 100%。此时观察到，爆出的岩屑为粉末状，且抛出槽腔外约 1/2，空腔为掏槽体积的 1/2。当装药孔与空孔间距大于 250mm 时，掏槽效果明显下降。大体和 Langefors 试验结果相吻合。

（3）空孔数量和掏槽面积　直孔掏槽的技术要点是利用空孔作为补偿空间，使空孔起到自由面的作用。因此，空孔越多，空孔直径越大，掏槽效果越好。但是空孔直径又取决于钻孔设备，空孔直径越大，钻孔速度越小，钻孔时间越长。在相同钻孔设备情况下，钻一个直径 102mm 的孔比钻一个直径 48mm 的孔要多用 10 倍的时间。空孔数量以能满足装药爆破后岩柱（装药孔到空孔之间的岩柱）破碎膨胀和抛掷的空间要求即可。破碎岩柱膨胀后体积增大约 60%，因此有 60%~100% 的空间余量补偿，才能满足掏槽的要求。

表 5-16 列出了国内外部分隧道所采用的空孔容积，隧孔深增加而增加的情况。

表 5-16　部分隧道空孔个数和容积

名称	岩石	开挖断面/m²	空孔直径/mm	空孔个数	炮孔深度/m	空孔容积/m³	装药孔至空孔中心距/mm	装药孔数	掏槽面积/m²
法弗雷儒斯隧道	石灰质片岩	66.25	152	1	4.5	0.082	15	8	1.0 × 0.8
日名盐隧道	中硬岩层	65.00	110	2	3.5	0.067	15	13	0.9 × 1.0

（续）

名称	岩石	开挖断面 /m²	空孔直径 /mm	空孔个数	炮孔深度 /m	空孔容积 /m³	装药孔至空孔中心距/mm	装药孔数	掘槽面积 /m²
日新市电站	辉石安山岩	44.00	102	3	3.9	0.096	17.5	14	1.3×1.3
美哈雷特掘槽	白云石灰岩	—	110	3	3.32~4.5	0.078~0.106	15.3	4	0.66×0.66
瑞典油库	硬石灰岩	96	102	4	5.15	0.163	18~20	18	1.1×1.1
雷公尖隧道	石灰岩	100.7	102	3	5.15	0.122	18~20	18	1.1×1.1
张滩隧道	石英砾岩	86~96	102	3	5.15	0.122	18~20	18	1.1×1.1
大瑶山隧道	砂岩夹板岩	85~97.4	102	3	5.15	0.122	18~20	14/18	1.1×1.1

（4）掘槽孔装药量　深孔直孔掘槽孔装药量，应当保证充分破碎并有足够的能量将破碎后的岩屑尽可能抛掷在槽腔以外。

V. Langefors 提出掘槽装药量计算公式如下

$$q_{la}=0.55\ (a_1-d_1/2)/(\sin\beta)^{3/2} \tag{5-20}$$

$$q_{lb}=0.35a'/(\sin\beta)^{3/2} \tag{5-21}$$

式中　q_{la}、q_{lb}——圆形槽口和矩形槽口的掘槽炮孔线装药密度（kg/m）；

a_1——装药炮孔中心到空孔中心距离（m）；

d_1——空孔直径（m）；

β——1/2 破碎角（°）；

a'——装药炮孔中心到矩形槽口的距离（m）。

图 5-17 表示炮孔装药量取决于夹制角和装药孔到自由面的距离。由于圆形孔爆破时的夹制力比矩形槽口爆破时大，因此 q_{la} 比 q_{lb} 大 60%。

大瑶山隧道掘槽采用的 $a_1=150\sim200\text{mm}$ 时，实际装药量比式（5-21）计算的装药量高出 1.7~4.13 倍。

超量装药的原因：①希望充分破碎岩石并尽量抛出槽腔；②为克服"间隙效应"增大药卷直径，这样装药缩短，又不能充分破碎，形成孔口堵死或"挂门帘"，增大线装药长度，势必增大装药量；③打孔精度不够，势必增大 a_1，这就要用增大装药量来调整；④炸药做功能力不足时，也要增大药量。

（5）起爆间隔时间　对5m以上深孔掘槽，合理的起爆间隔时间是一个重要问题。实践表明，理想的起爆间隔时间应该是，使先发爆破的岩石破坏分离，且对后发爆破的岩石所产生的应力作用尚未消失的情况下，后发即起爆。这样，既为后发

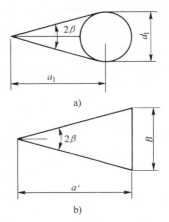

图 5-17　向临空间爆破
a）圆空孔　b）矩形槽口

爆破创造了自由面，岩层有足够的膨胀时间，又能造成应力叠加，发挥毫秒爆破的特点，以提高爆破掘槽效果。岩石从炸药爆轰到开始移动的时间，与岩石性质有关，坚硬脆性岩石，约为 8~22ms，页岩约为 38~62ms，总之，应使起爆时间大于岩石移动时间。

国外平行直孔掘槽中，掘槽起爆间隔时间多为 50ms。大瑶山隧道掘进掘槽中，各炮孔起爆时间间隔为 50~75ms，均取得了良好效果。

（6）周边孔装药结构和线装药密度　周边孔装药结构采用不耦合装药，不耦合系数为1.37。采用下面三种形式：

1）多雷管起爆，间隔装药。每孔长5.15m，装2号岩石炸药φ35mm×165mm药卷9节，设有导爆索，因此，每个药卷要用一个非电即发雷管起爆，线装药密度为0.26kg/m。

2）采用导爆索串联药卷，间隔装药。长5.15m炮孔中装2号岩石炸药φ35mm×165mm药卷10节，线装药密度为0.3kg/m。

3）在坚硬岩层中，装药结构和前两种相同，周边炮孔每隔3~5个炮孔加1个集中装药炮孔，装2号岩石炸药φ35mm×165mm药卷11节，用导爆索串联一个雷管起爆。线装药密度为0.34kg/m，为消除残孔，在拱部采用加强底部装药。

5.7　立井爆破技术要点

隧道的通风立井及矿井联系上下立井的施工与隧道或巷道不同，立井施工的作业面狭小，爆破难度大，存在较多的危险，工作也多有淋水、潮湿等。而且两次爆破作业之间必须将岩渣完全装运出井筒，因此对爆破块度有较高要求。这些特点决定立井爆破不同于隧道爆破，因而有必要对立井爆破的技术要点进行介绍。

5.7.1　立井爆破掏槽方式

立井爆破掏槽孔有直孔掏槽和锥形掏槽两种。当掘进循环进尺较小，采用手持式凿岩机钻孔时，多采用锥形掏槽；当实行深孔爆破作业，采用伞形钻架钻孔时，则采用直孔掏槽。这时，为了提高掏槽效果和炮孔利用率，并避免掏槽抛出大块岩石，改善碎矸的均匀度，应适当增加炮孔装药量，并在井筒中心钻凿2~3个空孔，空孔深度为装药孔的2/3，同时装药掏槽孔应比工作面崩落孔深200~300mm。

掏槽孔呈圆环布置，圆环直径与岩石性质有关，可参考表5-17取值。当爆破循环深度较大时，采用不同孔深的多阶掏槽，图5-18所示。二阶掏槽中，外圈直径比内圈大200~500mm，

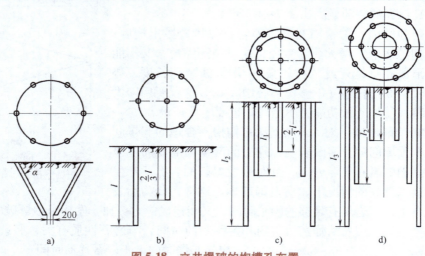

图5-18　立井爆破的掏槽孔布置

a）锥形掏槽　b）一阶直孔掏槽　c）二阶直孔掏槽　d）三阶直孔掏槽

三阶掘槽中，炮孔圈径从内向外，依次增加 200～500mm。需要记住，掘槽孔布置应力求用最少的炮孔获得最佳的掘槽效果。

表 5-17 我国煤矿立井掘槽爆破孔圈直径与数量

掘槽参数	岩石坚固性系数 f				
	1～3	4～6	7～9	10～12	13～16
锥形掘槽圈径/m	1.8～2.2	2.0～2.3	2.0～2.5	2.2～2.6	2.2～2.8
直孔掘槽圈径/m	1.8～2.0	1.6～1.8	1.4～1.6	1.3～1.5	1.2～1.3
掘槽孔数量	4～5	4～6	5～7	6～8	7～9

5.7.2　工作面炮孔布置

立井的爆破参数与隧道相同，确定方法也相同，但由于立井爆破的炮孔是垂直的，对岩石的破碎较隧道爆破难，因此立井爆破的炸药单耗应适当增大。

在崩落孔和周边孔抵抗先确定后，以井筒中心为圆心，在掘槽孔外呈同心圆布置崩落孔，直至周边孔。图 5-19 所示为立井爆破的工作面炮孔布置实例。

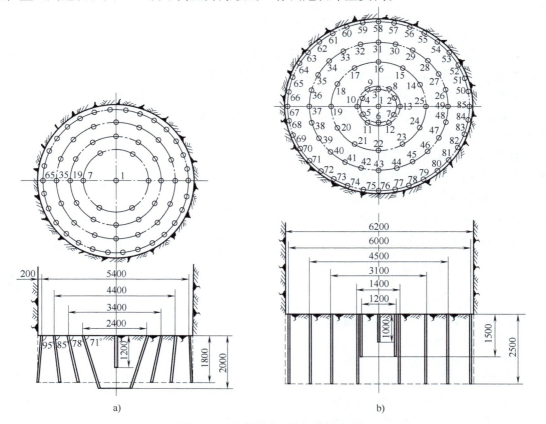

图 5-19 立井爆破工作面炮孔布置

a）锥形掘槽的炮孔布置　　b）直孔掘槽的炮孔布置

5.7.3 起爆网路

立井爆破，因工作环境常有淋水、湿度大，且工作面炮孔多，一般采用并联或串并联电起爆网路（见图5-20），而避免采用串联网路。

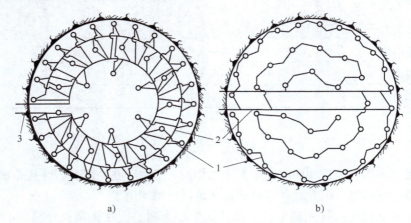

图 5-20 立井爆破电起爆网路
a）并联 b）串并联
1—雷管脚线 2—连接线 3—母线

采用并联网路时，为使网路中每个雷管得到的电流大致相等，应将连接线的两端分开与母线相连（见图5-20a）；采用串并联时，为使每组雷管所的电流大致相等，应尽量保证每组串联的雷管数相同（见图5-20b）。如果井底淹水，应在工作面增设木撅子，以缠绕串联网路，使雷管脚线与连接线的接头、连接线、母线均处于水面以上，避免接头被淹造成短路，引起拒爆。

由于非电起爆网路具有抗杂散电流的优点，立井爆破使用非电起爆网路越来越多。立井爆破采用非电起爆网路时，可采用图5-21所示的网路连接方式。

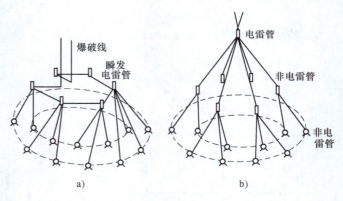

图 5-21 立井非电起爆网路
a）一阶网路 b）二阶网路

5.7.4 立井爆破实例

作为实例，介绍一下摩洛哥王国杰拉达煤矿三号立井爆破施工。井筒穿过的地层岩性很不一致，辅助孔与周边孔钻孔深度平均控制在（3.6±0.1）m，掏槽孔应达到（3.8±0.1）m，钻孔直径全部采用53~55mm。钻孔角度为：掏槽孔和辅助孔全部为垂直下钻，周边孔根据岩石硬软控制在85°~88°。装药结构为：中部孔采用47mm大直径1~2段连续爆炸筒装药，周边孔采用37mm或35mm小直径1~2段连续爆炸筒装药，炮泥均采用水砂填满。掏槽方式：一般采用分圈分阶垂直挤压漏斗式爆破，争取采用一圈分段垂直挤压漏斗式爆破。起爆方式：全部采用非电或电磁雷管孔内百毫秒延期正向起爆。

1）在较硬岩石中共 4 圈 75 个炮孔，炮孔总长 271.8m，装药 270kg，雷管（75+9）个＝84 个（见表 5-18 及图 5-22）。

2）在较软岩石中 4 圈 72 个炮孔，炮孔总长 260.4m。装药 216kg，雷管 72+9＝81 个。

表 5-18　爆破参数

圈　序	圈径/m	眼数/个	装药/kg	起爆顺序	炮孔间距/mm
1	2±0.1	9	2+2	1，2	690
2	4±0.1	15	4	3	839
3	6±0.1	21	4	4	895
4	7.7±0.1	30	3	5	795

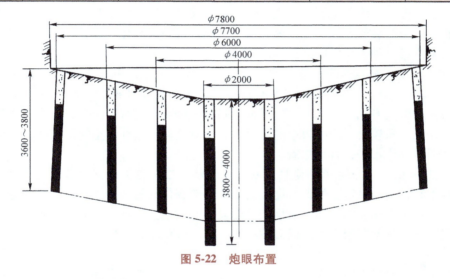

图 5-22　炮眼布置

5.8　超长炮孔爆破技术

5.8.1　超长炮孔爆破技术设计与计算

超长炮孔爆破是掘进工作中最困难最薄弱的一环，长期以来大多数矿山一直沿用吊罐法、爬罐法及传统的人工掘进法进行反井施工，无法摆脱进入工作面进行爆破作业的状况，而且施工安全性差。反井钻机的出现是地下开采技术发展的一项重大成就，实现了钻进过程机械化、连续化，具有稳定性好、作业安全等优点，但设备安装、拆卸和搬运的劳动强度大，成本高。深孔爆破法掘进是 20 世纪 50 年代发展起来的一项爆破技术，超长炮孔爆破一次钻爆成形，具有工艺先进、作业安全、劳动条件好、劳动强度低、机械化程度高、速度快、工期短、成本低、效益好的优点。

超长炮孔爆破一次钻爆成形施工，主要是利用一组平行炮孔顺序爆破，形成上下贯通的具有一定形状和尺寸的孔腔。其施工与普通掘进反井的方法明显不同，其爆破范围小而深，对钻孔精度要求高，特点是钻孔装药爆破自由面条件差，岩石夹制性很大，装药量集中，单位体积炸药消耗量高。由于上下口自由面已经不能作为主要破岩自由面，需要多利用平行空孔作为首响炮孔的破岩补偿空间。因此，合理选择爆破方案和爆破参数是超长炮孔爆破一次钻爆成功的关键。

1. 爆破方案的选择

为了合理选择有效的爆破方案，将炮孔的作用分为四类，分别对其作用和原理加以分析。

（1）掏槽　以中心空孔为自由面，形成槽腔的方法有全深度一次掏槽和分段掏槽两种。前者适用于炮孔相对偏斜率小，炮孔平行度好，孔间距不大的中硬岩石，沿孔全长同时起爆，一次形成槽腔；后者适用于不满足上述条件的情况，将全孔分成若干段，逐段成腔，适用性较强。

（2）崩落　掏槽孔形成槽腔后，自由面扩大，后续炮孔可以大量崩落岩石。其爆破方法也有两种：一种是全断面全深度一次或分次龟裂破碎，另一种是分段分组崩落破碎，主要根据槽腔断面大小、装药孔径及孔位偏斜情况选择。槽腔大、孔径大、孔偏小且炮孔均匀分布于岩体，可用第一种，反之用第二种。

（3）抛渣　由于岩石的碎胀性，破碎后的岩体须有一定的补偿空间容纳破碎体才不致于因过分挤压而"固结"在槽腔中，影响排渣。为了防止挤死槽腔，改善爆破条件，可进行强制性抛渣，即在专孔或空孔一定位置设置间隔一定时差的特种药包，作为抛渣弹来加强排渣能力。这在孔深较大、槽腔较小的情况时非常有效。但当补偿空间足够时，也可以任其岩块重力和爆破气流膨胀，自然排渣。

（4）周边成形　与普通光爆类似，可以采用预裂法，也可以采用光面层后裂法成形。前者要求技术高，钻孔平行度好，对爆破振动效应起着良好的减振作用，可以避免因装药量过大而造成相邻洞室仓体的破坏，适用于深度较小的长炮孔爆破。普遍采用的方法是光面层后裂法，实际施工时常利用毫秒延期爆破法使最后一段切断岩壁形成孔腔，减少一次起爆药量，分片起爆。

综上分析，由实现掏槽、崩落、抛渣、周边成形的不同组合方法，可形成若干种爆破方案。实践证明，采用全深度一次掏槽分段崩落，强制接力抛渣的光面爆破法效果较好，适用性较强。

2. 炮孔布置方式

炮孔布置首先与炮孔直径有关，炮孔直径又取决于钻孔机具。

钻机的选择可根据超长炮孔爆破的深度 H 来决定。当 $H<15m$ 时，可选用回转式上向凿岩；当 $H>20m$ 时，可选用潜孔式钻机下向凿岩；当 $H=15\sim20m$ 时，视操钻技术从上述两种钻机中选择其一种。

炮孔直径的大小与爆破作用有关，鉴于在单位体积炸药消耗量一定的情况下应尽量减小不耦合装药系数，所以孔径应适当减小。从凿岩速度考虑，孔径也应适当减小，但随着 H 的增大，钻杆挠度增大将对控偏不利。综合分析，孔径以 $55\sim75mm$ 为宜，最大不宜超过 $90mm$。

钻孔爆破尤其是一次成井深孔爆破，掏槽是最困难的，也是最关键的问题，它直接关系着一次成井爆破的成败。掏槽孔自由面小甚至无自由面、夹制力大，破岩条件最差。因此，必须合理选择掏槽形式，以利形成有效槽腔。一般采用两种掏槽方式，一是大孔掏槽（朝大孔方向作用的爆破），二是漏斗掏槽（朝隧道下部自由面方向作用的爆破）。

（1）大孔掏槽　它是最早采用的掏槽形式，至今仍然普遍使用。大孔掏槽时掘进爆破

孔直径为 **50~75**mm，中心大孔直径则达 102~203mm（见图 5-23）。掏槽部分的炮孔布置和装药计算原理与普通隧道掘进掏槽一致。起爆顺序取决于炮孔偏差，哪个炮孔的真实抵抗线最小就最先起爆它。之后依据炮孔到空孔或槽口的距离，由近向远顺序起爆。鉴于起爆顺序的这种确定方法，必须准确测绘各个炮孔的真实位置。

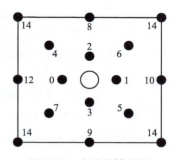

图 5-23　大孔掏槽掘进

炮孔的装药是在上部水平进行。首先用绳子通过炮孔下落一个木桩，当它落到炮孔底部出口之外时拉紧绳索，使木桩横担在炮孔底部出口成为封底的塞子，然后将药包下放到孔底。此处炮孔装药上部不应堵塞，原因是堵塞物在药包爆炸作用下可能压实结块，进而妨碍下一次爆破作业。与隧道掘进掏槽相比，反井掘进大孔掏槽的孔内装药量可相对增大，这是因为它不存在堵塞段。另外，它的爆破孔直径大于隧道掘进爆破。即使炮孔装药过量，其掏槽部分已爆岩石重新压实的危险也可以认为是不存在的。

（2）漏斗掏槽　漏斗掏槽不需要大直径的中心空孔，但其爆破孔直径一般大于大孔掏槽的反井掘进。它的基本作用是形成一个断面约 $1m^2$ 的空槽，然后其他炮孔选用正常的回采爆破。漏斗掏槽由 5 个炮孔构成，一个中心孔，4 个边孔，中心孔最先起爆，随后边孔按一定顺序一个个地在不同延迟时间后续起爆。

装药之前，炮孔底部用一木块塞住，木块由上水平通过绳子下放到反井下部，并被卡紧于下部岩石表面。孔底封闭后向孔内灌沙至药包放置的计算水平。药包直径应接近爆破孔直径。药包布放完毕即可用水来堵塞炮孔（其他材料堵塞均有可能被压实结块，堵住炮孔，致使下一次爆破无法进行），如图 5-24 所示。

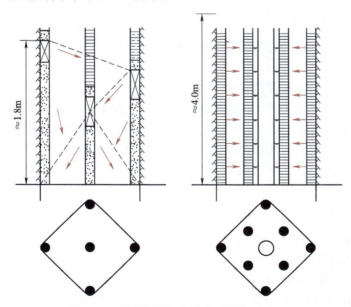

图 5-24　漏斗掏槽与标准大孔掏槽的对比

漏斗掏槽装药量和药包埋深根据下述利文斯顿漏斗理论来计算。

1）药包长度 l 应是爆破孔直径 d_b 的 6 倍，即 $l = 6d_b$

2）最佳药包埋深是临界深度 L_{crit} 的 50%，即 $L_{opt} = 0.5 L_{crit}$

3）临界深度是装药量的函数，可表示为

$$L_{crit} = E_s \times Q^{1/3}$$

式中　E_s——应变能系数，与使用的炸药和岩石种类有关，可取为 1.55；

　　　Q——药包质量（kg）。

4）装药量可用下式计算：

$$Q = 3d_b^3 \pi \rho_0 / 2$$

式中　ρ_0——装药密度（kg/dm^3），埃玛利特 150 炸药为 1.2kg/dm^3，代那麦克斯 M 炸药为 1.35kg/dm^3。

5）最佳药包埋深的表达式为：

$$L_{opt} = \frac{1}{2} E_s \sqrt[3]{\frac{3\pi\rho_0}{2}} d_b \times 10$$

上述漏斗理论只适用于中心炮孔的计算，另外 4 个边孔要布置成抵抗线小于漏斗孔的药包埋深，各个边孔的装药深度比中心孔按 10~20cm 的差值依次增加。

与大孔掏槽相比，漏斗掏槽具有以下优点：

1）掏槽部分的钻孔数量少，钻孔和炸药费用比较低，掏槽中的炮孔直径相同。

2）钻孔精度没有大孔掏槽时要求高。

3）爆破作业简单，作业人员无须严格训练即能进行操作。

漏斗掏槽法的不足在于它的一次进尺较小。

3. 爆破参数

（1）装药量计算　爆破所需装药一般用单位体积炸药消耗量表示。体积炸药消耗不仅直接影响岩石破碎的程度、抛掷距离，还影响着掘进成本、成井轮廓质量及围岩的稳定性等。

合理的单位体积炸药消耗量取决于多种因素，主要有岩石性质、爆破断面、炮孔参数及炸药性能，要精确计算非常困难。特别是断面与深度比较小的一次成井爆破，靠一组平行炮孔向中心空孔爆破破岩，其自由破碎角很小，容胀空间有限，夹制性远比一般周边孔和普通掘进爆破大得多，所以单位体积炸药消耗量 q 一般在 7kg/m^3 以上，甚至达到 13kg/m^3。

超长炮孔爆破平均单位体积炸药消耗量一般为

$$q = kk_e\sqrt{f/s} \tag{5-22}$$

式中　k——系数，当 $s > 3$m^2 时 $k = 1.1$，当 $s \leqslant 3$m^2 时 $k = 3.3$；

　　　k_e——炸药爆力 P 的修正系数，$k_e = 525/p$；

　　　f——岩石坚固性系数；

　　　s——超长炮孔爆破断面积（m^2）。

（2）炮孔装药的间隔距离　炮孔爆破常采用连续或间隔式装药结构。在利用一组平行孔进行一次成井爆破中，采用间隔装药比小直径连续装药具有一定的优越性。试验也表明，间隔装药能够保证一定的装药直径，提高爆炸能量的利用率，加大破岩能力。但是，采用间隔装药或分阶段间隔装药爆破时，如果相邻药柱或分段堵塞距离超过一定限度，药柱端部可能会出现未爆通的情况，设计处理不当，可能导致一次成井失败，因此有必要对柱状装药的间隔距离或孔间堵塞长度进行研究。根据对岩体内爆炸冲击波应力与能量的计算，柱状装药端部在 $0.4W$ 处的应力与能量值等效于抵抗线方向 W 处的值，因此两个柱状药包之间的距离不应大于 $0.4W$，才能保证爆破岩壁不留欠坎。

（3）起爆时差　采用毫秒延期爆破是实现超长炮孔爆破全深度一次爆破成井的技术关键之一。

合理的起爆间隔时差，首先要保证后响炮孔在前响炮孔爆落的岩渣基本排出槽腔外或已有足够的补偿空间时才能起爆；其次应有利于后响炮孔充分利用新自由面，减弱岩石的夹制性及破岩阻力；再次应有利于控制每一段最大齐爆药量所产生的爆炸能，减少爆破地震效应所带来的危害作用。

起爆时差 t 定义为从起爆到岩渣排出槽腔成形所经历的时间，t 包括以下几个阶段：炸药传爆时间 t_1；岩石移动时间的 t_2；岩渣在槽腔平抛时间 t_3；岩渣排出时间 t_4。根据实测计算，炸药传爆时间 t_1 每 10m 深约为 2ms，岩石移动时间 t_2 小于 1ms，岩石在槽腔平抛时间（槽腔宽度小于 0.5m 时）小于 25ms；排渣时间由于不同炮孔相对应的槽腔断面差别较大，可以从几十到几百毫秒。

为了保证后响炮孔在前响炮孔岩渣抛出后起爆，10m 左右的天井各孔的起爆时差分别为 $T_{1-2} \geqslant 48\mathrm{ms}$，$T_{3-4} \geqslant 190\mathrm{ms}$。因此，可选用现有毫秒雷管 2、4、7、10 段（延期时间为 25ms、75ms、200ms 和 390ms）或百毫秒雷管 1~4 段。

4. 爆破设计的实施

爆破设计是凿岩和爆破施工的依据，但由于偏孔等原因，施工后孔位可能会发生不同程度的变化，因此必须针对实际钻孔情况，对上述爆破设计进行调整、验点，从而保证爆破的成功。对此需要做以下工作：

1）测绘各炮孔实际孔位。对偏斜过大的炮孔要进行必要的补救或补孔。

2）根据测绘的上下口孔位平面图，绘各标高孔位平面图（3~5m 为一段高）。由于钻孔呈直线偏斜为主，故可用各标高孔位平面图代替实际孔位。

3）计算每个可能作为首响炮孔的 k_n、k_f 值，确定槽孔起爆顺序。

4）调装药量及装药结构。

5）采取必要的安全技术措施。

6）对调整后的爆破作用进行验点。

7）做好爆破准备。

5.8.2　超深光爆试验成井实例简介

1. 基本情况

试验立井位于一个海岛油库西侧的半山坡上，为某地下油库的总控制井和通风井，实际全深为 21m，掘进断面为 $4.2\mathrm{m} \times 4.2\mathrm{m} = 17.6\mathrm{m}^2$ 的正方形，下接生产操作平巷，上接总控制室和通风机房。

井筒所穿过的岩石为白岗岩和花岗斑岩，在其接触带中还夹有 15~30cm 厚的绿泥岩和糜棱岩岩脉，接触面倾角约 80°，地表覆土很薄，但近地表的岩体严重风化成碎块状，下部风化渐弱，节理裂隙仍十分发育，裂隙组数有 3~5 组，裂隙密度约 5~20 条/m，岩体强度很高，抗压强度达到（1.4~2.4）×10⁵kPa，抗拉强度为（1.8~2.1）×10⁴kPa，表观密度约为2.5×10³kg/m³。

承建单位中国石油化工部第一石油化工建设公司是由地面施工专业转行组成的，缺乏凿井经验和凿井设备。为开凿这个立井，曾采用过自上向下的浅孔循环爆破施工法和自下而上的深孔分段爆破施工法，但由于进度缓慢，工序复杂，安全性低和缺乏设备等原因，不能顺利进行，因此决定采用超深孔光爆一次成井施工法。

2. 爆破方案

综合分析研究国内外的有关经验，结合现场条件，在这次立井超深孔光爆中，主要采取了以下爆破方案：

1）为确保地面安全，多快好省地施工，所采取的施工顺序是：全部炮孔都用履带式钻车在地面上向下一次钻出，爆破顺序是全部炮孔掘通后，向下崩落抛渣，只需要一台钻车和一台装渣机即可，无须入井作业。

2）为一次爆成方井，并使岩壁平整稳定，所采用的爆破方案是全断面全深度龟裂，分层次分阶段抛渣，所采取的光爆顺序是下段后裂修边，上段预裂限范。

3）为减弱爆破地震、飞石和冲击波的危害作用，所采取的主要措施有孔间毫秒起爆，孔内延期发火，降低装药总量，减小起爆药量，增强上口堵塞，在铺细砂湿草。

4）为防止钻孔偏斜，提高钻孔精度，所采取的主要措施有平整井口场地，做成沙浆地坪，预划孔口位置，调直钻机导轨。

根据上述爆破方案，设计的炮孔布置和起爆顺序如图 5-25 所示。可以把全断面的炮孔分为以下五类：

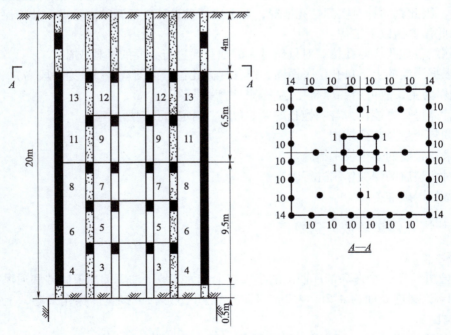

图 5-25　炮孔布置

1）裂槽孔。最先起爆，把断面中心部分的岩石在全深度爆裂成碎块，为分段抛渣掘槽创造条件，装药结构用 2 号岩石硝铵炸药连续耦合装填，以导爆线和 1 号毫秒雷管在孔外集中起爆，孔径为 64mm。

2）扩槽孔。接着裂槽孔之后引爆，由于孔深太大，自下而上分为 5 段，顺序抛渣。为减少抛渣阻力，每段抛渣之后，按着就起爆外圈崩落扩槽孔，所以抛渣孔采用了大直径（孔径为 102mm）空气间隔分段装药法，每个孔中都悬吊了 5 个直径为 89mm、长度为 600mm、以钢管作为保护外壳的梯恩梯与硝铵炸药混合药包，未装药段对裂槽孔起空孔自由面作用，因此在裂槽孔爆破后，钢管药包即埋于各段中，起定时爆炸抛渣作用，下四段分别用 3、5、7、9 号毫秒雷管，最上一段用延期 4s 的雷管。

3）裂环孔。为发展掘槽部和周边的裂隙、起破裂岩环的作用，因此，其装药结构和起爆方法同于裂槽孔。

4）崩落孔。主要起崩落岩石的作用，为减少各段抛槽阻力，又起扩槽作用，因此随抛槽孔的装药分段，崩落孔也相应分为 5 段装药，以干砂间隔，和抛槽孔一样实行孔内毫秒延期爆破，用 64mm 的孔径和 52mm 的 2 号岩石硝铵炸药，4、6、8 号毫秒雷管和延期 2s、6s 的雷管。

5）裂边孔。起裂边光爆作用，因此采用不耦合缓冲装药结构，孔径为 64mm。药径为 32mm 和 52mm（2 号岩石硝铵炸药），以导爆线串联，集中于孔外用 10 号毫秒雷管起爆。但四角孔例外，用延期 11s 的雷管起爆。

为可靠起爆，各个独立药包都以 4 个雷管为一组，和 2 根导线并联，同时起爆。

3. 参数设计

（1）补偿空间　考虑到地面油库、水罐、建筑、设备和人员的安全，设计确定全部爆破岩石都应朝下端已掘出的平巷中抛掷。下面三个分段按向下抛掷爆破计算，上面两个分段按松动和挤压爆破考虑，封底段为 0.5m，封口段为 4.0m，阻塞抗力比为 8 : 1，封口段由挤压爆破的剩余能量而附带产生松碎，因此全深度一次爆破岩石碎胀的空间为下部操作平巷的容积。该容积必须大于全部岩石碎胀后增加的体积。

经计算下部平巷的补偿空间体积　$V_补 = 160m^3$

挤压爆破的岩石碎胀系数按 1.4 计算，碎胀体积 $V_胀 = 141m^3 < V_补$

（2）钻孔斜率　钻孔偏斜率是深孔爆破成败的关键之一。根据所用钻机为瑞典阿特拉斯公司出品的 ROC-601 型履带式风动钻机，只有一台重型凿岩机在 3m 长的液压臂架滑轨上以链条推进，操作和调整都很灵敏、精确，只要认真操作，垂直向下钻孔的偏斜率是可以减小的，参考地质钻机和矿山潜孔钻的偏斜率，设计限定本机的最大偏斜率不应超过 0.7%。

（3）掘槽孔（裂槽孔与抛槽孔）间距

1）按裂槽孔的挤压作用半径计算，$E \approx (4 \sim 6)d_b = 256 \sim 384mm$。

2）按裂槽孔对抛槽孔爆破的挤压补偿空间计算

$$E = \frac{\pi d_b}{6(k-1)} + \frac{\pi d_b}{4} = 345 \sim 610mm$$

3）按龟裂间距考虑，$E = 400 \sim 900mm$。

参考上述计算和一般经验，根据在近似试验中所总结的数据综合考虑孔壁稳定性的最小值（100mm）和钻孔偏斜率的最大值（280mm），设计确定掏槽孔间距为450mm。

（4）预裂孔（裂边孔与裂环孔）间距

1）按苏联费申科计算法近似计算，$E = 650$mm。

2）按瑞典郎基福总结的数据，$E = 0.55 \sim 0.9$mm。

3）按英国 K. C. 胡尔曼在整体花岗岩中近似试验所取得的经验，$E = 300 \sim 450$mm。

4）按近似试验中所取得的数据，$E = 300 \sim 1000$mm。

参考上述数据，考虑到钻孔的最大允许偏斜率，最后确定裂边孔间距为600mm，裂环孔至掏槽孔间距为700mm，裂环孔至裂边孔连线间距为950mm。

（5）崩落孔抵抗

1）按抛槽后自由空间 V 和碎胀系数 k 近似计算，$W_B = S/(B \times K) \approx 0.7$m。

2）按破裂半径 R 和夹制系数 η 近似计算，$W_B \leqslant \eta R = 0.7 \times 1.6m= 1.12$m。

考虑本立井在崩落孔起爆前已基本上将全断面爆裂为2米见方的四大块，因此在每大块中心布置一个耦合装药的 $\phi 64$ 炮孔，只要偏斜不过大是可以崩落下来的。设计 $W_B = 0.98$m。当各钻孔在允许偏斜率范围时 $W_B = (0.98 \pm 0.28)$m$= 0.7 \sim 1.26$m。

（6）光面层厚度（周边眼抵抗） 按一般经验比例关系，$W_p \geqslant a/0.8 = 0.75$m，故设计确定 $W_p = 0.95$m。当各钻孔在允许偏斜率范围内时，$W_p = (0.95 \pm 0.28)$m$= 0.67 \sim 1.23$m。在采用允许最大偏斜率时，W_p 偏大，岩块可能较大，原设计是通过加大相应周边孔底部装药量来克服，但实际钻孔后有裂环孔和崩落孔超偏，结果除补钻三个孔外，又补钻了三个裂环孔，达到了预期的爆破效果。

（7）预裂孔装药量 考虑到利用现有2号岩石铵梯炸药卷规格，不增加改装药卷的工作量，原设计预裂孔基本上全部利用 $\phi 32$mm 的药卷，只在部分超偏的炮孔下部适当增大。

1）按费申柯计算法计算。单位体积炮孔的装药密度为

$$\Delta = \frac{\sigma_c \rho_0 \left(2.5 + \sqrt{6.25 + \dfrac{1400}{\sigma_0}} \right)}{100 Q_H} \tag{5-23}$$

式中 σ_c——岩石极限抗压强度 100kPa；

ρ_0——炸药密度（kg/cm³），2号岩石铵梯炸药取 0.9kg/cm³；

Q_H——炸药爆热（kcal/kg），2号岩石铵梯炸药取 800kcal/kg。

单位长度炮孔中的装药量

$$q_l = \pi d_b^2 \Delta / 4 \tag{5-24}$$

式中 d_b——孔直径（mm），$d = 64$mm。

由近似计算得到下列数值：当 $\sigma_c = 120$MPa 时，$q_{l \pm} \approx 0.26$kg/m；当 $\sigma_c = 240$MPa 时，$q_{l \mp} \approx 0.45$kg/m。

2）参考瑞典郎基福总结的数据

$$q_l = (0.35 \sim 0.5)k \tag{5-25}$$

式中 k——炸药爆力换算系数，为 1.3~1.5，折合本试验使用的 2 号岩石铵梯炸药为 $q_l = 0.45 \sim 0.75$kg/m。

3）根据在近似试验中所得的数据

$$q_l = 0.4 \sim 0.8 \text{kg/m}$$

综合上列数字，原设计预裂孔全部利用直径 32mm 的药卷连续装药时装药量还偏大（$q_l = 0.8$kg/m），但在讨论方案时，考虑到钻孔下部偏斜较大，故临时确定裂槽孔、裂环孔和四角孔全部改用 $\phi52$ 的药卷连装，$q_l = 1.8$kg/m，部分裂边孔（每边 4 个）下部也改用 $\phi52$mm 药卷连装，$q = 1.8$kg/m。此外，为防止地面飞石过远，在所有裂边孔的封口段中加装了 0.8m 长的 $\phi32$mm 药卷。因此，预裂孔总共多装 283.4kg 炸药，从爆破效果来看，多装的炸药没有起到好作用，反而增大了上下口的振裂范围。

（8）抛槽孔装药量　考虑到抛槽孔在裂槽孔达到预想效果时只起分段抛出槽内碎裂块的作用，在裂槽孔未能达到预定爆破效果时，还要起补充爆破作用。因此，抛槽孔每段都装一个钢壳的定时抛射炸弹，每个装药 2.7kg，折合装药量为 0.9kg/m。

（9）崩落孔装药量

1）每孔每段直接爆破岩石量近似按 3m³ 计算，松动 1m³ 花岗岩按有关标准定额为 0.85kg/m³，则每段每孔装药量 $q = 3×0.85$kg/m³$ = 2.55$kg/m³

2）每孔每段按崩落已预裂的花岗岩约 10m³ 计算，单位体积炸药消耗量为 0.3kg/m³，则每孔段装药量 $Q = 10×0.3$kg$ = 3$kg

因此原设计四个崩落孔，每孔每段装药 3kg，用 $\phi52$mm 药卷要装 1.65m，实际装药时有三个孔因下部卡堵，只装上三段药，另外在补钻的三个 $\phi102$mm 大孔中，总共装了 8 个钢壳的定时炸弹（与抛槽孔相同），合计比原设计多装 3.6kg 炸药。

（10）抛槽孔与崩落孔爆破分段高度　根据普通浅孔爆破和直孔掏槽经验，孔深在 3m 以内比较容易爆破。同时，在周内外深孔分段爆破中，一般分段高度也以 1.8～4m 较好。因此，按照现场已有的毫秒延期雷管段数，为提高本次超深孔光爆成井试验的可靠性，确定抛槽孔与崩落孔装药爆破的分段高度均取 3m。从爆破效果看来，这个分段高度还可以适当增大，从而可减少雷管用量和雷管段数。

4. 安全措施

（1）防止飞石　本次爆破由于爆点的东、南、东南和东北方向都是生产、施工重地，某厂的地面油库位于东南方向，只有一百多米，飞石堕落就有击破和引起巨大火灾的危险，因此防止飞石是这次爆破安全的第一个考虑重点。

在一般地面爆破中，飞石方向、飞石距离和飞石数量主要决定于爆破药量、爆破抵抗、作用指数和堵塞质量等主观因素，以及地形、地质和气候等客观条件。本次爆破的地形、地质条件是不利的。地面基本平坦、宽敞，爆破飞石毫无天然阻碍，地表严重风化、破碎，泥土石块相杂，极易抛射。南边还有一个曾用浅孔循环爆破法掘进了五六米深的报废井坑，相距只有数米，间隔岩层早已破碎。北边临海，但岩质坚固，整体性好，这就造成了向南飞石的更大危险。为此采用下列一般地面爆破的经验公式计算了飞石的安全距离

$$R_{max} = K20n^2W = 20Kr^2/W \tag{5-26}$$

式中　K——与地形、地质、气候及药包埋置深度有关的安全系数，按最不利的情况考虑，取 $K = 2$；

　　　n——爆破作用指数，$n = r/W$；

　　　r——为爆破漏斗的上口半径（m）；

　　　W——最小抵抗线（m）。

有下列三种可能：

1）中间没有爆通，最后两个分段爆破作用过大，冲开上部 4m 的堵塞，在严重风化的碎石带中形成一个标准抛射漏斗，此时 $R_{max} = 20 \times 2 \times 1^2 \times 4m = 160m$。

2）上部堵塞不良，装药量过大，下部没有崩开，形成坚固堵塞，上部将产生揭盖现象，造成一个巨大的抛掷漏斗，此时 $n = 1$，$W = (15/2 + 4)m = 11.5m$

$$R_{max} = (20 \times 2 \times 3^2/11.5)m \approx 32m$$

3）达到理想的爆破效果，飞石可能性不大。

第三种情况较好，第二种情况可能性不大，第一种情况应重点预防。为预防飞石，采取了下列措施：

1）减少上部和北、西两边装药，增加下部和东、南两边装药。

2）减少一次最大齐爆药量，分散为多发爆破。

3）增大上口堵塞深度，在裂边上部堵塞段还增加 0.8m 的装药与下部同时起爆，以抵抗一部分上冲力。

4）减少各段起爆时间误差，尽量用毫秒雷管。

5）自下向上分段掏槽、崩落、缩小分段高度。

6）补钻两个中心空孔，争取向第三种情况转化。

7）地面增铺草垫并且加铺细砂。

8）增大警戒范围，警戒半径增至 300m，对警戒圈内的油罐、设备电线杆都采取必要的防护，雷管库内的雷管、居民点的人员，都暂时撤离，供电线路都暂时停止供电，车船行人都一律暂停。

由于采取了上述一系列措施，爆破时未发生任何事故，飞石极少，只在井口形成一个松动圈。距井口 20m 左右的电线杆和帆布棚未发生任何损坏，但直接铺盖孔口上的草垫和砂袋等都被撕裂。

（2）预防地震 由于本次爆破，药量较大，埋置较深，距爆点 150m 就有两个供全岛用水的半地下蓄水池和半地下石砌油库，因此预防地震破坏作用是这次爆破安全的第二个考虑重点，曾按下列两个经验公式预先估算了地震安全距离。

1）按爆破作用指数、装药量和地表土石性质影响的经验公式计算，地震危险半径

$$R_c = KK_1\sqrt[3]{Q} \tag{5-27}$$

式中 K——与地表土石性质有关的系数，碎石土壤 $K = 7$；

K_1——与爆破作用指数有关的系数，$n \approx 0.5$ 时，$K_1 = 1.2$；

Q——爆破药量（kg），最大齐爆药量（31 个四边孔齐爆时）以 600kg 计算。

$$R_c = 7 \times 1.2 \times \sqrt[3]{600}m \approx 70m$$

2）按地震波质点振动速度计算重点建（构）筑物的危险性

$$R = \sqrt[3]{Q}(K/v)^\beta \tag{5-28}$$

式中 v——爆破地震振速（cm/s）；

β——与爆破参数有关的常数，仍取 $\beta = 1.2$；

K——与地震土石性质有关的常数，按有关实测资料取 $K = 130$。

各种建（构）筑物受振动破坏的临界振速不同，考虑爆区附近最重要且最易受振的建（构）筑物为全岛淡水池，是半地下的砖石结构，据反映已有渗漏裂隙。按铜山口实测

资料，类似水池允许振速为 $v=11.1\text{cm/s}$，则

$$R = \sqrt[3]{600} \times (130/11.1)^{1.2}\text{m} \approx 120\text{m}$$

此外，根据良山爆破的经验：爆破药量为 258t 时对 150m 处的水池没有影响。但是按地震表规定的允许土壤振速计算，则有相当危险，为此采取下列减振措施：

1）采用毫秒延期爆破，增加延期数达 13 段，减少齐爆药量，尽量小于 600kg。

2）使具有最大齐爆药量的 31 个四边孔起爆顺序安排在下部三个分段都已崩落之后，以第 10 发毫秒雷管起爆，这样可以充分利用中间已经崩出的自由面进行光面爆破，提高破碎效果，降低地震效应。

3）减少上部装药量。

由于采取了上述各种减振措施，爆破后未发现附近建（构）筑物有任何损坏，只是下部平巷中有部分顶板危石震落，特别是下口与 3 号阀间隔约 2m 厚的岩壁震裂，顶帮有大块落石。可以认为，这是因下部装药过多，由空气冲击波和爆破地震波共同作用的结果。

（3）预防空气冲击波　按下列经验公式计算了空气冲击波作用的安全距离

$$r_B = K_B\sqrt{Q} \tag{5-29}$$

式中　K_B——与爆破条件和作用程度有关的常数，产生大揭盖时空气冲击波最强烈，假定此时对于人员、玻璃窗完全无损的 K_B 为 1.0。

计算空气冲击波的最大损坏半径是

$$r_B = K_B\sqrt{Q} = 1 \times \sqrt{900}\text{m} = 30\text{m}$$

据此计算未采取任何特殊措施。

（4）预防拒爆　为预防断线、拉跑、挤死等拒爆现象，采取了下列措施：

1）每个独立药包都采用了两根导爆线和四个雷管同时起爆，易被挤死的分段药包在雷管周围加装了少量梯恩梯，以增加感度。

2）所有雷管在装药前都用爆破电桥进行检查挑选。

3）仔细认真连线，反复检查。

4）合理设计电爆网路，采用均匀串并联方式，每组电阻基本相等，以 380V 交流电放炮，保证每组起爆电流不小于 3.5A。

5）为防止大直径的抛槽孔和崩落孔内的装药被相邻的预裂孔挤死拒爆，特用钢管作壳，并加撑板和少量梯恩梯。

5. 效果

在花岗岩中一次爆成了 20m 深的大断面立井，基本达到了预期的效果，未发生任何事故。在爆破深度和爆破质量上都创造了新纪录，施工速度快、断面成形好、高度机械化、劳动工效高、材料消耗低、施工设备少。据初步统计：在今后正常施工情况下，包括钻孔、装药、放炮、装渣在内的掘进速度要比普通法快数倍以上，比深孔分段爆破法也要快得多，钻孔效率每台班平均可达到 100m 左右；只要钻孔偏斜少，就可以实现理想的光面爆破，岩壁稳定平直，消除了普通施工法所难免的锯齿状，钻孔、装渣和装药等主要工序都可以完全实现机械化，只需在井口操作，炸药消耗量低，雷管消耗量更少；只要有 1~2 台高效率的深孔钻机和装渣机，直接工效可达 8~14m³/班，在经济和技术上都具有重大意义。从技术上看来，只要减少钻孔偏斜率，并采用接力爆破抛渣，在类似条件下一次爆破 30m 以上也是

可以实现的。

但存在工作不够细致、准确，钻孔偏斜率较大，上下装药过多，起爆不够可靠，致使炮孔数目偏多，上下振裂较大等不足。尤其是钻孔偏斜较大造成的问题最严重。第一次按设计的炮孔布置图钻了 45 个孔，其中就有近 20 个孔超过了最大允许偏斜值，因此不得不后补钻15 个孔。但又因补钻工作太急躁马虎，不仅偏斜仍然较大，还造成了 14 个孔堵塞或孔壁塌落与错动，以及两孔打穿等情况，致使装药困难，有效装药孔还不到四分之三。

从这次试验看来，超深光爆有三大技术难关：爆破方案，爆破材料和钻孔质量。前两关已经基本上有办法通过，后一关还不易攻克，不仅钻孔速度要快，而且钻孔偏斜要小，如果能攻克这一难关，就有希望使我国超长炮孔爆破施工产生很大的变革。

—————— 思 考 题 ——————

5-1　隧道掘进的施工方式有哪些？

5-2　隧道爆破掘进工作面布置炮孔有哪些种类？

5-3　掏槽爆破的作用是什么？有哪些掏槽形式？

5-4　掘进工作面爆破的爆破参数有哪些？

5-5　隧道掘进工作面炮孔布置的原则和要求各是什么？

5-6　什么叫爆破图表？它包括哪些内容？

露天爆破工程 第6章

 导 读

　　基本内容：影响露天爆破效果的地质与地形因素，露天爆破引起的地质问题，露天台阶爆破参数及其确定方法，露天深孔台阶爆破的施工技术要点，硐室爆破分类及使用条件，硐室爆破药包布置原则和方法，硐室爆破的参数确定与施工技术要点，露天爆破的爆破块度统计模型与预测方法。

　　学习要点：掌握地形与地质要素影响露天爆破效果的规律，露天台阶爆破的参数及其确定方法，硐室爆破炸药布置的原则；熟悉露天深孔台阶爆破与洞室爆破的施工技术要点；了解硐室爆破的参数与确定方法，台阶爆破的药包布置方法，露天爆破的爆破块度统计模型和预测方法。

6.1　爆破工程地质

　　岩土是露天爆破的主要对象，只有充分了解岩土类别、熟悉岩土爆破工程地质，才能取得良好的爆破效果。爆破工程地质主要研究爆区地形、地质条件、爆破方法、爆破效果及爆破安全之间的相互关系，它是爆破设计的重要依据。大量的爆破实践证明，爆破效果的好坏在很大程度上取决于爆破设计能否充分考虑爆区地形和地质条件的影响，如地形、岩性、地质构造、水文地质及特殊地质等的影响。

6.1.1　地形条件对爆破的影响

　　地形条件是指爆区地面坡度、自由面数量及其形态、山体高低及冲沟分布等自然地形特征。这些自然地形特征直接影响爆破总体方案的确定，影响爆破范围大小、爆破方量、爆破抛掷方向和距离、爆堆形态、爆后清方及爆破施工现场布置等。

1. 地形与爆破的关系

　　（1）地形对爆破漏斗形状与体积的影响　集中药包在平坦地形的爆破漏斗形状一般是倒立的圆锥体，而非平坦地形时，实际的爆破漏斗形状将随之发生变化（见图6-1）：倾斜地形为倒立的椭圆锥体；山包多面临空地形，则为两个以上的倒立椭圆锥体的组合体；垭口地形，由于地形的夹制作用，抛掷漏斗部分缩小，崩塌漏斗则因药包两侧都有斜坡而变为两部分。

由于漏斗形状不同，其体积自然不同。一般土岩爆破工程，由于平坦地形较少，所以常用倒立椭圆锥体计算爆破漏斗体积。

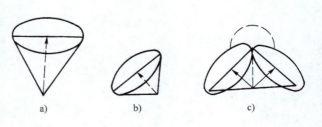

图 6-1　多边界条件爆破漏斗

a）圆锥体　b）椭圆锥体　c）两个以上椭圆锥体

（2）地形对抛掷方向的影响　地形决定药包最小抵抗线的方向，不同地形破碎介质抛散方向不同（见图6-2）。平地爆破，土岩抛出方向是向上的；斜坡地面爆破，土岩主要沿斜坡面法线方向抛出。在山包、山头、山嘴、山脊等地形进行爆破，药包抵抗线是多方向的。例如，孤山包爆破的破碎介质抛散是四面"开花"；山嘴地形则可向三个自由面飞散；山脊地形则向两侧抛出。在洼坑、山沟、垭口等地形爆破，夹制作用大，抛出方量和方向严格受地形限制，抛掷堆积集中。

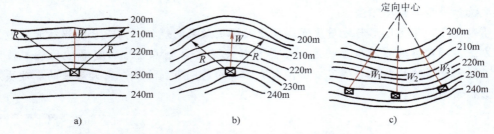

图 6-2　山坡不同纵向形态对抛掷方向的影响

a）平直斜坡　b）凸出山坡　c）凹形山坡

（3）地形与爆破方量的关系　同一药包在平地、鼓包及垭口三种不同地形条件下进行标准抛掷爆破，爆破方量 V 不同：平地为 $V = \pi W^3/3 \approx W^3$，鼓包为 $V = 2.5W^3$，洼地为 $V = 0.4W^3$。可见，就爆破方量而言，多面自由的鼓包地形有利于爆破，山沟洼地不利于爆破。

（4）地形与爆破参数的关系　爆破作用指数 n、爆破漏斗上破裂半径、漏斗可见深度和药包间距都与地形有关，地形还影响到抛掷形状、抛掷距离和堆积高度等。

2. 爆破类型对地形条件的要求

根据工程基本要求，硐室爆破有不同类型的爆破方法。松动爆破和加强松动爆破一般不受地形条件的限制，但要结合不同的地形采用不同的药包布置方式以求得较好的爆破效果。抛掷爆破是要求将爆落的岩土体抛到爆破漏斗以外或露天矿井界以外，其抛掷百分率与地形条件有关，地形坡度越陡则抛掷率越高，可以达到 70%~80%，采用加强抛掷甚至可达 90% 以上。定向抛掷爆破要求爆破抛掷体向一定方向和位置堆积成一定的形状，对地形条件要求较高。尤其是水利工程的定向爆破筑坝及铁路公路以挖作填等爆破，对地形条件要求更为严格，对山体高度和厚度、山坡的坡度、纵向和横向的山坡形态、山体的后面及侧面地形都有一定的要求。必须指出，天然冲沟、单薄山脊和孤山峰等多面自由的地形条件，对于定向爆破的方向和集中程度影响极大，在药包布置时必须特别注意。

3. 地形的改造

在爆区天然地形不利于达到要求的爆破目的时，则要求对地形进行改造。图 6-3 所示为平地定向爆破改造地形的例子，其中的1号药包和1-1号，1-2号和1-3号药包都是为了改造地形的辅助药包，它们要分别比各自的主药包2号和2-1号、2-2号、2-3号先起爆1~2s，以能先形成一个有利于主药包定向爆破的自由面。

在斜坡地面进行定向爆破改造地形的例子如图6-4所示。图中1号辅助药包是为了改造斜坡坡度，以利于主药包2号的抛掷。图中辅助药包1-1号、1-2号、1-3号是为了将山坡改造成弧形凹坡，以利于主药包2-1号、2-2号、2-3号向定向中心集中抛掷。

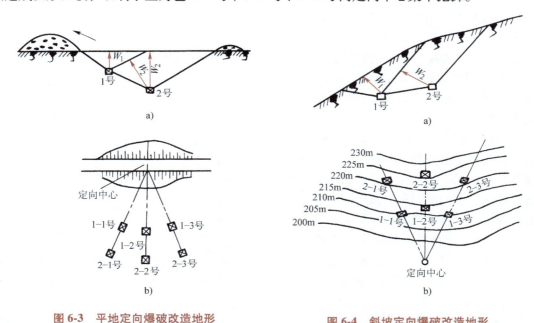

图 6-3　平地定向爆破改造地形　　　　　　图 6-4　斜坡定向爆破改造地形

在改造地形时，辅助药包开创的临空面，应准确引导后面主药包的抛掷方向，否则会影响爆破效果。

6.1.2　地质条件对爆破的影响

1. 均质岩体与爆破作用的关系

均质岩体是指受地质构造作用和风化作用影响不大的火成岩和厚度完整的某些沉积岩和变质岩等。均质岩体主要以其物理力学性质对爆破作用产生影响。

在工程爆破设计中，单位体积炸药消耗量、爆破压缩圈半径、边坡保护层厚度、药包间距、岩石抛掷距离及爆破安全距离计算中的一些系数都需要根据岩石的物理力学性质（如岩石的表观密度与强度或坚固性系数f）加以确定。

岩石性质直接影响着炸药能量在岩石中的传递和分配，炸药的特性阻抗与被爆岩石的特性阻抗的良好匹配是获得最佳爆破效果的重要条件之一。

岩性对爆破应力波传播特性也有影响。岩石的孔隙越多、密度越小，则爆破应力波传播速度越低。岩石越疏松，则弹性波引起质点振动耗能越大。由于孔隙对波的散射作用，使应力波在传播过程中能量耗散快，从而影响爆破效果。

2. 非均质岩体对爆破作用的影响

非均质岩体对爆破作用的影响主要体现在：改变最小抵抗线方向，引起爆破作用和抛掷距离不符合设计要求；爆炸能量利用率低，易形成大量飞石，爆破危害效应大；爆破后边坡易出现各种裂隙，或将原有节理、裂隙扩展，使边坡不稳，并伴有坍塌和落石等危害。为克服非均质岩体对爆破作用的影响，应在布置药包时采取相应措施。如将药包布置在坚硬难爆的岩体中，并使它到达周围软弱岩体的距离大致相等，或采用分集药包、群药包等形式，防止爆破能量集中在软弱岩体或结构中造成不良后果。

3. 岩体结构面对爆破作用的影响

岩体的结构面指岩体中的断层面、层理、褶曲、节理、裂隙等分割岩体的各种分界面。

（1）断层对爆破作用的影响　断层主要影响爆破作用方向及爆破漏斗的形状，减少或增加爆破方量，甚至可能引起爆破安全事故。

1）断层通过药包位置，如图6-5所示。当断层带较宽、断层破碎物胶结不良时，爆破气体将从断层破碎带冲出，从而降低爆破效果，甚至造成断层重新错动的危险。遇到此种情况可在断层带的两侧布置两个同时起爆的药包，利用爆炸的共同作用，把断层两侧岩体抛出去，以消除断层的影响。

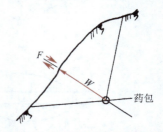

图6-5　断层通过最小抵抗线

2）断层与最小抵抗线相交。这种情况对爆破的影响程度主要取决于断层的产状与最小抵抗线的关系及距离药包的远近。断层远离药包位置时，其影响小，反之影响大；断层与W交角大时，其影响程度小，反之影响大。如图6-6所示，F_4断层比F_3断层影响大。

3）断层截切爆破漏斗。断层在爆破漏斗范围内对爆破的影响主要是缩小或加大爆破漏斗尺寸，影响的大小要看它距离药包的远近，远则影响小。如图6-7所示，断层F_3较断层F_4影响要小些。

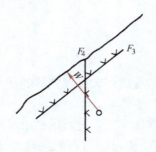

图6-6　断层与最小抵抗线相交

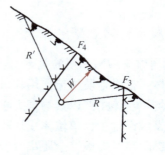

图6-7　断层截切爆破漏斗

4）断层在爆破漏斗范围以外。断层截面在爆破漏斗边缘的附近或以远的位置，它对爆破效果影响较小，但如果断层处在边坡体内，则将严重影响爆破后边坡的稳定性。

（2）层理对爆破作用的影响　层理面对爆破作用的影响取决于层理面的产状与药包最小抵抗线方向的关系：

1）药包的最小抵抗线与层理面平行。爆破时不改变抛掷方向，但将减少爆破方量。爆破漏斗不是喇叭口而是方形坑，岩块抛掷距离远，爆后常出现根底，同时有可能顺层发生冲炮。

2）最小抵抗线与层理面垂直，爆破时不改变抛掷方向，但将扩大爆破漏斗和增大爆破力量，岩体抛掷距离将缩小。

3）层理面与最小抵抗线相交。爆破时抛掷方向和爆破方量都将受到影响。

（3）褶曲对爆破作用的影响　褶曲对爆破作用的影响主要表现为岩体的破碎性对爆破作用的影响，向斜褶曲比背斜褶曲明显，向斜时爆破能量容易从褶曲层面释出而引起爆破抛掷方向的改变或造成爆破漏斗的扩大或缩小，背斜则不易改变爆破方向，但可减弱抛掷能力或扩大药包下部压缩圈的范围，对有基底渗漏问题的水工工程需引起注意。

（4）节理裂隙对爆破作用的影响　节理裂隙对爆破作用的影响取决于其张开度、组数、密集度及产状，其中张开度与产状影响较大。当岩体受到一组主节理切割时，其对爆破的影响与层理或断层的影响相似。当岩体受到两组以上主节理的切割时，爆破漏斗的尺寸和形状受到影响，因为爆破漏斗的形状和弱面的几何特性有关。另外，裂隙使爆生气体逸散，以致不能有效地利用爆炸能。裂隙有时对爆破有益，如可减少岩石过度粉碎，或减少后冲方向的粉碎作用等。

4. 特殊地层条件下的爆破问题

在爆破工程中，往往会遇到岩溶、滑坡和地下水等特殊地质条件，它们也会对爆破产生影响。

（1）岩溶对爆破的影响

1）改变抵抗线的方向。如图6-8所示，由于药包至溶洞的距离 W_2 比 W_1 小，因而岩块抛掷方向便沿着 W_2 方向集中抛掷到溶洞。

2）溶洞对抛掷方量的影响。如图6-8所示，药包布置在溶洞上面进行扬弃爆破，由于爆破的能量密度向溶洞方向集中，因而大大地降低了爆破抛掷方量的效果。在一些溶蚀沟缝或岩溶中，由于充

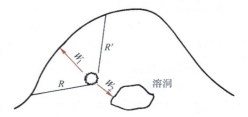

图6-8　溶洞对爆破抛掷方向和方量的影响

填的黏土常常造成吸收爆炸能量或漏气等情况而降低爆破作用，缩小爆破漏斗尺寸，减小爆破方量。

3）溶洞对安全技术的影响。如果溶洞位于药包前，则在最小抵抗线方向及其附近往往造成抛掷岩块堆积到设计范围以外，甚至引起"冲炮"，造成严重的爆破安全事故。如果药室顶部有溶洞，又会造成洞顶塌落的可能。岩溶的作用常常造成有的爆破岩块过细，有的岩块过大，甚至出现特大岩块，有时影响边坡稳定。

（2）滑坡与爆破的关系　滑坡体通常处在不稳定或极限平衡状态，采用硐室爆破开挖更容易造成滑坡危害。一方面爆破气体容易沿着滑坡面扩散而影响爆破效果，另一方面又会引起滑坡体的剧烈活动，所以滑坡体一般不宜进行硐室爆破。

（3）地下水对爆破的影响　在硐室爆破中地下水对爆破的影响，主要是对爆破前的导硐、药室开挖、装药、堵塞等施工条件造成直接影响，增加施工难度。如果导硐、药室处在地下水位以下，应特别注意药包的有效防水，或选用防水炸药，或在药室设计时采用有效的排水措施，消除地下水的影响。

当钻孔达到地下水位以下，孔内渗水，使得凿岩岩屑不易吹出孔外，容易发生卡钻；装

药过程中，孔内有水，即使装入防水炸药，也因水的浮力使药卷不易沉入孔底，有时装入药卷会因脱节而拒爆，影响爆破效果，造成安全隐患；在堵塞炮孔时，若孔内充满水，回填的砂土粒不能及时下沉，使得孔口堵塞不严实，引发冲炮，减弱爆破作用力。

6.1.3　露天爆破引起的工程地质问题

露天爆破可能引起的工程地质问题，主要是边坡稳定问题，其次是基础稳定和渗漏问题。

因爆破导致边坡的不稳定，主要是没有充分考虑爆区的地质条件，采用了不合理的爆破技术参数。如采用过大的爆破作用指数或单位体积炸药消耗量，使药量过大，扩大了爆破破坏范围或没有预留足够的边坡保护层。基础稳定及基底的渗漏问题主要是由爆破裂隙引起的。因此，在爆破设计时必须予以充分考虑。

应该指出，在爆破漏斗以外，爆破作用区范围以内，处在斜坡或陡坡上的悬石、堆积体和古滑坡体，在爆破当时即使没有明显的活动，以后在自重作用下也可能发生崩塌或滑落，所以在爆破前后必须进行调查研究，必要时采取相应措施。

6.1.4　爆破工程地质勘察

1. 地质勘察基本要求

爆破工程地质勘察是为了在全面、准确了解爆破对象基础上，选取并确定行之有效的爆破方案与技术，以达到理想的爆破效果。爆破工程勘察与一般工程地质勘察内容基本相同，但在勘察工作中，必须根据爆破工程的特殊性，提出足够的资料以便解决以下问题：

1）由地形地质条件论证采用爆破施工的合理性和可靠性。

2）查明爆破区（包括爆破影响范围）的地质条件，论证爆破后可能因地质条件变化而引起的建（构）筑物基础的破坏，并提出相应的措施。

3）选择最恰当的爆破参数和合理确定允许的爆破规模。

4）为正确估计爆破效果和取得良好的技术经济指标提供依据。

5）分析研究爆破前后的地质条件的变化，提供有关绕坝渗流、岸坡稳定（筑坝情况）、边坡稳定的资料及处理的具体意见。

根据上述五个方面的基本要求进行工程地质勘察时，应对下述几个工程地质问题予以充分注意。

1）地形地貌。硐室定向爆破对地形地貌的要求比较高，勘测时应特别注意地形的测量和成因分析，尤其是对微地形的描述与分析。

2）地层岩性。岩石的强度是决定爆破单位体积炸药消耗量的主要因素，因此，认真进行分层和准确定名至关重要，应特别注意软岩石夹层分布、各种岩石风化层厚度和坡积层厚度。测绘时应配合实验，确定岩石的密度和纵波速度。

3）地质构造。地质构造对爆破影响最大的是断层破碎带，它对爆破抛掷方向、爆破方量、爆破振动及爆破破裂壁面的稳定性都有很大影响。所以要特别注意查清断层的走向、倾向、倾角、破碎带宽度、组成物质及其密度与纵波速度等；其次是裂隙分布和裂隙的发育状况。测绘时，应分片统计裂隙的密度和性质，并绘制成有关图表，最好在工程地质图上分区标出代表性的玫瑰图。

4）自然地质现象和地下水。自然地质现象对爆破影响较大的有岩溶、滑坡和不稳定岩体。岩溶或非可溶性洞穴有可能使爆破能量散失，所以要勘察清楚洞穴的位置、大小及其分布规律。在爆破漏斗附近若有滑坡或不稳定岩体存在，爆破时可能引起滑坡的复活，或不稳定岩体塌落。因此，爆破测绘时，应充分查清其条件，并对其稳定性做出确切评价。爆破药包一般布置在地下水位以上，因此应该了解水的埋藏条件和补给来源。

2. 勘测工作内容及方法

根据爆破工程的规模及要求，地质勘测工作进行的深度及内容是不同的，一般可以分阶段进行。

（1）初步设计阶段　工作开始时，首先在可能布置爆破方案的地区，测绘中小比例尺（1:10000~1:25000）地形地质图，与此同时，进行大比例尺（1:5000~1:500）地形测量。在获得初步地形地质资料基础上，经爆区踏勘及药包位置的初步规划后，提出可选的爆破方案，从而进行方案比较。

在确定初步方案的地区范围内，首先测绘比例尺1:1000的地质图，测绘要求与一般测绘要求相同。例如，对地层按其组成特性进行分层或分组；按不同岩性分别取样、鉴定岩石的矿物，取得上述资料后，可进一步论证爆破的合理性和可靠性。

（2）技术设计阶段　此阶段的勘测工作，是在前一阶段的勘测工作基础上进行的。根据地质条件（比较复杂的设计）要求着重在爆破区内进行更详细的勘测工作。因此，有效的勘测工作仍然是进行大比例（1:200~1:500）的地质测量和部分的勘探工作。

大比例尺地质测量主要在爆区，其具体要求是详细划分岩层或岩组的岩石性质，明确其界线和物理力学性质及岩层分布位置，正确表示各个不同位置的岩层产状变化，对爆区断层、节理不仅要掌握其产状变化，更要了解它的性质。

勘测工作中应着重了解下列主要内容：①主药包位置及其以下的地质情况；②大断层及软弱层的伸延情况；③定向爆破筑坝必须了解墙基础的渗漏情况，露天矿山或路堑开挖应判断其边坡稳定及应采用的坡度。

在这一阶段，大部分工作是配合药包布置，绘出通过药包的各种纵横地质剖面图，其数量取决于地形地质条件和药包的布置方案。各种剖面图名称如下：①沿最小抵抗线的剖面；②相邻药包之间的剖面；③沿山坡倾向的剖面；④沿岩体中主要软弱带及断层面的剖面；⑤沿山坡走向剖面；⑥地形单薄处（有可能仍在不利影响时）的剖面。

应该指出，技术设计阶段的勘测与设计工作往往同时进行，在这一阶段设计中，着重分为各种药包布置方案的比较和最后选定布置药包方案。这两个步骤必须按程序进行，不应混淆。此外，在经验欠缺的情况下，应当注意试验研究工作。因为爆破与地质因素有关的一些疑难问题只有经过工地试验才能做出正确的判断。

（3）施工阶段　爆破施工阶段的勘探工作与一般建（构）筑物施工一样，从施工地质编录中取得资料以进一步论证爆破设计的合理性，便于设计者进行必要的现场修正。同时，可以帮助施工部门正确地了解在施工过程中有利和不利的地质因素，这对制定工程施工方法及处理措施，保证施工进度及施工安全等都起到一定的保证作用。

施工地质编录工作的内容，包括两大部分：一是对爆破区覆盖层或基础清理后校对原有的地质图；另一是测绘药室导硐的地质展示图（比例尺为1:100~1:200，甚至于1:50）。

测绘地质展示图的方法，与一般测绘探硐的方法相似，只是在工作过程中，必须做好充分的准备和分工，并且以最快的速度进行作业，以减少对施工的干扰。准备工作的内容，就是根据地形地质资料，预先绘出沿药室导硐的剖面，以及预计在开挖过程中可能遇到的情况，以利于指导洞内的测绘。

爆破前后的地质观测工作，也是施工地质工作中的一部分。在一般情况下，进行以下项目的观测：①地表裂隙；②断层及大裂隙变动；③山体岩石结构破坏情况；④水文地质；⑤边坡及危险地段；⑥坑洞观测（即变形或掉块等）。

由于目前对爆破破坏范围的研究工作做得还不够全面和深入，在爆破后，根据实际需要进行一些勘探工作（如硐探及钻探等），了解其爆破前后破坏程度及范围是非常必要的。

3. 编写工程地质报告书

爆破工程地质的勘测阶段不同，编写报告及论证问题也不同，但每一阶段阐明爆破地区地形地貌、地质及水文地质条件是必不可少的，并且在这个基础上论证修建建（构）筑物的工程地质条件和做出工程地质评价。

阐明爆破区的地貌、地质及水文地质条件的内容包括地形地貌、地层岩性、地质构造及水文地质条件（包括水质的化学性质）等。对于所叙述的地形地貌，无论在观察和描述方面，都应比较详细。

在论证工程地质条件及做出评价时，必须根据爆破工程的特点，做出采用爆破施工的合理性和可靠性的结论。

在爆破设计阶段报告中，除进一步论述爆破施工的合理性和可靠性外，应该用较大的篇幅叙述各种药包布置方案的工程地质条件，提出建议方案，以便预测被选定方案的爆破效果，同时对爆破作用可能引起的破坏后果提出预防措施。

总之，在爆破工程地质勘测工作中，地质问题大部分都必须获得解决。

在爆破施工阶段，主要是编写观测计划及修正前一阶段在地质方面的资料，做好爆破地质工作的经验总结。

6.2 露天台阶爆破

露天台阶爆破通常在一个事先修好的台阶上进行，每个台阶有水平和倾斜两个自由面，在水平面上进行爆破作业时岩石朝着倾斜自由面方向崩落，然后形成新的倾斜自由面。

露天台阶爆破分露天浅孔爆破和露天深孔爆破两种。

6.2.1 露天浅孔爆破

露天浅孔爆破是指药卷直径小于 50mm、深度小于 5m 的爆破作业，大致可分为零星孤立爆破、拉槽爆破和台阶爆破。露天浅孔爆破常用于场地平整，路堑、沟槽开挖，傍山岩石开挖，采石，采矿，基础开挖等工程。其优点是：施工机具简单，适应性强；施工组织较容易。对于爆破工程量较小、开挖深度较小的工程，浅孔爆破可以获得较好的经济效益和爆破效果。

浅孔爆破的爆破参数可根据施工现场的具体条件，参照类似工程的经验选取，并经过实践检验修正，最后取得最佳参数值。

（1）单位体积炸药消耗量（单位耗药量）q　q 值与岩石性质、台阶自由面数目、炸药种类和炮孔直径等因素有关，一般 $q = 0.3 \sim 0.8 \text{kg/m}^3$。

（2）炮孔直径 d　浅孔台阶爆破一般使用直径 32mm 或 35mm 的标准药卷，炮孔直径比药卷直径大 4~7mm，故炮孔直径为 36~42mm。在某些情况下，由于设备的限制，浅孔爆破也可采用大直径的炮孔，但不宜超过 76mm，一般为 51mm、64mm、76mm。

（3）炮孔深度 L 与超深 h　炮孔深度根据岩石坚硬程度、钻孔机具和施工要求确定。对于软岩，$L = H$；对于坚硬岩石，为了克服台阶底部岩石对爆破的阻力，使爆破后不留根底，炮孔深度要适当超出台阶高度 H，其超出部分 h 为超深。其取值

$$h = (0.1 \sim 0.15) H \tag{6-1}$$

（4）底盘抵抗线 W_D　台阶爆破一般都用 W_D 代替最小抵抗线进行有关计算，W_D 与台阶高度有如下关系

$$W_D = (0.4 \sim 1.0) H \tag{6-2}$$

在坚硬难爆的岩体中，或台阶高度 H 较高时，计算时应取较小值，也可按炮孔直径的 25~40 倍确定。

（5）炮孔间距 a 和排距 b　同一排炮孔间的距离叫炮孔间距 a，a 不大于 L、不小于 W_D，并有以下关系

$$a = (1.0 \sim 2.0) W_D \tag{6-3}$$

或
$$a = (0.5 \sim 1.0) L \tag{6-4}$$

间距、排距之间存在以下关系

$$b = (0.8 \sim 1.0) a \tag{6-5}$$

实践证明，在台阶爆破中，采用 $2W_D < a < 4W_D$ 的宽孔距小抵抗线爆破，在不增加单位体积炸药消耗量的条件下，可降低大块，改善爆破质量。

6.2.2　深孔台阶爆破

深孔台阶爆破通常是指药卷直径大于 50mm、钻孔深度大于 5m 的炮孔法爆破。这种爆破方法在石方爆破工程中占有及其重要的地位，已广泛应用于露天开采工程（如露天矿山的剥离与采矿）、山地工业场地平整、港口建设、铁路和公路路堑、水电闸坝基坑开挖等工程，并取得了良好的技术经济效果。

露天深孔爆破的主要优点：钻孔、铲装机械化程度高；工程质量易于控制，施工速度快；炸药用量少，工程成本低，同等条件下比一般爆破节省炸药 1/3 ~ 1/2；爆破有害效应小，安全易于保障。 随着钻孔机械和装运设备的不断改进、爆破器材的日益发展、爆破技术的不断提高，深孔爆破方法在石方工程中所占的优势越来越明显。

1. 台阶要素与布孔方式

（1）台阶要素　深孔爆破的台阶要素如图 6-9 所示。

（2）钻孔形式　深孔爆破钻孔形式一般分为垂直深孔和倾斜深孔两种，其适用情况和优缺点见表 6-1。

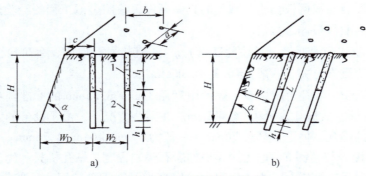

图 6-9 台阶要素及钻孔形式

a) 垂直钻孔 b) 倾斜钻孔

H—台阶高度 W_D—底盘抵抗线 h—超深 L—钻孔深度（或长度）
a—孔距 α—台阶坡面角 b—排距 c—孔边距 1—堵塞 2—炸药

表 6-1 垂直深孔与倾斜深孔比较

钻孔形式	适用情况	优 点	缺 点
垂直钻孔	在开采工程中大量采用	（1）适用于各种地质条件的深孔爆破 （2）钻垂直深孔的操作技术比倾斜孔难度小 （3）钻孔速度比较快	（1）爆破后大块率比较高，常留有根底 （2）台阶顶部经常发生裂缝，台阶面稳固性比较差
倾斜钻孔	在软质岩石的开采工程中应用比较多，随着新型钻机的发展应用范围广泛增加	（1）抵抗线分布比较均匀，爆后不易产生大块和残留根底 （2）台阶比较稳定，台阶坡面容易保持，对下一台阶面破坏小 （3）爆破软质岩石时，能取得很高效率 （4）爆破后岩石堆积形状比较好	（1）钻孔技术操作比较复杂，容易发生夹钻事故 （2）在坚硬岩石中不宜采用 （3）钻孔速度比垂直孔慢

从表 6-1 可以看出，倾斜孔比垂直孔具有更多优点，但由于钻凿倾斜深孔的技术操作比较复杂，而且倾斜孔在装药过程中容易堵孔，所以垂直孔仍然用得比较广泛。

（3）布孔方式 布孔方式有单排及多排布孔两种。多排布孔又分方形、三角形或梅花形及矩形三种，如图 6-10 所示。从能量均匀分布的观点看，以等边三角形布孔最为理想，而方形和矩形布孔多用于挖沟爆破。

2. 深孔爆破参数

深孔爆破参数包括台阶高度、孔径、孔深、超深、底盘抵抗线、孔距、排距、堵塞长度和单位体积炸药消耗量等。合理的爆破参数对于改善爆破效果，降低工程成本有决定作用。同时，这些参数受岩石性质、地形地质条件、开挖要求、施工机械等的影响。

（1）台阶高度 台阶高度是深孔爆破的重要参数之一，其选取主要考虑为钻孔、爆破和铲装运输等工序创造安全和高效率的作业条件，使爆破开挖工程达到最好的技术经济指标。目前，铁路、公路路基土石方开挖施工中，常采用钻孔直径为 76～170mm 的钻孔机械、斗容量为 1～2m³ 的挖掘机械及装载量为 8～12m³ 的自卸汽车，其岩石块度一般不宜超过

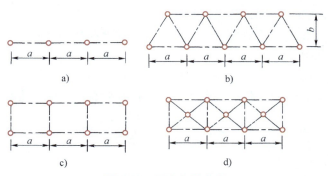

图6-10 深孔布置方式

a）单排布孔 b）方形布孔 c）三角形布孔 d）矩形布孔

0.8m。在上述机械设备和现有技术水平条件下，比较合理的深孔爆破台阶高度一般为 10～15m。当钻孔直径较小、装载运输能力较低时，台阶高度取下限；反之，取上限。随着钻机和施工机械的发展，特别在露天矿山，台阶高度有向高台阶发展的趋势。

（2）孔径 露天深孔爆破的孔径主要取决于钻机类型、台阶高度和岩石性质。采用潜孔钻机钻孔，孔径通常为 100～200mm；牙轮钻机或钢绳冲击式钻机，孔径为 250～310mm，也有达 500mm 的大直径钻孔。目前国内采用的深孔孔径有 80mm、100mm、150mm、170mm、200mm、250mm 和 310mm。在铁路、公路深孔爆破中采用的深孔孔径一般为 80mm、100mm、150mm、170mm。

（3）超深与孔深 超深指钻孔超过台阶底盘水平的深度，其作用是克服台阶底板岩石的夹制作用，爆后不留根底，开挖后形成平整的底部平面。超深取值过大，将造成钻孔和炸药的浪费，增大对下一个台阶顶面的破坏，给大台阶爆破钻孔带来困难，同时增强爆破地震效应的影响范围；超深不足将产生根底，影响挖运施工。根据经验，超深 h 可按下式确定

对于垂直深孔 $\qquad h=(0.15\sim0.35)W_D$ （6-6）

对于倾斜深孔 $\qquad h=(0.30\sim0.50)W_D$ （6-7）

或参考下列公式计算 $\qquad h=(0.05\sim0.25)H$ （6-8）

或 $\qquad\qquad\qquad\qquad h=(8\sim12)d_b$ （6-9）

式中 W_D——底盘抵抗线（m）；

$\qquad d_b$——炮孔直径（m）。

式（6-6）～式（6-9）中，岩石松软时，h 取小值；岩石坚硬时，h 取大值。对于要求特别保护的底板，超深取负值。

孔深是超深与台阶高度之和，即 $L=H+h$。

（4）底盘抵抗线 采用过大的底盘抵抗线会造成根底多，大块率高，后冲作用大；过小不仅浪费炸药，增大钻孔工作量，而且易产生飞石。底盘抵抗线的大小与钻孔直径、炸药做功能力、岩石可爆性、台阶高度和坡面角等因素有关，在设计中可用类似条件下的经验公式来计算，并在实践中不断调整，以达到最佳爆破效果。

1）根据钻孔作业的安全条件确定

$$W_D \leq H\cot\alpha+B$$ （6-10）

式中 H——台阶高度（m）；

α——台阶坡面角，一般为 $60° \sim 75°$；

B——从钻孔中心至坡顶线的安全距离（m），$B \geqslant 2.5 \sim 3.0\text{m}$。

2）根据台阶高度确定

$$W_D = (0.6 \sim 0.9)H \tag{6-11}$$

3）根据巴隆公式：按照体积法（药包质量与爆破岩石体积成正比）计算

$$W_D = d_b \sqrt{\frac{0.785 \rho_0 l_L L}{mqH}} \tag{6-12}$$

式中　d_b——孔径（m）；

ρ_0——装药密度（kg/m^3）；

l_L——装药系数，$0.6 \sim 0.8$；

L——炮孔长度（m）；

m——炮孔密度系数，一般 $m = 0.7$；

q——单位体积炸药消耗量（kg/m^3）。

4）根据炮孔直径确定

$$W_D = (20 \sim 50)d_b \tag{6-13}$$

底盘抵抗线受许多因素影响，变动范围较大，除了要考虑前述的条件外，控制坡面角是调整底盘抵抗线的有效途径。此外，可通过试爆获得具体条件下的最佳底盘抵抗线。

（5）孔距与排距　孔距按下式计算

$$a = mW_D \tag{6-14}$$

式（6-14）中密集系数 m 取值通常不小于 1.0。当采用宽孔距爆破时，m 值可达 $3.0 \sim 4.0$ 或更大。但是第一排孔往往由于底盘抵抗线过大，应选用较小的 m 值，以克服底盘的阻力。

日本、瑞典采用下式计算孔距

$$a = (1.2 \sim 1.3)W_D \tag{6-15}$$

排距是指多排孔爆破时，相邻两排钻孔间的距离，在排间深孔呈等边三角形错开布置时，排距 b 与孔距的关系为

$$b = a\sin 60° = 0.866a \tag{6-16}$$

排距大小对爆破质量影响较大，后排孔由于岩石夹制作用大，排距应适当减小，按经验公式计算

$$b = (0.6 \sim 1.0)W_D \tag{6-17}$$

（6）B 和台阶坡面角 α　台阶上眉线至前排孔口中心线的距 B，可按下式估算

$$B = W_D - H\tan\alpha \tag{6-18}$$

算出的 B 值应能保证钻孔作业安全，否则，必须调整底盘抵抗线后重新计算。

在台阶爆破中，坡面角 α 为前一次爆破时形成的自然坡角，它通常与岩石性质、钻孔排数和爆破方法有关，一般要求坡面角为 $60° \sim 75°$。

（7）堵塞长度 l　合理的堵塞长度应能降低爆炸气体能量损失和尽可能增加钻孔装药量。堵塞长度过长将会降低钻孔延米爆破量，增加钻孔费用，并造成台阶上部岩石破碎不佳；堵塞长度过短，炸药能量损失大，将产生较强的空气冲击波、噪声和个别飞石的危害，并影响钻孔下部破碎效果。堵塞长度计算常用的经验公式为

$$l \geqslant 0.75W_D \tag{6-19}$$

或

$$l = (20 \sim 40)d_b \tag{6-20}$$

一般当堵塞长度大于30倍的孔径时，不会产生飞石。不堵塞时会形成爆破危害，因此，《爆破安全规程》规定严禁采用无堵塞爆破。

（8）单位体积炸药消耗量　影响单位体积炸药消耗量的因素，主要有岩石的可爆性、炸药种类、自由面条件、起爆方式和块度要求等。选取合理的单位体积炸药消耗量 q 值往往需要通过试验或长期生产实践来验证。对2号岩石硝铵炸药，q 值可按表6-2选取。

表6-2　单位体积炸药消耗量 q 值表

岩石单轴抗压强度 σ_c /MPa	8~20	30~40	50	60	80	10	120	140	160	200
q /(kg/m³)	0.40	0.43	0.46	0.50	0.53	0.56	0.60	0.64	0.67	0.70

（9）单孔装药量　单排孔爆破或多排孔爆破的第一排孔的每孔装药量按下式计算

$$Q = qaW_D H \tag{6-21}$$

多排孔爆破时，从第二排孔起，以后各排孔的每孔装药量按下式计算

$$Q' = (1.2 \sim 1.3)Q \tag{6-22}$$

当采用毫秒爆破时，因前排给后排延时，为起爆的炮孔创造了新的自由面，其每孔装药量按下式计算

$$Q' = KqabH \tag{6-23}$$

式中　K——考虑矿岩阻力作用时的增加系数，一般取 1.1~1.2；

其余符号意义同前。

3. 施工技术

露天深孔爆破施工工艺包括钻孔、装药、堵塞、敷设网路与起爆。整个工艺过程的施工质量将会直接影响爆破安全与效果，因此，每一道工序都必须遵守爆破安全规程与操作技术规程的有关规定。

（1）钻孔　钻孔前按照爆破设计图在地面上定出孔位，严格按设计孔位、深度、倾角钻孔；钻孔的开孔口不要打成喇叭状孔口；钻孔时要随时将孔口岩渣和碎石清除干净并整平，防止掉入孔内；钻孔结束后及时将岩粉吹干净；钻孔误差不大于孔深的1%；钻孔完毕，用专制孔盖将孔口封好，并用塑料布覆盖，以防雨水将岩粉冲入孔内。

（2）装药　装药方法有人工装药与机械化装药，人工装药劳动强度大、装药效率低、装药质量差，特别是水孔装药会产生药性不连续，影响炸药的稳定爆轰。因此，人工装药将逐步为机械化装药所代替。

1）装药必须严格控制每孔的装药量，并在装药过程中检查装药高度。在装药过程中，如发现堵塞时，应停止装药并及时处理。在未装入雷管或起爆药柱等敏感的爆破器材前，可用木质长杆处理，严禁用钻具处理装药堵塞的钻孔。

2）装药结构按装药种类分单一装药结构与组合装药结构。单一装药结构是在孔内装同一品种和密度的炸药；组合装药结构是在孔底装做功能力高的炸药，在孔上部装做功能力较

低的炸药。

3）装药结构按装药形式分连续装药结构、间隔装药结构和耦合、不耦合装药结构。装药一般采用单一连续的装药结构。当底盘夹制作用较大时，宜采用组合装药结构。当炮孔穿过强度悬殊的软、硬岩层或大破碎带、贯通大气的宽裂缝时，宜采用间隔装药，将药包装在较坚硬的部位，软弱部位则应进行堵塞。有时为了改善台阶上部的破碎质量，可采用提高装药高度的办法，将装药结构分成两段，上部的装药量仅为炮孔总装药量的1/3~1/4，中间用堵塞料分开，此时孔口堵塞长度不得小于最小抵抗线长度。

（3）堵塞 堵塞对于深孔爆破时炸药爆炸能量的利用有很大的影响，足够的堵塞长度和良好的堵塞质量有利于改善爆破效果，所以，深孔爆破的堵塞长度应达到设计要求。堵塞材料采用钻孔岩屑、砂或砂与细石屑混合物，严禁使用石块和易燃材料。

（4）爆破网路与起爆 深孔爆破一般采用电起爆网路、非电起爆网路、导爆索—继爆管和复式起爆网路，随着爆破工程规模的不断扩大，大区多排孔一次毫秒爆破更显示出其优越性，但对起爆网路的可靠性提出了更高的要求。

6.3 硐室爆破

硐室爆破是采用集中或条形硐室装药，爆破开挖岩土的作业。

6.3.1 硐室爆破分类及其适用条件

1. 分类

（1）**按药包形状和布置形式分类**

1）集中药包爆破。集中药包的尺寸应满足：长径比（药包长边 L 与短边 d 之比或药包长度与截面等效直径之比）

$$L/d \leqslant 4 \tag{6-24}$$

或集中系数

$$\psi = 0.062\sqrt[3]{Q/\rho_0}/R \geqslant 0.4 \tag{6-25}$$

式中 Q——药包质量（kg）；

R——药包几何中心至药包最远一点的距离（m）；

ρ_0——药包装药密度（kg/m³）。

2）条形药包爆破。当药包长径比 $L/d > 20$，集中系数 $\psi < 0.41$ 或长抗比（药包长度 L 与最小抵抗线 W 之比）$\eta > 1$ 时称为条形药包。

3）混合药包爆破。在一次硐室爆破中，既有集中药包，又有条形药包；有时将一个集中药包分成两个保持一定距离的集中或条形子药包称为分集药包，这样做有利于提高炸药的有效能量利用率。

4）平面药包爆破。以等效作用的集中或条形药室按一定极限间距布置成一个装药平面。平面药包多用于定向抛掷筑坝等大型工程。

（2）**按爆破作用分类**

1）松动爆破。爆破作用仅仅使岩石松动、破碎，而破碎岩块不产生抛掷。松动爆破的炸药单耗小，能有效控制爆破的堆积范围和飞石距离，爆破有害效应小。

2）抛掷爆破。爆破作用范围内的岩石不仅破碎，而且部分破碎岩块被抛掷至爆破漏斗以外，以减少土石方装运工作量。平坦地形的强抛掷爆破又称为扬弃爆破。

3）定向抛掷爆破。根据具体的地形条件和工程要求，利用最小抵抗线原理，通过控制多个药包的爆炸作用方向和爆破先后顺序，将大量岩土按设计方向抛掷到指定地点，并堆积成一定形状。

4）崩塌爆破和抛坍爆破。当地面自然坡度为大于 60°时，利用爆破作用将岩石松动，然后使破碎的岩石在重力作用下塌落的爆破方法称为崩塌爆破；在自然坡度大于 30°的多面临空地形条件，利用爆破作用使岩石破碎到一定程度，充分利用斜坡以上岩石内的潜在势能，使破碎的岩块抛坍出去，形成可见的漏斗坑的爆破方法称为抛坍爆破。

2. 适用条件

1）集中药包适用于各种地形条件下的硐室爆破，随意性较强，尤其适合于定向爆破中的地形改造；条形药包中的端部处理和局部区域的药包调整，以及不规则地形山体和多临空面山体的药包布置。

2）条形药包硐室爆破具有爆破能量分布均衡、能量利用率高、岩石破碎均匀、松动效果好等特点，是近年来各类硐室爆破中的主要药包布置方法。在一些对岩石块度和级配要求比较高的石方开挖中，如面板堆石坝料场开挖，采用条形药包硐室爆破技术也可达到填料的块度和级配要求。条形药包在进行药包布置时，为保证条形药包作用均匀，防止个别地方抵抗线太小或因地质薄弱面发生爆炸气体冲出，造成飞石过远和影响爆破效果，最小抵抗线 W 的允许误差应控制在一定范围内，超过该范围时，就应布置另一条药包。条形药包的特点是在药室达到一定长度后才显露出来的，故条形药包对山体的地形和地质条件有一定要求。另外，条形药包径向与轴向爆破作用不同，存在端部效应，如果条形药包端头恰好处在山体端头，则难以既保证端部的爆破效果，又不发生侧向冲出，这时布置集中药包就比较好。

3）在公路路堑开挖中，由于路面宽度限制，又存在边坡问题，故多采用分集药包。

4）抛掷爆破可以加快开挖速度，在周围无建筑物，施工条件（运输道路、机械化程度等）较差的地方使用有其优越性。由于抛掷爆破装药量多，飞石和振动影响范围大，在邻近建筑物或周围环境较复杂的地方宜采用松动爆破或加强松动爆破。

5）崩塌爆破和抛坍爆破利用岩石自身的潜在势能提高爆破效果，适于坡陡、地形地质条件较复杂的多面临空地段，在公路部门被广泛采用。

6.3.2 硐室爆破设计原则与内容

1. 设计原则和基本要求

（1）应根据有关部门批准的任务书和必要的基础资料进行编制。

（2）根据工程要求及爆区地质地形条件，确定合理的爆破范围和爆破方案。在保证爆破效果前提下，尽可能做到投资少，开挖工程量少，工程进度快，爆破成本低。

（3）贯彻安全生产的方针，提出可靠的安全技术措施，确保施工安全和爆区周围建（构）筑物和设备等不受损害。

（4）采用先进的科学技术，合理地选择爆破参数，以达到良好的爆破效果。

（5）爆破应符合挖掘工艺要求，保证爆破方量和破碎质量，爆堆分布均匀，底板平整，以利于装运。同时要保护边坡不受破坏。

对大型或特殊的爆破工程，其技术方案和主要参数应通过试验确定。

2. 设计基础资料

硐室爆破工程设计必须具备以下四个方面的基本资料：

（1）工程任务资料 包括工程概况、目的、任务、技术要求、有关工程设计的合同、文件、会议纪要及领导部门的批复和决定。

（2）地形地质资料

1）爆区及爆岩堆积区的1：500地形图。

2）比例为1：2000～1：5000的大区域地形图，其范围包括爆破影响区内的所有的建（构）筑物、道路和设施。

3）1：500或1：1000的爆区地质平面图及主要地质剖面图。

4）工程地质勘测报告书及附图。

（3）周围环境调查资料 包括爆破影响范围内各类建（构）筑物的完好程度和重要程度；爆区附近隐蔽工程的分布情况；影响爆破作业安全的高压线、电台、电视塔的位置及功率；近期气象条件。

（4）试验资料 包括爆破器材说明书、合格证及检测结果；爆破漏斗试验报告；爆破网路试验资料；杂散电流监测报告；针对爆破工程中的特殊问题（如边坡问题、地震影响问题、堆积参数问题等）所做的试验炮的分析报告。

3. 设计内容

（1）爆破设计说明书

1）工程概况、环境与技术要求 包括工程目的、要求、工程进度、规模及预期效果。

2）爆区地形、地貌、地质条件及爆破工程量计算 包括爆破区和堆积区的地形、地貌、工程地质及水文地质有关内容，这些条件与爆破的关系及爆破影响区域内的特殊地质构造（如滑坡、危坡、大断裂等）相关。

3）设计方案选择 根据整体工程对爆破的技术要求和爆区地形、地貌等客观条件的影响，合理地确定爆破范围和规模、爆破类型、药室形式和起爆方式，进行多方案优缺点比较，论证所选方案的合理性、存在问题与解决办法。

4）爆破参数选择与装药量计算 根据爆破方案规划原则，合理确定药包的具体布置，然后对每个药包进行设计计算。计算主要包括爆破漏斗计算、装药量计算及抛掷堆积计算。计算中应说明各参数的选择依据及计算方法，并列表说明计算结果。

5）药室及导硐布置 确定平巷、横巷的断面，药室形状及所有控制点的座标，并计算出明挖、硐挖工程量。

6）装药、填塞和起爆网路设计 明确装药结构及炸药防潮防水措施，确定堵塞长度，计算堵塞工程量并说明堵塞方法、要求及堵塞料的来源；起爆网路设计包括起爆方法，网路形式及敷设要求，确定堵塞长度，计算电爆网路的参数及列出主要器材加工表。

7）爆破安全距离计算 计算爆破地震波、空气冲击波、个别飞石、毒气的安全距离，定出警戒范围及岗哨分布，对危险区内建（构）筑物安全状况的评价及防护设施。

8）爆破施工组织 应当包括施工现场布置、开挖施工的组织、装药、堵塞、起爆期间的指挥系统、劳动组织、工程进度安排、爆后安全处理和后期工程安排。

9）施工机具、仪表及器材表

10）工程投资概算

11）主要技术经济指标 主要指标是单位体积炸药消耗量、爆破方量成本、抛方成本及整个土石方工程（建成后）的成本分析和时间效益、社会效益分析。

12）大型爆破工程有时还应包括科研观测设计和试验炮设计。

（2）主要附图 包括爆破环境平面图；爆破区地形、地质平面及剖面图；药包布置平面及剖面图；药室和导硐平面图、断面图；装药、堵塞结构图；起爆网路敷设图；爆破安全范围及岗哨布置图；防护工程设计图。

4. 设计程序

根据我国《爆破安全规程》规定，硐室爆破设计工作应按不同爆破规模和重要性的分级标准，分阶段进行。A、B 级硐室爆破应按可行性研究、技术设计和施工设计 3 个阶段的相应设计深度要求，逐一设计和审批程序进行。C 级硐室爆破允许将可行性研究与技术设计合并，分两个阶段设计。D 级硐室爆破可一次完成施工设计。

硐室爆破分级标准是以一次爆破炸药用量 Q 为基础，视工程的重要性及环境的复杂性可按规定做适当调整。A 级，$1000t \leqslant Q \leqslant 3000t$；B 级，$300t \leqslant Q < 1000t$；C 级，$50t \leqslant Q < 300t$；D 级，$0.2t \leqslant Q < 50t$。装药量大于 3000t 的，应由业务主管部门组织论证其必要性和可行性，其等级按 A 级管理。

6.3.3 药包布置的原则和方法

1. 药包布置原则

1）根据初步确定的主、副爆区条件，研究各爆区适宜的药包形式和组合布置方式，以及药包分排（前、后为排）、分层（上、下为层）的布置原则。规模较小的爆破应结合地形及地质条件布置成单排、单层、单个或多个并列（左、右为列）药包。对于较大规模爆破，一般需要布置多排药包，但药包排数不宜过多，一般以 3~4 排以内为宜。排数过多时，受各排药包爆破误差累积影响，后排药包容易产生夹制或阻挡作用；排数过少，对大范围爆区，药包最小抵抗线必然增大，单位体积炸药消耗量增加，爆破负面影响会相应提高，所以必须全面考虑其安全性与经济合理性。

2）药包宽度要注意侧面地形和地质情况，预防侧向逸出抛散和边坡坍塌、失稳。

3）各排药包参数要通盘考虑、合理调整，并考虑前、后排药包的关系。前排辅助药包爆破要为后排主药包创造良好的临空面，以求总体方案获得最优的爆破效果。对于侧向抛掷爆破，爆破作用指数 n、最小抵抗线 W 值应逐排增大。斜坡抛掷爆破时，药包中心高程应逐排略提高，使爆破漏斗下破裂线产生俯角，以减少夹制，增加抛掷率。

4）药包布置高程应根据工程使用要求，结合爆区地形地质条件确定。一般应保证工程基础下岩体不被破坏及爆后边坡稳定。定向爆破修筑蓄水坝时，应充分考虑到爆破不会造成基岩破坏，从而导致蓄水后发生坝肩绕渗问题。但对于拦泥石流坝、尾矿坝和储灰坝一类非蓄水工程，则药包可尽量降低，以提高爆破有效堆积方量和改善堆积体形状。如四川石棉尾矿坝等一批采用低高程药包布置修筑定向爆破坝均为成功范例。

5）多排多层药包布置时，以前排先爆、后排相继依次起爆为原则。排间延时爆破采用秒延时或毫秒延时。采用秒延时爆破时，延时时间过长会导致爆后漏斗上部边坡坍塌，影响后排药包的爆破条件；采用毫秒延迟爆破时，一般取 100~200ms，W 较大时取大值，反之，取小值。当侧向多层药包分段起爆时，顶部药包先爆，下层药包后爆，层间药包延时时间与排间药包相似。对于大面积分层向上抛掷爆破，层间药包起爆延时需充分论证，慎重选取。

6）药室应当避开溶洞、断层、破碎带和软弱夹层带；当遇到软、硬岩层时，药包布置在坚硬岩层中；边坡附近的药包要预留保护层；有溶洞存在时，先布置溶洞周围药包，并满足不向溶洞逸出的条件，再布置距离较远的药包。

7）药包规划布置方案确定后，对同一爆区的药包进行爆破漏斗设计时，一般应按药包起爆的先后顺序，逐个进行设计，除非药包的爆破漏斗与其他辅助药包爆破无关联时，才可各自单独设计。因为先起爆的药包往往对相邻的后起爆药包的临空面产生局部改变，所以按此顺序设计才能更准确地确定后起爆药包的设计参数和漏斗形状，从而获得良好的爆破效果。

2. 药包布置方法

药包布置是硐室爆破设计的核心，它具有整体性和灵活性，并与爆破要求、爆区地形、地质条件密切相关，是一个修正寻优、循环设计的过程。药包布置的整体性体现在多排多层药包分段起爆的设计理念，如果其中一个药包布置不当，将改变相邻药包和后排起爆药包的边界条件，导致不良的爆破效果。药包布置的灵活性体现在任一爆破工程的设计方案都可以根据爆破任务的基本要求、结合爆区的地形、地质条件和周围环境条件，灵活选用不同的药包形式、参数、起爆顺序等，进行多种方案的药包布置（见图6-11、表6-3）。

表6-3 硐室爆破常用药包布置形式及其适用条件

爆破作用方向	药包布置形式	适用条件
单侧作用	单层单排布置 单层双排布置 双层单排	缓坡地形、高差小 同上，要求爆后形成宽平台 陡坡地形，高差大
双侧作用	单排布置 多排布置，主药包双侧作用，辅助药包单侧作用 并列单侧作用 单排布置，一侧松动作用另一侧抛掷 并列不等量药包，单侧作用	山脊地形 坡度平缓的山包 顶部较宽的山包或山脊 两侧地形坡度不同的山脊或山包 两侧地形坡度不同山脊或山包
多向作用	单一药包 单一主药包多向作用，辅助药包群单向作用	孤立山头，多面临空，地形坡度较陡 孤立山头，多面临空，地形较缓，爆破山头高差较大
多重作用	复合布置	一切复杂的地质和地形条件

（1）路堑开挖爆破药包布置 在路堑石方开挖中，药包布置在满足设计断面内岩体爆后松动或大量抛掷的同时，尽量减少爆破对路床的损伤，并确保边坡稳定。

1）单边坡路堑和一侧边坡不高的双边坡路堑，常采用单层单排药包，实施抛掷爆破和松动爆破（见图6-11a）。单边陡坡路堑，多采用单排双层布药方式（见图6-11c），条件许可时多采用崩塌或抛坍爆破。

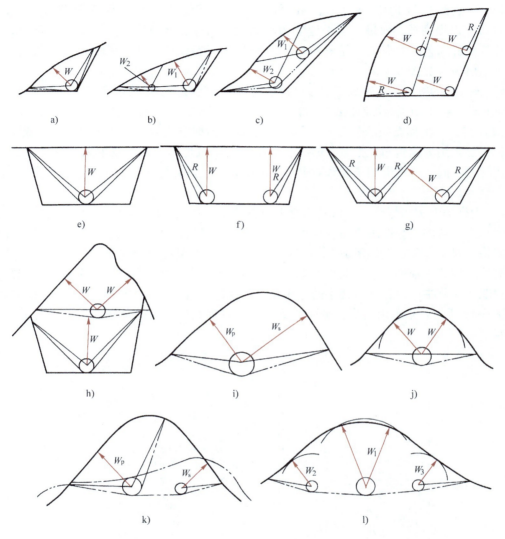

图 6-11　药包布置方式

a）单层单排单侧作用药包　b）单层双排单侧作用药包　c）双层单排单侧作用药包
d）多层多排药包布置　e）单排抛弃爆破药包布置　f）等量对称齐发药包布置
g）向一侧抛掷延迟药包布置　h）双层单排延迟爆破　i）单层单排双侧不对称作用的药包
j）单层单排双侧对称作用药包　k）单层多排药包（主药包双向作用，辅助药包单向作用）
l）单层双排双侧作用的不等量药包

2）当路基较宽时，为减少大药量药包对边坡的破坏，常采用单层双排集中药包或条形药包布药方式（见图 6-11b）。路基（站场）较宽、横坡较陡时，布置抵抗线较大药包容易对边坡产生较大影响，一般采用多排、多层的布药方式（见图 6-11d）。同排上、下层药包同段、前后排药包采用延时爆破。

3）斜坡开挖双边坡路堑，为保护边坡，应布置双层单排药包（见图 6-11h）。上层药包抛掷，下层药包松动，上层先于下层起爆。

4）平地开挖双边坡路堑时，常用单排集中药包（或条形药包）齐发爆破（见图 6-11e），以提高扬弃效果。当平地堑沟底宽大于沟深且开口宽度大于 3 倍沟深时，采用双排等量对称药包齐发爆破（见图 6-11f）。平地宽堑沟要求向一侧抛掷大量土石方时，采用双排延迟爆破（见图 6-11g）。

5）深而窄的堑沟，一般采用双层单排延期布药。此时，上层药包应采用抛掷（扬弃）爆破，而下层药包可采用松动或加强松动爆破，上、下层药包起爆延时一般以百毫秒级为宜。

（2）露天矿剥离爆破药包布置　无论是金属矿山或非金属矿山的剥离爆破，爆区一般较大，需要采用群药包布置方案。但因各个矿山的爆区地形地质、规模大小各异，铲、装、运设备配置不同，环境限制条件和对爆堆要求的差异，其药包布置原则、药包组合形式的选择各有差异。

1）山脊地形剥离爆破。一般沿山脊下布置若干主药包，周边布置若干辅助药包。主药包的大小和药包的层数取决于山脊高度和山体宽度，目的是使山脊充分爆碎，使爆区形成平整的底板。对于窄陡山脊地形剥离爆破时，可沿山脊下布置单排主药包（见图 6-11i、j），山脊周边布置若干辅助药包（见图 6-11k、l）；对于山脊平缓厚实的剥离爆破，可先沿山脊下布置双排对称主药包，再围绕主药包布置若干辅助药包，永平铜矿天排山试验炮的药包布置如图 6-12 所示。平顶山地形，平顶之下也可布置梅花形分布的集中药包或平行分布的条形药包。

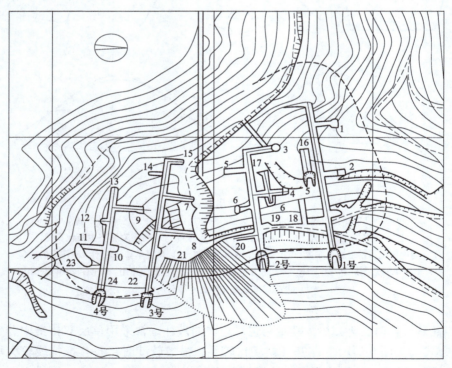

图 6-12　天排山试验炮的药包布置

当一侧可以抛掷另一侧不允许抛掷时，药包布置应偏离山脊纵轴投影线。两侧药包最小抵抗线 W_p、W_s 应满足下列关系（见图 6-11i）。

$$W_\mathrm{p}^3 f(n_1) = W_\mathrm{s}^3 f(n_2) \tag{6-26}$$

式中 W_p、W_s——两侧药包最小抵抗线（m）；

n_1、n_2——两侧药包爆破作用指数。

选择适当的 n_1、n_2 值，可实现一侧抛掷而另一侧松动。

2）单侧抛掷削顶爆破药包布置。以福建省非金属矿顺昌羊菇山削顶大爆破工程为例：爆区长350m，宽224m，最大爆高63.45m。山顶由东北向西南为一山脊。山脊西—西南侧地形坡度 40°~45°，选定为抛掷爆破，工程要求爆后将岩石抛掷到矿山最终开采境界以外。山脊北端东—东南侧地形坡度 18°~25°，东侧又有运矿公路，不允许抛掷岩石，故定为松动爆坡区。为此，根据爆区地形地质条件和工程要求爆破方案采用由 2~3 层，长 85~350m 的条形药室（见图6-13）组成的5排药包及布药平面与水平面夹角为60°的4排平面药包。为控制与抛掷方向相反一侧发生抛掷和控制条形药包侧向端部抛散，还应合理地处理平面药包的尺寸、装药量和最小抵抗线等药包参数之间的关系。

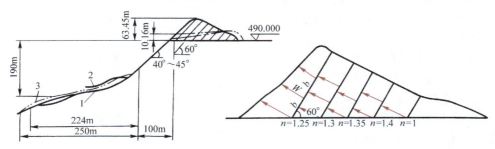

图6-13 单侧抛掷削顶爆破药包布置
1—原地面线 2—抛掷堆积线 3—滚动堆积线

3）爆区条件复杂的大型剥离爆破药包布置。一般分成几个爆区，根据工程要求结合各爆区的地形地质条件，综合运用各类药包组合布置方式，做出合理的药包布置与设计，进行方案比较后择优确定。例如，甘肃省白银大爆破，共分 10 个爆区，布置药室 500 多个，最大爆区计 132 个药包，最小爆区只有 9 个药包。10 个爆区包括弧山包、山脊、山嘴、边坡等各类地形条件，它们各自独立成体系又相互关联。总装药量达 1 万 t。

（3）定向抛掷爆破的药包布置原则 定向爆破的药包布置应充分利用有利地形，当自然地形不能满足要求时，应采用辅助药包改造地形。

1）药包布置通常采取定位中心法，即在爆区分排布置药包，各排药包以定向抛掷堆填的中心轴线某一距离点为中心，以该点至各排药包中心距离为半径的弧线上布置药包。当地形凌乱、变化复杂时，在前排布置若干辅助药包。辅助药包除了将本身爆破岩石有效抛填外，还可以改造爆区地形，为后一排药包创造凹弧形的自由面，使各排主药包的爆破岩石能向定位中心抛出，并尽量集中堆填于定位中心轴线周围的有效堆积区内，达到爆堆集中填高的目的。

2）定向爆破药包布置的最低高程视不同工程目的与要求而异。对于蓄水坝和发电站工程，下层药包的最低高程应确保爆破破坏深度不超过正常蓄水位，避免造成坝肩渗流，增加防渗加固工程量。如果工程不是永久性的蓄水坝工程，可以采用低高程药包布置法。

3）天然凹面的山坡，应利用凹面使各药包最小抵抗线方向都指向定向中心；较平整坡面宜布置等量对称群药包。

4）不整齐坡面，应布置改造地形的辅助药包。辅助药包起爆后形成的凹面不宜太窄，以免影响后排抛掷率，并避免侧向逸出破坏；凹面接近平面时，主药包也可布置成等量对称药包。辅助药包不宜过大，尤其是药包埋深 H 不宜超过最小抵抗线 W 的 1.5 倍，以免辅助药包起爆后形成过多的堆积体，影响后排主药包抛掷距离和抛掷率。

5）为了使岩石向预定方向抛出而不向其他方向抛散或逸出，药包布置时要进行侧向和后向不逸出半径校核，一般使侧向不逸出半径 W_c 和后向不逸出半径 W_h 满足下述条件：$W_c \geq 1.35R$，$W_h \geq 1.1R$，其中，R 为下破裂线半径。

6）布置多层药包或多排药包时，最上层药包埋深一般选其最小抵抗线的 1.2~1.6 倍，排数尽量不超过两排。后排布药时，最下层药包高程应比前排最下层药包高，以减少夹制作用。

（4）定向爆破滑动筑坝（路）的设计原则

1）山坡是主要滑动面，山坡的倾角要求大于松散岩石的自然休止角，为确保滑动效果，通常为 40°。

2）在布药区的前沿，改造地形开临空面，使爆破漏斗下缘打开与水平面成 35°的一个缺口，以利于留在漏斗内的余方继续滑动上坝（路）。

3）采取多排爆破，每排都设计成平行于坝（路）轴方向的平面主推药包。第一排药包主要在于改造爆堆堆积区曲率的滑移面，下破裂线的连线与水平面的倾角可取为 30°后排药包爆破后岩体将顺该滑移面滑动上坝（路），下破裂线的连线与水平面的倾角可 25°。

4）各排药包的计算单位用药量应有差别，前排取小值，后排取大值。但整个爆破区的实际单位耗药量不宜超过 0.7kg/m^3。

5）每一排药包爆破后，爆落岩体的整个滑动过程需要 20~30s 才能完成。因此，各排药包应分段起爆，其延时间隔至少要达到 20~30s。

6）其他设计原则和常规爆破相同。

（5）条形药包布置原则　条形药包是现代硐室爆破药包布置设计的主体。在复杂地形地质条件下，将条形药包和集中药包进行有机组合，已成为大中型硐室爆破布药的最佳形式。

1）平面形状与位置。为控制同一药包的最小抵抗线误差不超过±7%，条形药包多以直线、折线为主，同一药包的弯折不宜超过两次。前排药包与地形等高线大致平行，前后排、上下层药包平行布置。当有堆积要求时，药包径向应与堆积方向保持一致。为降低爆破振动，药包轴向应尽量正对需保护的周围建（构）筑物。

2）高程。底层药包应布置在坡度不宜大于 3%的同一坡面上，后排药包略高于前排药包。当建基层需保护时，药包应高出建基层一个压缩圈半径的数值。

3）排数。条形药包一般不宜超过 3 排。若地形平坦且 $W/H=0.8~0.9$ 时，排数可增至 4~5 排。多排双侧爆破时，中间一排药包应设计为双向对称药包，其药量可适当增加（增量一般为该排总药量的 20%）。若主爆方向已定，则主爆方向药包最小抵抗线不超过另一方向药包最小抵抗线的 0.8~0.9 倍。

4）层数。药包层数取决于选定药包的最小抵抗线 W 与埋设深度 H 之比，一般 $W/H = 0.6~0.8$（定向抛掷爆破时，$W/H=0.7~0.8$；松动爆破时，$W/H=0.5~0.9$）。当 $W/H<0.6$

时，应考虑布置两层药包。若高程差过大，可分段布置以缩短条形药包长度，从而控制 W/H 在较为合理的范围。

5）端部药包。由于条形药包端头作用较弱，为改善爆破效果，应尽量利用地形条件使端部抵抗线减少约 15% 或在端部增加 15%～20% 的药量。

3. 硐室爆破边坡保护技术

硐室爆破由于装药量较大，产生的爆炸应力波和爆破振动都较大，这对保护边坡稳定非常不利。多年的研究和工程实践证明，只要能掌握准确的地质资料，选定合理的爆破方案和参数，精心进行药室布置就能有效地控制药包的破坏范围和最大限度地降低爆破振动，使硐室爆破同样能保持边坡稳定。

（1）硐室爆破对边坡的影响

1）由药室向漏斗外延伸的径向裂缝和环向裂缝破坏了边坡岩体的整体性。

2）部分岩体爆除后，破坏了边坡的稳定平衡条件。

3）爆破地震波在小断层或裂隙面反射，造成裂隙张开或地震附加力使部分岩体或旧滑体失稳而下滑。

4）爆破漏斗上侧方和侧向出现的环状裂隙向深部延伸，影响边坡稳定。

5）爆破地震促使旧滑体活动。

（2）临近边坡硐室爆破设计要点

1）要留有足够的边坡保护层。当边坡不高，岩体比较稳固、药包也不太大时，预留保护层厚度（装药中心到边坡的距离）$\rho = AW$，A 值按表 6-4 选取。边坡高、药包较大、岩体稳固条件不太好时，预留层 $\rho = BR_r$，式中 R_r 为压碎圈半径，$B = 3～5$。

表 6-4 预留边坡保护层常数 A 值

岩土类别	单位体积炸药消耗量 K 值/kg·m³	压缩系数 μ	各种 n 值下的 A 值					
			0.75	1.00	1.25	1.50	1.75	2.00
黏　土	1.1～1.35	250	0.415	0.474	0.550	0.635	0.725	0.820
坚硬土	1.1～1.4	150	0.362	0.413	0.479	0.549	0.632	0.715
松软岩石	1.25～1.4	50	0.283	0.323	0.375	0.433	0.494	0.558
中等坚硬	1.4～1.6	20	0.235	0.268	0.311	0.360	0.411	0.464
坚硬岩石	1.5	10	0.21	0.24	0.279	0.332	0.368	0.416
	1.6	10	0.215	0.246	0.284	0.328	0.375	0.424
	1.7	10	0.219	0.250	0.290	0.335	0.363	0.433
	1.8	10	0.224	0.265	0.296	0.342	0.390	0.411
	1.9	10	0.227	0.260	0.302	0.348	0.398	0.450
	2.0	10	0.231	0.264	0.306	0.354	0.404	0.457
	2.1	10	0.236	0.269	0.312	0.361	0.412	0.466
	2.2 以上	10	0.239	0.273	0.332	0.385	0.418	0.472

2）合理选择爆破类型。采用抛掷爆破能有效地降低爆破振动。因为抛掷爆破有利于加快爆破能量的释放，从而减弱爆破振动。但高边坡的硐室爆破，不宜选用爆破作用指数 n 值大于 1.5 的加强抛掷爆破。加强抛掷爆破产生的动应力波加大了爆破的破坏范围，同时过大

的 n 值使大抵抗线的单响药包更大，产生的爆破振动也更大。因此对于一般岩石的高边坡应选用加强松动或减弱抛掷爆破，取 $n = 0.7 \sim 1.0$。加强松动爆破不仅能使岩石松动破碎且能有一定的位移，有利于降低综合造价，而且对边坡的破坏作用小，有利于边坡稳定。

3）分层松动控制爆破。对高度大于 25m 的高边坡，当地质条件对边坡稳定不利时，在药包的布置上可以采用分层小药包和加大边坡保护层厚度或者边坡侧布置多层药包，远离边坡的仍可布置成大药包的方法，如图 6-14 所示，从而减小靠近边坡的单段起爆药量，使次生裂隙的扩展不至于延伸到边坡内。

4）采用平面分集药室布置方式。对于两侧边坡都要保护的双边坡深宽路堑，可采用平面分集药室布置方式。

① 横向分集药室中心间距。为将整个路面爆通，并保护边坡的稳定性，沿路基宽度方向布置两个横向非对称分集药室 X、Y，如图 6-15 所示。其药室中心间距 a，由预留边坡保护层确定

$$a = B - (\rho_1 + \rho_2) \tag{6-27}$$

式中　B——路基宽度（m）；

ρ_1、ρ_2——横向非对称分集药室的边坡保护层厚度，ρ_1、ρ_2 按前述方法确定。

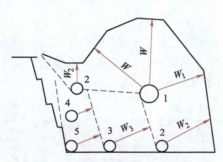

图 6-14　靠近边坡的分层药包布置
1、2、3、4、5 为起爆顺序

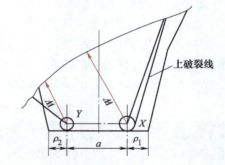

图 6-15　横向分集药室布置

② 纵向分集药室间距。一般路堑内外边坡高差较大，内边坡夹制作用大，采用集中药包，以保证上破裂线准确到位，边坡成形规整，如图 6-16 所示。外边坡抵抗线小，易造成沿路基纵向爆破范围不够。为了使外边坡受均匀的爆破应力，并将各排药室间的岩石充分破碎，不留岩坎，外边坡的横向主药室再进一步沿纵向分集，如图 6-16 中 Y' 和 Y'' 所示，形成 X、Y'、Y'' 组成的二维平面分集药室布置方式。这样克服了过去只进行线性分集装药中的缺点，使爆破范围内的装药量在不影响爆破效果的情况下充分微分化。

纵向分集药包间距按下式计算

$$a_c = 0.5W \tag{6-28}$$

式中　W——药室 Y 最小抵抗线（m）。

③ 药室排距。如图 6-17 所示药室排距由集中药包 X 的最小抵抗线按下式确定

$$b = 0.5W_{cp}(n_{cp} + 1) \tag{6-29}$$

式中　b——药室排距（m）；

W_{cp}——两个相邻药包的最小抵抗线平均值（m）；

n_{cp}——两个相邻药包的爆破作用指数平均值。

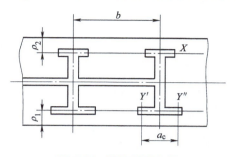

图 6-16 药室平面布置

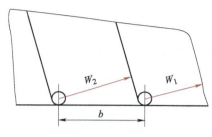

图 6-17 药室布置

④ 平面分集药室布置方式必须综合考虑最小抵抗线和药室间距对装药量的影响，应在原公式中增加系数。新装药量计算公式为

$$Q = qmW_i^3(0.4 + 0.6n^3) \tag{6-30}$$

式中 q——单位体积炸药消耗量（kg/m³）；

$\quad\ m$——横向药室的密集系数，$m = a/W$；

$\quad\ n$——爆破作用指数。

纵向分集药室药量：

当地形变化不大，$a_c = W_i/2$ 时 $\quad Q = \dfrac{1}{2}qm_cW_i^3(0.4 + 0.6n^3) \tag{6-31}$

当地形变化较大，$a_c \neq W_i/2$ 时 $\quad Q = qm_cW_i^3(0.4 + 0.6n^3) \tag{6-32}$

式中 m_c——纵向分集药室的密集系数，$0.5 < m_c < 1.0$。

其余符号意义同前。

⑤ 起爆顺序。起爆毫秒间隔时间的选择有两个目的，一是使相邻顺序起爆的振动波独立不叠加；二是前排先行起爆后，能给后排药包爆炸时提供较好的自由面，减小爆炸时的夹制力和振动速度，减小对边坡的破坏范围。

5）采用长矩形不耦合装药药室。为了减少药包周围的压碎破坏范围，使坡脚岩体少受破坏，提高坡脚的约束力和承受上部荷载的能力。当地形变化不大时，边脚主药包可以设计成条形药室，并采用条形不耦合装药结构。当地形变化较大，药室宜设计成沿路基延伸方向，即平行边坡的长矩形药室。药室长度为最小抵抗线的 1/3 为佳。药室体积除保证有足够空间放置炸药外，适当增大药室体积可以形成局部空腔。药室体积按下式计算

$$V = K_1K_2Q/\rho \tag{6-33}$$

式中 K_1——药室空腔系数，$K_1 = 1.5 \sim 1.2$；

$\quad\ K_2$——药室扩大系数，$K_2 = 1.25$；

$\quad\ \rho$——炸药密度（t/m³）。

6）开挖导向硐或与预裂爆破配合。在药室和边坡坡脚之间开挖导向硐，作为缓冲空间，可有效防止药室对边坡的直接破坏，同时导向硐也是进入药室的平硐。硐室爆破与预裂爆破配合，既利用预裂爆破技术沿边坡形成一定宽度的预裂面，又可以减振，还可以切断向边坡延伸的裂缝。在高陡边坡山腰间采用硐室加预裂孔爆破开挖路堑时，不仅需要考虑药室以上高边坡的安全距离，还应该校核硐室爆破对路床以下岩体及边坡的破坏影响。

6.3.4 爆破参数计算与选择

1. 装药量计算

（1）松动爆破

集中药包

$$Q = eq'W^3 \qquad (6\text{-}34)$$

条形药包

$$q_l = eq'W^2 \qquad (6\text{-}35)$$

（2）加强松动和抛掷爆破

集中药包

$$Q = eqW^3(0.4+0.6n^3) \qquad (6\text{-}36)$$

条形药包

$$q_l = eqW^2(0.4+0.6n^3)/m \qquad (6\text{-}37)$$

式中　Q——装药量（kg）；

q_l——条形药包装药量（kg/m）；

e——炸药换算系数，2号岩石炸药 $e=1.1$，铵油炸药 $e=1.0\sim1.5$，也可对被爆岩石与2号岩石炸药进行爆破试验，根据爆破漏斗及抛掷堆积的对比选 e 值；

q——标准抛掷爆破单位体积炸药消耗量（kg/m³），可参照表6-4选取，在已知岩石表观密度 ρ（kg/m³）时，可按 $q=0.4+(\rho/2450)$ 计算 q 值，也可通过现场试验分析，确定 q 值；

q'——松动爆破单位体积炸药消耗量（kg/m³），对平坦地面的松动爆破 $q'=0.44q$，多面临空或陡崖崩塌松动爆破 $q'=(0.125\sim0.44)q$，大型矿山完整岩体的剥离松动爆破，$q'=(0.44\sim0.65)q$，小型工程也可按表6-5选取；

m——间距系数，取 $1.0\sim1.2$；

W——最小抵抗线（m），取决于爆破规模和爆区地形，一般情况下不宜大于30m，较合理值为 $15\sim20$m；同排条形药包最小抵抗线允许误差范围 $W=\pm7\%$；

n——爆破作用指数。

表6-5　爆破各种岩石的单位体积炸药消耗量

岩石名称	岩体特征	岩石单轴抗压强度/MPa	松动 q'/（kg/m³）	抛掷 q/（kg/m³）
各种土	松软的	<10	0.3~0.4	1.0~1.1
	坚实的	10~20	0.4~0.5	1.1~1.2
土夹石	密实的	10~40	0.4~0.6	1.2~1.4
页岩、千枚岩	风化破碎	20~40	0.4~0.6	1.0~1.2
	完整、风化轻微	40~60	0.5~0.6	1.2~1.3
板岩、泥灰岩	泥质，薄层，层面张开，较破碎	30~50	0.4~0.6	1.1~1.3
	较完整、层面闭合	50~80	0.5~0.7	1.2~1.4

（续）

岩石名称	岩 体 特 征	岩石单轴抗压强度/MPa	松动 q'/(kg/m³)	抛掷 q/(kg/m³)
砂岩	泥质胶结，中薄层或风化破碎者	40~60	0.4~0.5	1.0~1.2
	钙质胶结，中厚层，中细粒结构，裂隙不甚发育	70~80	0.5~0.6	1.3~1.4
	硅质胶结，石英质砂岩，厚层，裂隙不发育，未风化	90~140	0.6~0.7	1.4~1.7
砾岩	胶结较差，砾石以砂岩或较不坚硬的岩石为主	50~80	0.5~0.6	1.2~1.4
	胶结好，以较坚硬的砾石组成，未风化	90~120	0.6~0.7	1.4~1.6
白云岩、大理岩	节理发育，较疏松破碎，裂隙频率大于4条/m	50~80	0.5~0.6	1.2~1.4
	完整、坚实的	90~120	0.6~0.7	1.5~1.6
石灰岩	中薄层，或含泥质的或鲕状、竹叶状结构的及裂隙较发育的	60~80	0.5~0.6	0.3~1.4
	厚层，完整或含硅质、致密的	90~150	0.6~0.7	1.4~1.7
花岗岩	风化严重，节理裂隙很发育，多组节理交割，裂隙频率大于5条/m	40~60	0.4~0.6	1.1~1.3
	风化较轻，节理不甚发育或未风化的伪晶结构	70~120	0.6~0.7	1.3~1.6
	细晶均质结构，未风化，完整致密岩体	120~200	0.7~0.8	1.6~1.8
流纹岩、粗面岩、蛇纹岩	较破碎的	60~80	0.5~0.7	1.2~1.4
	完整的	90~120	0.7~0.8	1.5~1.7
片麻岩	片理或节理裂隙发育的	50~80	0.5~0.7	1.2~1.4
	完整坚硬的	60~140	0.7~0.8	1.5~1.7
正长岩、闪长岩	较风化，完整性较差的	80~120	0.5~0.7	1.3~1.5
	未风化，完整致密的	120~180	0.7~0.8	1.6~1.8
石英岩	风化破碎，裂隙频率大于5条/m	50~70	0.5~0.6	1.1~1.3
	中等坚硬，较完整的	80~140	0.6~0.7	1.4~1.6
	很坚硬完整致密的	140~200	0.7~0.9	1.7~2.0
安山岩、玄武岩	受节理裂隙切割的	70~120	0.6~0.7	1.3~1.5
	完整坚硬致密的	120~200	0.7~0.9	1.6~2.0
辉长岩、辉绿岩、橄榄岩	受节理裂隙切割的	80~140	0.6~0.7	1.4~1.7
	很完整很坚硬致密的	140~250	0.8~0.9	1.8~2.1

n 值按如下原则选择：

1）加强松动爆破，要求大块率在10%以内，且爆堆高度大于15m时，可参照表6-6选取 n 值。

表6-6 加强松动爆破的 n 值

最小抵抗线/m	20~22.5	22.5~25.0	25.0~27.5	27.5~30.0	30.0~32.5	32.5~35.0	35.0~37.5
n	0.70	0.75	0.80	0.85	0.90	0.95	1.00

2）平地抛掷爆破，按要求的抛掷率 E 选 n 值，计算公式是 $n = E/0.55 + 0.5$。

3）斜坡地面抛掷爆破，当只要求抛出漏斗范围的岩石百分率时，可参照表6-7选取 n 值；当要求抛掷堆积形态时，则按抛掷距离的要求选取 n 值。

表6-7　我国露天矿大爆破实际爆破作用指数 n 值

工程编号	地形坡度（°）	爆破类型	药包布置方式	抛掷率（%）	爆破作用指数 n
1	35~40	抛掷爆破	单排单侧	73.5	1.20
2	30~45	抛掷爆破	单排多层单侧	75.5	1.20
3	35~45	抛掷爆破	单排单侧及单层双排	76.8	1.1~1.5
4	25~40	抛掷爆破	单层双排单侧	47.3	1.05
5	30~45	抛掷爆破	单层双排单侧	51.2	1.10
6	45~60	加强松动爆破	单排双侧	49.6	0.95
7	35~45	加强抛掷爆破	单排双侧	61.7	1.00
8	30~45	加强抛掷爆破	单排双侧	58.0	1.00
9	30~45	抛掷爆破	单排双侧	73.0	1.30
10	40~45	抛掷爆破	单排双侧	87.1	1.60
11	37~45	一侧加强松动	单排双侧	32.5	0.8~0.9

2. 药包间距

药包间距通常根据最小抵抗线和爆破作用指数来确定。合理的药包间距，不但能保证两药包之间不留岩坎，还能充分利用炸药能量，发挥药包的共同作用。

1）集中药包间距计算。不同地形地质条件下集中药包间距的计算式见表6-8。

表6-8　药包间距的计算公式

爆破类型	地　形	岩　性	间距 a 的计算式
松动爆破	平坦	土、岩石	$a = (0.8 \sim 1.0)W$
	斜坡、台阶		$a = (1.0 \sim 1.2)W$
加强松动、抛掷爆破	平坦	岩石	$a = 0.5W(1+n)$
		软岩、土	$a = W^3\sqrt{(0.4+0.6n^3)}$
	斜坡	硬岩	$a = W^3\sqrt{(0.4+0.6n^3)}$
		软岩	$a = nW$
		黄土	$a = 4nW/3$
	多面临空　陡崖	土、岩石	$a = (0.8 \sim 0.9)W\sqrt{1+n^3}$
斜坡抛掷爆破，同排同时起爆，相邻药室间距			$0.5W(1+n) \leqslant a \leqslant nW$
斜坡抛掷爆破，同排同时起爆，上、下层间距			$nW \leqslant b \leqslant 0.9W\sqrt{1+n^2}$
分集药包间距			$a = 0.5W$
集中药包爆破层间距			$b = (1.2 \sim 2.0)W_{cp}$ [1]

① W_{cp} 为上、下层集中药包 W 的平均值。

2）条形药包间距计算。同排并列条形药包，主要考虑相邻药包的端部间距 a'。一般情况下在最小抵抗线为 20m 左右时，a' 取 4~6m，也可按表6-9的经验数值选取。

3）斜坡爆破时药包的层间距离 b 值与多层集中药包相同。抛掷爆破取小值；松动崩塌爆破取大值。

互相垂直的条形药包之间的距离，可按表 6-9 中条形药包与集中药包之间的距离计算。当多个条形药包端头交汇时，应采用端头条形药包互相交错的布药形式，防止出现布药的空白区域。

表 6-9　条形药包间距计算公式

起 爆 方 式	间距 a' 的计算公式
两个条形药包同时起爆时	$a' = (W_1 + W_2)/6$
两个条形药包以毫秒间隔起爆时	$a' = (1/6 \sim 1/4)(W_1 + W_2)$
两个条形药包以秒差间隔起爆时	$a' = (1/3 \sim 1/2)(W_1 + W_2)$
条形药包与集中药包同时起爆时	$a' = W_2'/2$
条形药包与集中药包以毫秒间隔起爆时	$a' = (0.5 \sim 0.7)W_2'$
条形药包与集中药包以秒差间隔起爆时	$a' = (0.7 \sim 1.0)W_2'$

注：表中 W_1、W_2 分别为两个同排条形药包的最小抵抗线，W_2' 为集中药包最小抵抗线方向。

3. 延时时间的确定

硐室爆破各药包起爆时差选取的合理与否对爆破质量影响十分明显，但至今对延时时间间隔的选取仍没有统一认识。

大量实践表明，合理的延时爆破设计应同时考虑延时时间间隔和起爆顺序、药包之间的相对位置、地质结构、岩土松散系数和工程经验等因素，并依据现有爆破器材合理搭配。硐室爆破药室之间起爆的时间间隔可按表 6-10 选取。

表 6-10　爆破规模与时间间隔的关系

硐室型号	最小抵抗线/m	同排相邻药包时间间隔/ms	前后排时间间隔/ms
大型硐室爆破	>15~30	>50~80	>100~300
中型硐室爆破	8~15	>25~50	>60~110
小型硐室爆破	5~8	>10~25	>35~75

表中数据表明，硐室爆破工程实践所选取的时间间隔基本上能符合经验公式：

$$\Delta t = KW \tag{6-38}$$

式中　Δt——时间间隔；

　　　W——最小抵抗线；

　　　K——反映岩土性质的系数，可根据现场试炮的经验数据得出，一般 $K = 3 \sim 7$。

4. 爆破漏斗计算

（1）压碎圈半径 R_y

集中药包　$R_y = 0.062 \sqrt[3]{Q \mu_y / \rho}$ $\tag{6-39}$

条形药包　$R_y = 0.56 \sqrt{q_l \mu_y / \rho}$ $\tag{6-40}$

式中　Q——集中药包装药量（kg）；

　　　q_l——条形药包装药密度（kg/m）；

μ_y——岩石压缩系数，按表 6-11 选取；

ρ——装药密度（kg/m^3），一般袋装硝铵炸药取 $0.8kg/m^3$，袋间散装取 $0.85kg/m^3$，散装取 $0.90kg/m^3$。

表 6-11　岩石压缩系数 μ_y

土岩类别	黏土	坚硬土	松软岩	软岩	坚硬岩
单轴抗压强度/MPa	5	6	8.0~20	30~50	60 以上
压缩系数 μ_y	250	150	50	20	10

（2）爆破漏斗下破裂半径 R

斜坡地形　　　　　　　$R = \sqrt{1 + n^2}\, W$　　　　　　　　　　　　（6-41）

山头双侧作用药包　　$R = \sqrt{1 + n^2 W/2}$　　　　　　　　　　　　（6-42）

（3）破漏斗上破裂半径 R

斜坡地形　　　　　　　$R' = \sqrt{1 + \beta n^2}\, W$　　　　　　　　　　（6-43）

坡度变化较大时　　　$R' = \dfrac{W}{2}\left(\sqrt{1 + n^2} + \sqrt{1 + \beta n^2}\right)$　　　　（6-44）

式中　β——根据地形坡度和土岩性质而定的破坏系数，坚硬致密岩石 $\beta = 1 + 0.016(\alpha/10)^3$，土、松软岩、中硬岩 $\beta = 1 + 0.04(\alpha/10)^3$，$\alpha$ 为地形坡度。

（4）条形药包轴向侧破裂半径 R''

软岩　　　　　　　　　$R'' = W\sqrt{1 + 0.49n^2}$　　　　　　　　　　（6-45）

硬岩　　　　　　　　　$R'' = W\sqrt{1 + 0.25n^2}$　　　　　　　　　　（6-46）

根据上述公式计算的 R_y、R、R' 数据，可绘制出爆破漏斗破裂范围。

（5）不逸出半径

1）对于突出地形，要求一个方向可以抛掷，另一个方向不许抛出但可以破坏时，该方向上地面至药包中心的最短距离与抛掷方向的最小抵抗线之间的关系为

$$W_2 \geqslant 1.2W\sqrt[3]{f(n)}　　　　　　　　　　（6-47）$$

2）在药包的两端若为冲沟时，为保证抛掷方向不向冲沟逸出，药包中心至冲沟表面的最短距离应大于 R_2。R_2 按下式计算

$$R_2 = (1.3 \sim 1.4)W\sqrt{n^2 + 1}　　　　　　　　（6-48）$$

3）对于山后深沟或山间较陡的地形，为保证爆破时抛掷方向不向山后薄弱地带冲出，药包中心至山后冲沟表面的最短距离应大于 R_3。R_3 按下式计算

$$R_3 = (1.6 \sim 1.8)W\sqrt{n^2 + 1}　　　　　　　　（6-49）$$

4）对于多面临空地形，如果希望不同方向的爆破类型，应在对主方向选择参数计算出药量后对另一方向进行校核。

（6）可见爆破漏斗深度 P　抛掷爆破时，在土石方初抛出后，即形成新的地面线（见图 6-18 和图 6-19）。新地面线与原地面线之间的最大距离称为可见漏斗深度。漏斗深度对预测爆破效果，计算爆破方量很重要，一般按下述情况分析计算：

平坦地面抛掷爆破	$P = 0.33W(2n - 1)$	(6-50)
斜坡地面单层药包抛掷爆破	$P = (0.32n + 0.28)W$	(6-51)
斜坡地面多层药包，上层先爆，下层延期起爆	$P = 0.2(4n - 1)W$	(6-52)
多临空面抛掷爆破	$P = (0.6n + 0.2)W$	(6-53)
陡坡地形崩塌爆破	$P = 0.2(4n + 0.5)W$	(6-54)

5. 爆破漏斗图绘制

（1）斜坡爆破漏斗剖面图的绘制方法和步骤

1）通过药包中心垂直地形图上等高线最近的方向切割地形剖面。

2）通过药包中心对地表线作垂直线得出药包的最小抵抗线 W。

3）结合药包取定的 n 值和 K 值，采用相应的装药量计算式算出药包的设计装药量。

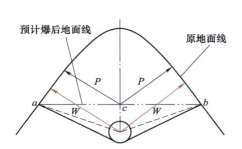

图 6-18　斜坡地面多面临空爆破可见漏斗

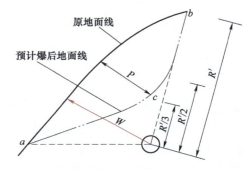

图 6-19　斜坡地面单层药包可见漏斗深度

4）选取相应参数，计算药包的压缩圈半径 r_y，上、下破裂线 R'、R。在药包剖面图上，以药包中心为圆心，以压缩圈半径 R_y 画出药包压缩圈，并以漏斗上、下半径 R' 和 R 为半径，分别画出与地表线相交点 A、B。再以 A、B 点分别对压缩圈作切线，与地面线所包围的面积即为爆破漏斗剖面（见图 6-20）。若山顶为平台或山脊地形时，漏斗上破裂线小于 70°，可按 70° 画出漏斗上破裂线 R'。

（2）爆破漏斗地形图的绘制原理和方法　集中药包在斜坡地面爆破漏斗的基本形态是由漏斗母线长度随不同高程变化围成的非对称圆锥体。漏斗上半部的破裂半径是因为被爆松的岩

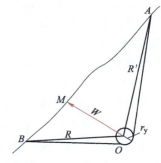

图 6-20　爆破漏斗剖面

体在自重作用下发生塌落而增大至 R' 的，所以假设漏斗破裂半径从药包的最小抵抗线在斜坡面逸出点 M 高程以下的漏斗破裂半径保持为 R 值，其上部至漏斗顶部之间，按线性关系随高程增加而增长至 R'。根据投影几何，即可计算爆破漏斗口轮廓线上各点在地形平面图上相应的投影点。连接各点即可绘制出药包爆破后的漏斗地形图（见图 6-21a）。

设漏斗边上任意点 x 与药包中心的连线 R_x 在平面上的投影长度为 L_x，则有如下关系

$$L_x = \sqrt{R_x^2 - H_x^2} \tag{6-55}$$

$$R_x = R + (R' - R)\frac{h_x}{h} \tag{6-56}$$

式中　　R_x——漏斗边上某 x 点的破裂半径；

　　　　H_x—— x 点相对于药包中心 O 点的相对高程差；

　　　　h_x—— x 相对于 M 点的高程差。

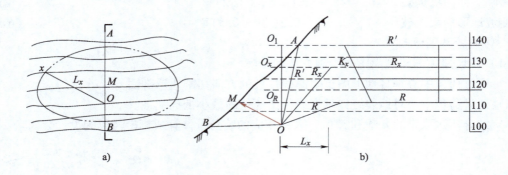

图 6-21　爆破漏斗参数关系

a）平面地形　b）漏斗参数

将式（6-56）代入式（5-55），便可求得各点的 R_x 值在地形图上距药包中心的距离 L_x。于是，可在地形图上，以药包中心 O 点为圆心，以各点的 L_x 值为半径，分别在相应高程的等高线上相交，即得 x 点在地形图上的位置。连接所求得的点，即为爆破漏斗的投影轮廓图形（见图 6-21b）。若为群药包爆破，则先按每个药包各自绘制爆破漏斗轮廓线，然后在相邻药包最小抵抗线剖面中破裂线上的相同高程点以直线连接，药包外侧漏斗与前述绘制方法相同，围成的爆破漏斗范围即为爆破漏斗总平面地形图。

条形药包漏斗绘制：其中间部分较简单，与集中药包绘制法相近，仅端部较复杂，这里不再赘述。

爆破漏斗地形图也可用图解法绘制，读者可参考有关书目。

6. 爆破堆积和爆破方量计算

爆破后土岩的堆积、形状、范围和抛掷率，是衡量爆破效果的重要指标之一，也是计算爆破方量的前提条件。由于爆破堆积受地质、地形、爆破参数及爆破技术等许多条件的影响，直至目前尚无准确、统一的计算公式，设计时主要根据历次爆破实际资料的统计分析，建立如下不同地形和布药条件下的经验公式。

（1）剥离爆破爆堆计算

山脊地形爆堆的轮廓如图 6-22 所示。

药包中心处的爆堆高度 h 按下式计算

$$h = K_h W / n \quad (6-57)$$

爆堆最大高度 H 按下式计算

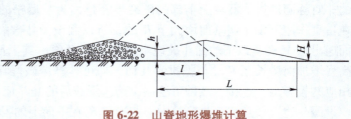

图 6-22　山脊地形爆堆计算

$$H = K_H W / n \quad (6-58)$$

药包中心至爆堆最大高度处的水平距离 l 按下式计算

$$l = K_l n W \tag{6-59}$$

药包中心至爆堆边缘的水平距离 L 按下式计算

$$L = K_L n W \tag{6-60}$$

式中 K_h、K_H、K_l、K_L——均为经验系数，其值的选取见表 6-12~表 6-15。

根据以上爆破堆积参数可作出爆破漏斗及爆堆图形，并用以下方法计算爆破土方量。

1）剖面面积法计算。用求积仪或方格尺计算出一系列平行剖面的爆破漏斗面积 S_1 和残存在爆破漏斗内的爆岩虚方面积 S_2'，则残存爆岩的实方面积为

$$S_2 = S_2' / \eta' \tag{6-61}$$

抛出的实方面积为

$$S_3 = S_1 - S_2 \tag{6-62}$$

表 6-12 单药包双侧爆破经验系数

经验系数	n							
	0.80	0.90	1.00	1.10	1.20	1.60	1.40	1.50
K_h	0.35	0.32	0.29	0.26	0.23	0.20	0.17	0.14
K_H	0.62	0.57	0.52	0.47	0.42	0.37	0.32	0.27
K_l	1.0~1.2[①]							
K_L	3~4				4~5			

① 陡坡地形（45°~55°）药包间距小于计算间距时，取大值；反之，取小值。

表 6-13 双侧缓坡地形多排药包加强松动爆破经验系数

经验系数	N				
	0.75	0.80	0.85	0.90	1.00
K_h	0.38	0.36	0.34	0.32	0.28
K_H	0.64	0.62	0.60	0.58	0.54
K_l	1.7~2.0				
K_L	3~4				

表 6-14 单药包一侧抛掷、一侧松动爆破经验系数

经验系数	N								
	0.70	0.80	0.90	1.00	1.10	1.20	1.30	1.40	1.50
K_h			0.4	0.57	0.74	0.91	1.08	1.25
K_H	0.67	0.62	0.57	0.52	0.47	0.42	0.37	0.32	0.27
K_l	1.0~1.2								
K_L	3~4				4~5				

表 6-15　双侧斜坡地形并列药包经验系数

经验系数	N								
	0.70	0.80	0.90	1.00	1.10	1.20	1.30	1.40	1.50
K_h	0.38	0.35	0.32	0.29	0.26	0.23	0.20	0.17	0.14
K_H	0.56	0.53	0.50	0.47	0.44	0.41	0.38	0.35	0.52
K_l	1.0~1.2								
K_L	3~4				4~5				

抛出的虚方面积为

$$S'_3 = \eta' S_3 \tag{6-63}$$

$$\eta' = \sqrt[3]{\eta^2} \tag{6-64}$$

式中　η'——面积松散系数，$\eta' = 1.2 \sim 1.24$；

　　　η——土岩松散系数，一般 $\eta = 1.33 \sim 1.38$。

2）平行剖面法计算。

爆破实方　　　　　$$V_1 = \sum_{i=1}^{n} \frac{1}{3}(S_i + S_{i+1} + \sqrt{S_i S_{i+1}})L_i \tag{6-65}$$

爆破虚方　　　　　$$V'_1 = \eta V_1 \tag{6-66}$$

残存爆岩虚方量　　$$V_2 = \sum_{i=1}^{n} \frac{1}{3}(S'_i + S'_{i+1} + \sqrt{S'_i S'_{i+1}})L_i \tag{6-67}$$

抛出虚方　　　　　$$V'_3 = V'_1 - V'_2 \tag{6-68}$$

抛出百分率　　　　$$E = \frac{V'_3}{V'_1} \times 100\% \tag{6-69}$$

式中　S_i——第 i 剖面的实方面积；

　　　S'_i——第 i 剖面的虚方面积；

　　　L_i——第 i 剖面至第 $i+1$ 剖面的距离；

　　　n——爆破区内计算的剖面数。

（2）定向抛掷爆破（体积平衡法）爆堆计算　定向抛掷爆破爆堆的计算方法有体积平衡法、弹道理论法、简单估计法等。现对目前广泛应用的体积平衡法进行简单介绍。

1）抛掷距离的计算。

平面地形的抛掷距离：

最远点的抛距　　　　　　　　　$$L_m = (4 \sim 5)nW \tag{6-70}$$

药包中心至爆堆最宽处的距离　　$$L_c = (2 \sim 3)nW \tag{6-71}$$

斜坡地面单药包爆破的抛掷距离：

最远点的抛距　　　　　　　　　$$L_m = K_c \sqrt[3]{Q}(1 + \sin 2\theta) \tag{6-72}$$

式中　Q——装药量（kg）；

　　　θ——抛角（°），指最小抵抗线与水平线的夹角，$\theta \geq 75°$ 时，按 75°计算。

　K_m、K_c——系数，经验表达式 $K_m = 1.28\rho$，$K_c = \rho/1.25$，ρ 为岩石表观密度（t/m³）。根据

统计资料 K_m、K_c 值见表 6-16。

当最小抵抗线 $W<8m$ 时，采用上述公式所得计算值比实际值小 6%～15%；当 $W>24m$ 时，计算值比实际值大 5%～6%，土中实际值是软岩计算值的 1/3～1/2。

表 6-16　2 号岩石硝铵炸药的抛掷系数

岩石类别		以原地面为自由面		由辅助药包创造新自由面	
		K_m	K_c	K_m	K_c
松石或软岩	$K \le 1.3$	3.1	1.9	3.0	1.8
次坚石	$K=1.4 \sim 1.5$	3.4	2.1	3.2	2.0
	$K=1.5 \sim 1.6$	3.7	2.3	3.4	2.2
坚　石	$K>1.6$	4.0	2.5	3.6	2.3

2）爆堆宽度计算。

爆堆顶宽
$$B = \sum a + R_{yl} + R_{yi} \tag{6-73}$$

爆堆底宽
$$S = B + 2CnW \tag{6-74}$$

式中　a——药包间距（m）；

R_{yl}、R_{yi}——同一排两侧药包的压缩圈半径（m）；

$\quad$　C——塌散系数，单排药包或爆破规模小时 $C=1.5 \sim 2.0$，多排药包或爆破规模大时 $C=2 \sim 3$，一般 $C=2.5$。

3）堆积高度计算。用体积平衡法计算爆堆高度分两步进行

第一步，面积平衡计算。计算有效松散抛掷面积，如图 6-23 所示，在漏斗 AOB 中抛掷（松散）面积为

$$S_P = (1-\xi)(\eta S_{AOB} - S_{AOT}) \tag{6-75}$$

式中　η——松散系数；

$\quad$　ξ——抛散系数，岩石取 0.08，土取 0.05。

以同样的方法计算后排药包的抛掷面积。

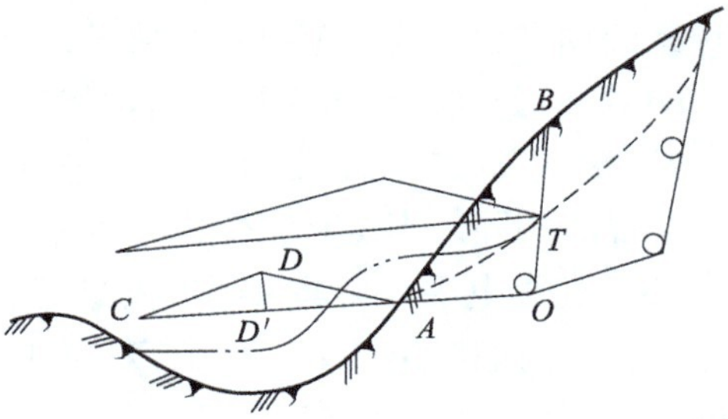

作抛掷三角形：使 $OC=L_M$，$OD'=L_C$，使

图 6-23　面积平衡计算

$\triangle ACD$ 面积等于 S_P，定出三角形高 DD'，作出抛掷三角形 ACD。

对多排爆破，后排堆积三角形的起点不是 O 点而是前排可见漏斗与后排可见漏斗的交点 T。将堆积三角形落到地形剖面线上，并根据爆岩安息角修正堆积剖面，得到该剖面的堆积形状，定出马鞍高度、马鞍点位置及平均堆积高度。

第二步，体积平衡校核。在地形图上根据计算的 B、S 及平均高程作出爆堆堆积范围图，作图时假定坝体是一个高为 h、顶宽为 B、底宽为 S 的规整构筑物，然后计算坝体体积。如果计算的堆石体积与抛掷漏斗计算的体积相等，则认为由面积平衡法求得坝体高度是正确的；否则，应调整剖面上堆高指标，重新圈定堆积轮廓，进行堆积计算，直到平衡为止。

6.3.5　起爆系统

起爆网路是硐室爆破保证安全起爆，达到设计要求的关键。GB 6722—2014《爆破安全规程》规定，硐室爆破必须采用复式起爆网路。

（1）起爆网路　硐室爆破较常采用的复式起爆网路有两套电起爆网路、电与导爆索起爆网路、电与非电导爆管起爆网路，在多雷电地区也有两套导爆索起爆网路等。使用最广泛的是两套电爆网路和电与导爆索的复式起爆网路。

（2）起爆网路特点

1）硐室内的装药需要设置主起爆体和副起爆体，主起爆体一般用木箱或硬纸箱制成，其内装导爆索结、起爆雷管（副起爆体不装雷管，用导爆索和主起爆体连接）及优质炸药，每个起爆体炸药药量不宜超过 20kg。起爆体应在专门的场所，由熟练的爆破员加工。加工起爆体时，应一人操作，一人监督，在周围 50m 以外设置警戒，无关人员不准许进入。

2）电力起爆网路的所有接头，均应按电工接线法连接，并确保其对外绝缘。导线应采用两种颜色，一套网路使用一种颜色，便于检查和连接；导线不宜使用裸露导线和铝芯线；硐内导线应用绝缘良好的铜芯线。

3）非电起爆网路应用电雷管或导爆管雷管引爆，不得用火雷管引爆；每个起爆体的雷管数不应少于 4 发。采用导爆管和导爆索混合起爆网路时，宜用双股导爆索连成环行起爆网路，导爆管与导爆索宜采用单股垂直连接。

4）敷设导爆索起爆网路时，不应使导爆索互相交叉或接近；否则，应用缓冲材料将其隔离，且相互间的距离不得少于 10cm。

5）所有穿过填塞段的导线、导爆索和导爆管，均应采取保护措施，以防填塞时损坏。非填塞段如有塌方或硐顶掉块的情况，也应对起爆网路采取保护措施。

6）同时起爆的药包多用导爆索相连。

7）硐室爆破工程在装药前都要进行起爆网路的原型试验。试验时所用器材、设备应与正式起爆时相同，当试验完全成功后才能进行装药施工作业。

（3）起爆电源　大药量硐室爆破工程不适宜用起爆器起爆，因为起爆器电压高、电容量小，在硐内潮湿条件下，接头容易漏电，造成拒爆。一般采用 380V 交流电起爆，起爆电源的容量要满足设计要求，应保证通过每发电雷管的准爆电流：直流电不小于 2.5A，交流电不小于 4.0A。

（4）起爆站　起爆工作应在专门设置的起爆站内进行。起爆站应设在安全地点，并需备有良好的通信设备，通信信号应清楚、准确。起爆站应在装药前建成，从开始连网就应设专门人看管，站长全面负责站内工作。

6.3.6　施工技术

1. 导硐、药室设计

（1）导硐设计　连通地表与药室的井巷称为导硐。导硐一般分为平硐与立井两类。导硐的布置原则是：

1）平硐和药室之间、小立井和药室之间都要有横巷相连，横巷的方向与主硐垂直，长度不小于 5m，以保证堵塞效果。

2）小立井掘进超过 3m 后，应采用电力起爆或导爆索起爆；小立井深度大于 7m，平硐掘进超过 20m 时，应采用机械通风；小立井深度大于 5m 时，工作人员不准许使用绳梯上下。掘进时若采用电灯照明，其电压不应超过 36V。

3）平硐设计应考虑出渣和排水，由硐口向里应打成 3%～5% 的上坡；小立井下药室中的地下水应沿横巷自流到井底的积水坑内。

4）硐口位置应尽量避免正对建筑物，并应选择在地形较缓、运输方便的地方。

导硐的断面尺寸应根据药室的装药量、导硐的长度及施工条件等因素确定，以掘进和堵塞工程量小、施工安全方便及工程速度快为原则。《爆破安全规程》规定：平硐设计开挖断面不宜小于 1.5m×0.8m，小立井设计断面不宜小于 1m²。表 6-17 的导硐断面尺寸可供参考。

表 6-17　导硐断面尺寸

基本条件	平硐/m²	横硐/m²	小立井	
	高×宽	高×宽	长×宽/m²	直径/m
药室装药量大，机械凿岩，机械装岩	2.4×2.0	2.4×1.8		
药室装药量大，人工开挖，小车运输	1.8×1.6	1.5×1.2	1.2×1.0	1～1.2
药室装药量小，人工挖运	1.5×1.2	1.3×1.0	1.2×1.0	1～1.2

（2）药室设计

1）集中药包的药室设计。药室容积可按下式计算

$$V_k = K_v Q / \rho_0 \qquad (6\text{-}76)$$

式中　V_k——药室开挖体积（m³）；

　　　Q——装药量（kg）；

　　　ρ_0——装药密度（kg/m³）；

　　　K_v——药室扩大系数，药室不支护和袋装炸药时，$K_v = 1.2～1.3$，药室有支护和袋装时，$K_v = 1.4$。

药室形状主要根据装药量的大小确定，当装药量小于 50t 时，通常开挖成正方形或长方形，药室高度 2～4m，长宽尺寸按装药量要求设计；当装药量大于 50t 时，考虑到药室跨度太大不安全，常开凿成 T 形、十字形、回字形、日字形等形状。

2）条形药包的药室设计。根据地形条件，条形药包一般设计成直线形和折线形，且多采用不耦合装药。为最大限度地减少开挖量，不耦合系数一般取 4～6。药室设计断面通常与施工导硐断面或横巷断面相同。

2. 装药、填塞设计

（1）装药结构

1）集中药包装药结构。集中药包装药结构如图 6-24 所示。起爆体放在正中，其周围装硝铵炸药（或乳化炸药），硝铵炸药外围装铵油炸药。起爆体的结构如图 6-25 所示，箱子内装雷管、导爆索结和密度均匀的优质炸药。雷管导线（管）和导爆索从起爆体（箱子端面）开口拉出箱外，并将其在开口处锁定，拉动导线和导爆索时箱内雷管不应受力。箱体的作用是保持装药密度，防止拖拽或塌方造成雷管意外爆炸。为便于搬运，一般起爆体装药量不超过 20kg。

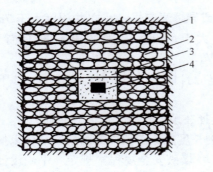

图 6-24　集中药包装药结构
1—药室壁　2—外围装药
3—中心装药　4—起爆体

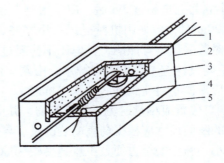

图 6-25　起爆体结构
1—雷管导线　2—木箱　3—炸药
4—导爆索结　5—雷管

2）条形药包装药结构。条形药包的装药结构如图 6-26 所示。袋装铵油炸药沿药室外侧（最小抵抗线方向侧）整齐码放，相互密接，起爆体置于装药中心，整个药包断面的高度 h 和宽度 B 之比为 $1:0.7 \sim 1:1$。端部加药时，也是沿药室外侧主药包上部在加药长度内均匀布放，不能将其集中堆放于药包端头。条形装药两端及沿着装药长度设置几个副起爆体，各个主、副起爆体之间及同段各药室之间用双股导爆索串联。当条形药包长度超过 10m 时，为可靠起爆，一般在药室两端（离端头 $3 \sim 4$m）各放置一个主起爆体。

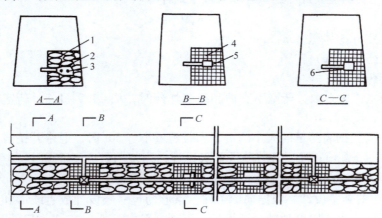

图 6-26　条形药包的装药结构
1—导线　2—铵油炸药　3—导爆索　4—硝铵炸药　5—起爆体　6—导爆索束

（2）填塞　填塞是保证爆破成功的重要环节之一。在药室、导硐设计中，应考虑堵塞自锁作用，即药室应尽可能放置在主导硐的两侧，主导硐与药室的夹角应尽可能等于或接近直角。填塞时应注意以下问题：

1）填塞工作开始前，应在导硐或小井口附近备足填塞材料。

2）填塞料宜利用开挖导硐和药室时的弃渣，或外挖碎块砂石土；不应使用腐殖土、草根等相对密度小的材料。

3）填塞时，药室口和填塞段各端面应采用装有砂、碎石的编织袋堆砌，其顶部用袋料码砌填实，不应留空隙。

4）在有水的导硐和药室中填塞时，应在填塞段底部留一排水沟，并随时注意填塞过程中的流水情况，防止排水沟堵塞。

5）小井填塞，应先将横硐部分按平硐填塞要求进行填塞。

6）填塞时，应保护好从药室引出的起爆网路，保证起爆网路不受损坏。

7）填塞时，应有专人负责检查填塞质量。填塞完毕，应进行验收。

8）填塞长度。靠近平硐口的小药室，填塞长度一般要大于最小抵抗线，药室封口应严密；其他平硐口的药室，一般只堵横洞，填塞长度为横洞断面长边的 3~5 倍；定向爆破工程，填塞长度应适当加长；对最小抵抗线 $W \leqslant 20m$ 的各种条形药包硐室爆破，主导硐与药室之间填塞长度可参见经验布置法（见图 6-27）。一般条形药包硐室爆破总填塞长度控制在导硐和药室总开挖长度的 30% 左右。

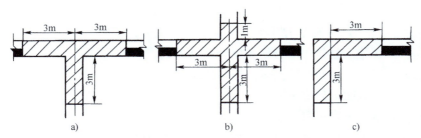

图 6-27 条形药包主导硐堵塞
a）T 形 b）十字形 c）L 形
■ 炸药 ⧄ 堵塞物

6.4 爆破块度预报与控制

露头爆破目的不同，对爆后块度的要求也不尽相同。有的爆破工程要求减少难以装运的大块；有的要求减少易于损失的粉矿或小块；有的要求尽量破碎而减少后续机械破碎量；有的则要求爆破块度有一定的级配，以满足以挖作填或增加筑坝爆堆的稳定性与防渗性。爆破块度是评价爆破效果的重要指标，爆后块度的统计与预测对有效调整爆破参数，控制爆破块度及其分布，达到爆破优化的目的十分重要，它已成为露头工程爆破技术的主要内容。

6.4.1 爆破块度与天然块度

1. 爆破块度

爆破块度是指爆破后矿岩碎块的几何尺度。几何尺度指块体两端间的最大线性尺寸、等效直径或等效体积等。一次爆破爆堆的块度常用块度分布来描述。

（1）大块率 凡爆破后不符合工程要求的大块体积占爆破总体积的百分数称为大块率。

1）大块率可直接测量计算。记录爆破工作面上装载机械不能装载或地下采场的二次破碎巷道内（如放矿溜口、格筛上）所剩下的大块，用尺子分别量测边长，计算体积，记录块数，统计求出大块率

$$K = \sum_{i=1}^{n} V_i / (aV) \tag{6-77}$$

式中　V_i——第 i 大块的体积（m^3）；

　　　V——爆破总体积（m^3）；

　　　a——校正系数。

　　2）也可采用爆破大块时消耗的雷管数间接计算大块率

$$K = N / (nV) \tag{6-78}$$

式中　N——爆破大块所用雷管数（个）；

　　　n——爆破每立方米大块所消耗的雷管个数（个/m^3）。

　　3）Kahtop B. K.（康都尔）表达式

$$V_n = V_m [1 - (q/q_0)^r] \tag{6-79}$$

$$r = \{ m \overline{X}_m N^{1/6} / [(1 + d_0)^4 (1 + L/H)] \}^{\sin(\alpha/3)} \tag{6-80}$$

式中　V_n、V_m——爆堆、岩体中不合格块度含量（%）；

　　　q、q_0——实际、定额的单位体积炸药消耗量（kg/m^3）；

　　　　r——爆破能量分配系数；

　　　　m——炮孔密集系数；

　　　$\overline{X}_m$——岩体中超过不合格大块尺寸的结构平均尺寸（m）；

　　　　d_0——炮孔直径（m）；

　　　　L——填塞长度（m）；

　　　　H——台阶高度（m）；

　　　　α——炮孔与水平面间的夹角（°）。

　　4）B. X. 贝兹马特尔内表达式

$$V_n = V_m \exp(1 - \beta \tau X_n) \tag{6-81}$$

$$I_0 = qD, \quad V_m = \exp(-X_n / X_0)$$

式中　β——与爆破条件有关的系数；

　　X_n——不合格大块尺寸（m）；

　　I_0——炸药爆炸的比冲量[kg/（$m^2 \cdot s$）]；

　　X_0——爆前岩体结构尺寸（m）；

　　　q——单位体积炸药消耗量（kg/m^3）；

　　　D——炸药爆轰速度（m/s）。

　（2）块度表示

　　1）F. B. 库兹涅佐夫表达式

$$\overline{X} = Aq^2 + Bq + C \tag{6-82}$$

式中　$\overline{X}$——平均块度（cm）；

　　　q——单位体积炸药消耗量（kg/m^3）

A、B、C——系数，是岩石的裂隙性、坚固性、表观密度的多元线性函数

$$A = 1020 + 1.8d_{max} + 9f - 450\rho$$
$$B = -2087 - 3.4d_{max} - 25f + 941.5\rho$$
$$C = 869 + 1.5d_{max} + 1.5f - 400\rho$$

其中 d_{max}——岩体中最大结构单元尺寸（cm）；

ρ——岩石表观密度（$10^3 kg/m^3$）；

f——岩石坚固性系数。

2）V. M. Kuznetsov（库兹捏佐夫）表达式

$$\overline{X} = A(V_0/Q_e)^{4/5}Q_e^{1/6} \tag{6-83}$$

式中 $\overline{X}$——爆破块度中50%能通过的筛目尺寸（又可写成 K_{50}）；

A——岩石系数，$A = 7$（中等岩石），$A = 10$（有裂隙硬岩），$A = 13$（无裂隙硬岩）；

V_0——每个炮孔爆破岩石的体积（m^3）；

Q_e——所用炸药能量的TNT当量（kg/kg），对于铵油炸药 $Q = 0.87$（kg/kg）。

3）C. Cunningham 表达式

$$\overline{X} = A(q)^{0.8}Q_0^{1/6}(115/e)^{0.638} \tag{6-84}$$

式中 e——炸药的相对质量做功能力，取铵油炸药为100，TNT为115；

Q_0——炮孔装药量（kg）；

A——岩石系数；

q——单位体积炸药消耗量（kg/m^3）。

2. 天然块度

矿岩体是各种地质构造和前次爆破作用而形成的具有某种块度分布规律的集合体。天然块度是用来表征爆破前矿岩体的块度。它包括各种地质构造弱面切割成块，风化、裂隙充填物及因上次爆破裂隙切割成的岩块。爆破是在天然块度上的再破碎。

天然块度的统计计算方法是先通过观测各种天然裂隙、弱面的走向、倾向、倾角、间距、长度、充填物等，建立模型，然后计算天然块度的平均尺寸、体积百分含量等指标。

6.4.2 爆破块度计算模型

至目前为止，国内外许多学者从不同观点出发，提出了许多爆破块度计算模型，对不同条件爆破的块度计算取得了令人满意的结果。总结起来，这些模型可以分为经验性模型与理论性模型两大类。常用的有以下几个模型。

1. KUZ-RAM 模型

KUZ-RAM 模型是由南非学者 C. Cunningham 提出的一种以预测岩石破碎块度为目的的工程统计型数学模型。该模型认为，岩体爆破后的块度分布服从于罗辛-莱墨勒（Rosin-Rammler）分布函数，简称 R-R 分布函数，表达式为

$$Y = 1 - \exp\left[-\left(\frac{X}{X_0}\right)^n\right] \tag{6-85}$$

式中 Y——筛下累积率（%）；

X——岩块尺寸或筛孔尺寸（m）；

X_0、n——分布参数。

分布参数 n 与爆破参数有关，其值为

$$n=(2.2-14W/d_0)(1-W'/d_0)\{1+(m+1)/2]L_1/H$$

或

$$n=\ln(\ln2)/\ln\ (\overline{X}/X_0)$$

其中　W'——钻孔精度标准差（m）；

　　H——台阶高度（m）；

　　L_1——台阶平面以上的装药高度（m）；

　　$\overline{X}$——K_{50}块度尺寸，用式（6-84）计算；

　　m——炮孔密集系数；

　　d_0——炮孔直径。

这样利用式（6-85）可求得大于任何粒径下的筛下累积率。

2. GAMA 模型

巴西学者伽玛根据邦德（Bond）破碎功指数理论，通过爆破漏斗与台阶爆破试验，1971 年提出了计算均质岩体爆破块度分布模型，其数学表达式为

$$Y=aW_0^b\left(\frac{X}{W}\right)^c \tag{6-86}$$

式中　W_0——岩石的破碎功指数；

　a、b、c——由爆破技术和爆破条件所决定的分布参数。

根据邦德理论

$$W_0=10W_i/K_{80}^{1/2} \tag{6-87}$$

式中　W_i——岩石的邦德功指数，其物理意义是：将岩体视为无穷大的岩块破碎成 $100\mu m$ 的粒级占岩块总量的 80% 时所消耗的功（J/t）；

　　K_{80}——爆破岩块80%能通过的筛网目尺寸（cm）。

1983 年伽玛提出对于节理裂隙发育的岩体，其块度分布为

$$Y=aW_0^b\left(\frac{d'}{W}\right)^c F_{50}^{-d'} \tag{6-88}$$

式中　F_{50}——爆破前岩体被节理、裂隙分割成天然岩块块度的筛下量为50%的块度尺寸；

　　d'——正的常数；

其他符号意义同前。

3. 别兹马特雷赫计算模型

1971 年别兹马特雷赫等人提出了一个可以计算节理裂隙岩体爆破块度分布的数学模型。其基本思想是：如果已知爆破前的岩体被节理裂隙切割的尺寸不大于 X_k 的岩块的概率为 $P_0\{X\leqslant X_k\}$，又已知炸药的爆炸能量使完整岩体破碎产生的不大于 X_k 的岩块的概率为 $P_1\{X\leqslant X_k\}$，那么炸药在有节理裂隙的岩体中爆炸形成的不大于 X_k 的岩块的概率应为以上两项之和。

据莫尔瓦里随机破碎理论，P_0 与 P_1 均服从 R-R 分布，所以

$$P\{X\leqslant X_k\}=1-\exp[-(X_0^{-1}+\beta_0J)X] \tag{6-89}$$

式中　X_0——爆前岩体被节理裂隙切割成天然岩块的平均尺寸；

　　β_0——与炸药有关的常数；

　　J——炸药爆炸的比冲量。

4. 钟汉荣模型

钟汉荣博士 1973 年提出矿山生产中凿岩、爆破、装载、运输、储矿、初碎六个作业，其费用都与爆破块度有关。总费用 C 为上述作业费用之和，即

$$C = C_{dr} + C_{bl} + C_i + C_b + C_d + C_{cr} \tag{6-90}$$

凿岩费用 C_{dr} 与炮孔深度 h、最小抵抗线 W、孔距 a 有关，即 $C_{dr} = f_1(h, W, a)$；爆破费 C_{bl} 与炸药量 Q 及炸药价格 P 有关，即 $C_{bl} = f_2(Q, P)$；装载费 C_i、运输费 C_b、储矿费 C_d 及初碎费 C_{cr} 只与块度 F 有关，即 $C_i + C_b + C_d + C_{cr} = f_3(F)$；故

$$C = f_1(h, W, a) + f_2(Q, P) + f_3(F) \tag{6-91}$$

该模型定出的函数关系为

$$f_1(h, W, a) = \frac{D_d V_r}{hWa}, \quad f_2(Q, P) = \frac{V_r \rho V_b P}{hWa}$$

式中　D_d——钻一个炮孔所需的费用；

　　　V_r——爆破体积；

　　　ρ——炸药密度；

　　　V_b——炮孔体积。

为确定 $f_3(F)$，必有块度 F。该模型利用邦德的破碎理论

$$E = 0.063 W_0 (F_p^{-1/2} - F_f^{-1/2}) \tag{6-92}$$

该式的物理意义是：将块度为 F_f 的矿岩破碎到 F_p 所需的能量为 E，W_0 为邦德功指数。在爆破工程中 F_f 为岩体，趋于无穷大，故上式为

$$E = 0.063 W_0 / \sqrt{F} \tag{6-93}$$

如果把炸药的总有效功 A 作为岩石破裂判据，则得炸药因子 P_F 的表达式

$$P_F = K \frac{W_0}{A\sqrt{F}}$$

由此得块度 F

$$F = \left(K \frac{W_0}{AP_F} \right)^2 \tag{6-94}$$

后四个作业费用由下列经验算式求得

$$C_i = m_1 \sqrt{F}, \quad C_b = m_2 F^{1/4} + m_3 \sqrt{F}, \quad C_d = m_4 \sqrt{F - F_{cr}}, \quad C_{cr} = m_5 \left(\frac{1}{F_p} - \frac{1}{F_f} \right)$$

式中　$m_1 \sim m_5$——常数；

　　　F_{cr}——某一临界块度；

　　　F_p、F_f——进入破碎机前、后的块度。

爆破参数一定，可以求出块度分布。在计算机上调整参数，使总费用最低的参数即为最优参数。

5. SABREX 模型

SABREX 模型是由英国 ICI 公司于 1987 年推出的一种理论与经验统计相结合的综合性模型。该模型由若干模块构成：装药数据输出模块 CPEX 和 LBEND；破碎块度预测模块 CRACK 和 KUZ-RAM；爆堆形态预测模块 HEAVE；岩石破裂模块 RUPTURE 等。模型可预

测岩石块度、爆堆形态、飞石控制、后冲破坏、超深破坏和爆破成本等。爆堆形态模拟模型是在现场高速摄影机测定台阶表面质点速度的基础上，找出台阶坡面上不同位置在爆堆形成过程中的初速度与爆堆最终形状的统计关系，据此预测爆堆形态。但 SABREX 模型未能将原岩节理裂隙等对爆破效果的影响给予充分的考虑。

6. BLAST-CODE 模型

该模型是北京科技大学采用爆破漏斗理论分析和爆破工程多元非线性回归分析相结合的方法建立起来的一种模拟预测爆堆三维形状和爆堆矿岩块度组成的爆破模拟数学模型。它综合考虑了爆区地形及台阶自由面条件、矿岩物理力学性质与地质结构构造特征、炸药爆炸性能、爆区平面形状和台阶坡顶线的不规则性、台阶自由面条件性质（压渣或清渣）的可变性、台阶坡面角的非同一性、爆区内矿岩种类及其可爆性能的复杂性对爆破效果的影响，对爆破破碎效果和爆堆形态进行综合模拟和预测，并可在配套建立的矿山地质地形图形数据库的基础上进行台阶炮孔爆破的计算机自动或人机交互设计。

从实用角度出发，该模型由矿山地质地形图形数据库系统、台阶炮孔爆破计算机自动或人机交互设计系统和爆破效果综合模拟预测三个系统构成。

7. BMMC 模型

马鞍山矿山研究院提出的露天矿台阶深孔爆破矿岩破碎三维数学模型，简称 BMMC 模型，是以应力波理论为基础，岩石单位表面能指标作为岩石破碎的基本判据，通过计算机模拟获得爆破块度预报的计算模型。

柱状药包在露天台阶爆破时形成的空间动态应力场和应力波能量密度呈三维分布。根据叠加原理，将半径为 b_0 的柱状炮孔的装药段分成若干个长度等于炮孔直径 $2b_0$ 的小单元药包，并将每个小单元药包看作是一个具有等效半径 b 的球状药包。图 6-28 表示露天台阶深孔柱状药包分解成多个球状药包（1，2，3，4，…，n）爆破作用产生的应力场。

除了由于炸药具有一定的传爆速度，各药包的起爆时间有一定的先后次序外，还须考虑应力波在几个自由面反射后的各种反射波与直接到达该点的入射波的叠加。

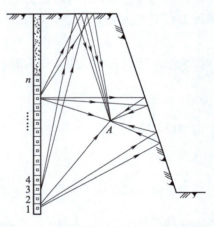

图 6-28　露天台阶爆破 A 点的应力叠加

台阶岩体中任意一点附近很小的范围内，岩石可看成是各向同性的线弹性体，因而其应力-应变关系可按弹性力学来处理，但由于台阶岩体在宏观上的不连续性和非均质性，使应力波在传播过程中不仅有几何衰减（它服从于波动方程），还有物理衰减。为了简化过程，这里不考虑物理衰减中的频散效应，并假设岩体是各向同性的。这样就可以采用分离变量法，计算某一点的应力状态，即将应力波位移函数分解成一个以时间 τ 为自变量的函数，和一个以距离 r 为自变量函数之积的分离变量函数。

根据球坐标的应力波理论和波的反射定律可求得从某球状药包发出抵达台阶岩石中某一点 A 的各种应力波的各应力分量（见图 6-28），包括从爆源直接入射到 A 点的入射纵波的各应力分量、从各自由面反射的反射纵波在该点的各应力分量、从各自由面反射的反射横波在该点的各应力分量等，于是可得到露天爆破台阶岩体中某点的各个应力波的应力分量。

根据 Griffith 的线性断裂理论，脆性材料在多次应力作用（时间、方向可能不同）下的断裂破坏应是所有这些应力作用的综合效应。即使到达岩体中某点的应力波的方向和时间相位不同，它们对该点处的岩石破碎都是有益的，但由于岩体中每一点处的各应力分量都是动态矢量，它们的叠加非常复杂。

根据功能原理，可以导出某一时刻空间某点处的单位体积的能量 U_0（包括动能和应变能），取其中一个波长的平均值，则可求出到达台阶内某一点处各应力波的总平均能量密度。只要在露天台阶中均匀布置足够的点，并计算出抵达每点的入射应力波和各反射应力波的平均能量密度之和，就可以近似地求得露天台阶岩体中应力波能量的三维分布。

图 6-29 是露天台阶岩体的垂直剖面上平均能量密度分布，由能量密度等级即可决定爆破块度分布。

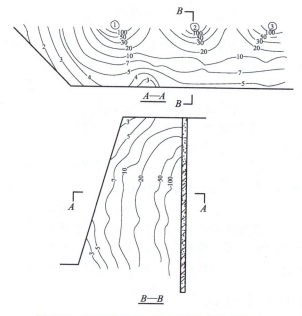

图 6-29　露天台阶深孔爆破应力波能量分布

注：等能量线上数字单位为 $10^4 J/m^3$；炮孔中数字为起爆顺序

8. 其他函数式

（1）G-G-S 分布（Gate-Gaudin-Schunann 分布）

$$Y = (X/X_0)^n \tag{6-95}$$

式中　X_0——岩块最大尺寸（mm），$X = X_0$ 时筛下量为 100%；

　　　n——岩石分布参数。

（2）G-M 分布（Gaudin-Meloy 分布）

$$Y = 1 - (1 - X/X_0)^K \tag{6-96}$$

式中　X_0——爆前岩体结构尺寸（mm）；

　　　K——沿岩体结构尺寸 X_0 方向上的潜在破坏面数目，$K = (X_0/\overline{X}) - 1$。

Lovely B. G.（勒夫利）通过试验研究确定了 X_0 和 K 值之后，代入 G-M 分布函数得出下式

$$Y = 1 - (1 - X/59.5)^{1.34} \tag{6-97}$$

（3）Just G. D 分布（扎思特分布）

$$Y = \exp\left[4.8(X/W_{op})^g\right] \tag{6-98}$$

式中　W_{op}——炸药的最优埋置深度；

　　　g——破碎梯度，$g = (1/F)(L_0/\omega)^2 = \delta^2/F$；

　　　L_0——实际爆破的装药深度；

　　　δ——比装药深度，$\delta = L_0/W_{op}$；

F——破碎系数，在炸药、炸药的空间分布特征一定时，F 为常数。

6.4.3 爆破块度计算机图像分析技术

爆堆岩块块度的计算机图像分析方法是一种全新的爆破破碎效果评价技术，其基本原理与步骤包括：

1）抽样拍摄爆堆表（断）面，以二维图像的形式获取爆堆矿岩块度的原始信息。

2）采用二值化等图像处理技术，由计算机对岩块平面投影的边界进行识别。

3）由计算机对图像中各个岩块的平面几何特征尺寸（如定向弦长、最大弦长及投影面积等）进行统计计算。

4）直接对上述统计计算的结果分析；或采用某种数据转换方法将所得数据转化为岩块的体积尺寸，再采用某种数据统计分析方法求得爆堆岩块的块度分布特征参数，以对全爆堆岩块的块度大小与组成给出综合的定量评价。

在爆破块度计算机图像分析中，抽样拍照所得图像的代表性、拍照过程中的投影偏差，如何根据矿岩图像中岩块边界、岩块内部及背景区域的灰度特征与变化规律确定岩块边界的计算机自动识别与处理，是计算机图像分析的关键所在。

6.4.4 爆破块度分形研究

爆破岩块的形成是岩体在爆炸荷载作用下产生的大量断裂面相互贯通的结果，可以用分形几何方法研究这些尺寸不等、形状不规则的岩块的规律性特征。已经证明，爆破块度分布是一个分形结构，可用块体的分形构造描述爆破岩块的形成过程。

作为反映岩石块度的特征参量，分形维数在给定岩性及环境条件下呈现稳定性，并与所承荷载能量及作用时间具有相关性。这种相关性可用于解释爆破块度生成机理。

实验证明，分形维数与炸药做功能力成正比，与单位体积炸药消耗量成正比，而与爆前裂纹切割岩体的块度指标 F_{80} 成反比。在较破碎的岩层中，裂纹分叉的机会比在较完整岩层中要多，因而新破坏的断面粗糙度高，分形维数较大。不同的炸药品种和单位体积炸药消耗量对分形维数的影响可归结为动载压力、炸药做功能力及作用时间与分维成正比关系。

把分形维数引入爆破块度分布函数，将爆破之前的岩石参数、爆破参数与爆破后的块度分布指数联系起来。只要能在确定爆破前分形维数这个影响块度分布的指数，爆破块度预报问题就可迎刃而解。

进一步的研究还发现，在一定的测度条件下，裂纹计盒维数与块度分布维数相等。于是，在确定了裂纹分形演化规律的基础上，可利用岩石中初始裂纹分形维数和有关爆破参数来预报爆堆的块度分布。

把分形维数引入爆破块度研究中，简化了块度分布方程的参数确定工作，更重要的是可以为块度预报提供依据。

利用分形方法研究爆破块度是一个新的研究方向，近年来受到了国内外学者的普遍关注，并取得了许多有益的成果。分形或分形几何是一个不同于传统欧氏几何的新的几何分支，只有对分形几何有了一定了解后，方能对很好地理解和应用这方面研究成果。

6-1　影响露天爆破效果的地形和地质因素各有哪些？

6-2　露天爆破可能引起的地质问题有哪些？

6-3　根据爆破规模和要求的不同，一般爆破地质勘探工作分几个阶段进行？

6-4　露天台阶深孔爆破有哪些优点？其主要爆破参数有哪些？

6-5　硐室爆破有哪些种类？它们的使用条件各是什么？

6-6　硐室爆破设计包括哪些内容？

6-7　路堑开挖硐室爆破的药包布置方式有哪些？适用条件各是什么？

6-8　硐室爆破保护边坡的技术措施有哪些？

6-9　何谓炸药爆炸块度？影响爆破块度的因素有哪些？预测爆破块度的模型有哪些？

构（建）筑物拆除爆破与 第7章
特种爆破

 导 读

  基本内容：拆除爆破设计的基本原则和方法，拆除爆破的炮孔装药量计算方法，分类介绍拆除爆破设计的内容、参数确定、施工技术要点以及工程实例，包括基础类构筑物拆除爆破、高耸建（构）筑物和楼房拆除爆破，并介绍水压爆破技术、静态破碎技术和特种爆破技术。

  学习要点：掌握拆除爆破参数设计的基本原则和方法；熟悉基础类构筑物，烟囱、水塔等高耸建（构）筑物以及楼房等的拆除爆破设计内容与方法，工程施工的技术要点等内容，以及水压爆破技术的工程应用；了解静态破碎技术的工程应用和特种爆破技术的应用条件和环境。

7.1 概述

  拆除爆破是用于拆除地面、地下及水下建筑物或构筑物的一种控制爆破技术。一般认为，拆除爆破是在清除第二次世界大战中破坏的建筑物的背景下兴起的。战后，大量的工业设施需要重建和改建，拆除旧建筑物和构筑物为爆破工作者提供了一个机会，爆破技术从此迈入城市的大门，并使工程爆破理论和技术得到迅速发展。随着爆破理论、施工技术的发展及其带来的显著经济效益，拆除爆破已经成为拆除业中快速、安全、高效的方法之一。

  20世纪60年代，以美国、日本、瑞典等国为代表的世界各国开始将爆破技术应用于城市建筑物和构筑物的拆除。我国在建筑物、构筑物的拆除控制爆破方面，也居于先进国家的行列。1958年，东北工学院（现东北大学）在国内首次用爆破方法拆除了120m高的钢筋混凝土烟囱，开了我国拆除爆破的先河。1973年爆破拆除了北京饭店约2000m² 钢筋混凝土地下工程；1976年爆破拆除了天安门广场两侧总面积1.2万m² 的3座大楼；1979年使用水压爆破拆除了容积约33m³、壁厚0.5m的钢筋混凝土高压滤水缸。进入20世纪80年代后，拆除爆破技术在全国得到推广应用。许多科研单位、高等院校将爆破理论与实践相结合，拆除了许多复杂的建筑物和构筑物，而且爆破拆除的建筑物、构筑物的高度，一次拆除面积，结构复杂性等都在不断增加，使拆除爆破技术进入了一个新的阶段。国外已成功地拆除了32层的钢筋混凝土结构大楼（巴西圣保罗市）和高度达270m的烟囱（南非）。我国于1995年12月在武汉成功地拆除了正在缓慢倾斜的18层大楼（高56m），1999年在上海又成功地拆除了16层的长征医院病房楼（高67m）。一次拆除烟囱的高度也达到120m，1995年12月和1996年元月在广东茂名分别拆除了两座120m的钢筋混凝土烟囱，2001新乡火电厂成功拆除了高100m钢筋混凝土烟囱，2001年在北京成功爆破拆除了22层东直门22号居民楼，2000年成功爆破拆除了广州体育馆。

拆除爆破多在城市中应用，与其他爆破工程相比，具有以下特点：

1）爆区环境复杂，爆破安全要求苛刻。

2）爆破对象结构、材质复杂。

3）爆破设计方案多样化，爆破技术含量要求高。

4）爆破实施时间短。

按照拆除对象的不同，拆除爆破一般可划分为：

1）基础类构筑物拆除爆破。

2）高耸构筑物拆除爆破。

3）大型建筑物拆除爆破。

4）薄壁容器型构筑物拆除爆破。

7.2 拆除爆破的设计原理与方法

7.2.1 拆除爆破的设计原理

拆除爆破是一种极为严格的控制爆破，往往要求控制拆除建（构）筑物的倒塌方向和范围，以及爆破对周围的影响程度和范围等。因此，拆除爆破设计必须进行多方面的综合考虑，满足拆除爆破的要求。根据拆除爆破的特点，**拆除爆破设计必须遵循以下基本原理。**

（1）最小抵抗线原理 爆破破碎和抛掷的主导方向是最小抵抗线方向，同时也是爆破无效能量的释放方向，在这个方向爆破介质破碎程度最严重，最容易产生飞石。因此，基础类构筑物的爆破拆除，最小抵抗线方向必须避开保护对象；如果不能避开保护对象，则必须严格计算装药量，并加强防护。

在进行装药作业时，必须了解每个炮孔的最小抵抗线方向及大小，当最小抵抗线发生变化时，应当对原设计药量进行调整，避免爆而不破或产生大量飞石等现象出现。

需要注意的是，在拆除爆破中，最小抵抗线方向不能单纯以药包到自由面的最小距离来确定，而应结合所拆除爆破对象的结构、材质等因素综合考虑，如钢筋的直径、布置的密度，爆破对象是否有夹层，材料强度是否一致等。

（2）失稳原理 也称重力作用原理。利用控制爆破的手段，使建筑物和高耸构筑物部分（或全部）承重构件失去承载能力，而后使建筑物或构筑物在其自身重力作用下产生倾覆力矩、失稳，进而原地塌落或定向倾倒，并在倾倒过程中解体破碎。

高耸建筑物和构筑物、大型建筑物拆除爆破时，一般应首先认真分析和研究建（构）筑物的结构、受力状态、荷载分布和实际承载能力，然后进行方案设计，确定倾倒方向和进行爆破缺口参数设计，破坏建筑物的支撑，使之在重力的作用下失稳，引起重心偏移产生倾覆力矩，最后完全倾倒破碎。

高耸建筑物和构筑物、大型建筑物拆除爆破中的失稳、倒塌可以通过爆破方案设计中倾倒方向选定、缺口高度确定、缺口形式的选择、起爆顺序的安排及爆破前的预拆除工作得以实现。

(3) 等能原理 根据爆破对象、条件和要求，选择合适的炸药品种、爆破参数及合理的装药结构，达到每个炮孔的装药量在爆炸时所释放的能量与破碎该孔周围介质所需的最低能量相等，以使介质只产生一定的裂缝或松动破碎，最多是就近抛掷，防止富余的能量造成爆破地震、空气冲击波、飞石等危害。

(4) 分散化原理 在拆除爆破中，除严格控制装药量以外，还应合理选定炮孔的间距、排距、孔深等，使炸药均匀分布在被爆体中，形成多点分散的形式，并实行分批多段起爆，即坚持"多打孔，少装药"。

拆除爆破必须严格控制碎块飞距。当一次药量较大且装药比较集中时，距装药一定距离内的介质往往被过度破坏，碎块从孔口或侧面飞出（侧面抵抗线过小）。另外，炸药过于集中，容易形成较大的振动。多打眼、少装药有助于消除由于炸药量过于集中而造成的不良效应。例如，某拆除爆破工程把 11.5kg 的炸药分装在 500 个炮孔中，每孔平均用 23g 炸药，而且将 11.5kg 的总炸药量分 4 个段分别起爆。这样，十分有效地控制了飞石和振动等有害效应，保护了就近建筑和附近行人车辆的安全。

(5) 缓冲原理 资料表明，硝酸铵炸药在固体介质中爆炸时，爆轰波阵面上的压力可达 5 万~10 万个大气压。由于爆轰波峰值压力极大地超过了介质的动态抗压强度，致使该范围的介质形成粉碎区。粉碎区虽然很小，但消耗了相当一部分爆炸能量，而且给飞石、空气冲击波和噪声等危害效应提供能量。由此可见，粉碎区的形成，既降低爆破效果，又不利于安全。所以在拆除爆破中，应减小或避免粉碎区的出现。

优选适合于拆除爆破的能源及相应改变装药结构，缓和爆轰波冲击压力作用，使爆破能量得到合理的分配与利用，称为缓冲原理。

缓冲原理的实质是延长炮孔压力的作用时间，降低压力峰值。

(6) 防护原理 以上原理可作为爆破设计，确定爆破参数和炸药消耗量的依据。现阶段拆除爆破中炸药消耗量等爆破参数的计算主要以经验公式为主，采用这些参数进行爆破时，虽然能使爆破产生的振动、冲击波、飞石和噪声等的危害得到一定控制，但不能做到完全消除。因此，为确保安全，还必须采取有效的防护措施。

为防止地面构筑物免遭空气冲击波的破坏，可根据空气冲击波的形成机理和衰减规律采用各种减弱冲击波强度的方法。如采用防爆阻波墙、缓冲型阻波墙、混凝土阻波墙、活动柔性阻波墙、专用防爆阻波墙等设施，也可采取必要的覆盖措施。

根据爆破引起的地震波的规律和特点，对其可采取预裂缝、防振沟和毫秒爆破等措施加以控制。

为防止飞石破坏，除减小炸药消耗在介质破碎后的多余能量外，还要根据地形、风向等因素采取必要的防护措施。

7.2.2 拆除爆破的设计方法

拆除爆破以安全完成拆除为目标，以控制爆破振动、飞石、空气冲击波和有害气体等爆破危害为基本内容，其设计需要对单个药包药量和总体爆破规模进行严格控制。对单个药包药量的控制，实质是确定合理的单位耗药量，合理布置药包，使炸药能量充分破碎介质，且没有多余能量产生飞石。对总体爆破规模的控制，实质是对一次起爆的最大药量，或者毫秒爆破中单段最大药量的控制。爆破地震效应与爆破药量有关，药量越大，振动强度也越大。一次起爆的最大药量，根据保护对象允许的最大振动强度确定。目前，国内外多以爆破地震的振动强度作为建筑物是否受到损害的判据，该临界值是拆除爆破单段最大药量控制的标准。

拆除控制爆破一般在城市闹市区、居民区、厂区或车间内实施，在爆区内或附近往往有各种需要保护的建筑物、管道、管线和其他设施。因此，爆破设计务必做到掌握的资料、数据详实无误。

拆除爆破的设计内容一般包括总体方案制定、技术设计和施工设计三个方面。

（1）爆破方案制定　为制定出经济上合理、技术上安全可靠的爆破方案，爆破技术人员应该掌握爆破对象的技术资料和实际情况，包括爆破对象的结构、材质等；了解爆破工程周围的环境，包括建（构）筑物可利用倒塌的空间，地面和地下需要保护的构筑物、管线和设施状况等；了解可使用爆破器材与爆破环境是否适应等。在充分掌握各类资料的基础上，根据爆破任务和对安全的要求，提出多种爆破方案，经过技术经济比较，最后制定出合理可行的控制爆破方案。

（2）拆除爆破技术设计　爆破技术设计是控制爆破的核心内容，对爆破成功与否有直接影响。技术设计主要是爆破孔网参数的选定，包括炮孔布置位置和范围、单位体积炸药消耗量的确定与校核、单孔装药量的计算、最大单段起爆药量的核定、起爆顺序和爆破网络时差的确定和爆破安全验算等。

（3）拆除爆破施工设计　拆除爆破施工设计主要以实现爆破技术设计为目标，对施工的具体内容、步骤进行设计，包括炮孔的平面布置，炮孔的深度、方向和编号，分层装药结构设计，墙和柱的编号，药包的药量和编号，起爆激发点的个数和位置确定，安全防护材料选择和工程防护措施等。

7.2.3　拆除爆破装药量计算

拆除爆破是利用炸药爆炸能量使建（构）筑物的承重构件失去承载能力，以达到拆除的目的。特别是在一次倾倒或坍塌的烟囱、水塔、框架结构、楼房等高大建（构）筑物的拆除爆破中，药量的合理与否直接关系到爆破拆除的成功与否。若药量过小，会出现爆而不碎，不能按照预定设计倒塌，形成危险建（构）筑物；若药量过大，则出现大量飞石和强烈的爆破空气冲击波，对周围保护对象造成安全危害。

对钢筋混凝土结构，装药量只要求能将混凝土爆破疏松，脱离钢筋骨架失去承载能力即可，不需要炸断钢筋；对素混凝土、砖砌体和浆砌片石等材料的爆破体及建（构）筑物构件，装药量以能将混凝土原地破碎最佳，避免药量过大产生飞石。

影响装药量计算的因素很多，既有爆破对象的材质、强度、均质性、自由面情况、爆破器材性能等客观因素，也有最小抵抗线 W、炮孔间距 a、炮孔排距 b、炮孔深度 l、装药结构、起爆顺序等人为的可控因素。

目前，在拆除爆破中，大都采用经验公式来计算装药量。比较成熟和常用的有体积公式和剪切破碎公式。

（1）体积公式　大量的科学试验和工程实践证明，在一定条件下，相同介质爆破拆除时，装药量的大小与爆落介质的体积成正比，即

$$Q = qV \tag{7-1}$$

式中　Q——装药量（g）；

$\qquad V$——设计爆破的介质体积（m^3）；

$\qquad q$——单位体积炸药消耗量（g/m^3）。

式（7-1）对不同的爆破对象，可以有不同表达形式

$$Q = qWaH \qquad\qquad (7\text{-}2)$$
$$Q = qabH \qquad\qquad (7\text{-}3)$$
$$Q = qBaH \qquad\qquad (7\text{-}4)$$
$$Q = q\pi W^2 l \qquad\qquad (7\text{-}5)$$

式中　Q——单孔装药量（g）；

$\qquad W$——最小抵抗线（m）；

$\qquad a$——炮孔间距（m）；

$\qquad b$——炮孔排距（m）；

$\qquad l$——炮孔深度（m）；

$\qquad H$——爆破体的爆破高度（m）；

$\qquad B$——爆破体的宽度或厚度（m）$B = 2W$。

以上各式中，不同材质及爆破条件下的 q 取值，见表7-1。

表 7-1　单位体积炸药消耗量 q 及平均单位体积炸药消耗量

爆破对象及材质		最小抵抗线 W/cm	$q/(g/m^3)$			平均单位体积炸药消耗量 $/(g/m^3)$
			一个自由面	二个自由面	三个自由面	
混凝土坝工强度较低		35~50	150~180	120~150	100~120	90~110
混凝土坝工强度较高		35~50	180~220	150~180	120~150	110~140
混凝土桥墩及桥台		40~60	250~300	200~250	150~200	150~200
混凝土公路路面		45~50	300~360			220~280
钢筋混凝土桥墩台帽		35~40	440~500	360~440		280~360
钢筋混凝土铁路桥梁板		30~40		480~550	400~480	400~460
浆砌片石及料石		50~70	400~500	300~400		240~300
桩头直径	$\phi1.0m$	50			250~280	80~100
	$\phi0.8m$	40			300~340	100~120
	$\phi0.6m$	30			530~580	160~180
浆砌砖墙	厚约37cm	18.5	1200~1400	1000~1200		850~1000
	厚约50cm	25	950~1100	800~950		700~800
	厚约63cm	31.5	700~800	600~700		500~600
	厚约75cm	37.5	500~600	400~500		330~430
混凝土大块二次爆破	$BaH = 0.08~0.15m^3$				180~250	130~180
	$BaH = 0.16~0.4m^3$				120~150	80~100
	$BaH > 0.4m^3$				80~100	50~70

式（7-2）适用于光面切割爆破或多排布孔中靠近自由面一排炮孔的装药量计算；式（7-3）适用于多排布孔内部各排炮孔的装药量计算，这些炮孔一般只有一个自由面；式（7-4）适用于爆破体较薄，只在中间布置一排炮孔时的装药量计算；式（7-5）适用于桩头爆破，且只在桩头中心钻一个垂直炮孔时的装药量计算，这时 W 取为桩头半径。

采用体积公式进行装药量计算时，选用 q 值时应遵循以下原则：当 W 值较大时，q 应取大值；反之，应取较小值。当材质等级较高时，应取大值；反之，应取小值。当建造施工质量较好时，应取较大值；反之，当建造施工质量较差、裂隙较多时，应取小值。按体积公式计算出单孔装药量后，还需求出该次爆破的总药量 $Q_\text{总}$ 和预期爆落介质的体积 V，校核单位体积炸药消耗量，若计算值与表中数据相差悬殊，应调整 q 值，重新计算药量。需要注意的是计算出的单孔装药量，必须经过现场试爆验证调整，才能最后确定。

（2）剪切破碎公式　我国爆破科研人员针对城市拆除爆破不允许碎块抛掷的要求，对瑞典兰格福斯（U. Langefors）提出的梯段爆破装药量计算公式进行了理论分析和修正。研究指出：拆除爆破炸药能量主要用于克服介质内层面产生的流变和剪切变形，以及破碎介质；并且消耗于介质单位面积上的剪切能量与最小抵抗线 W 成反比，消耗于单位体积上的能量基本保持不变。因此，装药量 Q 由两部分组成，表达为

$$Q = f_0 (q_1 A + q_2 V) \tag{7-6}$$

式中　A——爆破体被爆裂面的面积（m^2）；

　　　V——爆破体的破碎体积（m^3）；

　　　q_1——单位剪切面积的用药量，简称面积系数（g/m^2）；

　　　q_2——单位破碎体积的用药量，简称体积系数（g/m^3）；

　　　f_0——炮孔自由面系数。

在进行装药量计算时，式（7-6）中的 q_1、q_2、f_0 可从表 7-2 和表 7-3 中查取。

表 7-2　面积系数 q_1 和体积系数 q_2

材料类别	$q_1/(\text{g/m}^2)$	$q_2/(\text{g/m}^3)$	适 用 范 围
混凝土或钢筋混凝土	$(13\sim16)/W$	150	不厚的条形截面基础，要求严格控制碎块抛出
混凝土	$(20\sim25)/W$	150	混凝土体破碎，个别小块散落在 5～10m 范围内
一般布筋的钢筋混凝土	$(26\sim32)/W$	150	混凝土破碎，脱离钢筋，个别碎块抛落在 5～10m 范围内
布筋较密的钢筋混凝土	$(35\sim45)/W$	150	混凝土破碎，剥离钢筋，个别碎块抛落在 10～15m 范围内
重型布筋的钢筋混凝土	$(50\sim70)/W$	150	混凝土破碎，主筋变形或个别断开，少量碎块分散在 10～20m 范围内，应加强防护
砂浆砌砖体	$(35\sim45)/W$	100	砌体破裂塌散，少量碎块抛落在 10～15m 范围内
天然岩石	$(40\sim70)/W$	150～250	岩石破裂松动，少量碎块抛落在 5～20m 范围内

表 7-3　炮孔自由面系数 f_0

炮孔所在位置自由面数目/个	1	2	3	4
f_0	1.15	1.0	0.85	0.75

使用剪切破裂公式计算装药量时，应注意混凝土和钢筋混凝土是比较均匀的介质，拆除爆破中只需将混凝土破碎，而不必把钢筋炸断，因此，混凝土和钢筋混凝土的体积系数是一致的。天然岩石的强度和裂隙变化较大，因此体积系数的上下限有较大范围。

7.3　基础类构筑物拆除爆破

基础类构筑物拆除爆破是城市拆除爆破中应用最多的一种拆除爆破。这类拆除爆破对象

包括：室内各种工业机械设备基础、仪器设备基础、各种试验台及各种构筑物基础等；室外的各种厂房基础、桥梁基础、河岸堤坝、碉堡及各种构筑物基础等。基础类构筑物的材质复杂，有素混凝土、钢筋混凝土、浆砌片石、砖砌体以及三合土等；基础类构筑物形状多样，有方形、柱形、锥形、台阶状的实心体和环形、沟槽形的腔体及薄板结构体等。

基础类构筑物拆除爆破通常有两种情况：一种是将构筑物全部拆除，称为整体拆除爆破；另一种是将构筑物的一部分拆除，而其他部分保留，称为切割拆除爆破。

基础类构筑物拆除爆破的单个拆除工程量不大，但安全要求极为严格。尤其在室内拆除时，通常要求在不影响生产的条件下进行爆破作业，环境复杂。在厂房内爆破作业，厂房本身是封闭空间，爆破时产生的空气冲击波会发生反射叠加，对仪器设备具有极强的破坏力；设备、仪器、电源等与爆破作业地点距离很近，容易被飞石砸坏；爆破时产生的地震波会影响厂房和其他精密机械设备的基础。另一方面，电源等也对爆破作业安全有影响。因此，基础类构筑物的拆除爆破必须精心设计施工，加强安全防护。

7.3.1　基础类构筑物整体拆除的爆破参数设计

基础类构筑物拆除爆破一般采用浅孔爆破法，其爆破设计参数有最小抵抗线 W、单位体积炸药消耗量 q、炮孔间距 a、炮孔排距 b、炮孔深度 l 及单孔装药量 Q。

1. 爆破参数选择

（1）最小抵抗线 W　最小抵抗线 W 是拆除爆破的一个重要参数。通常，W 值应根据爆破体的材质、几何形状和结构尺寸，钢筋混凝土中的配筋情况，要求的爆破块度或重量及清渣方式等因素综合确定。

选择最小抵抗线方向，首先要考虑保护对象与爆破体的空间位置关系，为了保护对象的安全，最小抵抗线方向应避开保护对象；其次要考虑爆破体的顺利爆破解体，充分利用自由面。

在拆除爆破中，一般选用的 W 值均在 1m 以下。当爆破体为薄壁结构或小截面钢筋混凝土梁、柱时，W 值只能是壁厚或梁、柱截面中较小尺寸边长的 1/2，即 $W=0.5B$（B 为壁厚或梁、柱断面较小边长的宽度）。若薄壁结构为拱形或圆筒形，炮孔方向平行于弧面时，为获得均匀的破碎效果，考虑内侧夹制作用，结构外侧的最小抵抗线 W_1 应取（0.65 ~

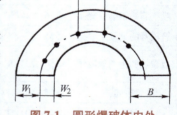

图 7-1　圆形爆破体内外侧最小抵抗线

0.68）B，结构内侧的最小抵抗线 W_2 应取（0.32 ~ 0.35）B，如图 7-1 所示，但计算药量时的最小抵抗线仍取 $W=0.5B$。

实践表明，当爆破体为大体积圬工（如桥墩、桥台、高大建筑物或重型机械设备的混凝土基础等），并采用人工清渣时，破碎块度不宜过大，最小抵抗线可取较小值：混凝土圬工或钢筋混凝土圬工，$W=$（35 ~ 50）cm；浆砌片石、料石圬工，$W=$（50 ~ 70）cm；钢筋混凝土墩台帽；$W=$（3/4 ~ 4/5）H，H 为墩台帽厚度。

一般素混凝土爆破后，碎块的几何尺寸都略大于 W。如爆破后采用人工清理，W 值应取小值。机械清方时，为取得较好的技术经济指标，在满足施工要求的前提下，尽可能选用较大的最小抵抗线。

最小抵抗线 W 的取值与构件的强度也有关，强度越高，则产生飞石的可能性就越大，最小抵抗线应取小值。反之，最小抵抗线应取大值。

（2）单位体积炸药消耗量 q 单位体积炸药消耗量 q 是拆除爆破的又一个重要参数。q 取值的合理与否直接影响拆除爆破的效果和整个拆除爆破的安全。影响 q 值的因素很多，如选用的爆破器材，装药结构，爆破体的材质、强度、结构及爆破环境条件等。在采用体积公式计算单孔装药量时，q 按表 7-1 选取。

在重要的爆破工程中，选取单位体积炸药消耗量 q 必须了解爆破体的结构和材质。如果不能了解爆破体的材质、配筋等情况，q 值应通过试爆确定。试爆时应按照"爆撬结合、宁撬勿飞"的原则，由小到大选择 q 值，一般每次试爆的炮孔数目不少于 3～5 孔，试爆必须选在非承重结构部位进行，同时加强安全防护。最终通过对试爆结果分析，确定合理的 q 值。

（3）炮孔间距 a 和排距 b 炮孔一般分为垂直孔、水平孔和倾斜孔三种。在设计炮孔时，应根据爆破体的材质、几何形状、结构类型、施工条件和爆破效果的要求综合确定。结合钻孔、装药和堵塞作业的效率综合考虑，在工程实践中应优先考虑垂直孔。

在梁、柱构件上布置单排炮孔时，理论上沿断面中心线布置最为合理，但梁柱中心线上往往布有一纵筋，给打孔带来困难。在实践中一般布置成锯齿形，炮孔交替布置在中心线两侧。偏离中心线距离不大于最小抵抗线的 1/5，偏离距离过大会出现飞石或爆而不碎的现象。在大体积或大面积基础上布置多排炮孔时，前、后排或上、下排炮孔布置成梅花形，因为梅花形布孔有利于炸药能量利用，炮孔间介质也易破碎。

通常基础类构筑物拆除爆破需要多炮孔共同作用完成。根据分散化原理和等能原理，炮孔间距和排距选取合理与否对爆破安全、效果和炸药能量的有效利用率有直接的影响。若炮孔间距 a 和排距 b 过大，则相邻炮孔药包的共同作用减弱，爆破后容易出现大块，给清渣工作造成困难，有时还需进行二次爆破，容易产生飞石，给安全带来隐患；若炮孔间距 a 和排距 b 过小，不仅增加了钻孔工作量，影响施工进度，而且增加了炸药消耗成本，致使药包之间的介质过于破碎。炸药无效能量的增加。

实践表明，炮孔间距 a 与最小抵抗线 W 有密切关系，最小抵抗线 W 确定后，炮孔间距 a 按下列经验确定：混凝土圬工，$a=(1.0～1.3)W$；钢筋混凝土基础，$a=(1.2～2.0)W$；浆砌片石或料石基础，$a=(1.0～1.5)W$；浆砌砖墙，$a=(1.2～2.0)W$。上述 a 值的范围应根据构筑物强度及最小抵抗线而定。当强度较高、建造施工质量较好时，a 可取小值；相反 a 取大值。

多排炮孔一次起爆时，排距 b 应小于间距 a，根据材质情况和对爆破块度的要求，可取 $b=(0.6～0.9)a$；多排孔逐排分段起爆时，宜取 $b=(0.9～1.0)a$。

（4）炮孔深度 l 炮孔深度也是影响爆破效果的一个重要参数。合理的炮孔深度可避免出现冲炮和坐炮现象，使炸药能量得到充分利用，保证良好的爆破效果。一般情况下应使炮孔深度大于最小抵抗线，要确保炮孔装药后的堵塞长度大于或等于 $(1.1～1.2)W$。实践证明，炮孔越深，不但可以缩短每延米的平均钻孔时间，而且可以提高炮孔利用率，增加爆破方量，从而加快施工进度，节省爆破费用。在采用群药包的拆除爆破中，为便于钻孔、装药和堵塞作业，炮孔深度不宜超过 2m。

对于不同边界条件的爆破体，在确保孔深 $l>W$ 的前提下，炮孔深度可按下述方法选取：当爆破体底部是自由面时，取 $l=(0.6～0.65)H$；当设计爆裂面位于断裂面、伸缩缝或施工缝等部位时，取 $l=(0.7\sim0.8)H$；当设计爆裂面位于变截面部位时，取 $l=(0.9\sim1.0)H$；当设计爆裂面位于匀质等截面的爆破体之间时，取 $l=1.0H$；当爆破体为板式结构，且上下均有自由面时，取 $l=(0.6\sim0.65)\delta$；若仅一侧有自由面时，则取 $l=(0.7\sim0.75)\delta$。这里，H 为爆破体的高度或设计爆落部分的高度；δ 为板体厚度。

2. 单孔装药量计算及分段装药分配原则

基础类构筑物拆除爆破时，单孔装药量可按本章介绍的体积公式或剪切破碎公式计算。在按表 7-1 选取单位体积炸药消耗量 q 时要注意：①表中所列 q 值，是使用 2 号岩石硝铵炸药时得出的数据，当使用其他品种炸药时，药量要进行当量换算；②采用分段装药结构时，若以导爆索串联引爆各药包，导爆索可按 20g/m 折算成 2 号岩石硝铵炸药；③若选用的 q 值是对一个自由面的炮孔条件而言的，则当炮孔周围的自由面增加时，单孔装药量应按每增加一个自由面装药量减少 15%~20% 计算；④浆砌砖墙的 q 值是指水平炮孔上部有压重而言，无压重时，应将 q 乘以 0.8。此外，表中的 q 值适用于水泥砂浆砌筑的砖墙，若为石灰砂浆砌筑时，应将 q 乘以 0.8。若墙厚等于 63cm 或 75cm 时，应取 $a=1.2W$；墙厚为 37cm 或 50cm 时，取 $a=1.5W$，而炮孔排距取（0.8~0.9）a。

当炮孔深度 l 大于 $1.5W$ 时，应分层装药，即把计算出的单孔装药量分成两个或两个以上的药包，在每个药包中安装起爆雷管后，按一定间隔装入炮孔，药包中心间距 a_1 应满足 $20cm<a_1\leqslant W$（或 a 或 b）；若采用导爆索连接两个药包时，只需在起爆端安装一个雷管即可，此时要注意药量的折减。

在较深的炮孔中，采用分层装药结构，能把炸药较均匀地分配于爆破体内，避免能量集中，可防止出现飞石或产生大块，并降低爆破振动效应。分层装药及药量分配原则如下：

1）当炮孔深度 $l=(1.6\sim2.5)W$ 时，将单孔药量分成两个药包、两层装药；当炮孔深度 $l=(2.6\sim3.7)W$ 时，分成三个药包、三层装药；当 $l>3.7W$ 时，分成四个药包、四层装药。实践证明，为便于装药和堵塞作业，分层装药不宜超过四层，确定炮孔深度 l 时，应考虑这一因素的影响。

2）在材质均匀、强度一致的爆破体中，单孔装药量 Q 的分配原则为：两层装药时，取上层药包药量等于 $0.4Q$、下层药包药量为 $0.6Q$；三层装药时，取上层药包药量等于 $0.25Q$、中层药包药量为 $0.35Q$、下层药包药量为 $0.4Q$；四层装药时，取上层药包药量等于 $0.15Q$、第二、三层药包药量均为 $0.25Q$、最下层药包药量为 $0.35Q$。在材质或强度不均匀的爆破体中，如混凝土基础底部有钢筋网时，可在单孔装药量不变的情况下，适当增加底层药包药量。

7.3.2　基础类构筑物切割拆除的爆破参数设计

基础类构筑物切割拆除爆破就是利用光面爆破或预裂爆破技术，将大型基础类构筑物或圬工体切割解体成若干块，或者拆除一部分保留另一部分的爆破方法。其主要爆破参数的选择，因采取的爆破方式不同而异。

（1）预裂切割爆破　当拆除建（构）筑物一部分时，为使保留部分不受损伤，可采取预裂爆破方法预先在分界线处爆破切割出一条裂缝，避免爆破应力波对保留部分的损伤。这种预裂爆破只要求在切割线上炸出一条裂缝，故爆破药量主要与预裂面积 S 成正比。常用的单孔装药量 Q 为

$$Q=\lambda aH \tag{7-7}$$

式中　a——炮孔间距（m）；

　　　H——预裂部位的厚度或高度（m）；

　　　λ——单位面积用药量系数（g/m²），可根据材质情况参照表7-4选取。

表 7-4　预裂切割爆破单位用药量系数 λ

材 质 情 况	a /cm	λ /(g/m²)	Q/S /(g/m²)
强度较低的混凝土	40~50	50~60	40~50
强度较高的混凝土	40~50	60~70	50~60
片石混凝土基础	40~50	70~80	60~70
厚20~30cm混凝土地坪	30~60	100~150	—

注：S 为切割面积。

（2）光面切割爆破　光面爆破是切割炮孔随主炮孔同时装药，利用毫秒雷管的时差控制最后起爆，在分界线爆破切出一条裂缝的爆破技术。光面切割爆破的爆破参数包括最小抵抗线 W、孔距 a 和单孔装药量 Q，一般各参数按下列方法选取：①最小抵抗线 $W = 50 \sim 60$cm；②炮孔间距 $a = (0.6 \sim 0.8)W$；③单孔装药量 $Q = qaWH$。

光面切割爆破的单位体积炸药消耗量 q 按表7-5选取。

表 7-5　切割爆破单位体积炸药消耗量 q

材 质 情 况	自由面/个	W /cm	q /(g/m³)	Q/V /(g/m³)
强度较低的混凝土	2	50~60	100~120	80~100
强度较高的混凝土	2	50~60	120~140	100~120

注：表中 V 为爆破体的破碎体积。

7.3.3　基础拆除爆破工程实例

（1）工程概况　某厂房空压机基础需拆除。现场环境复杂，距离需拆除基础两侧0.8m处有正在运行的空压机，距离2.0m处有一电闸柜，东侧有一输气管道，距离爆破体约1m，如图7-2所示。

（2）参数设计　炮孔直径 d_b 为40mm，取 $W = 10d_b$，即 $W = 0.4$m。爆破体厚度 H 为1.2m，炮孔深度 $l = 2/3H$，即 $l = 0.85$m。炮孔间、排距都取 0.4m。单孔装药量 $Q = qabH$，

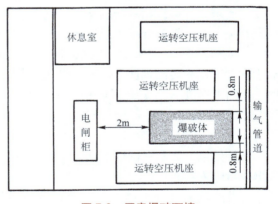

图 7-2　厂房爆破环境

计算得38.4g，实际取40g。采用毫秒爆破技术，分层装药结构，上层装药15g，下层装药25g。

（3）防护措施　爆破体周围挖减振沟，深度超过爆破体的厚度；爆破体上部覆盖两层草袋和两层荆笆；起爆前厂房门窗全部打开。

（4）爆破效果　爆破达到设计要求，碎块不大于 0.4m，无飞石和振动产生，爆破后室内设备完好，空压机、电闸和输气管道正常工作。

7.4　高耸构筑物拆除爆破

高耸构筑物指烟囱、水塔和电视塔等高度和直径比值很大的构筑物，其特点是重心高而

支撑面积小，非常容易失稳。在城市建设和厂矿企业技术改造中，经常要拆除一些废弃或结构发生破损、倾斜的烟囱和水塔等高耸构筑物。爆破时可以迅速使烟囱和水塔等构筑物失去稳定性而倒塌解体，高耸构筑物拆除爆破具有迅速、安全、高效的优点，在工程实际中得到了较多应用。

烟囱按材质分为砖结构和钢筋混凝土结构两种，其形状主要为圆筒形，横截面积自下而上呈收缩状，内部砌有一定高度的耐火砖内衬，内衬与烟囱的内壁之间保持一定的隔热间隙（5~8cm）。水塔是一种高耸的塔状建筑物，塔身有砖结构和钢筋混凝土结构两种，顶部为钢筋混凝土水罐。

这类高耸构筑物一般处在环境比较复杂、人口稠密的城镇和工厂矿山建筑群中，对爆破技术和倒塌场地有苛刻的要求。以下以烟囱和水塔为例介绍高耸构筑物的拆除爆破技术。

7.4.1　烟囱与水塔爆破拆除方案选择

应用控制爆破拆除烟囱、水塔等构筑物，最常用的方案有三种：定向倒塌、折叠倒塌和原地坍塌。

1. 定向倒塌

定向倒塌是在烟囱、水塔倾倒方向一侧的下部，用爆破的方法炸开一个具有一定高度，长度大于1/2周长的缺口，使构筑物整体失稳，而后，在其自身重力作用下，形成倾覆力矩，朝预定方向倒塌。

选用此方案时，必须有一个具有一定宽度的狭长地带作为倒塌场地。对倒塌场地宽度和长度的要求，与构筑物本身的结构、刚度、风化破损程度，当爆破缺口的形状、几何参数等因素有关。对于钢筋混凝土或者刚度好的砖砌烟囱，要求倒塌狭长地带长度大于烟囱高度的1.0~1.2倍，垂直于倒塌中心线的横向宽度不得小于构筑物爆破部位外径的2.0~3.0倍。对于刚度较差的砖砌烟囱、水塔，倒塌狭长地带长度要求相对较小些，等于0.5~0.8倍烟囱、水塔的高度，垂直于倒塌中心线的横向宽度不得小于构筑物爆破部位外径的2.8~3.0倍。

2. 折叠倒塌

折叠倒塌方案是在倒塌场地任意方向的长度都不能满足整体定向倒塌的情况下采用的一种爆破拆除方案。

折叠式倒塌可分为单向和双向交替折叠倒塌方式，其原理与定向倒塌的原理基本相同，除了在底部炸开一个缺口以外，还需在烟囱或水塔中部的适当部位炸开另一个爆破缺口，使烟囱或水塔从上部开始，逐段向相同或相反方向折叠，缩短倒塌范围。图7-3所示分别为双向和单向交替折叠倒塌示意图。此方案施工难度较大、技术要求较高，选用时应谨慎。

3. 原地坍塌

原地坍塌方案是在需拆除的构筑物周围没有可供倾倒场地时采用的一种爆破拆除方案，该方案只

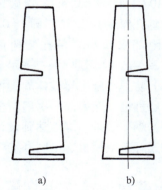

图7-3　单向和双向交替折叠倒塌
a）双向折叠倒塌　b）单向折叠倒塌

适用于砖结构的构筑物。

原地坍塌是将筒壁底部沿周长炸开一个具有足够高度的缺口，依靠构筑物自重，冲击地面实现解体的。原地坍塌方案的实施难度较大，爆破缺口高度要满足构筑物在自重作用下，冲击地面时能够完全解体。

在选择爆破方案时，需首先进行实地勘查与测量，仔细了解周围环境和场地条件，以及构筑物的几何尺寸与结构特征等，并以定向倒塌、折叠倒塌和原地坍塌的顺序选择方案。

7.4.2　烟囱和水塔的爆破拆除技术设计

烟囱和水塔等构筑物爆破拆除技术设计内容包括缺口形式、缺口高度和缺口长度确定，爆破孔网参数设计及爆破施工安全技术等。

1. 爆破缺口参数的选择

（1）爆破缺口的类型　爆破缺口是指在要爆破拆除的高耸构筑物的底部用爆破方法炸出的，具有一定宽度和高度的缺口。爆破缺口位于倾倒方向一侧，起创造失稳条件、控制倾倒方向的作用。爆破缺口直接影响高耸构筑物倒塌的准确性。

在烟囱水塔等高耸构筑物拆除爆破中，有不同类型的爆破缺口（见图7-4）。**爆破缺口以倾倒方位线为中心左右对称，常见形状有矩形、梯形、反梯形、反斜形、斜形和反人字形**。图7-4中 h 为爆破缺口的高度，L 为缺口的水平长度，L' 为斜形缺口水平段的长度，L'' 为斜形缺口倾斜段的水平长度，H 为斜形、反斜形及反人字形缺口的矢高，α 为其倾斜角度。采用反人字形或斜形爆破缺口时，其倾角 α 宜取 $35\sim45°$；斜形缺口水平段的长度 L' 一般取 $(0.36\sim0.4)L$；倾斜段的水平长度 L'' 取 $(0.30\sim0.32)L$。

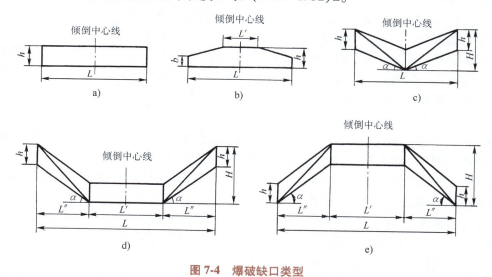

图 7-4　爆破缺口类型

a）矩形　b）梯形　c）反人字形　d）斜形　e）反斜形

为了提高倾倒的准确性，工程实践中也有的采用一种组合型缺口，如图7-5所示。

实践表明，水平爆破缺口设计简单，施工方便，烟囱或水塔在倾倒过程中一般不出现后坐现象，有利于保护其相反方向的邻近建筑物。斜形爆破缺口定向准确，有利于烟囱、水塔按预定方向顺利倒塌，但在倾倒过程中会出现后坐现象。

（2）爆破缺口高度确定　爆破缺口高度是保证定向倒塌的一个重要参数。缺口高度过小，烟囱、水塔在倾倒过程中会出现偏转；爆破缺口高度大一些，虽然可以防止烟囱和水塔在倾倒过程中发生偏转，但会增加钻孔工作量。爆破缺口的高度不宜小于爆破部位壁厚 δ 的 1.5 倍，通常取 $h = (1.5 \sim 3.0)\delta$。

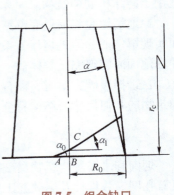

图 7-5　组合缺口

（3）爆破缺口长度确定　爆破缺口的长度对倒塌距离和方向均有直接影响。爆破缺口过长，保留起支撑作用的筒壁过短，若保留筒壁承受不了上部烟囱的重力，在倾倒之前会压垮，发生后坐现象，严重时可能影响倒塌的准确性或造成事故；爆破缺口长度太短，保留部分虽然能满足了构筑物重力爆破前的支承作用，但可能会出现爆而不倒的危险局面，或倒塌后可能发生前冲现象。一般情况下，爆破缺口长度 L 应满足

$$\frac{3}{4}s \geqslant L > \frac{1}{2}s \tag{7-8}$$

式中　s——烟囱或水塔爆破部位的外周长。

对于强度较小的砖结构构筑物，L 取小值，强度较大的砖结构和钢筋混凝土结构构筑物，L 取大值。

（4）定向窗　为了确保烟囱、水塔能按设计的倒塌方向倒塌，除了正确地选择爆破缺口的类型和参数以外，有时提前在爆破缺口的两端用风镐或爆破方法开挖出一个窗口，这个窗口叫定向窗。开定向窗的作用有二，一是将筒体保留部分与爆破缺口部分隔开，使缺口爆破时不会影响保留部分，以保证正确的倒塌方向；二是可以进行试爆，进一步确定装药量及降低一次起爆药量。开定向窗在缺口爆破之前进行，缺口范围内的钢筋要割断，墙体要穿透整个厚度。也可用一排炮孔来代替定向窗，孔距为 0.2m，孔深为 $(0.67 \sim 0.701)\delta$。砖混结构构筑物的定向窗高度一般为 $(0.8 \sim 1.0)h$，长度为 0.3~0.5m。

2. 爆破参数设计

（1）炮孔布置　炮孔布置在爆破缺口范围内，炮孔垂直于构筑物表面，指向烟囱或水塔中心。炮孔一般采用梅花形排列。烟囱内通常有耐火砖内衬，为确保烟囱能按预定方向顺利倒塌，在爆破烟囱外壁之前（或者同时），应用爆破法将耐火砖内衬拆除，以避免由于内衬的支撑影响烟囱倒塌，内衬爆破长度取其周长的 1/2。

（2）炮孔深度 l　对于圆筒形烟囱和水塔，爆破缺口的横截面类似一个拱形结构物，装药爆炸时，会使拱形结构物的内侧受压、外侧受拉。由于砖和混凝土的抗压强度远大于其抗拉强度，孔太浅，则拱形内壁破坏不彻底，形不成爆破缺口；孔太深，外壁部分破坏不充分，同样形不成所要求的爆破缺口。根据工程实践经验，合理的炮孔深度（自外向内）可按下式确定

$$l = (0.67 \sim 0.7)\delta \tag{7-9}$$

式中　l——炮孔深度；

　　　δ——烟囱或水塔的壁厚。

（3）炮孔间距 a 和排距 b　炮孔间距 a 主要与炮孔深度 l 有关，应使 $a < l$。对于砖结构，$a = (0.8 \sim 0.9)l$；对于混凝土结构，$a = (0.85 \sim 0.95)l$。如果结构完好无损，炮孔间距可取

小值；如果结构受到风化破损，炮孔间距可取大值。炮孔排距应小于炮孔间距，即 $b = 0.85a$。

（4）单孔装药量计算　单孔装药量可按体积公式计算，即 $Q = qab\delta$。砖砌烟囱或水塔，单位体积炸药消耗量 q 按表 7-6 选取；钢筋混凝土结构烟囱或水塔，q 按表 7-7 选取。

表 7-6　单位体积炸药消耗量 q 值及平均单位体积炸药消耗量 Q/V

δ /cm	砖数/块	q /(g/m³)	Q/V /(g/cm³)
37	1.5	2100~2500	2000~2400
49	2.0	1350~1450	1250~1350
62	2.5	880~950	840~900
75	3.0	640~690	600~650
89	3.5	440~480	420~460
101	4.0	340~370	320~350
114	4.5	270~300	250~280

表 7-7　单位体积炸药消耗量 q 值

δ /cm	20	30	40	50	60	70	80
钢筋网	一层	一层	两层	两层	两层	两层	两层
q /(g/m³)	1800~2200	1500~1800	1000~1200	900~1000	660~730	480~530	410~450

若砖结构烟囱或水塔支承每间隔 6 层砖砌筑一道环形钢筋时，表 7-6 中的 q 值需增加 20%~25%；每间隔 10 层砖砌筑一道环形钢筋时，q 值需增加 15%~20%。

7.4.3　高耸构筑物的爆破拆除施工安全措施

烟囱、水塔等高耸构筑物多位于工业与民用建筑物密集的地方，为确保爆破时周围建筑物与人员安全，必须精心设计与施工，除严格执行控制爆破施工与安全的一般规定和技术要求外，还应特别注意下列有关问题。

（1）获取可靠的环境和构筑物现状基础资料　爆破设计前必须对被拆除对象的周围环境进行详细调查了解，首先获取被拆除对象和周围保护建（构）筑物、设备、管线网路等的空间位置关系和水平距离数据；其次，了解拆除对象结构状况、材质、风化程度等基础资料，为设计提供可靠的依据。

（2）合理选择倒塌方向和精确定位　选择烟囱、水塔倒塌方向时，尽可能利用烟囱的烟道、水塔的通道作为爆破缺口的一部分。对环境苛刻的爆破必须使用经纬仪确定爆破炮孔的中心线，避免目测误差导致失误。如果待爆烟囱、水塔已经偏斜，则设计倒塌方向应尽可能与其偏斜方向一致，否则，应仔细测量烟囱、水塔的倾斜程度，然后通过力学计算确定爆破缺口的位置。

（3）合理处理烟道和通道　如果烟道或通道不能作为爆破缺口，位于结构的支承部位，爆破前应当用同类材料与结构砌成一体，并保证足够的强度，以防烟囱、水塔爆破时出现后坐或偏转。

（4）内衬和钢筋处理　烟囱爆破前，使用人工或爆破方法将内衬处理掉，处理长度为周长一半；对于钢筋混凝土烟囱，除将缺口范围内的钢筋全部切断外，必要时还应将倒塌中心线所对应支撑部位的钢筋对称切断，避免倾倒时钢筋受拉改变倾倒方向。

（5）水塔附属钢结构构件预拆除　水塔爆破前应拆除其内部的管道和设施，以排除附加重力或刚性对水塔倒塌准确性的影响。

（6）技术保障安全准爆　对烟囱、水塔等构筑物爆破，应采取可靠的技术措施杜绝拒爆，确保准爆与爆破安全。爆破前应准确掌握当时的风力和风向。当风向与倒塌方向一致时，风速对倒塌方向无不良影响；当风向与倒塌方向不一致且风力很大时，风速可能影响倒塌的准确性，这种情况下应推迟爆破时间，以消除风力的不利影响。

（7）加强安全防护工作　由于烟囱、水塔等构筑物的拆除爆破要求缺口完全打开，以抛掷爆破为主，单位体积炸药消耗量较大，为防止飞石抛出，在爆破缺口部位应采取必要的防护。防护材料可以用荆笆、胶帘等。

（8）清理倒塌现场和做好防振工作　高耸构筑物倾倒后会对地面产生巨大的冲击，为了避免构筑物触地冲击造成飞石，减缓冲击振动，必须清理现场原有碎石和做好防振工作。

7.4.4　高耸构筑物工程实例

1. 水塔爆破拆除

（1）工程概况　某学校内一废弃水塔，需用爆破方法拆除。水塔底部外径 5.0m，高 24.6m。下部支撑有台阶状不等截面砖结构，底部厚 0.64m，爆破缺口部皆厚 0.37m，水塔周围环境特别复杂，如图 7-6 所示。仅东南方向距学生食堂餐厅约 30m，大于塔高。

（2）爆破方案　根据场地条件，决定采用定向倾倒方案。定向倒塌中心线的方向为东南方向。

（3）爆破技术设计　爆破缺口采用倒梯形缺口，取缺口高度 h 不小于壁厚的 2 倍，即 $h \geqslant 2\delta = 0.74$m，实际取 h = 1.2m。缺口的倾角为 45°，爆破缺口的水平长度 L 取（1/2～2/3）筒形支承爆破部位的周长，即 $L = （1/2～2/3）\pi D = 7.85～11.8$m，实际取 L = 10.0m。

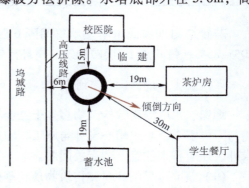

图 7-6　水塔爆破环境

（4）爆破参数及炮孔布置　决定在筒壁外侧向内钻水平炮孔，并取炮孔深度 l 等于壁厚 δ 的 0.67 倍，即 $l = 0.67 \times \delta = 0.67 \times 0.37$m = 0.248m，实际取 l = 0.25m。由于砖砌体为石灰砂浆砌筑，且风化严重，取炮孔间距：$a = （1.2～2.0）l = （1.2～2.0） \times 0.25$m = 0.3～0.5m，实际取 a = 0.4m。布孔方式采用矩形，炮孔间距 b 也取为 0.4m。

（5）药量计算及起爆网路　单孔装药量 Q 按公式 $Q = qab\delta$ 计算。通过药量计算及局部试爆后，q 值调整为 1000g/m³，计算后单孔装药量 Q = 59.2g，实际取 Q = 60g，总装药量 4.8kg。该水塔的控制爆破，采用串并联起爆网路，分 3 段电雷管，一次起爆。

（6）安全措施　为确保爆破定向准确，事先切掉了砖筒内部的爬梯及钢管，砌好了已有的几个开口。由于水塔爆破缺口位置较高（距地面约 7m），采用重型防护，使爆破飞石控制在 15m 范围内，确保周围建筑物的安全。为了防止水塔触地造成强震和形成撞击飞石，在水塔触地点铺垫 20cm 以上的黄土层，并彻底清理水塔倾倒方向的地面杂物和碎石。在学生食堂正对倾倒方向设防护板，以防止水塔前冲造成破坏。

（7）爆破效果　起爆后响声沉闷，水塔震颤后稍向下后坐，缓慢倾斜，准确朝预定方向倒下。触地点略有前冲，对现场未产生任何有害影响。附近校医院内的病人安然无恙，高压线及通信电缆均未受损坏，爆破达到预期效果。

2. 烟囱单向折叠爆破拆除

（1）工程概况　某学校废弃的砖混结构烟囱需要拆除。烟囱高40m，底部外径4.2m，壁厚0.49m。自基础水平14m以上，壁厚0.37m，内衬厚0.12m。烟囱分别在标高14m和标高27m两处增设有钢筋混凝土圈梁，并在标高14m以上筒身砖砌体内沿周边布置了竖向钢筋10@500mm。烟囱底部西侧有一高1.8m、宽1.2m的烟道，东侧有一高0.8m、宽0.5m的出灰口。

烟囱位于该校北区4#锅炉房院内，东距北区变电所4.0m，且有一为科学馆供电的高压线路，距烟囱仅1.5m，西距锅炉房2.0m，北距工具库房11m，南距新建车库24m。四周环境复杂，周围环境如图7-7所示。

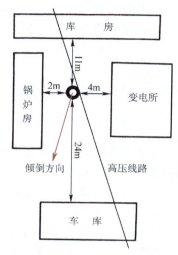

图7-7　烟囱爆破环境

（2）爆破方案　由于环境复杂，最大水平距离小于烟囱高度，决定采用单向折叠定向倾倒拆除方案。将上节爆破切口位置定在基底22.0m处，因烟道口位置不利于烟囱按设计方向定向，故将下节爆破切口位置定在距基底3.0m处。

（3）爆破技术设计

1）爆破切口。上部爆破切口形状选择为倒梯形，切口高1.2m，顶长6.5m，底长3.25m。下部爆破切口形状为类梯形，切口高1.35m，顶长7.2m，底长9.0m。

2）爆破参数。上部切口孔深0.25m，孔距0.4m，排距0.4m，炮孔按梅花形排列；单孔装药量50g。下部爆破参数为：孔深0.35m，孔距0.45m，排距0.45m，炮孔按梅花形排列，单孔装药量80g。

3）下部切口两端开设三角形定向窗，中间开设矩形定向窗，矩形定向窗宽0.45m，高1.35m。

4）上、下两切口的起爆顺序为自上而下，间隔时间约2s。

（4）主要技术措施　折叠爆破时，要避免上、下节烟囱在倾倒过程中相互影响，特别是防止下节烟囱在倾倒过程中施加推力，增加上节烟囱的前冲距离。故按照烟囱不能发生后坐，下节烟囱不能发生前冲的原则，上部切口采用定向准确，不易后坐的倒梯形切口，为了克服该切口形式易发生前冲的缺点，炸掉的切口长度略大于该处周长的1/2，缺口倾角不应太大，取为30°；下部采用定向准确，不发生前冲，且允许后坐的类梯形切口。利用经纬仪在烟囱外壁上准确测定出上、下切口的倾倒中心线。

（5）爆破效果　上部切口起爆后约1s，烟囱上节开始缓慢倾斜，当倾斜至45°角左右时，烟囱在27m圈梁处折断，分为两节，烟囱头部朝下坠落。当上节倾斜15°~20°时，下部切口爆炸，下节烟囱基本保持定轴转动。落地后，下节烟囱压在上节烟囱上，烟囱完全按照设计折叠倾倒在设计方向线上。除圈梁外，烟囱解体成碎块，周围建筑物没有任何损害，爆破获得了满意的效果。

7.5　楼房拆除爆破

随着社会经济的迅猛发展，在城市现代化建设和大型企业改造中，往往有许多大型建筑物需要拆除。与人工、机械拆除方法相比，爆破拆除具有安全、经济和快速的优点。因此，无论是国内还是国外，一段时间以来高层大型建筑物的拆除主要采用控制爆破技术拆除，但近年来，这一情况有所改变，机械拆除的应用有增多的趋势。

大型建筑物爆破拆除的基本原理是：利用炸药爆炸释放的能量，破坏建筑物关键支撑构件，使之失去承载能力，而后建筑物处于失稳状态，在其自重作用下，完成自由下落或转体倾倒、空间解体和倒塌冲击地面解体。

7.5.1　拆除爆破方案

建筑物拆除方案的确定取决于建筑物的结构类型、外形几何尺寸、荷载分布情况，与被保护建筑物、设备等的空间位置关系，以及其他周围环境情况等因素。根据不同爆破拆除工艺，拆除爆破方案可以归纳划分为以下几种。

1. 定向倾倒方案

定向倾倒方案是指爆破后整个建筑物绕一定轴转动一定角度失稳，向预定方向倾倒，冲击地面解体。定向倾倒要求周围场地一个方向的建筑物边界与场地边界水平距离大于 $2/3 \sim 3/4$ 的建筑物高度。

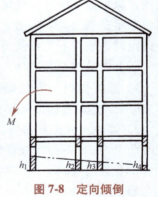

图 7-8　定向倾倒

$h_1 \sim h_4$—爆破高度

无论砖结构楼房还是钢筋混凝土框架结构，定向倒塌拆除爆破是在倾倒方向的承重柱、承重墙或钢筋混凝土立柱间，通过顺序起爆或同时起爆，形成不同的炸高，利用建筑物失稳形成倾覆力矩实现的，如图 7-8 所示。

定向倾倒方案的主要优点是钻孔工作量小，倒塌彻底，拆除效率高。若场地条件许可，应优先选用定向倒塌方案。

2. 原地坍塌方案

在一般的工业厂房拆除中，当拆除建筑物与周围保护对象的水平距离均小于 1/2 拆除建筑物高度，但具有介于 $1/3 \sim 1/4$ 拆除建筑物高度的场地时，原地坍塌是最常用的爆破拆除方案。

对于砖结构的建筑物，楼板为预制构件的，只要将最下一层的所有承重墙和承重柱炸毁相同高度，则在重力作用下整个建筑物就会原地坍塌解体；对于钢筋混凝土框架结构的建筑物，应在四周和内部承重柱的底部布设相同高度范围的炮孔，并在柱顶与梁、柱连接部位布设炮孔，以切断梁柱连接，同时起爆后，方可使建筑物原地炸塌。

原地坍塌方案的主要优点是设计和施工都比较简单，坍塌所需场地小，钻孔、爆破工作量相对较小，拆除效率高；缺点是对拆除钢筋混凝土框架结构建筑物时爆破技术要求高。 如果预处理工作不细，爆破高度不够或节点解体不充分，会造成整体下坐不坍塌现象。

3. 单向连续折叠方案

这种方案是在"定向倾倒坍塌"的基础上派生出来的，适用于建筑物三面场地狭窄，而一方向有稍开阔的场地时的拆除爆破。单向连续折叠方案要求坍塌方向建筑物与场地边界的水平距离不小于楼房高度的1/2~2/3。钢筋混凝土框架结构要求水平距离不小于楼房高度的1/2，砖结构建筑要求水平距离不小于楼房高度的2/3。

爆破工艺是仍利用雷管延期，自上而下顺序起爆，使每层结构均朝一个方向倒塌，如图7-9a所示。

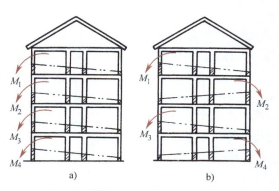

图7-9 折叠倒塌

a）单向折叠倒塌 b）双向折叠倒塌

单向连续折叠方案的优点是倒塌破坏较为彻底，倒塌范围明显缩小；缺点是钻孔、爆破工作量相对较大。

4. 双向交替折叠方案

双向交替折叠倒塌方案主要适用于建筑物四周场地更为狭窄时的爆破拆除，场地水平距离砖结构楼房不小于楼房高度的1/2，钢筋混凝土框架结构不小于H/n（H为建筑物的高度，n为建筑物层数）。

爆破工艺是利用雷管的延期，控制自上而下顺序起爆，使每层结构交替倒塌，如图7-9b所示。堆积高度大致可控制在$H/3$左右。

双向交替折叠方案与单向连续折叠方案类似，优缺点也基本相同，但这种方法的倒塌破坏更为彻底，倒塌范围进一步缩小，但钻爆工作量相对较大。

5. 内向折叠坍塌方案

当钢筋混凝土框架结构或整体性较强的砖结构楼房，四周均无较为开阔的场地供倾倒或折叠倒塌时，欲缩小坍塌范围，可采用内向折叠坍塌的破坏方式。内向折叠坍塌方案要求框架四周场地有1/3~1/2倍的建筑物高度的水平距离。

其具体爆破工艺是，自上而下将建筑物内部承重构件（墙、柱、梁）充分破坏，外部承重立柱适当破坏形成铰链，在重力转矩作用下使框架上部和侧向构件内向折叠倒塌，如图7-10所示。

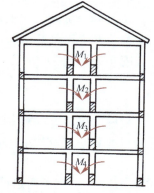

图7-10 内向折叠倒塌

内向折叠坍塌方案的优点是要求的倒塌场地小，对钢筋混凝土框架结构拆除比较彻底；缺点是钻孔、爆破工作量大，爆破工艺复杂。

7.5.2 建筑物拆除爆破倾倒或坍塌的条件

1. 钢筋混凝土框架结构定向倾倒或坍塌的立柱失稳条件

钢筋混凝土框架结构主要承重立柱的失稳，是整体框架倒塌的关键。用爆破方法将立柱基础以上一定高度范围内的混凝土充分破碎，使之脱离钢筋骨架，并使箍筋拉断、主筋向外膨胀成为曲杆，使孤立的钢筋骨架不能组成整体抗弯截面；当暴露出一定高度的钢筋骨架承受的荷载达到临界值时，必然导致爆破处承重立柱先后失稳。满足上述条件时的立柱破坏高度，称为最小破坏高度 H_{min}。

图 7-11 所示为钢筋混凝土承重立柱最小破坏高度示意图。下面介绍承重立柱最小破坏高度的确定方法。

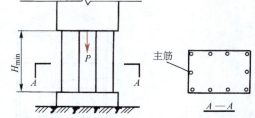

图 7-11　钢筋混凝土承重立柱最小破坏高度

假设爆破后裸露出钢筋数为 n，钢筋所承担的上部荷载为 P，则作用在单个主筋上的压力荷载为 P/n，为简化计算，主筋可视为一端自由、一端固定的细长压杆，此时用欧拉公式计算临界荷载 P_m，即

$$P_m = \frac{\pi^2 EJ}{(\mu h)^2} \tag{7-10}$$

式中　h——压杆长度（即暴露出的钢筋骨架高度）（m）；

　　　E——立柱钢筋弹性模量（Pa）；

　　　μ——长度系数，一端固定一端自由时，取 $\mu = 2$；

　　　J——钢筋截面二次矩（m^4），$J = \pi d^4/64$，d 为立柱主筋直径（m）。

当压杆为一端自由、一端固定时，其柔度可按下式计算

$$\lambda = 8h/d \tag{7-11}$$

对于普通钢材，欧拉公式的适用条件为 $\lambda \geqslant 100$，解得 $h \geqslant 12.5d$。代入式（7-10）可得

$$P_m = \frac{\pi^2 EJ}{625 d^2} \tag{7-12}$$

根据式（7-12）的计算结果，若临界荷载小于或等于实际作用在各个主筋上的荷载 P/n 时，即 $P_m \leqslant P/n$ 时，则承重立柱必然失稳倒塌，此时，取最小破坏高度 $H_{min} = 12.5d$。

若临界荷载大于或等于实际作用在主筋上的荷载，即 $P_m > P/n$，可由式（7-10）反求压杆长度 h，令 $P_m = P/n$ 代入式（7-10）后可得到压杆长度，即承重立柱的最小破坏高度 H_{min}

$$H_{min} = h = \frac{\pi}{2}\sqrt{\frac{EJn}{P}} \tag{7-13}$$

根据工程经验，为确保钢筋混凝土框架结构爆破时顺利坍塌或倒塌，钢筋混凝土承重立柱的爆破高度 H 宜按下式确定

$$H = K(B + H_{min}) \tag{7-14}$$

式中　B——立柱截面边长（m）；

　　　K——经验系数，$K = 1.5 \sim 2.0$。

立柱形成铰链部位的爆破高度 H' 可按下式确定

$$H' = (1.0 \sim 1.5)B \qquad (7\text{-}15)$$

对钢筋混凝土框架结构，立柱失稳只是框架倾倒的必要条件。为使钢筋混凝土框架结构可靠倾倒，各立柱形成的爆破缺口高度，还应满足框架在倾倒过程中，倾倒方向上始终保持足够倾覆力矩的要求。

2. 砖结构楼房倾倒条件

由于砖结构楼房的墙柱极限抗弯力矩很小，只要具有满足形成倾覆力矩 M 的爆破缺口高度 h 即可。以下用简化模型来分析房楼定向倾倒的条件。设楼房高度为 H，墙（柱）间跨度为 L，承重墙（柱）上部荷载为 P，墙 AB 与 CD 的相对爆破缺口高度为 $h = h_2 - h_1$，如图 7-12a 所示。假设楼房向 CD 一侧倾倒，CD 墙触地瞬间如图 7-12b 所示，从几何分析可知重力偏心距为

$$e = H\tan\alpha = Hh/L \qquad (7\text{-}16)$$

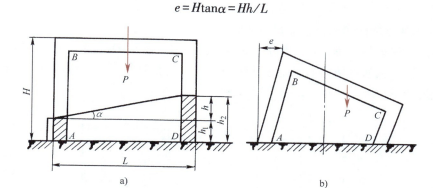

图 7-12　简化分析模型

a）计算模型　b）倾倒瞬间

则倾覆力矩 M 为

$$M = eP = \frac{Hh}{L}P \qquad (7\text{-}17)$$

为保证结构楼房顺利倾倒，必须使 CD 墙触地瞬间的倾覆力矩在倾倒方向的数值大于零。

由式（7-17）知，倾覆力矩 M 与楼房高度 H、承重墙（柱）上部荷载 P、相对爆破缺口高度 h 成正比，说明楼房越高、自重越大、爆破缺口越高，框架楼房倾覆力矩越大，楼房越容易倾倒；倾覆力矩与墙（柱）间跨度 L 成反比关系，说明跨度越大，框架楼房越不容易倾倒。因此，对于低矮的建筑物采用爆破法拆除时，必须慎重选择爆破方案，避免出现"三层变二层"、"二层变一层"的现象。

分析式（7-17）知，楼房高度 H、承重墙（柱）上部荷载 P 和墙（柱）间跨度 L 为建筑物固有结构特征，只有相对爆破缺口高度 h 是可以人为控制的变量。通过对楼房倒地瞬间的力学分析，可以得出相对爆破缺口高度 h 为

$$h \geqslant L^2\delta/2H \qquad (7\text{-}18)$$

式中　δ——承重砖墙（柱）的厚度。

比较得知，对钢筋混凝土框架结构，爆破缺口高度既要满足立柱暴露钢筋的失稳，还要

满足倾倒过程中的倾覆力矩始终大于零；砖混楼房的爆破缺口高度只需满足后一个条件即可。

7.5.3 建筑物拆除爆破技术设计

建筑物拆除爆破技术设计包括最小抵抗线确定、炮孔布置、炮孔间距与排距、炮孔深度、炮孔装药量计算、爆破网络设计等。

1. 最小抵抗线确定

在大型建筑物拆除爆破中，最小抵抗线的确定取决于墙体厚度、梁柱的材质、结构特征、自由面多少、截面尺寸等。

对砖结构楼房的墙体和小截面的钢筋混凝土立柱、梁，最小抵抗线一般为

$$W = \delta/2 \tag{7-19}$$

式中　　δ——墙体厚度或梁、柱截面最小边长。

对大截面钢筋混凝土梁、柱，如 80cm×100cm、100cm×100cm 及 100cm×120cm 的钢筋混凝土立柱，为使钢筋骨架内的混凝土破碎均匀，与钢筋分离，一般布置多排炮孔，各排炮孔的最小抵抗线 $W = 20 \sim 50$cm，如图 7-13 所示。

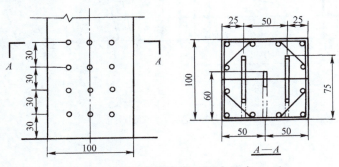

图 7-13　大截面炮眼布置（图中尺寸：cm）

2. 炮孔布置

（1）墙体及墙体拐角炮孔布置　在承重墙或剪力墙上布置炮孔，由于墙体面积大，通常布置多排水平炮孔，炮孔排列一般采用梅花形。工程实践中，在保证爆破缺口高度不变的前提下，为了减少打孔的数量，采用一种分离式布孔方法，即省略中间一排炮孔，上下排炮孔分离，如图 7-14 所示。分离带宽度可根据墙体的强度及厚度确定，一般取墙体炮孔排距的 1.5~2.0 倍。

墙体拐角处炮孔布置往往容易被忽略，而事实上这些部位的结构较墙体更为坚固。如果不布置炮孔或布孔不当，爆破后容易形成支撑，影响建筑物的倒塌。墙体拐角处的炮孔布置一般为水平斜孔，如图 7-15 所示。需要注意的是，墙体拐角炮孔由于最小抵抗线发生变化，要适当增加炮孔的装药量，才能保证良好的爆破效果。

（2）柱、梁的炮孔布置　柱、梁炮孔布置位置是依据爆破方案而定的，在柱梁连接处或在较长梁的中部布置炮孔，其目的是切梁断柱，保证爆破后建筑物的顺利倒塌。小截面立柱、梁，一般布置单排孔，可沿柱梁的中心线或略偏移柱、梁的中心线呈锯齿状布置。大截面钢筋混凝土承重立柱，一般布置三排炮孔。

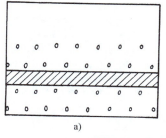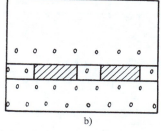

图7-14　分离式炮孔布置方法

a）隔排分离布孔　b）排内间隔分离布孔

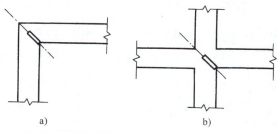

图7-15　墙体拐角或相交处的炮孔布置方法

a）墙体拐角　b）墙体交叉

3. 炮孔间距 a、排距 b 计算

在钢筋混凝土承重立柱和梁的爆破中，炮孔间距一般取

$$a = (1.20 \sim 1.25)W \tag{7-20}$$

在砖墙爆破中，可按以下经验值确定：当墙厚为 630mm 或 750mm 时，水泥砂浆砌筑，取 $a = 1.2W$；石灰砂浆砌筑，取 $a = 1.5W$。当墙厚 370mm 或 500mm 时，水泥砂浆砌筑，取 $a = 1.5W$；石灰砂浆砌筑时，取 $a = (1.8 \sim 2.0)W$。

炮孔排距 b 按下式计算

$$b = (0.8 \sim 1.0)a \tag{7-21}$$

4. 炮孔深度确定

依据墙体两侧最小抵抗线相等的原则，为确保装药将墙体内外均匀炸塌，装药时，应使药包的中心恰好位于墙体的中心上。因此炮孔深度为

$$l = (\delta + l_{ex})/2 \tag{7-22}$$

式中　δ——墙体厚度；

　　　l_{ex}——药包长度。

墙角的炮孔深度应慎重确定，如果确定不当，可能影响楼房的整体倒塌。若墙角两侧的厚度相等，则墙角孔深为

$$l = (0.35 \sim 0.37)\delta/\sin 45° \tag{7-23}$$

5. 单孔装药量的计算

钢筋混凝土框架立柱、梁爆破时，单孔装药量可按体积公式计算，单位体积炸药消耗量 q 可从表7-8中选取。

表7-8 单位体积炸药消耗量 q 及平均单位体积炸药消耗量

W /cm	q /(g/m³)	Q/V /(g/m³)	布筋情况	爆破效果	防护等级
10	1150~1300	1100~1250	正常布筋 单箍筋	混凝土破碎、疏松,与钢筋分离,部分碎块逸出钢筋笼	Ⅱ
	1400~1500	1350~1450		混凝土粉碎,脱离钢筋笼,箍筋拉断,主筋膨胀	Ⅰ
15	500~560	480~540	正常布筋 单箍筋	混凝土破碎、疏松,与钢筋分离,部分碎块逸出钢筋笼	Ⅱ
	650~740	600~680		混凝土破碎、疏松,与钢筋分离,部分碎块逸出钢筋笼	Ⅰ
20	380~420	360~400	正常布筋 单箍筋	混凝土破碎、疏松,与钢筋分离,部分碎块逸出钢筋笼	Ⅱ
	420~460	400~440		混凝土破碎、疏松,与钢筋分离,部分碎块逸出钢筋笼	Ⅰ
30	300~340	280~320	正常布筋 单箍筋	混凝土破碎、疏松,与钢筋分离,部分碎块逸出钢筋笼	Ⅱ
	350~380	330~360		混凝土破碎、疏松,与钢筋分离,部分碎块逸出钢筋笼	Ⅰ
	380~400	360~380	布筋较密 双箍筋	混凝土破碎、疏松,与钢筋分离,部分碎块逸出钢筋笼	Ⅱ
	460~480	440~460		混凝土破碎、疏松,与钢筋分离,部分碎块逸出钢筋笼	Ⅰ
40	260~280	240~260	正常布筋 单箍筋	混凝土破碎、疏松,与钢筋分离,部分碎块逸出钢筋笼	Ⅱ
	290~320	270~300		混凝土破碎、疏松,与钢筋分离,部分碎块逸出钢筋笼	Ⅰ
	350~370	330~350	布筋较密 双箍筋	混凝土破碎、疏松,与钢筋分离,部分碎块逸出钢筋笼	Ⅱ
	420~440	400~420		混凝土破碎、疏松,与钢筋分离,部分碎块逸出钢筋笼	Ⅰ
50	220~240	200~220	正常布筋 单箍筋	混凝土破碎、疏松,与钢筋分离,部分碎块逸出钢筋笼	Ⅱ
	250~280	230~260		混凝土破碎、疏松,与钢筋分离,部分碎块逸出钢筋笼	Ⅰ
	320~340	300~320	布筋较密 双箍筋	混凝土破碎、疏松,与钢筋分离,部分碎块逸出钢筋笼	Ⅱ
	380~400	360~380		混凝土破碎、疏松,与钢筋分离,部分碎块逸出钢筋笼	Ⅰ

注:表中Ⅰ级防护为3层草袋、1层胶帘和1层麻袋布覆盖,Ⅱ级防护为2层草袋、1层胶帘和1层麻袋布覆盖。

浆砌砖墙爆破时,单孔装药量可按体积公式计算,单位体积炸药消耗量 q 可根据最小抵抗线的大小、墙体质量等情况,也按表7-1选取,墙角炮孔的装药量可加大到正常炮孔装药量的1.2倍。

注意:在计算出单孔装药量后,必须在混凝土框架立柱、梁和砖墙体上进行试爆,进一步核实建筑物结构,验证计算药量的可靠性,经过修正确定最终单孔装药量。

6. 爆破网络设计

爆破网络设计是关系到建筑物拆除爆破能否成功的一项重要工作。建筑物拆除爆破具有如下特点:一次起爆雷管多,少则数百发多则几千发,甚至上万发;装药布置范围大,分布在承重墙、立柱、横梁和楼梯间,甚至不同楼层之间。

使用电力爆破网络时,从挑选雷管到连接起爆回路等所有工序,都应用仪表进行检查,并对比设计数据,及时发现施工和网路连接中的偏差和错误,从而保证爆破的可靠性和准确性。但电力爆破网络的分组和电阻平衡工作复杂,要求技术含量高。在电力起爆网路中,串联和串并联是最常用的连接形式。

串并联爆破网路分组时，仅仅通过调整不同串联线路中的雷管数目来达到平衡电阻的是比较麻烦的，因此，在楼房爆破前，应该准备一些不同阻值的电阻或可变电阻，以供网路平衡电阻使用。

非电爆破网络是以导爆管雷管为主的爆破网络。非电爆破网络具有操作简单，使用方便、经济、安全、准确、可靠，能抗杂散电流、静电和雷电等优点，可以满足现场不停产的拆除爆破和在雷雨季节安全施工的要求，目前大型拆除爆破多采用这种起爆网路。

使用导爆管雷管非电爆破网络，可以有簇联、并联和串联等多种连接方法。其缺点是容易出现支路漏连现象，因此实际操作中，一定要仔细地反复检查，确保装药完全起爆。

7.5.4　建筑物拆除爆破施工安全措施

（1）非承重构件的预拆除　为使楼房顺利倒塌，爆破前应将门窗和上下水管道等非承重构件及剪力墙进行预拆除。

（2）部分承重构建的预拆除　在确保建筑物整体稳定性的前提下，可以先将一部分承重墙进行预拆除，以减少最后爆破的雷管数和总装药量，确保准爆和降低爆破振动。

（3）楼梯间、电梯间的预拆除　建筑物楼梯间、电梯间往往整体浇筑、上下贯通，在建筑物爆破前先进行人工或爆破拆除，破坏其刚度和强度，保证建筑物爆破拆除时顺利倒塌。

（4）网络连接　采用电爆网路，各支路电阻必须平衡，特别要避免出现个别雷管早爆而造成整个建筑物爆破拆除失败；采用导爆管非电爆网路，一定注意不要漏连、错连，并做好防护，避免雷管爆炸时出现个别飞片切断导爆管的现象。

（5）钻孔工作　对钢筋混凝土立柱、梁，用风钻打孔；对砖墙，可用电钻打孔。最好在室内墙壁上钻孔，这样有利于雨天对爆破网路的保护，减小爆破噪声，防止个别炮孔冲炮造成危害。

（6）防尘工作　当建筑物倒塌时，楼房内的空气受到急剧压缩，会扬起粉尘。因此，应采取措施进行喷水消尘，并通知爆破点周围或下风方向一定范围内的居民关闭门窗。

（7）防护措施　建筑物爆破多在闹市区或工业厂区内，应结合爆破方案采取合理的防护措施。防护材料宜选用轻型材料，保证一定的防护厚度，避免飞石抛出，对不能移走的设备等也要进行重点遮挡防护。

（8）爆破后的安全检查　当建筑物爆破倒塌后，爆破技术人员首先对现场进行检查，确认安全后方可进行清渣作业。

7.5.5　工程实例

（1）工程概况　某商场位于火车站广场西北侧，因市政改造需将其拆除。该建筑物长57.5m，宽45.5m，高23m，建筑面积1万多 m²，是一座中间为天井，四周为环绕大厅和房廊的回字形多层钢筋混凝土框架结构，其中大厅层高6m，共有3层，房廊层高3m，共有6层。楼内共有3圈立柱，内圈立柱16根，中圈及外圈立柱各28根，截面均为48cm×48cm。立柱竖筋为8根25mm螺纹钢，钢筋混凝土纵横梁交错分布与立柱现浇，其中主梁长8m，截面为30cm×80cm，次梁长3.5m，截面为30cm×40cm，大楼四角均为带有封闭电梯间的环绕式楼梯的角楼，其墙、梁、柱均系钢筋混凝土整体浇筑，具有较高的承载能力和很好的整体刚度,大楼梁柱结构见表7-9。爆区周围的环境复杂。周围商店与民居林立,交通繁杂,北距娱乐城12m,西距民居8m,西北角1.5m处有一重要通信光缆紧靠大楼,西面6m处有一高压线,东南两面为施工空地,爆区环境如图7-16所示。

图7-16 商场爆破环境

(2)爆破拆除方案 商场大楼面积大,楼层高,层次多,又有4个角楼支撑,加之四周环境复杂,爆破拆除难度很大。根据整体框架结构,长宽为楼高两倍的特点,考虑两种爆破拆除方案,一是整体向内原地倒塌,必须在所有的梁柱上布孔装药,并选择合理的起爆时差,这样做不仅工作量很大,而且有可能在爆破时产生梁柱互相架立,造成向内倒塌不彻底,给清渣带来困难。二是采用切割分块,先将整体框架分成四个单片楼,然后采用间隔延期起爆,使单片楼分次向内倾倒的控制爆破拆除方案。这一方案可大大减少布孔装药工作量,而且确保楼体向内倾倒倒塌顺利,解体充分。综合分析,决定采用第二方案。

(3)爆破参数计算 立柱、梁爆破参数如表7-9。

表7-9 立柱、梁爆破参数表

部位	层位	截面 /cm²	最小抵抗线 W/cm	孔数 /个	单孔药量 /g	起爆顺序	雷管段别	总延时 /ms
NS内柱	I	48×48	24	9×12	50	4	HS7	3000
NS中柱	I-2	48×48	24	5×20	45	4	HS7	3000
NS外柱	I-2	45×45	22	3×20	35	5	HS8	3500
NS梁	II	30×80	15	8×16	30/20	5	HS8	3500
NS内柱	II	48×48	24	7×12	50	5	HS8	3500
NS中柱	II-3	48×48	24	4×40	45	6	HS9	4000
NS中柱	II-4	48×48	24	4×40	45	6	HS9	4000
NS外柱	II-3	45×45	22	3×40	35	6	HS9	4000
NS外柱	II-4	45×45	22	3×40	35	6	HS9	4000
NS梁	III	30×80	15	8×16	30/20	6	HS9	4000
NS内柱	III	48×48	24	5×12	50	6	HS9	4000
NS中柱	III-5	48×48	24	4×30	45	7	HS10	5000
NS中柱	III-6	48×48	24	4×30	45	7	HS10	5000
NS外柱	III-5	45×45	22	3×30	35	7	HS10	5000
NS外柱	III-6	45×45	22	3×30	35	7	HS10	5000
EW内柱	I	48×48	24	9×4	50	1	MS4	75
EW中柱	I-1	48×48	24	5×8	45	2	MS6	150

（续）

部位	层位	截面 /cm²	最小抵抗线 W/cm	孔数 /个	单孔药量 /g	起爆顺序	雷管段别	总延时 /ms
EW 外柱	I-1	45×45	22	3×8	35	2	MS6	150
EW 梁	II，III	30×80	15	8×8	30/20	3	HS2	500
EW 内柱	II	48×48	24	7×4	50	1	MS4	75
EW 中柱	II-3	48×48	24	4×8	45	2	MS6	150
EW 中柱	II-4	48×48	24	4×8	45	2	MS6	150
EW 外柱	II-3	45×45	22	3×8	35	3	HS2	500
EW 外柱	II-4	45×45	22	3×8	35	3	HS2	500
EW 内柱	III	48×48	24	5×4	50	1	MS4	75
EW 中柱	III-5	48×48	24	4×4	45	2	MS6	150
EW 外柱	III-5	45×45	22	4×4	35	3	HS2	500
角楼柱	II，III	37×100	18	4×40	30/30	3	HS2	500
总计				1510	77000			

（4）起爆网路　爆破网路采用导爆管雷管与火雷管结合组成的非电起爆系统，运用以簇并联为基础的串并混合连接，形成主体网格式闭合网路系统。在每一个起爆点设一个导爆管雷管和一个用导爆管激发的火雷管，两个雷管并排在一起，绑扎上十多根导爆管。使得每条主路至少有3个回路，每个节点两个回路，大大增加了系统的准爆安全性。

（5）爆破效果　起爆后，大楼整体结构完全按设计解体分次向内倒塌，从爆破现场看，所有梁柱均弯扭并充分解体破碎，钢筋外露，便于后期的清运工作。爆破飞石完全控制在楼内，爆后，爆堆坍塌距离最远仅为6m，西北角距大楼1.5m处的通信光缆和6m处的高压线完好无损，四周建筑物的玻璃无一破裂，爆破取得圆满成功。

7.6　水压爆破

在注满水的容器状构筑物中，将药包悬挂于水中适当位置，起爆后，利用水压缩性极小的特点，均匀地把炸药爆炸时产生的压力传递到构筑物内壁上，使构筑物受力破碎，并有效控制爆破振动和爆破飞石的爆破方法，称为水压爆破。

水压爆破适用于壁薄、面积大、内部配筋较密的水槽、管道、碉堡等能够灌注水的容器状构筑物。这类构筑物，如采用普通的钻孔爆破方法拆除，钻孔工作难度大，爆破时容易产生飞石、空气冲击波和爆破振动。采用水压爆破，既克服了普通浅孔爆破的缺点，又避免了钻孔，而且药包数量少，爆破网路简单，是一种经济、安全、快速的施工方法。

7.6.1　水压爆破原理

炸药引爆后，构筑物的内壁首先受到由水介质传递峰值压力达几十至几百兆帕的冲击波作用并发生反射，且构筑物的内壁在冲击波强荷载的作用下，发生变形和位移。当应力达到容器壁材料的抗拉强度时，构筑物产生破裂。随后，在爆炸高压气团作用下所形成的水球迅速向外膨胀，并将能量传递给构筑物四壁，随后在容器壁形成二次加载，进一步加剧构筑物的破坏。此后，具有残压的水流从裂缝中向外溢出，并携带少数碎块向外运动，形成飞石。

由此可知，水压爆破时构筑物主要受到两种荷载的作用：一是水中冲击波的作用，二是高压气团的膨胀作用。计算表明，水中爆破时，用于形成冲击波的能量约占全部炸药能量的40%，保留在高压气团中的能量约占总能量的40%，其余的20%消耗于热能之中。

7.6.2 装药量计算

水压爆破装药量计算是关系到爆破成功与否的关键核心内容。下面介绍一些常用的计算公式。

1. 薄壁圆筒冲量准则公式

把水压爆破产生的水中冲击波的破坏效应看作是冲量作用的结果，假定药包放置在圆筒形容器的中心，以材料抗拉强度作为破裂的判据，利用薄壁圆筒的弹性体理论，推导出的药量计算公式为

$$Q = \left(\frac{K_b K_d \sigma_t}{0.0588 c_p} \right)^{1.59} \delta^{1.59} R^{1.41} \tag{7-24}$$

式中　Q——计算装药量（kg）；

　　　K_b——破坏程度系数，根据试验资料及模拟试验，破坏程度分为三级：表层混凝土出现裂缝、剥落 $K_b = 10\sim11$，结构局部破坏 $K_b = 20\sim22$，结构完全破坏，$K_b = 40\sim44$；

　　　K_d——混凝土动力强度提高系数，取 $K_d = 1.4$；

　　　σ_t——混凝土的静抗拉强度（MPa），见表7-10；

　　　c_p——混凝土的弹性纵波速度（m/s），见表7-10；

　　　δ——圆筒形容器的结构壁厚（m）；

　　　R——圆筒形容器的内半径（m）。

表7-10　混凝土静抗拉强度与弹性纵波速度

混凝土强度等级	C10	C15	C20	C25	C30	C35	C40
σ_t/MPa	0.8	1.05	1.3	1.55	1.75	2.15	2.45
c_p/(m/s)	2760	3060	3260	3420	3500	3585	3670

式（7-24）的适用条件是：密度为 $1.5\mathrm{g/m^3}$ 的梯恩梯炸药，薄壁圆筒结构 $\delta < R/10$。当壁厚 $\delta \geq R/10$ 时，在药量计算公式中应引入壁厚修正系数 K_1，则药量计算公式成为

$$Q = \left(\frac{K_b K_d \sigma_t}{0.0588 c_p} \right)^{1.59} (K_1 \delta)^{1.59} R^{1.41} \tag{7-25}$$

式中　K_1——圆筒壁厚修正系数。

$$K_1 = 0.95 + 0.69 \ (\delta/R) \tag{7-26}$$

若令

$$K = \left(\frac{K_b K_d \sigma_t}{0.0588 c_p} \right)^{1.59} \tag{7-27}$$

则式（7-24）、式（7-25）简化后表达为

$$Q = K\delta^{1.59} R^{1.41} \tag{7-28}$$

$$Q = K(K_1\delta)^{1.59} R^{1.41} \tag{7-29}$$

式中 K——与结构材质、强度、破碎程度等有关的装药量系数。

当爆破对象为一般混凝土或者砖石结构时，根据要求的破碎程度和控制碎块飞散情况选取 $K=1\sim3$；当混凝土壁局部炸裂剥离，混凝土块未脱离钢筋，基本上无碎块飞散时，选取 $K=2\sim3$；当混凝土壁炸开炸碎，部分混凝土块脱离钢筋，顶面部分钢筋断而不脱，碎块飞散距离在 20m 内，选取 $K=4\sim5$；混凝土壁炸飞，大部分块度均匀，少量大块脱离钢筋，主筋炸坏，箍筋炸断，选取 $K=6\sim7$。这时水柱高度可到达 $10\sim40$m，碎块飞散距离可达 $20\sim40$m，附近建筑物可能受到破坏，应事先采取防护措施。

式（7-28）、式（7-29）是按素混凝土结构推导的。对于钢筋混凝土结构，可以根据两种材料的强度相等原理，将钢筋换算成混凝土，即把钢筋混凝土容器的壁厚折算成 δ_z，代入式（7-28）、式（7-29）中，即可计算出钢筋混凝土容器水压爆破的药量。

折算厚度的计算公式为

$$\delta_z = \delta + \frac{A_g}{b}\frac{(K_{dc}\sigma_y)}{(K_d\sigma_t)} \tag{7-30}$$

式中 A_g——钢筋截面积（cm^2）；

σ_y——钢筋屈服强度（MPa），见表 7-11；

K_{dc}——钢筋的动力强度提高系数，见表 7-11；

K_d——混凝土的动力提高系数，$K_d = 1.4$；

σ_t——混凝土的静抗拉强度（MPa）；

b——截面宽度（cm），这里取 $b = 100$cm；

δ_z——折算厚度（cm）；

δ——钢筋混凝土结构的原有厚度（cm）。

表 7-11 钢筋计算参数

钢筋类别	3 号钢	5 号钢	16 锰钢	25 锰钢
σ_y/MPa	373	333	373	412
K_{dc}	1.35	1.25	1.20	1.13

对于非圆筒形复杂结构物的药量计算，可以用等效内半径 $\hat{R}$ 和等效壁厚 $\hat{\delta}$ 取代式（7-28）、式（7-29）中的 R 和 δ，即

$$Q = K\hat{\delta}^{1.59}\hat{R}^{1.41} \tag{7-31}$$

$$Q = K(K_1\hat{\delta})^{1.59}\hat{R}^{1.41} \tag{7-32}$$

$\hat{R}$ 和 $\hat{\delta}$ 分别按下式计算

$$\hat{R} = \sqrt{S_R/\pi} \tag{7-33}$$

$$\hat{\delta} = \hat{R}\left[\sqrt{1 + S_\delta/S_R} - 1\right] \tag{7-34}$$

式中 S_R——通过药包中心的非圆筒形结构物内水平截面面积（m^2）；

S_δ——通过药包中心的非圆筒形结构物周壁的水平截面面积（m^2）。

2. 薄壁矩形容器药量计算公式

对于矩形薄壁容器,可按下式计算装药量

$$Q = \left(\frac{K_b K_d \delta b}{0.0811 K_w \Omega c_p} \right)^{1.59} \delta^{1.59} R^{1.41} \tag{7-35}$$

式中 K_w——矩形池的弯矩系数,见表7-12;

Ω——矩形池的频率系数,随矩形池宽与长的比值而变化,见表7-12;

b——单位长度,取 $b=1$m;

R——装药中心至混凝土矩形池短边内壁的距离(m);

δ——结构物壁厚(m);

c_p——混凝土弹性纵波速度(m/s)。

表7-12   混凝土矩形池的弯矩系数 K_w 和频率系数 Ω

b/l	0.3	0.4	0.5	0.6	0.7	0.8	0.9	1.0	1.1
K_w	0.0658	0.0633	0.0625	0.0633	0.0658	0.0700	0.0758	0.0833	0.0928
Ω	16.4	15.95	15.20	14.40	13.35	12.18	11.10	9.85	8.75
b/l	1.2	1.3	1.4	1.5	1.6	1.7	1.8	1.9	2.0
K_w	0.1033	0.1158	0.1300	0.1458	0.1633	0.1825	0.2033	0.2258	0.2500
Ω	7.80	7.00	6.25	5.35	4.60	3.70	2.90	2.20	1.40

3. 经验公式

对于截面为圆形或正方形的短筒形结构物,装药量计算经验公式为

$$Q = K_0 K_c \delta B^2 \tag{7-36}$$

式中 K_0——与爆破方式有关的系数,封口式爆破,取 $0.7 \sim 1.0$,敞口式爆破,取 $0.9 \sim 1.2$;

K_c——结构物材质系数,砖和混凝土,取 $0.1 \sim 0.4$,钢筋混凝土,取 $0.5 \sim 1.0$;

δ——结构物的壁厚(m);

B——结构物的内直径或边长,若截面为矩形则为短边长(m)。

7.6.3 药包布置

装药量确定后,药包的布置至关重要。合理布置药包包括药包数量和在水中的位置确定。

(1)药包数量   一般要求在同一容器中,药包数量应尽可能小。药包数量主要取决于构筑物的几何尺寸和爆破要求。根据工程经验,按以下原则确定。

1)对于球形构筑物、高度与直径大体一致($H/R \approx 2$)的圆筒形构筑物或长、宽、高三向尺寸相近的矩形构筑物,在材质、壁厚和爆破要求一致的情况下,一般采用一个中心药包。

2)对于矩形构筑物长、高、宽三向尺寸相差较大,筒形构筑物高径比较大、较小($H/R > 3$ 或 $H/R < 1 \sim 1.5$)的情况,需要在纵向或一个平面布置多个药包。

3)对于特殊复杂结构,可根据几何形状、壁厚等具体情况布置主、辅药包。

4)根据构筑物容积确定药包数量。①小容积结构物:容积小于 25m³、壁厚小、配筋少,装药量一般小于 3kg,结构物形状均匀时,采用一个药包为宜;②中等容积结构物:容积大于 25m³ 但小于 100m³ 时,装药量一般为 3.0~8.0kg,药包个数为 1~2 个;③大容积结构物:容

积大于 $100m^3$ 时,需要的装药量一般超过 $8.0kg$,装药包个数可超过 2 个,视具体情况而定。

（2）药包位置 药包位置主要取决于构筑物的几何尺寸、容器材质差异性、药包数量和爆破要求,以及水中药包爆炸时,结构物内壁所承受荷载分布不均匀性的特点。根据理论计算和工程经验,药包位置布置遵循以下原则。

1）药包入水深度 h 的确定。为保证药包爆炸能量有效作用于容器壁,避免从开口处逸散,入水深度按下式确定

$$h = (0.6 \sim 0.7)H_w \qquad (7-37)$$

$$H_w = (0.9 \sim 1.0)H \qquad (7-38)$$

式中 h ——药包入水深度(m);

H_w ——容器结构物内的注水深度(m);

H ——容器结构物的深度(m)。

式(7-37)的计算值需用药包入水深度允许的最小值来验算

$$h_{min} = \sqrt[3]{Q} \qquad (7-39)$$

式中 Q ——最大药包装药量(kg)。

2）若设计为一个药包时,对于球形构筑物,药包一般放置在球形容器构筑物的圆心处,对于方形和筒形容器构筑物,药包一般放置在水平截面几何中心处,入水深度按式(7-37)确定。

3）当容器的长宽比大于 1.2,或高径比小于 0.5 时,应同平面布置两个或多个药包。对于矩形或条形容器,药包一般布置在长轴线上,对于筒形容器,药包布置应在一个圆周上。药包的间距应使容器的四壁受到均匀的破碎作用,一般

$$a \leq (1.3 \sim 1.4)R_s \qquad (7-40)$$

式中 a ——药包间距(m);

R_s ——药包中心至容器四壁的最短距离(m)。

当筒形构筑物高径比较大($H/R > 3$)、方形构筑物高宽比超过 1.4 时,一般沿垂直方向中心轴线布置两层或多层药包。

4）若容器两侧壁厚不同时,应布置偏心药包,使药包偏于厚壁一侧。容器中心至偏炸药包中心的距离称偏炸距离(见图 7-17)。偏炸距离可按下式计算

$$x = \frac{R(\delta_1^{1.143} - \delta_2^{1.143})}{\delta_1^{1.143} + \delta_2^{1.143}} \qquad (7-41)$$

式中 x ——偏炸距离(m);

R ——容器中心至侧壁的距离(m);

δ_1、δ_2 ——容器两侧壁厚(m), $\delta_1 > \delta_2$。

若两侧混凝土壁内配筋不等时,可先按式(7-30)分别计算两侧截面的折合厚度,然后再由式(7-41)确定偏炸距离。

当矩形容器构筑物长宽比较大,且壁厚不同时,也可以采取偏量药包布置形式,即将计算出来的总药量 Q 分为两个或几个不等量的药包,药包间距和药包与侧壁的距离可以相等。靠近厚壁一侧的药包药量较大。

设布置两个药包,两个药包药量之差为 ΔQ

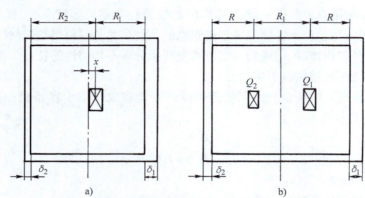

图7-17 药包布置

a) 药包偏置 b) 不等量布药

$$\Delta Q = \frac{\delta_1^{1.6} - \delta_2^{1.6}}{\delta_1^{1.6} + \delta_2^{1.6}} Q \qquad (7\text{-}42)$$

$$Q_1 = (Q + \Delta Q)/2 \qquad (7\text{-}43)$$

$$Q_2 = (Q - \Delta Q)/2 \qquad (7\text{-}44)$$

式中　Q——计算总装药量（kg）；

　　　ΔQ——两个药包的药量之差（kg）。

7.6.4 水压爆破施工措施

（1）炸药及起爆网路防水处理　水压爆破宜选用做功能力大、抗水效果好的炸药，如梯恩梯、水胶炸药、浆状炸药、乳化炸药等抗水炸药。如果采用硝铵炸药，则应严格做好防水处理。起爆体要采取严格的防水措施，可采用玻璃瓶，装入炸药和雷管，将电雷管脚线或导爆管引出瓶口后，用橡胶塞或螺旋盖上紧，然后用防水胶布严密包扎，胶布与起爆线的缝隙可用502胶水浇封。水压爆破一般采用复式起爆网路。药包在水中的固定可采用悬挂式或支架式，必要时可附加配重，以防药包悬浮或位移。

（2）构筑物开口的处理　水压爆破方法拆除构筑物，需要认真做好开口部位的封闭处理。封闭处理的方式很多，可把钢板锚固在构筑物壁面上，中间夹上橡胶密封垫，以防漏水，也可以用砖石砌筑、混凝土浇灌或用木板夹填黄泥及黏土等。实践表明，用草袋填土堆码，并使其厚度不小于构筑物壁厚，堆码高度大于构筑物开口部位高度，也可达到理想效果。

（3）爆破体底面基础的处理　当底面基础不要求清除，允许有局部破坏时，按一般设计原则布置药包即可。当底面基础不允许破坏时，水中药包离底面的距离不得小于水深的1/3，一般以1/3~1/2为宜，同时在水底应铺设粗砂防护层，铺设厚度与药包大小及基础情况有关，一般不应小于20cm。当底面基础要求与构筑物一起清除时，若在上部结构爆破清除后再进行基础的爆破施工，此时，因底部基础有大量裂纹而造成钻孔难度增大，不利于底部基础爆破清除。这种情况，可考虑先对基础钻孔，基础爆破装药与水压爆破装药同时起爆，基础爆破药量可相应提高50%，同时应注意校核一次爆破总药量的爆破振动，并做好钻孔爆破装药及爆破网路的防水处理。

（4）开挖好爆破体自由面　水压爆破的构筑物，一般具有良好的自由面，但对地下工事，在条件许可的情况下，要开挖爆破体的自由面，一则可以有良好的爆破效果，还可以减少爆破振动的危害。

（5）对地下工事水压爆破，要及时排除积水　爆破后，如果地下工事的积水不能及时排除，由于水的渗透，会改变爆破体周围土体的含水量，给后期施工带来影响；或者对周围现有建筑基础产生影响，造成潜在的危害。因此，水压爆破后务必及时排水或采取有效的处理措施。

7.6.5　水压爆破工程实例

（1）工程概况　有一沼气罐为钢筋混凝土结构，尺寸如图 7-18 所示。平面为圆形，内径 10m；立剖面为六角形，全高 12m，地面以上部分高 9m。罐壁及顶部壁厚为 0.33m，底部壁厚 0.5m。罐壁为双层网格状布筋，钢筋直径 16mm，间隔 15cm×15cm。沼气罐西侧 60m 处为一楼房，北侧 60m 有平房和沿公路的通信线路。

（2）药量计算和药包布置　按图 7-18 中的尺寸计算得出沼气罐结构体拟布药位置的内水平截面积 S_R 及其相应位置周壁水平混凝土截面积 $S_δ$ 分别为 $S_R = 77.1m^2$ 和 $S_δ = 10.7m^2$。

由（7-33）知半径 $R = \sqrt{S_R/\pi} = 4.95m$，由于下部壁厚 0.5m，故取 $δ = 0.5m$。由 $δ/R = 0.101$，代入式（7-26），计算出壁厚修正系

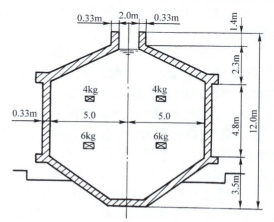

图 7-18　沼气截面尺寸

数 $K_1 = 1.02$，根据周围环境选 $K = 6$，把以上各值代入式（7-29）中，计算出水压爆破药量
$$Q = K(K_1δ)^{1.6}R^{1.4} = 6 × (1.02 × 0.5)^{1.6} × 4.95^{1.4}kg = 19.17kg$$

实际装药量为 20kg，分成 4 个药包，其中两个 4kg 分药包安放在罐中上部，两个 6kg 的药包安放在罐中下部。

（3）爆破效果　罐顶覆盖 3 层草袋、1 层荆笆，再用装土草袋压牢，罐侧面用三层草袋防护。起爆后，罐体坍塌。中部罐体炸得粉碎，大部分钢筋暴露出来。下部罐壁破碎程度比中部稍差一些，大部分钢筋夹在中间，大小裂缝十分明显。出现少量大块，能用风镐破碎。碎块堆散范围不超过 5m，个别飞石抛出 15~20m。

7.7　静态破碎

静态破碎是近年发展起来的不使用炸药破碎岩石和混凝土的一种方法，也称为静力破裂或静力破碎技术。下面对其作简要介绍。

1. 作用原理
静态破碎利用装入钻孔中的静态破碎剂的水化反应做功破坏介质，水化反应表示为
$$CaO + H_2O \longrightarrow Ca(OH)_2 + 6.5 × 10^4 J \tag{7-45}$$

当 CaO 转变为 $Ca(OH)_2$ 时，其晶体由立方晶体转变为复三方偏三角面晶体，这种晶型的变化会引起晶体体积的膨胀。根据测定，在自由膨胀的前提下，反应后的体积可增大 3~4 倍。受到约束时膨胀缓慢地施加压力给孔壁，经过一段时间后压力可上升到 30~40MPa。介质在这种压力作用下会在钻孔周围产生径向压应力和切向拉应力，脆性材料在拉应力的作用下，沿炮孔之间产生裂隙，随着膨胀压力的增加裂隙逐渐扩展成裂缝，继而导致介质破坏。

静态破碎剂又称静态胀裂剂，是近年来研制成功的一种新型破碎剂。它不同于炸药，它的反应速度比炸药低得多，气体生成量少，压力也低，在整个反应过程中不会对介质产生猛烈的冲击作用。

2. 静态破碎剂的组分

静态破碎剂是以氧化钙和硅酸盐为主要成分，配上其他有机、无机添加剂而制成的粉状混合物。

静态破碎剂由以下一些物质组成：

（1）膨胀性物质　一般为硬烧（过火）生石灰。将硬烧生石灰磨成 1500~5000cm²/g 的细粉，即可用于配制静态破碎剂。

（2）水硬性物质　一般采用硅酸盐水泥，也可用快硬水泥和矾土水泥，用它们去包裹生石灰颗粒，降低氧化钙与水的直接接触面积，使水化反应缓慢地进行。此外，水硬性物质还能使破碎剂浆体具有一定的自硬性，显示出一定的强度。因此，在采用硅酸盐水泥时，宜掺入一定量的二氧化硅、粉煤灰和高炉炉渣，以便增加它的早期强度和自硬性。

（3）添加剂　它一方面有包裹氧化钙颗粒、控制水化速度的作用，另一方面还有减少用水量、降低水灰比和提高膨胀压力的作用。添加剂可采用木质素磺酸盐、聚丙酰铵类、水溶性的密胺树脂等物质中的一种或几种的混合物。

国内已研制成功的普通型静态破碎剂有：SCA 系列、HSCA 系列、JC-1 系列、TJ-1 系列、JB 系列和南京型系列。它们的适用条件见表 7-13。HSCA 是一种高效静态破碎剂，它在炮孔中产生的膨胀压力较高，可达到 50~80MPa，破裂介质的时间缩短到 3~12h。

表 7-13　各系列静态破碎剂适用条件

膨胀剂型号	使 用 季 节	适用温度/℃	适用孔径/mm
SCA–Ⅰ	夏季	20~35	
SCA–Ⅱ	春、秋	10~25	30~50
SCA–Ⅲ	冬季	5~15	
SCA–Ⅳ	寒冬	−5~8	
HSCA–1	夏季	25~40	
HSCA–2	春、秋	10~25	30~50
HSCA–3	冬季	0~15	
JC-1–Ⅰ	夏季	>25	
JC-1–Ⅱ	春、秋	10~25	38~50
JC-1–Ⅲ	冬季	0~10	
JC-1–Ⅳ	寒冬	<0	

（续）

膨胀剂型号	使用季节	适用温度/℃	适用孔径/mm
南京- I	春、秋	10 ~ 25	
南京- II	冬、春	5 ~ 15	
南京- III	冬季寒冷期	-5 ~ 10	38 ~ 50
南京- IV	高温期	25 ~ 35	
JB- I	夏季	>25	
JB- II	春、秋	10 ~ 25	
JB- III	冬季	0 ~ 10	38 ~ 50
JB- IV	寒冬	<0	

3. 静态破碎的特点

1）破碎剂不属于危险品，因而在购买、运输、保管和使用上，不像使用民爆器材那样受到管制，尤其在城市中使用更为方便。

2）破碎过程安全，不存在工业炸药爆炸时产生的爆破振动、空气冲击波、飞石、噪声和有毒气体等爆破危害。

3）施工简单，破碎剂用水拌和后注入炮孔即可，无须堵塞。

4）水化反应速度和压力上升速度较低，介质破裂时间长达十几小时。

4. 影响破碎效果的因素

（1）时间因素　根据 CaO 水化反应特点，破碎剂加水后，在 24h 之前膨胀压力随时间增加而迅速增长，其后增长平缓，所以介质破碎多发生在 24h 之后。

（2）温度因素　水化反应的速度与温度有密切关系。如 SCA - II 型破碎剂适用温度为 10 ~ 25℃，而在 13℃ 和 20℃ 时的等反应时间膨胀压力就相差一倍。

（3）水灰比因素　试验表明，水灰比（质量比）为 20% 时，有最大膨胀压力。随水灰比增大，压力将减小。若水灰比过小，则破碎剂流动性差，填孔效率低。

（4）孔网参数因素　静态破碎的孔网参数对破碎效果有直接的影响。若最小抵抗线、孔距和排距都相等时，破碎结果是对破碎体切割成条状；若最小抵抗线减小为孔距的 1/2，排距为孔距的 0.6 ~ 0.9 倍，孔深为破碎高度的 0.8 倍以上时，破碎结果则是钻孔互相贯穿产生不规则裂缝，破碎体破裂成小块。

5. 施工工艺及注意事项

1）根据气温条件，正确选择破碎剂的类型。

2）按破碎剂的使用要求，进行孔网参数设计。

3）搅拌与浸泡。对散装粉状破碎剂，要首先按照设计确定的水灰比计算用水量和破碎剂用量，在容器中快速搅拌，搅拌时间一般为 1min 左右。对筒装破碎剂只需将它浸泡在盛水容器中，直到不冒气泡的饱和状态为止，一般需要 4 ~ 5min。

4）及时装填。破碎剂准备好后，要及时装填。往炮孔中灌注浆体，必须充填密实。对于垂直孔可直接倾倒；对于水平孔或斜孔，应用浆泵把浆体压入孔内，然后用塞子堵口。充填时，面部避免直接对准孔口。

5）孔口保护与养护。夏季充填完浆体后，孔口应适当覆盖，避免冲孔。冬季气温过低时，应采取保温或加温措施。

6）安全施工。施工时为确保安全，避免冲孔伤人，应带防护眼镜。破碎剂有一定的腐蚀性，沾到皮肤上后要立即用水冲洗。

7.8 特种爆破技术

7.8.1 清除炉瘤的爆破技术

炉瘤是指高炉冶炼过程中黏附在炉壁上的焦炭、矿石和金属之类的残渣凝结形成具有高强度的固态物质。这种高温高强度的凝结物如果不及时清除，将会减小炉膛的有效容积，影响生产能力，甚至会损坏炉膛。

炉瘤通常产生在距炉腰以上 1~3m 处，其形状有环状、半环状和单侧块状，如图 7-19 所示。炉瘤厚度一般为 1.0~1.5m，停火后的炉瘤温度高达 800~1000℃。

炉瘤爆破炮孔布置及施工步骤是：首先用气焊把爆破部位的高炉钢板护壁切割开，然后用凿岩机穿过炉身在炉瘤中钻孔。炮孔直径为 50~60mm，在炉瘤中的炮孔深度为炉瘤厚度 a 的 2/3，炮孔间距为炉瘤厚度的 1 倍左右，炮孔在炉瘤中的位置如图 7-20 所示。

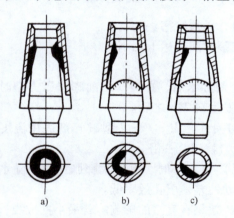

图 7-19　炉瘤形状

a）环状炉瘤　b）半环状炉瘤
c）单侧块状炉瘤

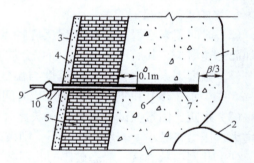

图 7-20　炉瘤爆破炮眼布置

1—炉瘤　2—残渣　3—钢板护壁　4—保温层
5—炉身衬砌　6—炮孔　7—药包　8—水冷
爆破筒　9—输水管　10—导火索

爆破炉瘤的单孔装药量为

$$Q = C(2a/3 - 0.1)^3 \tag{7-46}$$

式中　Q——单孔装药量（kg）；

a——炉瘤厚度（m）；

C——装药体积系数（kg/m³），一般取 2~3。

为了保证不损伤炉身的耐火材料，药包离炉身内壁的最小距离不得小于 0.1m。

7.8.2 石材开采的爆破技术

我国现使用的石材开采方法有手工劈裂开采法、控制爆破开采法、锯石机开采法等。传统的手工劈裂法劳动强度大、生产效率低、荒料块度小，很难形成一定的生产能力。常规爆破法对矿体和荒料都造成严重破坏，成材率低，而锯石机开采由于受经济技术条件及设备供应等因素限制，在许多石材矿山（特别是中小型矿山）不能使用。实践证明，控制爆破开采饰面石材在现阶段是可行的，对中小型矿山尤为适宜。石材开采中的常用控制爆破技术有锤楔法（在分离面打平行孔，插入楔形物进行锤击使之形成断裂面），导爆索法，静态破碎剂法、黑火药法等。

在石材开采中，使用黑火药已有较长历史。黑火药做功能力低（100～500MPa），适用于开采石材。但需要使用起爆药包，而起爆药包爆炸时峰值压力过大，破裂面难以控制。为此，提出导爆索切割法，目前使用的炮孔直径多在30～40mm，导爆索在炮孔内为不耦合装药，一般用水介质充填不耦合空间（导爆索与孔壁之间）。

装药量可由单位体积炸药消耗量和开采石材体积确定。单位体积炸药消耗量 q 可采用下列经验公式计算

$$q = a + bs/V + cu \tag{7-47}$$

式中　a、b、c——炸药消耗系数；

$\qquad s$——切割面积（m^2）；

$\qquad V$——石材块体体积（m^3）；

$\qquad u$——石材块体运动位移（m）。

在切割花岗岩时 $a = 10.52g/m^3$；$b = 26.478g/m^2$；$c = 28.74g/m^4$。其中 a 代表最小的有效单位炸药消耗量，与石材块体体积相关；bs/V 代表破裂效果部分，cu 代表岩块位移效果部分。

几年来，聚能装药切割法用于大理石等石材开采中，取得了良好的爆破效果。大理石的聚能装药法开采一般是首先起爆水平炮孔，然后起爆垂直孔，将所采石材块从原岩体中切割出来，并在爆生气体作用下将其外推出一段距离，得到比较规整的大理石荒料。为了使爆破能量沿切割面均匀分布而不压坏孔壁，所有炮孔均采用不耦合分段装药。同时，为了沿炮孔轴线方向能实现同步起爆，将 TNT 熔铸成中央有直径为 6mm 空心孔的药柱，使低能导爆索能从孔口通过空心孔直穿孔底。药包两侧沿轴线方向对称设置有无罩聚能穴。

考虑到炸药直径对爆轰性能的影响，取 TNT 药柱直径 $d = 18mm$，炮孔直径为40mm，不耦合系数为 2.2。1cm 长药柱质量为 3.3g。分段间隔尺寸根据药量、孔深以及堵塞长度，炮孔间距一般不小于 0.2m。为使爆炸能量分布均匀，并以尽可能增大装药长度为原则，进行综合考虑，一般取两药包相隔 0.2～0.3m。

爆破参数为：

垂直孔：孔距为 $a = 0.35m$；孔深为 $l = 0.95H$（H 为石材块体高）；单位面积切割药量为 $c = 250g/m$；单位装药量为 $q = aHc$。

水平孔：孔距为 $a = 0.3m$；孔深为 $l = 1.05B$（B 为石材块体宽度）；单位面积切割药量为 $c = 275g/m$；单位装药量为 $q = aBc$。

7.8.3　排水管道爆破疏通

有些排水管道因排放污水等原因，遇阻结垢，造成管道堵塞，当堵塞地点不易直接处理，且又不能停产检修时，采用爆破法进行疏通是简单方便、行之有效的方法。

采用这种方法，必须准确确定堵塞位置，采取措施，将药包放到堵塞处，利用水压爆破方法处理堵塞物。如果堵塞位置难以确定，可以采用间隔装药，分段处理。

单个药包水压爆破使被爆体产生临界破坏状态的药量为

$$Q = K_C K_E S \qquad (7-48)$$

式中　Q——炸药量（kg）；

　　　K_C——炸药换算系数，用铵梯炸药时，取 1.15~1.2；

　　　K_E——与被爆体材料、尺寸、破坏程度有关的系数，使用的炸药为黑索金时，对于圆形铸铁取 0.2；

　　　S——通过药包中心的面上的被爆体周壁内断面积（m²）。

爆破疏通取水压爆破临界炸药量的 1/5~1/4。当药包位置放在管道中心时取 1/4，否则按临界破坏爆破药量的 1/5 选取。

如新疆某厂直径 800mm 的总排水管道因污水中含矿浆结垢，造成管道堵塞，影响污水排放。采用各种疏通方法无效后，最后采用爆破法来清除堵塞。该排水管道两检查孔之间大约长 30m，很难找到堵塞的确切位置。铸铁管直径 800mm。用药量少，力度不够，难以排除堵塞；用药量大，可能损坏排水管。按水压爆破临界破坏药量的 1/5 装药，即每个药包不超过 25 g。为防止找不到堵塞的确切位置，采取了多药包方法，每个药包之间的距离不小于 1.5m（约为管道直径的两倍），此法一举成功。

7.8.4　地基爆破处理技术

地基爆破处理不需大型施工机械和复杂的施工技术。若使用得当，可以收到消耗人力少、投资省、见效快的技术经济效果。地基爆破处理已日益引起重视，应用范围也越来越广，如桩基一次爆扩成孔、饱和土爆破压实、爆破消除黄土湿陷性、爆破法排淤、爆扩砂桩固结淤泥及爆破处理地基与土坝集中渗漏等。

当采用爆破法处理地基或土坝、堤防集中渗漏时，在坝体防渗轴线附近沿渗漏范围挖一深坑，深坑尺寸应便于施工，坑壁能维持施工期稳定，坑底放置药包后，抛入黏土盖住药包。黏土被深坑内积水饱和崩解。药包爆炸后，黏土浆及附近地基土被强大爆炸力带入渗漏处，堵塞孔洞，周围地基土得到压实，提高防渗性能，然后迅速向坑内抛入黏土并夯实。

装药量 Q 可以根据埋入式药包爆炸时，土壤变形能等于爆炸总能量的原理，导出土中爆炸压缩区边界半径 R_c 的计算公式求出

$$R_c = 0.75 \left(\frac{u_1 Q}{E(1-2\mu)} \right)^{1/3} \qquad (7-49)$$

式中　R_c——压缩区边界半径（m）；

　　　u_1——单位质量的炸药能量（10J/kg）；

　　　Q——装药量（kg）；

　　　E——土层变形模量（MPa），对被水饱和的黏土取 10MPa；

　　　μ——土层的泊松比，对于饱和土，$\mu = 0.4$。

将有关数据代入式（7-49），并简化得

$$Q = 1.2 R_c^3 \qquad (7-50)$$

某电站土石围堰，由于防渗体内冻土在春季气温回升时融解，造成集中渗漏，仅 4h 便

淹没整个施工基坑。经多种方法处理无效后，决定采用爆破方法处理。在渗漏处挖了两个深 2.5m、宽 3m、长 4m 的土坑，坑底放置 6kg 铵梯炸药及 2 个雷管，再用黏土覆盖住。起爆后，土坑内黏土呈泥浆状，迅速向土坑内投入草袋土，直到出水面后，再填筑散土并夯实。处理后，整个围堰渗水量仅 100m³/h。

思 考 题

7-1 拆除爆破的设计原理有哪些？

7-2 在拆除爆破中常用的药量计算公式有哪些？

7-3 建筑物和高耸构筑物爆破拆除可以选择的爆破方案有哪些？各自的适用条件是什么？

7-4 高耸构筑物的缺口形式类型有哪些？缺口高度和长度如何确定？

7-5 高耸构筑物定向窗的作用是什么？

7-6 水压爆破原理是什么？药量计算公式有哪些？

7-7 水压爆破药包布置的原则有哪些？

7-8 静态破碎的特点是什么？施工时有什么注意事项？

特殊地层条件下的爆破技术　第8章

导读

基本内容：爆破引起瓦斯爆炸的原理与条件，煤矿爆破安全等级划分及煤矿安全炸药应满足的基本要求，硫化矿爆破安全炸药，煤矿安全起爆器材（包括雷管和导爆索），瓦斯环境条件下实施安全爆破（包括隧道爆破、立井爆破和穿越煤层爆破等）的爆破器材选择、施工作业规定及施工管理要求，冻结岩层爆破的器材选择与振动控制，高应力条件下的岩石爆破技术要点。

学习要点：掌握爆破引起瓦斯爆炸的条件，煤矿安全炸药的基本要求，瓦斯条件下爆破安全的施工要求和管理规定；熟悉瓦斯环境使用的常用安全爆破器材，冻结岩层爆破技术关键和控制方法；了解高应力条件下岩石爆破的技术要领。

特殊地层，这里是指含煤地层或开掘过程中有瓦斯、煤层爆炸危险的地层，常年自然冻结或人工冻结的地层，以及处于高地应力环境的地层。这些地层的爆破各有其自身的特殊性，含煤地层爆破时，安全问题头等重要，需要采用专用的炸药和起爆材料，并采取特殊的爆破方法；冻结地层属负温度条件，对炸药和爆破方法也有一定的特殊要求；高地应力条件下，爆破岩石更加困难，对爆破方法自然应也有特殊的要求。本章将重点介绍含煤地层的爆破技术，并简要介绍冻结和高应力条件的爆破技术。

8.1　爆破引爆瓦斯的原理与条件

瓦斯是与煤伴生、并赋存于煤层中的可燃、爆炸性气体。瓦斯爆炸事故的预防是煤矿巷道开掘和煤炭生产中的安全技术重要方面，一直受到高度重视。近年来，随着公路、铁路穿越矿区，在含煤地层中开掘隧道必然要面对瓦斯问题，为此有必要对含瓦斯地层条件下的隧道施工方法进行介绍。基于目前对瓦斯燃烧、爆炸规律及安全预防的研究大多是在煤矿矿井条件下完成的，因此本节的介绍将以煤矿矿井为背景。

8.1.1　瓦斯爆炸发生的条件

瓦斯是指以甲烷为主的混合气体。其主要成分有 CH_4、C_nH_m、H_2、CO_2、CO、NO_2、SO_2、H_2S 等。瓦斯是煤矿最主要的灾害因素，瓦斯事故的危害和伤亡之大，在煤矿中居各类事故之首。矿井瓦斯等级的高低，将反映开掘地层（煤层或岩层）时瓦斯危险程度的高低，而矿井瓦斯等级的主要鉴定指标是矿井瓦斯涌出量。《煤矿安全规程》（2016 版）规定，矿井瓦斯等级根据矿井相对瓦斯涌出量、矿井绝对瓦斯涌出量、工作面绝对瓦斯涌出量和瓦斯涌出形式划分。满足下列条件的为低瓦斯矿井：矿井相对瓦斯涌出量不大于 $10m^3/t$，矿井绝对瓦斯涌出量不大于 $40m^3/min$，矿井任一掘进工作面绝对瓦斯量不大于 $3m^3/min$，矿井任一采煤工作面绝对瓦斯涌出量不大于 $5m^3/min$。具备下列条件之一的为高瓦斯矿井：矿井相对瓦斯涌出量大于 $10m^3/t$，矿井绝对瓦斯涌出量大于 $40m^3/min$，矿井任一掘进工作面绝对瓦斯涌出量大于 $3m^3/min$，矿井任一采煤工作面绝对瓦斯涌出量大于 $5m^3/min$。

瓦斯爆炸的发生必须同时满足三个条件：①瓦斯的体积分数处于爆炸界限内（5%~16%）；②有足以能引爆瓦斯的火源；③空气中氧气的体积分数大于 12%。在瓦斯爆炸三要素中，最容易获得的条件是空气中氧气的体积分数大于 12%。在正常通风风流中氧气的体积分数通常大于 20%，但自身的消耗和其他气体涌入后的稀释会导致氧气含量下降。瓦斯爆炸和火灾都会消耗空气中的氧，但由于风流的流动，对于开放的区域空气中的氧气可以迅速得到补充。由于 0.28MJ 的点燃能量就足以引起瓦斯爆炸，因此瓦斯爆炸的点燃源是最难控制的因素。以煤矿为例，引起瓦斯爆炸的点燃源主要有如下几类：

1）机械类：包括机械运行中的摩擦、坚硬岩石及钢铁支架、设备之间的撞击。

2）电气类：与输电线路、电气设备有关的电火花、电弧、电器燃爆等。

3）火焰类：有燃烧反应的点燃，如吸烟、火灾、气体切割和焊接等。

4）炸药类：与爆破有关的点燃，如使用非许可炸药、钻孔充填不当引起爆破火焰等。

5）其他类：上述不包含的点燃，如闪电、压缩管路破裂气体喷出等。

实验表明：高能量的点燃源可以引起更加强烈的爆炸，而且瓦斯空气混合气体的爆炸下限会大大下降，10kJ 的点燃源可以引爆体积分数为 3.6% 的瓦斯。

风流中瓦斯的体积分数是爆炸三要素中最容易控制的因素，也是防止瓦斯爆炸最根本的方法。瓦斯从暴露的煤壁及与瓦斯源沟通的岩石裂缝涌出到风流中，通常积聚在有瓦斯涌出源且无风或风量过小的空间。当其他可燃气体混入瓦斯空气混合气体中时，会造成两个方面的重要影响，一是改变混合气体的爆炸下限；二是降低混合气体中的氧气含量。

8.1.2 爆破作业引起瓦斯煤尘爆炸的原理

在含瓦斯煤层或岩层中开掘隧道时，是利用炸药爆炸做功破坏岩石的。炸药爆炸过程可表示如下

$$炸药（固、液）\rightarrow 气体产物+固体产物（残渣）+热$$

由此可见，**炸药爆炸引燃瓦斯的根源在于炸药爆炸生成的气体产物、固体产物和爆炸热，所以爆破作业引起瓦斯或煤尘爆炸的方式有三种：**

1）炸药爆炸时形成的空气冲击波的绝热压缩。

2）炸药爆炸时生成的炽热的或燃着的固体颗粒的直接点火。

3）炸药爆炸气态产物的二次火焰直接点火。

炸药爆炸引爆瓦斯的三种方式可各自单独作用于瓦斯或共同作用于瓦斯，且都能引燃瓦斯，以下分别讨论各种作用方式引爆瓦斯的可能性。

1. 空气冲击波的点火作用

炸药爆炸后在井下空气中产生空气冲击波，空气冲击波的强度不同，对瓦斯的绝热压缩

程度也不同，若考虑空气冲击波的反射叠加，从表8-1中的数据可以看出，空气冲击波的强度增加时，作用于瓦斯的温度越高，爆燃的可能性越大。但要确定是否是空气冲击波的绝热压缩导致瓦斯爆炸，这要视冲击波的作用时间和瓦斯诱导期的关系而定。若前者大于后者，则瓦斯爆燃必然发生；反之，则不会发生。

表8-1 空气冲击波对瓦斯的作用

超压 Δp/(MPa)	速度 D/(m/s)	作用时间 τ/s	温度 T/K	诱导时间 t/s
1	1040	9.6×10^{-5}	878	9.2
2	1430	7×10^{-5}	1250	1.1×10^{-4}
4	1990	5×10^{-5}	2180	1.2×10^{-9}

2. 炽热或燃烧着的固体颗粒的作用

混合炸药爆炸后或多或少留下残渣，这与炸药的约束条件有关，在无约束条件下，粉状炸药平均有 55%~60%，而胶质炸药有 30%~40% 的固体残渣，水胶等含水炸药的固体残渣较少，在 15%~50%，这些固体残渣的极大部分能通过 40 目筛（0.425mm）。在炸药爆炸瞬间，它们可提供极大的热表面，而且这些热表面的某些部位具有一定数量的活化中心。所有这些都将增加与瓦斯的接触概率，但只有接触时间大于瓦斯的诱导期，爆燃才会发生。

为了估计固体颗粒的发火可能性，假定微粒的平均粒径为 1mm，飞出速度为 2000m/s，并被加热到 2000℃，颗粒与瓦斯的作用时间为 $t = 1 \times 10^{-3}/(2 \times 10^3)\text{s} = 5 \times 10^{-7}\text{s}$。

瓦斯在 2000℃ 时的感应期可用下式来计算

$$\tau = Ke^{E/T}(10p)^{-1.8} \tag{8-1}$$

式中　K——反应动力学常数，$K = 1 \times 10^{-12}$；

　　　E——反应活化能，$E = 30000/K$；

　　　T——反应瓦斯温度（K）；

　　　p——反应瓦斯压力，取 $p = 0.1\text{MPa}$（1 个大气压）。

于是　　　　　　$\tau = 10^{-12}e^{30000/2273}(10 \times 0.1)^{-1.8}\text{s} = 5.5 \times 10^{-7}\text{s}$

比较 t 与 τ 可知，颗粒与瓦斯的接触时间与瓦斯的感应期很接近，这种固体粒子完全有可能引燃瓦斯。

有一些炸药的爆炸产物对瓦斯有催化引燃作用，如粒状铵梯炸药中的硝酸铵，由于其分解温度低，分解产物中的氧化氮会急剧降低瓦斯的引燃温度和缩短诱导期。实验证明，在瓦斯试验容器中如有少量的硝酸铵晶粒存在，瓦斯引燃温度降低到 375~400℃，若使用的炸药爆破时不是完全爆轰而是发生一定程度的爆燃，那么就有未分解的硝酸铵被喷射到瓦斯环境中，这就增加瓦斯爆炸的可能性。所以，在设计和使用许用炸药时，一定要考虑使炸药不发生爆燃。

3. 气态爆炸产物的发火作用

气态爆炸产物在爆炸瞬间被加热到 1800~3000℃，超过瓦斯引燃温度的数倍，再加上气体间的均匀的、充分接触，所以认为气体爆炸产物是引燃瓦斯的主要方式之一。

除爆炸产物的直接作用点火外，最有可能的是"二次火焰"点火。所谓"二次火焰"

是爆炸产物中含有的可燃性气体 CO、H_2、CH_4、NH_3 等与空气混合物在温度高于其爆燃温度时发生的自燃。如果是负氧平衡炸药，其爆炸后生成可爆燃性气体；另外，如果炸药爆炸性能不良、使用感度较低，则会发生半爆或爆燃；再有，如果药卷的包装材料占有比例过高，也会使爆炸产物中的可燃性成分急剧增加。所以，矿井下应尽可能地不使用负氧平衡的炸药，并对包装纸、石蜡的用量应严格控制。

综上所述，爆破作业引起瓦斯发火的原因是十分复杂的，与空气成分、爆炸性气体的组成、冲击波的强度、固体颗粒的性质与数量、诱导期等有关。一般认为，高温的气态产物具有引燃瓦斯的危险。这就要求在设计新的许用炸药时，必然考虑降低爆温，减少爆炸性气体的生成量。

8.1.3　《煤矿安全规程》对瓦斯浓度的规定

《煤矿安全规程》（2016 年）对瓦斯浓度的安全标准做了明确的规定。采掘工作面及其他作业地点风流中甲烷浓度达到 1.0% 时，必须停止用电钻打孔；爆破地点附近 20m 以内风流中瓦斯浓度达到 1.0% 时，严禁爆破。采掘工作面及其他作业地点风流中、电动机或其开关安设地点附近 20m 以内风流中的甲烷浓度达到 1.5% 时，必须停止工作，切断电源，撤出人员，进行处理。采掘工作面及其他巷道内，体积大于 $0.5m^3$ 的空间内积聚的甲烷浓度达到 2.0% 时，附近 20m 内必须停止工作，撤出人员，切断电源，进行处理。对因甲烷浓度超过规定被切断电源的电气设备，必须在甲烷浓度降到 1.0% 以下时，方可通电开动。

矿井总回风巷或一翼回风巷中甲烷或二氧化碳浓度超过 0.75% 时，必须立即查明原因，进行处理。采区回风巷、采掘工作面回风巷风流中甲烷浓度超过 1.0% 或二氧化碳浓度超过 1.5% 时，必须停止工作，撤出人员，采取措施，进行处理。

矿井必须从设计和采掘生产管理上采取措施，防止瓦斯积聚；当发生瓦斯积聚时，必须及时处理。矿井必须有因停电和检修主要通风机停止运转或通风系统遭到破坏以后恢复通风、排除瓦斯和送电的安全措施。恢复正常通风后，所有受到停风影响的地点，都必须经过通风、瓦斯检查人员检查，证实无危险后，方可恢复工作。所有安装电动机及其开关的地点附近 20m 的巷道内，都必须检查瓦斯，只有甲烷浓度符合本规程规定时，方可开启风机，恢复通风及相关工作。

具体预防瓦斯爆炸可采取下列措施：

1）通风良好，防止瓦斯积累。

2）封闭采空区，以防氧气进入和瓦斯溢出。

3）按规程进行布孔、装药、填塞、起爆，以防爆破引爆瓦斯。

4）采用防爆型电器设备，严格控制杂散电流，在有瓦斯和粉尘爆炸危险的环境中爆破，应使用煤矿许用起爆器材起爆。

除此以外，在煤矿、钾矿、石油地蜡矿和其他有沼气的矿井中爆破时，应按各种矿山的规定对瓦斯进行监测；在下水道、油罐、报废盲巷、盲井中爆破时，人员进入前应先对空气取样检验。

8.2 安全炸药与安全雷管

8.2.1 安全炸药

1. 煤矿许用炸药

矿用炸药的安全性等级是指炸药在矿井中爆炸后不易引燃瓦斯或煤尘的性能。目前，我国煤矿炸药的安全性分为五级，具体为：

1）一级煤矿许用炸药：包括 2 号煤矿炸药，2 号抗水煤矿炸药，一级煤矿许用乳化炸药 3 种，可用于低瓦斯矿井。检测方法：装药量取 100g，进行 5 次试验，无炮泥，反向起爆，不引爆瓦斯。

2）二级煤矿许用炸药：包括 3 号煤矿炸药，3 号抗水煤矿炸药，二级煤矿许用乳化炸药，二级煤矿许用水胶炸药 4 种，可用于低瓦斯矿井。检测方法：装药量取 150g，进行 5 次试验，无炮泥，反向起爆，不引爆瓦斯。

3）三级煤矿许用炸药：包括安全被筒炸药、三级煤矿许用乳化炸药、三级煤矿许用水胶炸药 3 种可用于低、高瓦斯矿井及有煤与瓦斯突出的矿井。检测方法：装药量取 150g，悬吊，不引爆瓦斯。

4）四级煤矿许用炸药：有四级煤矿许用乳化炸药一种，适用于各级瓦斯矿井及特殊危险条件爆破。检测方法：装药量取 250g，悬吊，不引爆瓦斯。

5）五级煤矿许用炸药：有离子交换炸药，适用于各级矿井及特殊危险条件爆破。检测方法：装药量取 450g，悬吊，不引爆瓦斯。

煤矿炸药的安全等级及其使用范围，是经过长期的生产实践和严格的检验后确定的。使用未经安全鉴定的炸药或不按指定范围使用，都可能引起瓦斯爆炸。但是也不应当认为，按规定使用经过安全鉴定的煤矿许用炸药就万无一失。在通风不良、不堵或少堵封泥、使用药量过多、炸药变质等情况下，也会引发瓦斯爆炸。

2. 对煤矿许用炸药的基本要求

根据井下作业的特点及爆破引燃瓦斯的途径，对煤矿许用炸药的基本要求有：

1）在保证做功能力条件下，对煤矿许用炸药应按炸药等级限制爆温和爆热。通常炸药的爆热、爆温等爆炸参数值越低，其爆轰波的能量、爆炸产物的温度也越低，爆炸后形成冲击波的强度、爆温也越低，从而使瓦斯发火概率降低。

2）煤矿许用炸药反应必须完全。炸药爆炸反应越完全，爆炸产物中的固体颗粒和爆生可燃性气体（CO、H_2）、催化性气体（NO、O_2）及有毒气体的体积分数越低，从而提高炸药的安全性。

3）煤矿许用炸药的氧平衡必须接近于零。正氧平衡的炸药在爆炸时，能生成氧化氮和初生态的氧，容易引燃引爆瓦斯。负氧平衡炸药，爆炸反应不完全，会使未完全反应的固体颗粒增多，也容易生成一氧化碳，引起二次火焰，对防止瓦斯引火是极为不利的。

4）煤矿许用炸药中要加入消焰剂。消焰剂的加入可以起到阻化作用，使瓦斯爆炸反应过程中断，从根本上抑制瓦斯的被引燃。

5）煤矿许用炸药不许有易于在空气中燃烧的物质和外来夹杂物。明火对瓦斯的长期加热常常能够引燃瓦斯，因此在煤矿许用炸药中，不允许含有易燃的金属粉（如铅镁粉等），也不允许使用铝壳雷管。

6）炸药或爆炸产物中不能含有促进瓦斯连锁反应的产物。能够抑制瓦斯连锁反应的物质习惯上称为消焰剂。实验证明：碱金属的卤化物如 KCl、NaCl 等，某些金属的有机盐如苯甲酸钠、四乙基铅等，卤代碳氢化合物和卤代乙烷等都具有一定的消焰作用。在研究许用炸药的初期，认为消焰剂的作用在于吸收热量，降低爆温从而阻止了瓦斯爆炸。后来的研究表明，消焰剂的吸热量多少即热容量的大小对炸药的瓦斯引火率没有明显的影响，通过对瓦斯爆炸机理的研究，消焰剂的作用在于吸收瓦斯初期爆燃过程中的自由基（CH_3、OH 等），使链中断反应。

8.2.2　安全雷管

按使用条件，电雷管分为普通型和煤矿许用型两种。普通电雷管的金属管壳、加强帽、脚线聚氯乙烯绝缘包层等，爆炸时可能会产生灼热碎片和残渣，延期药燃烧时，喷出高温颗粒残渣，副起爆药爆炸时产生高温火焰等原因，因而有引爆瓦斯的可能性。

根据普通雷管可能引起瓦斯爆炸的原因，对安全电雷管有以下要求：

1）电雷管爆炸飞散出的灼热碎片或残渣有引燃作用。为此，**煤矿安全电雷管不得使用铝壳或铁壳，且不允许使用聚乙烯绝缘爆破线，只能使用聚氯乙烯绝缘爆破线**。

2）雷管内副爆药爆炸时产生的高温和火焰有引燃作用。为此，**安全雷管中，副药内加有适量的消焰剂或采用爆温低、火焰短且延续时间小的其他组分**。

3）延期药燃烧喷出高温残渣有引燃作用。为此，**安全雷管中应使用燃烧温度低、生成气体量少、能封闭燃烧的延期药，或采用特殊结构形式的雷管**。

煤矿许用毫秒电雷管经过改进，除在猛炸药中加入消焰剂外，还将延期药装入铅延期体的 5 个细管中，并加厚管壁等，从而使上述不安全问题得到有效的解决。煤矿许用电雷管适用于煤矿井下所有爆破作业的工作面，能确保爆破安全。

8.2.3　安全导爆索

普通导爆索不能用于有瓦斯或矿尘爆炸危险的矿井，安全导爆索是专供有瓦斯和矿尘危险的井下爆破作业使用的产品。结构与普通导爆索相似，所不同的是在药芯或包裹层中加了适量的消焰剂（一般是食盐），安全导爆索的药芯中黑索金含量为 12～14g/m，食盐含量为 2g/m，其爆速一般不低于 6000m/s。

8.3　含瓦斯地层的爆破技术

8.3.1　瓦斯隧道爆破技术

1. 瓦斯隧道对爆破材料的有关要求

根据《煤矿安全规程》，含瓦斯地层掘进爆破时，爆破器材的选择必须遵守以下规定：

1）爆炸材料产品须经国家授权的检验机构检验合格，并取得煤矿矿用产品安全标志。

2）井下爆破作业，必须使用煤矿许用炸药和煤矿许用电雷管。一次爆破必须使用同一厂家、同一品种的煤矿许用炸药和电雷管。煤矿许用炸药的选用必须遵守下列规定：

① 低瓦斯矿井的岩石掘进工作面，使用安全等级不低于一级的煤矿许用炸药。

② 低瓦斯矿井的煤层采掘工作面、半煤岩掘进工作面，使用安全等级不低于二级的煤矿用炸药。

③ 高瓦斯矿井，使用安全等级不低于三级的煤矿许用炸药。

④ 突出矿井，使用安全等级不低于三级的煤矿许用含水炸药。

3）在采掘工作面，必须使用煤矿许用瞬发电雷管、煤矿许用毫秒延期电雷管或煤矿许用数码电雷管。使用煤矿许用毫秒延期电雷管时，最后一段的延期时间不得超过130ms。使用煤矿许用数码电雷管时，一次起爆总时间差不得超过130ms，并应当与专用起爆器配套使用。

4）在有瓦斯或有煤尘爆炸危险的采掘工作面，应采用毫秒爆破。在掘进工作面应当全断面一次起爆，不能全断面一次起爆的，必须采取安全措施。在采煤工作面可分组装药，但一组装药必须一次起爆。严禁在一个采煤工作面使用两台发爆器同时进行爆破。

5）在高瓦斯采掘工作面采用毫秒爆破时，若采用反向起爆，必须制定相应的安全技术措施。

2. 施工区域瓦斯的检测

（1）检测标准　隧道中煤（岩）层瓦斯涌出，其洞内大气中的瓦斯含量大小是危险程度的标志，施工中必须将瓦斯含量控制在安全的限值以内。

1）瓦斯隧道内每立方米空气中，氧气的体积分数应不小于20%。

2）隧道总回风风流或一翼回风中，瓦斯的体积分数应不大于0.75%。

3）从其他工作面进来的风流中，瓦斯的体积分数应不大于0.5%。

4）工作面风流中，瓦斯的体积分数达到1%时必须停止用电钻打孔。

5）开挖工作面回风流中瓦斯的体积分数达到1.5%，电动机或其他开关地点附近20m以内风流中瓦斯的体积分数达到1.5%时，必须停止运转，撤出人员，切断电源，进行处理。

6）开挖工作面及其他巷道内，在体积大于0.5m³的空间内，如坍塌洞穴、避车洞等处，其局部瓦斯积聚的体积分数达到2%时，附近20m内必须停止工作，撤出人员，进行处理。

7）因瓦斯含量超过规定而切断电源的电气设备，都必须在瓦斯的体积分数降到1%以下时方可起动机器，使用瓦斯自动检测报警断电装置的掘进工作面，只准人工复电。

8）停工后风机停止运转，在恢复通风前，局部通风机及其开关附近10m以内风流中瓦斯的体积分数不超过0.5%时，方可起动局部通风机。

9）隧道内其他有害气体的体积分数不得超过表8-2规定值。

表8-2　地下爆破作业点的有害气体允许浓度

名　称	化学分子式	最大允许体积分数/（%）	最大允许质量浓度/（mg·m⁻³）
一氧化碳	CO	0.0024	30
氮氧化物（换算成 NO_2）	NO_2	0.00025	5
二氧化硫	SO_2	0.0005	15
硫化氢	H_2S	0.00066	10
氨	NH_3	0.004	30
沼气	CH_4	1.0	—
二氧化碳	CO_2	1.5	—

（2）瓦斯检测仪器　瓦斯安全检查仪器应保持测试结果的准确性，除每旬必须进行一次调试、校正外，平时发现有问题应及时处理。瓦斯安全检测仪器大修应送国家认证机构进行。

（3）瓦斯超限与处理　当监测到瓦斯超限时，须立即停止作业，撤出人员，并报告主管领导，采取处理措施。符合标准时方可复工。

3. 瓦斯隧道爆破施工管理要求

在具有瓦斯爆炸危险的隧道中进行爆破作业，必须遵守《爆破安全规程》《煤矿安全规程》及《铁路瓦斯隧道爆破的暂行技术规定》等规定。

1）瓦斯隧道施工单位的各级行政领导是安全生产的第一责任者，必须加强责任心。

2）专职的瓦斯安全检查员、爆破工、电工和各种设备司机，必须经专门的安全技术培训，并经考试合格后方可上岗。瓦斯安全检查员负责检查、督促安全措施的全面实施，当发现事故预兆时，有权责令现场人员停止施工，并按有关安全规定采取处理措施。

3）有瓦斯突出危险的隧道，应单独编制预防瓦斯突出的实施性施工组织设计。瓦斯区段的施工均应进行瓦斯监测，设置消防设施，并配备兼职救护队。

4）隧道含瓦斯区段必须采用普通光电测距仪测量时，其工作范围内瓦斯的体积分数必须小于1%。

5）洞内装渣时，必须将石渣润湿，装渣机铲斗不得猛力与石渣碰击。

6）隧道含瓦斯区段爆破应严格执行"一炮三检"制度，即钻孔前、装药前、起爆前均应进行瓦斯含量检查。

7）隧道含瓦斯工区钻孔作业，应符合下列规定：①钻孔前，应测定工作面附近20m以内风流中瓦斯的体积分数，在1%以下时方可开钻；②在施钻过程中，要随时检测瓦斯的体积分数；③必须采用湿式凿岩，炮孔深度不得小于0.65m。

8）采用电雷管起爆，正向连续装药结构，起爆药卷以外不宜装药。采用反向装药或间隔装药时，必须有相应的安全措施。

9）在岩层内爆破，炮孔深度在0.9m以下时，装药长度不得超过炮孔深度的1/2；炮孔深度在0.9m以上时，装药长度不得超过炮孔深度的2/3。在煤层内爆破，装药长度不得超过炮孔深度的1/2。所有炮孔的剩余部分都应用炮泥堵塞。

10）炮泥应用黏土炮泥，严禁使用煤粉、块状材料或其他可燃性材料制作炮泥。

11）有下列情况之一者，未经妥善处理，不准装药和放炮：①放炮地点附近20m以内风流中，沼气的体积分数达到1%时；②在放炮地点20m以内，矿车，未清除的碎石、煤渣或其他物体阻塞巷道断面1/3以上时；③风量不够，风向不稳，局部有循环风时；④炮孔内有异状、温度骤高或骤低、煤岩松散、有显著瓦斯涌出时；⑤炮孔内煤、岩粉末清除干净；⑥无封泥、封泥不足或不实的炮孔。

12）爆破后，只有当瓦斯的体积分数小于1%，二氧化碳的体积分数小于1.5%，撤除警戒后工作人员才可进入工作面工作。

8.3.2　横穿岩层进入煤层时的震动放炮

1. 揭开突出危险煤层时的震动放炮措施

《煤矿安全规程》规定：穿层巷道（也称石门）的位置应尽量避免选择在地质变化区，

掘进工作面距煤层 10m 时，就应开始向煤层打钻，并且要经常保持超前工作面 5m，以便及时准确掌握煤层赋存条件和瓦斯情况；揭开煤层前掘进工作面到煤层之间必须保持一定的岩柱，急倾斜煤层时岩柱厚度为 2m，缓倾斜及倾斜煤层时为 1.5m。

根据煤层瓦斯压力大小，可采用不同的方法控制煤和瓦斯突出。一般当煤层瓦斯压力小于 0.1MPa 时，采取震动放炮，大于 0.1MPa 时，可以采用钻孔排放煤层瓦斯，或采取其他措施将瓦斯压力降到 0.1MPa 以下，然后用震动放炮揭开煤层。如不采用降压方法，还可采用水力冲孔和超前支架等措施降低瓦斯压力。

震动放炮的实质是在掘进工作面上钻较多的炮孔，装较多的炸药，全断面一次起爆，揭开煤层，并且利用放炮所产生的强烈震动来诱导煤和瓦斯的突出。震动放炮必须将所有炮孔一次起爆，炸开石门全断面内岩柱和煤层全厚。如果一次震动放炮没有揭开煤层，则第二次爆破工作仍应按震动放炮的有关规定进行，直到全部揭开并通过煤层若干米后为止。在放炮之前，掘进工作面排放瓦斯的钻孔，必须用炮泥填塞，放炮只准采用带安全被筒的煤矿安全炸药，震动放炮的炮孔数一般比普通爆破多 2~3 倍，具体孔数视岩柱情况而定，煤孔和岩孔数比例约为 1∶2，巷道顶部的炮孔密集度一般小于下部，周边孔大于中部，煤孔和岩孔要交错相间排列，煤孔深度一般应超过欲揭的岩柱和煤层厚度之和，而岩孔孔底应距煤层 0.1~0.2m，不得透煤。

这里提到的被筒炸药以含盐量较少的炸药为药芯，其外包覆一层惰性盐作为外壳，这样的炸药结构既能保证炸药的感度和爆炸性能，又能提高炸药的安全性。炸药中加入盐可降低爆温，这对于瓦斯地层中的爆破时有益的，但加入盐也导致炸药的感度和爆炸性能降低，这是不利的。从利于爆破安全而言，应加入较多的盐，而从保证炸药破岩能力而言，则少加入盐。带安全被筒的煤矿安全炸药很好地实现了二者的统一，解决了问题。

爆破网路及爆破器材必须周密设计、选择、检查，保证不发生拒爆现象。采用毫秒雷管时，煤和岩石的单位体积炸药消耗量为 2.0~3.0kg/m³，采用瞬发雷管时为 3.0~4.5kg/m³。放炮地点必须位于新鲜风流中，同时还应根据煤层突出和危险程度规定放炮地点距工作面的距离。图 8-1 所示为某煤矿巷道一次穿透岩层及煤层的炮孔布置。

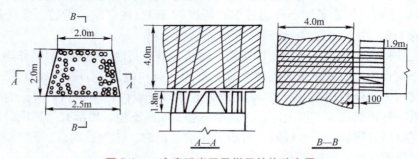

图 8-1　一次穿透岩层及煤层的炮孔布置

2. 震动放炮的主要爆破参数

为了确保通过突出煤层时的安全，《煤矿安全规程》对应用震动放炮做出了专门规定。震动放炮必须一次起爆，崩开巷道（石门）全断面的岩柱和煤层的全部厚度（倾斜及急倾斜中厚以下煤层），以保证在震动放炮中不发生瓦斯、煤尘爆炸或瓦斯突出事故。为此，必须正确选择爆破参数。我国北票矿务局和中梁山煤矿等单位，通过总结实践，提出了震动放炮主要爆破参数的设计方法。可供岩层（煤层）震动放炮时参照。

（1）炮孔数目与布置

1）炮孔数目。炮孔数目主要取决于岩石坚固性和石门断面大小，其经验公式为

$$N = 5.5S^{\frac{1}{2}}f^{\frac{2}{3}} \tag{8-2}$$

式中　N——一次爆破的炮孔数目（个）；

　　　S——石门断面积（m²）；

　　　f——岩石坚固性系数。

2）炮孔布置。震动放炮的炮孔，根据其是否需要穿入煤层分为岩石炮孔和煤层炮孔两种区别对待，岩石炮孔比煤层炮孔约多一倍。按炮孔位置和作用分为三部分：

① 岩石槽孔和煤层槽孔。炮孔深度根据岩柱和煤层厚度确定。煤层厚度小于 1.5m 时，所有煤层炮孔应打透全部厚度；煤层厚度大于 1.5m 时，煤槽孔应穿透全厚。炮孔数目：煤层槽孔为4~6 个，岩石槽孔为4~8 个。

② 岩石辅助孔和煤层辅助孔。此部分炮孔为直孔，深度与槽孔相同。炮孔数目；岩石辅助孔为 4~8 个，煤层辅助孔为 6~8 个。

③ 岩石帮孔。此部分炮孔为直孔，炮孔数目一般为 10~20 个。

所有岩石炮孔都不能打透煤层，孔底与煤层之间应保持 0.1~0.2m 的岩柱。若因操作不慎而误入煤层，则须用炮泥填实多钻出的炮孔深度。

炮孔布置时应注意疏密的分布规律，顶部疏，底部密，两侧密，中间疏。同时，岩石炮孔与煤层炮孔彼此应交错排列。

（2）单位体积炸药消耗量　在一定条件下（炸药型号、炮孔深度、炮孔数目一定）单位体积炸药消耗量主要决定于岩石性质、石门断面和被揭煤层厚度等。其经验公式为

$$q = 1.64K_{m}f^{1.2}/S^{0.75} \tag{8-3}$$

式中　q——单位体积炸药消耗量（kg/m³）；

　　　K_{m}——煤层厚度对 q 的影响系数，K_{m} 值从表 8-3 中选取；

　　　S——石门断面（m²）。

表 8-3　煤层厚度对 q 的影响系数 K_{m}

断面/m²　　煤层厚/m	0.1~0.6	0.6~1.2	1.2~1.8
3.4~8	0.70~0.73	1.00	0.93~0.98
8~15.6	0.96~1.00	1.00	0.86~0.98

8.3.3　过含瓦斯煤层的立井爆破

与水平巷道相比，立井掘进有其不同的特点：井筒断面较大；工作面自上而下掘进；涌水量大；炸药爆破作用强烈；对井壁支护质量要求较高，一旦瓦斯突出，将给整个井筒或生产矿井巷道（延深井筒时）带来危害。

在过含瓦斯煤层前，必须对瓦斯的体积分数、特性和规律进行探测，以便采取相应的预防和控制措施。在接近含瓦斯煤层时，必须在 10m 以外就开始钻超前探测孔。

立井过含瓦斯煤层爆破时的安全技术措施为：

1）过瓦斯煤层瓦斯压力大于 0.1MPa 时，必须首先采取降压措施，当瓦斯压力小于 0.1MPa 时，采用震动放炮通过，虽比较安全可靠，但必须预留安全岩柱，对急倾斜煤层，岩柱厚 1.5~2m，对缓倾斜煤层，岩柱厚度为 1~1.5m。这一点与巷道的情况相同。

2）采用震动放炮要达到全断面一次揭开煤层，要制定合理的钻孔爆破图表和安全措施，并要根据瓦斯等级选择爆破材料。

3）在即将进入煤层前最后一个循环的炮孔装药前，应将悬吊设备提到安全高度，仔细吹扫炮孔，用瓦斯检定器在井筒工作面、吊盘上以及回风流处检查瓦斯的含量。有涌出压力瓦斯的炮孔不准装药，需用黏土堵塞，另外重新打孔。井筒内、井口平台及井筒周围 20m 范围内均应切断电源。

4）井筒过含瓦斯煤层时，需经常观察煤帮变化情况，如遇响煤炮孔片帮来压、底鼓、温度骤变、瓦斯超限忽高忽低时，要停止工作进行处理。

5）井筒通过有瓦斯突出危险的煤层时，要在煤层以上 2~4m 岩层中，沿井帮向外打两圈钻孔穿过煤层，进行注浆形成临时壁圈，保证安全作业。注浆孔距为 300~500mm，圈距为 300~400mm，如图 8-2 所示。

6）电爆网路中，网路的连接点要绝缘处理。井筒工作面上要架空连接线。装药连线后，保证工作面淹水高度应低于架空线连线高度 200mm。

7）震动放炮前，所有人员一律撤离井筒和井口平台，并撤离至井筒 50m 以外，放炮后通风 30min 以上，才可佩带自救器下井检查。

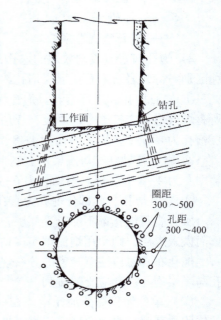

图 8-2　过瓦斯煤层注浆孔布置

8.4　冻结条件下的爆破技术

8.4.1　冻结爆破炸药的选择

进行冻土爆破，应选择耐冻性好的炸药。所谓炸药的耐冻性，实质上是炸药在低温条件下保持爆炸性能良好和其原有弹塑性的性质。我国常用的耐冻炸药见表 8-4。

表 8-4　部分浆状炸药的耐冻试验结果

炸 药 名 称	耐冻试验后的炸药状况	爆炸性能测定	
		条 件 方 法	结　果
耐冻 1 号浆状炸药	药温 –11℃，良好的流动性	φ100mm×7.5mm 钢管内，起爆药 60/40 黑梯 200~220g	约 4900m/s
聚 1 号浆状炸药	在 –25℃ 时能保持柔软性	φ114mm×4mm 钢管内，起爆药铵铝蜡 1500g	完全爆轰
白云 1 号浆状炸药	药温 –23℃，柔软性尚好	φ78mm×5mm 钢管内，起爆药 60/40 黑梯 80g	5130m/s
田菁 10 号浆状炸药	药温 –20℃，仍呈塑态	φ140mm×5mm 钢管内，起爆药 50/50 黑梯 500g	4500m/s

人工冻土爆破，因炸药受冻时间短，可选用岩石水胶炸药和硝铵炸药。如 T220 型卷装水胶炸药，其直径为 45mm，长度 400mm，每卷药量为 0.8kg，密度为 1000~1250kg/m³，猛度为 16~18mm，做功能力为 350mL，爆速为 4100~4600m/s。3 号抗水煤矿硝铵炸药其直径为 32mm，长度 170mm，密度为 1100kg/m³，爆速为 3996m/s，做功能力为 290mL。

8.4.2　一般冻土爆破

一般冻土指平原、丘陵地区非永冻层的多年冻土，特点是含水量不大、冻结深度不大。冻结深度不同，采取的爆破方法不同。

当冻结深度小于 1.0m 时，可将药包放置在冻结层之下进行爆破，如果炮孔直径较小，还可在孔底先做扩孔，形成小药壶，再进行爆破。炮孔爆破参数可参照表 8-5 选取。

表 8-5　薄冻土层爆破参数

冻土厚度/m	药包埋深/m	炮孔间距/m	单孔装药量/kg
0.3	0.5	0.8	0.15
0.5	0.7	1.1	0.25
0.7	0.9	1.5	0.5
1.0	1.4	2.0	1.0

当土层冻结深度大于 1.0m 时，仅在冻土以下设置药包爆破不易破坏冻土层。这种情况下将药包布置在冻土层中，爆破参数参照表 8-6 选取。如果单孔装药量小于 2.0kg，孔内设连续药包；如果单孔装药量大于 2.0kg，则在孔设两个药包，上层装炮孔药量的 60%，先起爆；下层药包装炮孔药量的 40%，在上层药包起爆后延迟 20~25ms 起爆。

表 8-6　厚冻土层爆破参数

冻土厚度/m	药包埋深/m	炮孔间距/m	最小抵抗线/m	单孔装药量/kg
1.2	1.0	1.2	0.9	0.45
1.4	1.2	1.4	1.2	0.8
1.6	1.4	1.8	1.5	1.4
1.8	1.6	2.0	1.7	2.0
2.0	1.8	2.0	1.8	2.5
2.4	2.1	2.0	2.0	3.2
2.8	2.5	2.0	2.0	3.9

如果冻土开挖量较小，施工场地地形较为复杂，则采用浅孔爆破方法；如果冻土开挖方量比较集中，开挖台阶高度大于 5m，则宜采用深孔爆破方法。根据经验，不同地质条件下

的冻结岩层深孔爆破单位耗药量见表8-7，也可进行爆破漏斗试验，确定具体条件下的冻土（岩）爆破的单位耗药量。

表 8-7　冻结岩土层深孔爆破单位耗药量

冻结岩土层名称	松动爆破	加强松动爆破
砂黏土	0.3~0.4	0.6~0.75
泥黏土	0.4~0.5	0.8~1.0
砂页岩	0.5~0.65	1.0~1.2
石灰岩	0.6~0.75	1.1~1.3

8.4.3　高原冻土爆破

在高原地区进行的冻土爆破不同于一般的冻土爆破，具体表现在：

1）生态环境原始、独特、脆弱、敏感，一旦破坏难以恢复，甚至是不可逆的。

2）多为富冰冻土或饱冰冻土，表层少有植被。如青藏高原冻结期从9月到次年4月，年平均气温−4℃，最低气温−45℃，冻土厚度达4.0~80.0m，一般冻土厚度为1.5~2.5m。

3）气压低、严重缺氧，工作效率低。

高原冻土爆破的难度极大。青藏铁路约有965km处在海拔4000m高度以上，其中550km穿越多年冻土地段。根据在铁路的路堑、桥涵基坑的冻土爆破中取得的经验，高原冻土爆破应遵循以下原则和方法：

（1）遵循快速施工　高原冻土爆破，一般都按保持冻结的原则施工，避免爆破后地表和路堑基坑出现融沉，留下工程隐患。因此，路堑开挖爆破应分段进行，分段长度以路堑冻土暴露时间不超过7d为宜，一次爆破规模应根据工程地质条件确定，力争一天内完成钻孔、爆破、清渣、地基处理等一次循环进尺。

（2）爆破方案选择　为保护生态环境，应以浅孔爆破或深孔爆破为主，原则上不得采用硐室爆破。开挖深度不超过15m的路堑，宜一次爆破成形。为保护开挖边界外的植被和减少对原状冻土的扰动，应以松动爆破为主。地质条件恶劣地段，清运机械能力满足要求时，宜采取弱松动爆破，严格控制超欠挖量。为提高边坡质量和方便铺设隔热层，宜采用光面爆破或预裂爆破。

（3）爆破参数　单位耗药量与低温和冻土含冰量有关，一般条件的松动爆破单位耗药量为0.45~0.65kg/m³，若松动爆破为0.25~0.45 kg/m³。炮孔直径取58~100mm，最小抵抗线取1.5~3.0m，孔距取2.0~3.0m，排距1.5~3.0m。由于冻土中的钻孔易发生塌孔、回淤、回冻等，对浅孔或药壶爆破，钻孔超深取0.2~0.3m，对深孔爆破则取0.4~0.5m。

（4）其他事项　爆破开挖后，边坡面、基底面要采用特制的防紫外线的遮阳篷布覆盖，暴露的冰结冻土再覆盖篷布前，应先用干土进行覆盖。暖季施工时，爆破开挖边界外，宜设排水沟截流地表水。

8.4.4　冻结立井施工爆破技术

1. 冻结立井施工爆破的可行性

冻结法是利用人工制冷技术，使地层中的水结冰，把天然岩土变成冻土，增加其强度和稳定性，隔绝地下水与地下工程的联系，以便在冻结壁的保护下进行井筒或地下工程掘砌施工的特殊施工技术。这一方法已成为我国矿山建设和地下隧道通过不稳定冲积层和裂隙含水层的主要施工方法。工程中，为了防止冻结管断裂等事故，应加强冻结，提高冻结壁强度及稳定性，但这无疑给挖掘施工带来了困难。为了提高施工速度，减轻劳动强度，可采用钻孔爆破法挖掘冻土层或岩层。

由于是在负温条件，同时井筒或隧道周围存在着冻结管，所以冻土爆破不同于普通岩石爆破，它要求在冻结管安全条件下，提高爆破效率。为了在冻结区段采用钻孔爆破法既能提高施工速度，又能安全施工，人们进行了大量的试验室研究和现场试验，在促进人们对这一技术的接受方面，取得了明显效果。

1980 年、1986 年《煤矿安全规程》规定，冻土层不得放炮，如放炮必须制定安全技术措施报局总工程师批准。自 2001 年开始，规程规定变为：表土层冻结段可以采用爆破作业，但必须制定安全技术措施。《矿山井巷工程施工及验收规范》从 GBJ 3—1964、GBJ 213—1979 到 GBJ 213—1990 对炮孔与井筒荒径和冻结管距离规定也在减小和而炮孔深度却在增加，这些变化说明冻土爆破逐渐为人们所接受。

最近十多年来，冻结管的材质、接头质量及爆破技术有了较大的提高和发展，为在冻结井筒内进行爆破施工提供了条件。沈阳矿务局的红阳三井是设计年产量为 150 万 t 的大型矿井，为了提高冻结井筒的掘进速度，采用了钻孔爆破法，在 −87m 位置爆破后发现 17 号冻结管外露，距荒径 200mm，说明此处周边孔距 17 号冻结管仅为 300~400mm，没有发生盐水泄漏现象，以后周边孔布置在荒径上，减少了开帮量，相继暴露出三根冻结管，均未发生冻结管破裂现象，红阳三井爆破采用的炮孔深度为 1.7m，装药量为 49kg，进尺 1.5m，月进尺为 52m，创当时沈阳矿务局的冻结井筒施工纪录；河南陈四楼矿井主井冻结次生灰岩和冻结基岩采用全断面一次控制爆破，爆破效果良好，没有损坏一根冻结管，开创了我国冻深 425m 不断管的先例；刘桥副井冻结基岩段采用全断面一次爆破施工，每茬炮平均装药量为 93kg，最大装药量为 120kg，周边孔装药量为 24~30kg，冻结管安全无恙，炮孔利用率在 80% 以上；德国的哈尔德一号冻结井采用的钻孔爆破法，掏槽孔装药量每茬炮不超过 60kg，外围区不超过 90kg，外围炮孔距离荒径的距离在 200mm 以上，爆破中对冻结管和冻结壁进行了监视观测，测得的结果说明冻结管和冻结壁没有受到损伤。现在国内外采用爆破施工冻结的井筒越来越多，东庞主井、淮南潘二井、姚桥矿主副井、榆树林子主斜井、东滩西风井和德国的莱茵堡冻结井等都是成功的实例。可见，只要加强安全管理，精心施工，采用控制爆破开挖冻土是可行的，而且无疑能加快冻结段的施工速度，提高成井、成硐速度、缩短项目建设工期。

2. 冻结井爆破冻结管的震动破坏准则

在冻土爆破中，各炮孔对冻结管的距离不同，对一次起爆的炮孔装药量和距离换算成等效距离和等效药量为

$$R = \sum_{i=1}^{n} (\sqrt[3]{q_i} r_i) / \sum_{i=1}^{n} \sqrt[3]{q_i} \qquad (8-4)$$

$$Q = \sum_{i=1}^{n} q_i (R/r_i)^3 \qquad (8-5)$$

式中　　R——等效距离（m）；

Q——等效药量（kg）；

q_i——第 i 个炮孔的药量（kg）；

r_i——第 i 个炮孔距冻结管的距离（m）。

为了确保冻结管的安全，需将爆破震动速度控制在一定的临界值内，若超过临界值，就会引起冻结管的破坏。爆破震动破坏准则为

$$K_m (Q^{\frac{1}{3}}/R)^{\alpha} \leqslant v_m \qquad (8-6)$$

式中　　v_m——爆破震动速度的临界值（m/s）；

K_m、α——系数。

进一步推导出冻结管的安全距离为

$$R \geqslant Q^{\frac{1}{3}}(K_m/v_m)^{\frac{1}{\alpha}} \qquad (8-7)$$

或确定一定距离条件下的最大装药量为

$$Q \leqslant (v_m/K_m)^{\frac{3}{\alpha}} R^3 \qquad (8-8)$$

3. 冻结井筒施工爆破实例

（1）工程概况　鹿洼煤矿主立井净直径4.5m，井筒穿过第四纪表土层厚度288.9m，其中砂层94.37m，黏土层194.53m。表土段采用冻结法施工，冻结深度为320m。当井筒掘进至井深110m时，井筒全断面冻实。工作面人工挖掘十分困难，一个班进尺仅为150～300mm。为了减轻工人劳动强度，加快掘进速度，决定采用爆破方法掘进。该井筒当时掘进不足冻结段一半的深度，且采用的冻结管管径为 ϕ127mm 的低碳钢管，用内套箍焊接方式连接，不允许冻结管出现断裂、破裂现象，否则后果无法挽救。在爆破掘进实施以前进行了全面论证和深入的分析讨论，制订了详细、可靠的安全技术措施。在表土段爆破掘进获得成功后，该井下部冻结基岩段也采用了爆破掘进方式，顺利地完成了该井冻结段的掘进施工。

（2）爆破准备工作　首先详细分析了爆破作业区内冻结管的偏斜情况，计算每根冻结管距井帮的最短距离，确定危险冻结管和重点保护的冻结管。由－150m处冻结管偏斜图得知，冻结管距掘进荒径均在1.9m以上，有两个测温孔距井帮分别为0.988m和1.022m，必须保护好这两个测温孔，以确保下部冻结壁的监测分析工作顺利进行。

（3）爆破参数　根据井筒断面及冻结黏土层的特性，设计爆破参数，见表8-8。掏槽宜采用圆锥直孔混合型式。掏槽孔装药采用孔内毫秒延迟爆破，以减少对冻结管的影响。周边孔的装药结构采用普通药卷空气柱不耦合装药，以降低初始爆炸冲击波强度。爆破连线方式采用反向闭合并联，保证通过各个雷管的电流比较均匀，避免电流不均而出现拒爆现象。采用全断面一次起爆，孔间采用秒延期雷管分段起爆，并使每段起爆药量大致相等，同时尽可

能增加分段数量，减少一次起爆药量。对雷管逐发导通，并检测电阻值，按其阻值大小进行编组，分批使用，这样能有效地避免拒爆现象。

（4）爆破效果　炮孔利用率90%，每循环进尺900mm，每循环爆破实体为26.3m³，炸药消耗量为0.793kg/m³，雷管消耗量3.23发/m³，井筒炸药消耗量为23.2kg/m。所有冻结管完好，井筒施工顺利完成。

表8-8　井筒掘进冻土爆破参数一览表

炮孔名称	孔号	孔深/m	圈径/m	抵抗线/mm	孔间距/mm	单孔装药量/kg	爆破顺序
掏槽孔	1~5	1.2	1.1		700	0.45	1
崩落孔	6~14	1.0	2.2	550	800	0.30	2
崩落孔	15~28	1.0	3.6	700	800	0.30	3
崩落孔	29~48	1.0	5.0	700	800	0.30	4
周边孔	49~86	1.0	6.0	500	500	0.15	5

（5）技术要领

1）偏斜冻结管。在冻土段采用钻孔爆破法的主要技术难题是保证冻结管的安全。若冻结管断裂，会给井筒施工带来极大的困难甚至使施工失败。当冻结管偏斜时，冻结壁有效厚度减少，强度削弱，在偏斜冻结管处应谨慎爆破。放炮前，应正确计算各偏斜冻结管的偏斜距离和方位，在井帮上按计算结果标出偏斜冻结管的位置，在该位置上周边孔只打孔不装药，以保证偏斜冻结管的安全。当偏斜冻结管偏入荒径时，应在距离其位置至少1.0m以外布设炮孔。

2）装药连线。装药前必须切断井下一切电源，钻孔设备应提离工作面。按规定制作起爆药包，严格执行爆破图表，炮孔按规定的装药量正向连续装药，各圈炮孔的雷管段别要符合图表要求，特别是周边孔不能多装或装错起爆药包，并采用空气柱装药，堵塞长度不得小于500mm，以防止冲孔，并尽量缩短炸药在负温下的时间。放炮前打开井盖门，所有人员撤离井口棚，吊盘必须升到安全高度，并通知冻结站停止盐水循环，每次爆破后，应有专人检查，确无损坏或无危险迹象时，方可恢复盐水循环。

3）施工机械化配套。井筒基岩段施工采用了伞形钻架、深孔爆破、大绞车、大吊桶、大抓岩机等综合机械化配套设备。冻结段采用钻孔爆破法施工后，打破了人工挖掘的劳动组织结构，若继续采用人工出矸的方法，显然不合理，影响施工速度。实践表明，对直径6.0m井筒，采用四六制作业、炮孔深度为1.6~1.8m，一班能完成钻孔爆破作业，需2~3班才能完成出矸，而且劳动强度大，在冻结段直接采用机械化施工简化了冻结段向基岩段的施工作业的转化过程。

8.5　高地应力条件下的爆破技术

8.5.1　初始应力场对爆破作用影响的分析

1. 具有初始应力场介质的爆破模型试验

将模型按设计的加载方式，用光弹中的冻结法将应力冻结起来，即可方便地得到具有初始应力场的模型。采用环氧树脂制作模型，模型的纵波速度为 2100m/s，横波速度为 1200m/s，动态弹性模量为 4600MPa，动态泊松比 0.37，密度 1250kg/m³，采用 WZDD-1 型多火花动态光测弹性仪测试动态应力条纹。

进行不同静应力条件下的爆破试验：采用平板模型，模型边界承受压力形成给定应力场，研究初始应力场对爆破应力场的影响，测试结果表明：

（1）静应力场与爆破应力场相当　当静应力场均匀时，动应力波表现形式和无初始应力时一致，但应力变化很大。当初始应力场不均匀时，两种应力场相遇后，首先是应力干涉，干涉后的条纹级次表现为这两种应力的叠加。由于爆破产生应力瞬态变化的特性，在某一时刻，两应力场在某处是完全相同的，两者几何叠加后达到最大。在另一时刻，两者完全相反，应力叠加达到最小值。这种叠加都是矢量叠加，因此介质中各处都可能出现叠加后的最大、最小和介于两者之间等情况。合成后的应力值等于静、动态的绝对值之和，拉应力较大处最易引起介质破坏。

（2）较低的静应力场与较高的动应力场　在较低的静应力场中，条纹级次较低，也较稀疏。爆破应力波的动应力占主导地位，其波前传播及条纹级次表现形式改变不大，但波前仍与静应力条纹合在一起，爆破应力波的 P 波、S 波及反射波都明显可见。初始应力对应力波的影响较小。

（3）较高的静应力场与较低的动应力场　这时动应力的传播不明显，隐没于静应力场中，静应力表现为主导作用，动应力波使静应力变化较小。而在炮孔周围由于裂纹出现，应力较高，动、静应力作用都很强烈。

总之，在具有初始应力场的介质中，初始应力条纹与爆炸应力条纹发生干涉，相互作用，具有加强或相消作用。一般规律是：相同应力状态时的叠加为应力分量之间的相加，条纹级次增加，相反应力状态时的应力叠加为应力分量之间的相减，条纹级次降低。应力叠加一般按矢量叠加，与时间、应力大小及方向有关。

2. 初始应力场对爆破作用影响的实例

被爆岩体的静应力状态主要与所处区域的原始应力状态有关，同时也受各类岩土工程开挖区（如矿山的采空区等）所引起的爆区内应力的重新分布的影响，所以被爆岩体内的应力是错综复杂的。初始应力的存在影响岩体的动态响应，爆炸应力波与初始应力叠加，具有加强（或相消）的作用，爆破设计时如果了解主应力方向并加以利用，将会改善爆破效果。

某铜矿地下采矿，采用垂直扇形中深孔的限制空间的挤压爆破，对爆破参数进行多次调整后，爆破质量有所改善。随着开采深度的增加，当岩体应力由上部采场的水平应力为主逐渐过渡为垂直应力为主时，保持爆破参数基本不变，在应力很大的地方，平行于原岩体最大主应力方向上布置炮孔排时，爆破质量与以往相比有所提高，一、二次爆破的单位体积炸药消耗量均有所降低，如 7311-1、7313-3 等采场，见表 8-9。当炮孔面沿垂直最大主力方向布置，采用常规爆破参数与落矿方案时，几乎每次爆破都出现过挤压或悬顶事故。在应力很大的地方，平行于原岩体最大主应力方向上布置炮孔排，在爆破瞬间，应力来不及释放，必然发生力的扰动，岩体易爆裂成块。而在与最大主应力垂直方向上布置炮孔排，爆力受到主应力的阻碍，岩体不易爆破成块，而且经常出现爆破岩体过挤压现象。

表8-9 爆力方向与最大主应力方向的关系及其爆破效果

采场编号	爆破方式	补偿空间（%）	一次爆破单位体积炸药消耗量/(kg/m³)		地应力状态	爆破情况	岩体爆破地质力学特征
			设计	实际			
7311-1	毫秒爆破	18.2	0.37	0.33	垂直主应力	块度均匀	断层和节理裂隙非常发育，岩石较硬
7312-3	毫秒与多排间段爆破	14	0.43	0.32	垂直主应力	块度非常均匀	断层和节理裂隙非常发育
7313-3	毫秒爆破	13.5	0.46	0.41	水平主应力	块度均匀	断层和节理裂隙中等发育，并有断层破碎带
8305-1 8306-1	毫秒与多排间段爆破	13.7	0.49	0.46	水平主应力	产生过挤压并有悬顶	矿石致密坚硬，$f = 8 \sim 12$，节理裂隙不发育，无断层
8317-3	毫秒爆破	17	0.43	0.43	水平主应力	产生过挤压，大块率高	处于矿体尖顶部位，水平压力大，没有断层，岩石坚硬，$f = 8 \sim 12$
8318-3	毫秒爆破	16	0.37	0.36	水平主应力		

8.5.2 高应力条件下岩石爆破裂纹扩展规律

（1）工程概况 某矿矿体埋藏深度达1000m，矿区的原岩应力的方向与量级主要受构造控制，差别较大。在埋深900m水平所测的原岩应力值为$\sigma_x = 36.89\text{MPa}$，$\sigma_y = 9.8\text{MPa}$，$x$为矿体走向方向，$y$为垂直矿体走向方向。由于矿体内存在高应力和各向应力的不均衡性，采场爆破崩矿时，岩石在爆破动力荷载作用下，各炮孔孔壁近区动态应力参量必存在一些差异。为改善爆破效果，对不同高应力条件下岩石爆破裂纹扩展进行了模拟试验研究，得出了裂纹扩展的方向及大小与主应力的关系，用于指导爆破设计与工业试验。

（2）试验方案 试验为模型在附加单轴或双轴荷载条件下，施加爆破动荷载的模拟试验。特点是：不但施加爆破动荷载，还附加单轴或双轴静荷载。在附加荷载下进行模型介质爆破裂纹扩展试验，分析不同附加荷载情况下的爆破裂纹扩展特性，进行的几组试验为：

1）不附加静荷载的爆破裂纹扩展试验，即$p_1 = p_2 = 0$。

2）附加单轴均布荷载的爆破裂纹扩展试验，即$p_1 \neq 0$，$p_2 = 0$。

3）附加双向均布荷载p_1、p_2的爆破裂纹扩展试验，根据p_1、p_2的比值不同做数个不同的试验，即$p_1 \neq 0$，$p_2 \neq 0$。试验方案如图8-3所示。

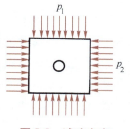

图8-3 试验方案

4）模拟开挖情形且附加双向均布荷载p_1、p_2（$p_1 \neq 0$，$p_2 \neq 0$）的爆破裂纹扩展试验，根据p_1、p_2的比值不同做三个不同的试验。

为了实施双向加载，水平方向采用四个相同的弹簧并联，其并联的弹性系数为276MPa，垂直方向利用单轴加载架加载，为了避免水平方向加载架的自重影响，用弹性绳将水平加载架悬吊在原有的单轴加载架上。模型材料均选用环氧树脂板，它具有良好的力学性能，其突出优点是易于加工，而且其脆性可调，可以类比岩石等脆性材料以观察裂纹扩展情况等，是理想的模拟介质。所用模型的几何尺寸为 150mm×150mm×150mm。起爆药采用叠氮化铅（PbN_6）。共进行了 11 组模型试验，各模型的加载量见表 8-10。裂纹扩展统计分析结果见表 8-11。

表 8-10　模型加载量

模　型	p_1/kg	p_2/kg	模　型	p_1/kg	p_2/kg
1	60	0	7	160	80
2	40	40	8	80	80
3	80	40	9	80	40
4	120	40	10	40	80
5	160	40	11	60	40
6	0	0			

表 8-11　裂纹扩展统计分析结果

模型号	p_1 /kg	p_2 /kg	主裂纹 /mm	主裂纹与 σ_1 的 夹角（°）	裂纹总长 /mm	备　注
1	60	0	15	15		单轴
2	40	40	45	45	121	
3	80	40	32	19	103	
4	120	40	30	23	99	
5	160	40	29	24	92	
6	0	0				同心圆
7	160	80	28	25	91	
8	80	30	30	45	107	
9	80	40	17	15	58	开挖
10	40	80	19	28	60	开挖
11	60	40	20	21	63	开挖

（3）高应力条件下岩石爆破裂纹扩展规律　根据试验结果和对爆破裂纹的分析，得出如下规律：爆破裂纹的扩展长度、方向与附加应力的大小及方向有关。裂纹的扩展方向不在主应力线上，而是与最大主应力成一定角度，其角度为 15°～45°。附加应力越小，爆破裂纹扩展越长，爆破效果越好，单位体积炸药消耗量越低；反之，相对难爆，需适当增加炸药量。岩石在高应力条件下产生一个附加强度。所以，高应力条件下岩石爆破时需要适当增加炸药量；需要充分利用自由面的反射拉伸波；适当采用较小抵抗线的爆破方案。

8.5.3　高应力下的松软破碎岩层巷道爆破技术

（1）概述　某铜矿南缘矿带由 11 线断裂破碎带、断层影响带和接触破碎带组成，11 线以东矿岩属不稳固和极不稳固矿岩体，矿块底部结构水平存在很大的原地应力（最大主应力达到 15.0MPa）与采动集中应力（最大值达 28.0MPa），使得采用常规的巷道掘进与支护技术难以通过该地段。该地段-20m 水平以上采区巷道稳定性调查统计结果表明，采掘巷道变形破坏十分严重，通常是为回收矿石而必须准备的采切工程还没有完工，先期开掘的巷道就垮塌了，即使是用混凝土浇筑支护的巷道也出现变形、开裂、片帮等破坏。为此，采用了小断面超前光面爆破掘进新工艺，喷、浇、锚、网与壁后注浆联合支护新技术，有效地解决了在原地应力大、采动应力集中显著且极其松软破碎岩层中巷道掘进与支护技术难题。

（2）小断面超前光面爆破掘进技术　　目前，国内外矿山遇到极不稳固矿岩段，或者绕道，或者采用插板法超前支护通过。绕道成本太高，有时甚至会造成大量丢矿；采用插板法超前支护劳动强度大，形成较大的断面则更困难。铜矿南部采矿体采矿工艺要求必须通过该高应力下的松软破碎岩层，不可能绕道。

生产实践证明，部分地段矿岩极其松软破碎，采用普通光面爆破工艺，无法避免发生片帮、冒顶。于是采用了小断面超前光面爆破掘进工艺，不但进一步降低了爆破振动对围岩的不利影响，更主要的是通过小断面超前光面爆破工艺，如遇极其松软破碎岩段，则可采用非爆破方法后继开挖到巷道边界，将巷道周边围岩的破坏程度降低到最小。这一爆破工艺的特点是：断面分两次形成，第一次按小断面布孔和爆破（图 8-4 所示中的阴影部分），第二次按成巷断面布置周边孔起爆光爆层或采用非爆破方法开挖到巷道边界。一般原则是：小断面成巷规整时按设计要求布孔；小断面发生少量片帮冒顶时，

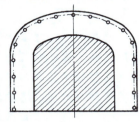

图 8-4　小断面超前光面
爆破施工

则在片帮冒顶处将周边孔距加大到 700～1200mm，若片帮冒顶超过 50%，则采用风镐等非爆破方法将巷道掘进至设计边界。

思 考 题

8-1　瓦斯爆炸必须具备的条件是什么？

8-2　对煤矿炸药的基本要求是什么？

8-3　普通雷管可能引燃瓦斯的原因有哪些？据此，安全雷管在哪些方面做了改进？

8-4　立井过含煤地层时的安全技术措施有哪些？

爆破安全技术 第9章

导 读

> **基本内容**：爆破地震的概念，表示振动强度的物理参量及监测方法，安全判据及安全设防措施；爆破空气冲击波的形成，强度计算与监测，冲击波的破坏作用与安全设防；爆破飞石的距离估算与安全设防；爆破作业中早爆产生的原因与预防措施，拒爆产生的原因及其预防与处理，爆破器材的安全储存、运输、使用与销毁。
>
> **学习要点**：掌握爆破引起地震效应、空气冲击波及飞石的原因、危害程度和范围、安全设防措施；熟悉爆破作业中早爆与拒爆产生的原因和预防及处理措施；了解爆破器材的安全储存、运输和使用方法，以及爆破器材的销毁方法。

9.1 概述

在建设工程和采矿工程等行业中，爆破技术得到了广泛应用，由此带来了良好的经济效益和社会效益。但是，在爆破工作应用中也带来许多潜在的不安全因素，各种爆破事故时有发生，不少爆破工程事故给人民生命财产造成了重大损失。为了保证爆破作业能安全进行，必须懂得和掌握爆破安全技术，严格遵守爆破安全规程。

对于施工中的操作安全，我国有关部门先后制定了相应的法规和条例。如 1984 年国务院发布了《中华人民共和国民用爆炸物品管理条例》；1986 年国家标准局发布了 GB 6722—1986《爆破安全规程》；1992 年国家技术监督局同时发布了 GB 13349—1992《大爆破安全规程》和 GB 13533—1992《拆除爆破安全规程》；1989 年劳动部、农业部、公安部和国家建材局联合颁布了《乡镇露天矿场爆破安全规程》；此外，1993 年公安部还发布了《中华人民共和国公共安全行业标准》和《爆破作业人员安全技术考核标准》等。2003 年国家质量监督检验检疫总局发布了《爆破安全规程》（最新版为 GB 6722—2014），明确该标准代替前面的四个标准。这些规程的颁布和执行对爆破安全起到了重要的保证作用。

在爆破设计与施工中，根据炸药的爆炸效应及其作用规律，采取适当的技术措施对爆炸产生的有害效应进行设防，也是实现爆破安全必不可少的。下面介绍这方面内容，以及早爆和拒爆的预防与处置等知识。

9.2 爆破地震效应与安全设防

9.2.1 爆破地震效应

爆破地震效应一般指爆破引起地层振动所产生的一切效应，也就是炸药在岩石中爆炸，部分爆炸能转化为弹性振动的地震波，对附近地层、建（构）筑物所产生的一切振动和破坏效应。

爆破中，药包在岩体等介质中爆炸时，除造成邻近药包周围的介质产生压碎圈和破裂圈外。应力扰动传播过程中，强度迅速衰减，在远处虽不再引起岩质的破裂，但能引起介质质点弹性振动。这种弹性振动以弹性波阵面的形式继续向外传播，造成地层的振动。这种弹性波即是爆破地震波（简称地震波）。

地震波由若干种波组成，根据波阵面传播的途径不同，可以分为体积波和表面波两类。体积波存在于岩体内，包括纵波和横波两种。纵波的特点是周期短，振幅小和速度快。横波是周期长，振幅较大，速度比纵波小；表面波可分为瑞利波和乐夫波。乐夫波与横波相似，质点仅在水平方向作剪切变形，乐夫波不经常出现，只是在半无限介质上且至少覆盖有一表面层时才会出现。瑞利波的特点是介质质点在与波面方向平行的竖直平面内沿椭圆轨道做后退式运动，它的振幅和周期较大，衰减较慢，速度比横波稍小。

体积波使岩石产生伸缩和扭曲变形，是爆破时造成岩石破裂的主要原因。表面波特别是其中的瑞利波，由于它的频率低，衰减慢，携带的能量较多，是造成地震破坏的主要原因。

当爆破振动达到一定的强度时，可以造成爆区周围建（构）筑物的破坏。因此，为了研究爆破地震效应的规律，找出减小爆破地震强度的措施和确定出爆破地震的安全距离，对爆破地震效应进行系统的观测和研究都是非常必要的。

9.2.2 描述爆破振动强度的物理量

爆破振动强度可以用地面运动的各种物理特征量来描述，包括质点位移、速度和加速度等。但在工程实际中大多用质点振动速度，有时也采用振动加速度的幅值代表地震波强度。

国内外实测结果表明，爆破地震导致的质点振动速度与装药量、观测点到爆源的距离、岩土性质、场地条件和爆破方法等因素有关，一般用以下经验公式来表示

$$v = K(Q^{\frac{1}{3}}/R)^{\alpha} \tag{9-1}$$

式中　v——质点振动速度（cm/s）；

　　　Q——装药量（齐发爆破时为总装药量，延迟爆破时为最大单段起爆药量）（kg）；

　　　R——从测点到爆破振动中心的距离（m）；

　　　K——与爆破场地条件有关的系数；

　　　α——与地质条件有关系数。

α，K 值可以在现场通过小型爆破试验确定，也可参见表9-1选取。

表9-1 爆区不同岩性的 K、α 值

岩　性	坚硬岩石	中硬岩石	软岩石
K	50~150	150~250	250~350
α	1.3~1.5	1.5~1.8	1.8~2.0

9.2.3 爆破振动效应观测

爆破振动效应观测包括宏观观测和仪器观测两种方法，一般都把这两种方法结合起来使用。

宏观观测：一般根据观测的目的，在爆破振动影响范围内和仪器观测点附近选择有代表性的建（构）筑物，在爆破前后用目测、照相和摄像等手段，把观测对象的特征用文字或图像进行记录，以对比爆破前后被观测对象的变化情况，估计爆破振动的影响程度。

仪器观测：观测系统包括拾振器、记录仪、便于记录而设置的衰减器或放大器和信号式数据处理设备。典型的观测系统组成框图如图9-1所示。

图9-1 观测系统组成框图

测点要根据观测目的和要求的不同而采取不同的布置方法，且测点上的拾振器一定要埋设牢固而且保持水平。

仪器观测所获得的爆破地震波波形图可通过光线示波器记录或通过计算机进行记录与分析，找出最大振幅值，即质点振动的最大位移、速度或加速度。在对爆破地震波波形图的分析中主要取最大的振幅及相对应的振动周期，它们是容易理解也是容易实现的，如图9-2a所示。

此外，还要量取主振相的延续时间和计算地震波在岩土介质中的速度。爆破振动延续时间的长短与地震传过的介质性质、炸药爆炸所释放的能量大小及爆源与测点之间的距离有关。在读取振动延续时间时，将爆破振动图划分为主振段和尾振段两部分。关于主振段的划分目前存在着不同的意见，一种主流意见认为，从初始波到波的振幅值衰减到 $A' = A/e$（e 为自然对数的底，A 为最大振幅）这段振动称为主振段，与之相对应的延续时间为振动延续时间。其读图方法如图9-2b所示。

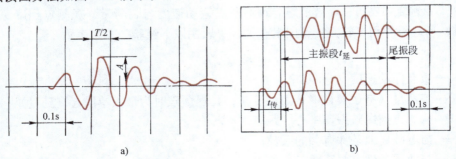

图9-2 爆破地震波波形分析

a）最大振幅及对应的振动周期确定　b）爆破振动延续时间和波速的测定

波速是分析波形、振动的传播规律和研究岩石性质的一个重要的物理量。一般是在地震波图上量取相邻两测点初始波到达之间的时间差。用此时间差去除两测点之间的距离，就得到初始波的传播速度。

9.2.4　爆破振动的安全判据

爆破振动可能会引起爆区附近的建（构）筑物的破坏，特别是露天爆破时更是如此。评价各种爆破振动对不同类型建（构）筑物和其他保护对象的影响，应采用不同的安全判据和允许标准。地面建筑物的爆破振动判据采用保护对象所在位置质点峰值振动速度和主振频率；水工隧道、交通隧道、矿山巷道、电站（厂）中心控制室设备、新浇大体积混凝土的爆破振动判据采用保护对象所在位置质点峰值振动速度。不同类型设施的安全允许标准见表 9-2。

表 9-2　爆破振动安全允许标准

序号	保护对象类别	安全允许振速/(cm/s)		
		<10Hz	10Hz~50Hz	50Hz~100Hz
1	土窑洞、土坯房、毛石房屋[①]	5.0~1.0	0.7~1.2	1.1~1.5
2	一般砖房、非抗震的大型砌块建筑物[①]	2.0~2.5	2.3~2.8	2.7~3.0
3	钢筋混凝土结构房屋[①]	3.0~4.0	3.5~4.5	4.2~5.0
4	一般古建筑与古迹[②]	0.1~0.3	0.2~0.4	0.3~0.5
5	水工隧道[③]	7~15		
6	交通隧道[③]	10~20		
7	矿山巷道[③]	15~30		
8	水电站及发电厂中心控制室设备	0.5		
9	新浇大体积混凝土[④]： 龄期：初凝~3d 龄期：3~7d 龄期：7~28d	2.0~3.0 3.0~7.0 7.0~12		

注　1. 表列频率为主振频率，是指最大振幅所对应波的频率。

　　2. 频率范围可根据类似工程或现场实测波形选取。选取频率时也可参考下列数据：硐室爆破<20Hz；深孔爆破 10~60Hz；浅孔爆破 40~100Hz。

① 选取建筑物安全允许振速时，应综合考虑建筑物的重要性、建筑质量、新旧程度、自振频率、地基条件等因素。

② 省级以上（含省级）重点保护古建筑与古迹的安全允许振速，应经专家论证选取，并报相应文物管理部门批准。

③ 选取隧道、巷道安全允许振速时，应综合考虑构筑物的重要性、围岩状况、断面大小、深理大小、爆源方向、地震振动频率等因素。

④ 非挡水新浇大体积混凝土的安全允许振速，可按本表给出的上限值选取。

表 9-2 没有包括的一般保护对象的爆破振动安全标准可参照表 9-2 的规定经设计论证提出，特别重要的保护对象的安全判据和允许标准，应由专家论证提出。城市拆除爆破安全允许距离由爆破设计装药及起爆方案，按表 9-2 标准确定。如果在特殊建（构）筑物附近或爆破条件复杂地区进行爆破时，则应进行必要的爆破振动监测或专门试验，以确保保护对象的安全。

9.2.5 爆破地震效应的安全设防

表示爆破地震破坏作用的程度叫作振动强度，反映地面或地层结构对地震效应的响应，称为地震烈度。地震烈度也用地面运动的各种物理量来表示，如质点振动速度、位移、加速度和振动频率等。在爆破设计时，为了避免爆破振动对周围建筑物产生破坏性的影响，必须计算爆破振动的危险半径，如果建筑物位于危险半径以外，是安全的，否则是危险的，可考虑将建筑物拆迁。如果建筑物不允许拆迁则需要减少一次爆破的装药量，控制一次爆破的规模。因此需要计算一次爆破允许的最大起爆药量。

爆破振动的安全距离可按以下经验公式计算

$$R_{安全} = (K/v_{安全})^{\frac{1}{\alpha}} Q^{\frac{1}{3}} \tag{9-2}$$

一次爆破允许的最大起爆药量可按下式计算

$$Q = R^3 (K/v_{安全})^{-3/\alpha} \tag{9-3}$$

式中　$v_{安全}$——保护对象所在地安全允许质点振速（cm/s），可以参考表 9-2 确定；

$\quad\quad Q$——一次爆破允许的最大起爆药量（kg），齐发爆破时为总装药量，延时爆破时为最大单段药量；

$\quad\quad R_{安全}$——爆破振动安全距离（m）；

$R，K，\alpha$——意义与式（9-1）相同。

为了减小爆破振动对爆区周围建筑物的影响，可以采取以下一些措施：

1）大力推广多段毫秒起爆，分段越多，爆破振动越小。

2）合理选取毫秒延迟起爆的间隔时间和起爆方案，可保证爆破后的岩石能得到充分松动，消除爆破的夹制条件。

3）合理选取爆破参数和单位体积炸药消耗量。单位体积炸药消耗量过高会产生强烈的振动和空气冲击波。单位炸药体积消耗量过低则会造成岩石的破碎效果不理想，大部分能量消耗在振动上。合理的爆破参数和单位体积炸药消耗量应通过现场的试验来确定。

4）为了防止爆破振动破坏露天边坡，应推广预裂爆破。

5）在露天深孔爆破中，防止采用过大的超深，过大的超深会增加爆破振动。

6）根据需要，在爆破点与保护设施之间开挖一定深度和宽度的防振沟，削弱地震波的强度。

9.3 爆炸空气冲击波效应与安全设防

9.3.1 爆炸空气冲击波

炸药爆炸所产生的空气冲击波是一种在空气中传播的压缩扰动。这种冲击波是由于裸露药包在空气中爆炸所产生的高压气体冲击压缩药包周围的空气而形成的，或者由于装填在炮孔或药室中的药包爆炸产生的高压气体通过岩石中的裂缝或孔口泄漏到大气中，冲击压缩周围的空气而形成的。这种空气冲击波具有比自由空气更高的压力，常常也会造成爆区附近建筑物的破坏、人类器官的损伤和心理不良反应。

1. 爆炸空气冲击波的形成和传播

当一个无约束的炸药包在无限的空气介质中爆炸时，其在有限的空气中会迅速释放出大量的能量，爆炸气体生成物的压力和温度急剧上升。高压气体生成物迅速膨胀，剧烈冲击和压缩药包周围的空气，在被压缩的空气中压力突然上升，形成超声速的空气冲击波。随着爆炸气体生成产物的继续膨胀，波阵面后面的压力急剧下降，气体膨胀的惯性效应将引起气体过度膨胀，进而产生压力低于大气压的稀疏波，稀疏波尾随于冲击波后，不断削弱冲击波强度。在冲击波中由于压缩的不可逆性，会发生能量的弥散，机械能转变为热能，也导致空气冲击波的强度下降，同时，在压缩振动的传播过程中，被冲击波卷入的空气质量的增加，也加速了空气冲击波的衰减，最终变为声波。

空气冲击波随着波阵面传播距离的增加，高频成分的能量比低频成分的能量衰减得快，因此，在远离爆炸中心的地方出现以低频成分的冲击波为主，这是造成远离爆炸中心的建（构）筑物发生破坏的原因。

2. 爆炸空气冲击波的超压计算

冲击波的破坏作用主要是其中的压缩部分引起的，实际上是由波阵面上的超压值 Δp 决定的，超压表示为

$$\Delta p = p - p_0 \tag{9-4}$$

式中　p——空气冲击波波阵面上的峰值压力（Pa）；

　　　p_0——空气中的初始压力（Pa）。

（1）裸露药包爆破超压计算

1）在平坦地形条件下，地表裸露药包爆破时，超压按下式计算

$$\Delta p = 14 \frac{Q}{R^3} + 4.3 \frac{Q^{\frac{2}{3}}}{R^2} + 1.1 \frac{Q^{\frac{1}{3}}}{R} \tag{9-5}$$

式中　Δp——空气冲击波超压值（10^5Pa）；

　　　Q——爆破炸药的梯恩梯炸药当量，秒延时爆破为最大一段的起爆药量，毫秒延时爆破为总药量（kg）；

　　　R——装药至保护对象的距离（m）。

2）地下隧道或巷道裸露药包爆破时，超压按下式计算

$$\Delta p = 12Q/V_v \tag{9-6}$$

式中　V_v——空气冲击波扰动的隧道或巷道空间体积（m^3）；

其余符号同前。

（2）钻孔爆破超压计算

1）露天钻孔爆破，超压按下式计算

$$\Delta p = K_s \left(\frac{Q^{\frac{1}{3}}}{R} \right)^{\beta} \tag{9-7}$$

式中　K_s、β——经验系数和指数，一般阶梯爆破 $K_s = 1.48$，$\beta = 1.55$，炮孔法爆破大块 $K_s = 0.67$，$\beta = 1.31$。

2）地下采矿爆破：首先按能量等效原理计算爆破中转变为爆炸空气冲击波的炸药量

$$Q' = \eta Q \tag{9-8}$$

式中　Q'——转变为爆炸空气冲击波能量的等效爆破炸药量（kg）；

　　　Q——一次爆破装药量（kg）；

　　　η——转换系数，深孔爆破 $\eta = 0.08 \sim 0.12$，浅孔爆破 $\eta = 0.05 \sim 0.1$。

3. 爆炸空气冲击波的观测

测量爆炸空气冲击波的仪器分电子测试仪和机械测试仪两大类。前者的测量精度高，灵敏度较好，后者的结构简单，使用方便，但精度较低。

电子测试系统一般包括传感器、信号放大器和记录分析仪。传感器是接受爆炸空气冲击波并转换成电信号的元件，信号放大器将传感器输出的信号放大，确保记录装置能够接受得到，记录分析仪则把信号记录或存储下来，并根据需要作进一步的分析处理。图 9-3 所示是一典型的测试系统。

图 9-3 空气冲击波测试系统

9.3.2 爆炸空气冲击波的破坏作用与安全设防

进行大规模爆破时，强烈的爆炸空气冲击波在一定距离内会摧毁设备、管道、建（构）筑物和井巷中的支架等，有时还会造成人员的伤亡和矿井采空区顶板的冒落。

爆炸空气冲击波超压的安全允许标准：对人员为 0.02×10^5 Pa；对建筑物按表 9-3 取值。爆炸空气冲击波的安全允许距离，应根据保护对象、所用炸药品种、地形和气象条件由设计确定。

表 9-3 建筑物的破坏程度与超压关系

破坏等级		1	2	3	4	5	6	7
破坏等级名称		基本无破坏	次轻度破坏	轻度破坏	中等破坏	次严重破坏	严重破坏	完全破坏
超压 $\Delta p / 10^5$ Pa		<0.02	0.02~0.09	0.09~0.25	0.25~0.40	0.40~0.55	0.55~0.76	>0.76
建筑物破坏程度	玻璃	偶然破坏	少部分破呈大块，大部分呈小块	大部分破成小块到粉碎	粉碎	—	—	—
	木门窗	无损坏	窗扇少量破坏	窗扇大量破坏，门扇、窗框破坏	窗扇掉落、内倒，窗框、门扇大量破坏	门、窗、扇摧毁，窗框掉落	—	—
	砖外墙	无损坏	无损坏	出现小裂缝，宽度小于5mm，稍有倾斜	出现较大裂缝，缝宽5~50mm明显倾斜，砖垛出现小裂缝	出现大于50mm的大裂缝，严重倾斜，砖垛出现较大裂缝	部分倒塌	大部分到全部倒塌
	木屋盖	无损坏	无损坏	木屋面板变形，偶见折裂	木屋面板、木檩条折裂，木屋架支座松动	木檩条折断，木屋架杆件偶见折断，支座错位	部分倒塌	全部倒塌

（续）

破坏等级	1	2	3	4	5	6	7
破坏等级名称	基本无破坏	次轻度破坏	轻度破坏	中等破坏	次严重破坏	严重破坏	完全破坏
超压 $\Delta p / 10^5 Pa$	<0.02	0.02~0.09	0.09~0.25	0.25~0.40	0.40~0.55	0.55~0.76	>0.76
建筑物破坏程度 — 瓦屋面	无损坏	少量移动	大量移动	大量移动到全部掀动	—	—	—
钢筋混凝土屋盖	无损坏	无损坏	无损坏	出现小于1mm的小裂缝	出现1~2mm宽的裂缝，修复后可继续使用	出现大于2mm宽的裂缝	承重砖墙全部倒塌，钢筋混凝土承重柱严重破坏
顶棚	无损坏	抹灰少量掉落	抹灰大量掉落	木龙骨部分破坏下垂缝	塌落	—	—
内墙	无损坏	板条墙抹灰少量掉落	板条墙抹灰大量掉落	砖内墙出现小裂缝	砖内墙出现大裂缝	砖内墙出现严重裂缝至部分倒塌	砖内墙大部分倒塌
钢筋混凝土柱	无损坏	无损坏	无损坏	无损坏	无损坏	有倾斜	有较大倾斜

露天裸露爆破大块时，一次爆破的炸药量不应大于20kg，并应按式（9-9）确定爆炸空气冲击波对在掩体内避炮作业人员的安全允许距离

$$R_k = 25\sqrt[3]{Q} \tag{9-9}$$

式中 R_k——爆炸空气冲击波对掩体内人员的安全允许距离（m）；

Q——爆破的炸药量，秒延时爆破取最大分段药量计算，毫秒延时爆破按一次爆破的总药量计算（kg）。

在爆破作用指数 $n<3$ 的爆破作业中，对人员和其他保护对象的防护，还应当考虑个别飞石和地震安全允许距离。在地下爆破时，对人员和其他保护对象的空气冲击波安全距离依照类似方法确定。

爆破空气冲击波的控制方法与预防措施：

1）避免裸露爆破，在居民区需特别重视，导爆索要掩埋20cm或更大深度，一次爆破孔间延迟不要太长，以免前排带炮使后排变成裸露爆破。

2）保证堵塞质量，特别是第一排炮孔，如果掌子面出现较大后冲，必须保证足够的堵塞长度，对水孔要防止上部药包在泥浆中浮起。

3）重视异常地质现象，采取必要措施。如断层、张开裂隙处要间隔堵塞，溶洞及大裂隙外要避免过量装药。

4）在设计中要考虑避免形成波束。

5）合理安排放炮时间，一是避免空气冲击波能量向地表集中，二是放炮时间尽量安排在爆区附近居民繁忙时。

6）地下巷道爆破，可利用障碍、阻波墙、扩大室等结构来减轻巷道的爆炸空气冲击波。

7）在爆破点与保护物之间构筑障碍物，阻挡爆炸空气冲击波，削弱爆炸冲击波对保护物的破坏能力。

9.4　爆破飞石效应与安全设防

在露天进行爆破时，特别是进行抛掷爆破和用裸露药包或炮孔装药进行大块破碎时，破坏造成个别岩块可能飞散得很远，常常造成人员、牲畜的伤亡和建（构）筑物的损坏。根据矿山爆破事故的统计，露天爆破飞石伤人事故占整个爆破事故的27%。个别飞石的飞散距离与爆破方法、爆破参数（特别是最小抵抗线的大小）、堵塞长度和堵塞质量、地形、地质构造（如节理、裂隙和软夹层等）及气象条件等有关。由于爆破条件复杂，从理论上计算个别飞石的飞散距离是十分困难的，一般常用经验公式或根据生产经验来估算飞石的飞散距离。

9.4.1　爆破飞石的安全距离估算

1. 硐室爆破飞石的安全距离估算

在进行硐室爆破时，个别飞石的飞散距离受地形、风向和风力、堵塞质量、爆破参数等影响。一般按下式估算

$$R_f = 20n^2 W K_f \tag{9-10}$$

式中　R_f——个别飞石的飞散距离（m）；

n——最大药包的爆破作用指数；

W——最大药包的最小抵抗线（m）；

K_f——安全系数，一般选用 $K_f = 1 \sim 1.5$。

在高山地区进行硐室爆破时，还须考虑爆破后岩块沿山坡滚滑的范围。

2. 非抛掷爆破飞石的安全距离

一般岩土非抛掷爆破个别飞石对人员安全距离不小于表9-4的规定值。对设备和建筑物的安全距离，由设计确定，一般不小于人员安全距离的1/2，不大于人员安全距离。

拆除爆破、城镇浅孔爆破、岩土抛掷爆破等飞石安全距离按类似方法确定。

表 9-4　露天岩土爆破个别飞散物对人员的安全允许距离

爆破类型和方法		个别飞散物最小安全允许距离/m
破碎大块岩矿	裸露药包爆破法	400
	浅孔爆破法	300
浅孔爆破		200（复杂地质条件下或未形成台阶工作面时不小于300）
浅孔药壶爆破		300
蛇穴爆破		300
深孔爆破		按设计，但不小于200
深孔药壶爆破		按设计，但不小于300
浅孔孔底扩壶		50
深孔孔底扩壶		50
硐室爆破		按设计，但不小于300

注：沿山坡爆破时，下坡方向的飞石安全允许距离应增大50%。

9.4.2　爆破飞石的安全设防措施

爆破飞石事故在爆破事故中超过 1/4，在设计与施工中必须高度重视，严格遵守安全规范。为了防止飞石的产生，一定要做到：

1）设计合理，施工质量验收严格，避免单位体积炸药消耗量失控。这是控制飞石危害的基础工作。

2）慎重对待断层、软弱带、张开裂隙、成组发育的节理、溶洞采空区、覆盖层等地质物构造，采用间隔堵塞、调整药量、避免过量装药等措施。

3）保证堵塞质量，不但要保证堵塞长度，而且保证堵塞密实。

4）多排爆破时，要选择合理的延迟时间，防止因前排爆破而造成后排最小抵抗线大小与方向失控。

5）城市爆破尽量采用松动爆破方式，同时对被爆体进行覆盖，以及对保护对象的重点覆盖和人员防护。

9.5　早爆的预防及拒爆的预防与处理

9.5.1　早爆的预防

在爆破施工中，爆破装药在正式起爆前的意外爆炸叫作早爆。早爆多发生在电力起爆的网路中，一旦发生，轻则影响爆破工作的顺利完成，重则导致严重的安全事故。爆破网路中的外来电流，如杂散电流、静电感应电流、雷电、射频电流等达到一定强度时都可能引起电雷管早爆，因此，必须进行预防。

1. 杂散电流及预防

杂散电流是指来自电爆网络之外的电流，如动力或照明电路的漏电、隧道施工运输或井下架线电机车牵引网络的漏电、高压线路的漏电电流等。这些杂散电流容易引起电爆网路发生早爆事故，应当进行监测，并采取以下预防措施：

1）现场测试杂散电流。由于杂散电流可以引起电雷管早爆，危害性很大，最好的预防办法就是在现场测定杂散电流值。测量仪器有 ZS-1、B-1、701 等专用杂散电流测定仪。每次测量时间为 0.5~2.0min。《爆破安全规程》规定：在杂散电流大于 30mA 的工作面不应采用普通电雷管起爆。

2）尽量减少杂散电流的来源。爆破网络接线前要切断工作面（作业现场）的电源，改用矿灯或电压不高于 36V 的器材进行照明。在井下或隧道中爆破要特别防止架线式电机车牵引网路的漏电。除指定的装药人员外，其他人员一律撤离工作面，避免人人都上，作业现场混乱的现象。

3）正确进行起爆操作。雷管检查合格后，将脚线立即短路，直至工作面开始连接爆破网路的时候，才把它解开；接线时要保证接线牢固、不要松动，裸露的接头互相保持一定距离，不要靠近，不要与岩石或水相接触，接头要保持清洁，避免各种污物混入；装药后，必须把电雷管脚线悬空，严禁电雷管脚线、爆破母线与运输设备、电气设备及采掘机械等导电体接触；整个爆破网路必须从工作面向爆破站方向敷设，即先接好雷管网，再把完整的雷管网接到连接线上，接下来把连接线接到母线上，最后再断开母线的短路接头。切不可反向敷设，以免造成事故。

2. 静电及预防

静电是指绝缘物质上携带的相对静止的电荷，它是由不同的物体接触摩擦时在物质间发生电子转移而形成的带电现象。

静电表现为高电压、小电流，静电电位往往高达几千伏甚至几十千伏。

静电之所以能够造成危害，主要是由于它能积聚在物体表面上达到很高的电位，并发生静电放电火花。当高电位的带电体与零电位或低电位物体接触形成不大的间隙时，就会发生静电放电火花。这种储存起来的静电荷可能通过电雷管导线向大地放电，而引起雷管爆炸。

除正常电流引起静电外，固体颗粒的运动，特别是在干燥条件下的颗粒运动，也将产生静电。现在装药车、装药器的使用已越来越普遍，用压气输送炸药，可能产生静电。当作业地点相对湿度小而炸药与输药管之间的绝缘程度高时，则药粒以高速在输药管内运行所产生的静电电压可达 $20\sim30kV$，对电爆网路有一定引爆危险。压气装药中，装填像铵油炸药这样一类的小颗粒散装爆破剂时，炸药颗粒在压气作用下，经过输药软管进行装填时，由于药粒间彼此接触与分离，可能产生少量的电荷。但如果容许这些电荷积聚并突然放电，就可能形成足够的能量，引爆雷管，造成人员伤亡。

为了预防静电引起的早爆事故，应采取以下措施：

1）在压气装药系统中采用专用半导体材料软管。 一般输药胶管，其体积电阻值很高，极易聚集静电。采用半导体软管和接地装置以后，可以显著降低静电引爆电雷管的可能性。半导体输药管在低压时，导电性差，随着电压升高其导电性也相应提高，因而静电不容易集聚起来。半导体输药管必须同时具有两个特性：①具有足够的导电性，以保证将装药过程中产生的静电通过适当的接地装置导走；②具有足够的电阻，以保证不致形成一条低阻通路，让危险的杂散电流通过它达到起爆药包中的电雷管。

2）对装药系统采用良好的接地装置。 在装药过程中，装药器和输药管都必须接地，并且整个装药系统的接地电阻不应大于 $10^5\Omega$，以防止静电积聚。操作人员应穿半导体胶靴，始终手持装药管，随时导走身上的电荷。深孔装药完毕，再在孔口处装电雷管，以免在装药过程中引起电雷管的早爆。

对导电性极不好的岩石，为了确保良好接地，需要用接地杆将装药容器与充水炮孔连接起来。

在装药期间，雷管的脚线应当短路，但不接地。在导电性比较好的岩石中，脚线接地可能受杂散电流影响。在导电不好的岩石中，脚线接地可能增加静电引爆的危险。

3）采用抗静电雷管。 抗静电雷管与普通电雷管的区别是采用体积电阻为 $1000\Omega/cm^3$ 的半导体塑料塞来代替普通电雷管的绝缘塞。有一根裸露的脚线穿过半导体塑料塞，裸露脚线与金属管壳之间构成静电通路，使管壳与雷管引火头之间的电位相等或接近，不因火花放电而引爆电雷管。

为了安全，应注意测定静电电压。测定静电电压，可使用 Q$_3$-V 型静电电压表或 KS-325 型集电式电位测定仪等，如测定压气输药管静电时，可采用金属集电环。将集电环紧密地固定在输药管的内壁或外壁，并用静电电-压表分别测出电压值。

4）预防机械产生的静电影响。 对爆区附近的一切机械运转设备，除要有良好的接地外，雷管和电爆网路要尽量远离。必要时，在可能产生静电的区域附近，当连接电爆网路时，以及整个网路起爆之前，让机械运转设备暂停运行。

机械系统的接地导线应远离钢轨、导线和管路，避免钢轨和金属管线将杂散电流传送到爆破网路。

5）采用非电起爆网路与系统。

3. 雷电的预防

雷电是自然界的静电放电现象。带有异性电荷的雷云相遇或雷云与地面凸起物接近时，它们之间就发生激烈的放电。由于雷电能量很大，能把附近空气加热到2000℃以上，引起空气受热急剧膨胀，进而产生爆炸冲击波，这种爆炸冲击波在空气中的速度为5000m/s，最后冲击波衰减为声波。在雷电放电地点，冲击波会引起强烈闪光和爆炸的轰鸣声。

在露天、平硐或隧道爆破作业中，雷电可能以下列方式引起早爆事故：

（1）雷电形成电磁感应　电爆网路被电磁场的磁力线切割后，在电爆网路中产生的电流强度大于电雷管的最小准爆电流时，就会引起雷管爆炸，引发早爆事故。

（2）雷电形成静电感应　雷击能产生约20000A的电流和相当于炸药爆轰的高压气柱，如果直接击中爆区，则全部或部分电爆网路可能被起爆。由于雷电能产生很大的电流，即使较远的雷电，也可能给地面露天作业的起爆系统造成危害。

通过带电云块的电场作用，电爆网路中的导体能积累感应电荷。这些电荷在云块放电后就变成为自由电荷，以较高的电势沿导体传播，可能导致雷管早爆。

为了安全起见，当爆区附近出现雷电时，地面或地下爆破作业均应停止，一切人员必须撤到安全地点。

为了防止雷电引起早爆，雷雨天和雷击区不得采用电力起爆法，而应改用非电起爆法。

对爆炸库和有爆炸危险的工房，必须安设避雷装置，防止雷击引爆爆破器材的事故发生。

4. 射频电流及预防

由无线广播、雷达、电视发射台等发射的射频达到一定强度时，能够产生引发电雷管的电流，因而在地面，特别是城市拆除爆破中，应对射频能给予重视。

电爆网路中感生的射频电流强度取决于发射机的功率、频率、距离和导线布置情况。因而，为防止射频电流引起的早爆事故，首先应了解爆区附近有无射频源，了解各种发射机的频率和功率，并用射频电流仪进行检测。同时，还应采取如下措施：

1）确定合理的安全距离。不同类型、频率、发射功率条件下的发射机安全距离见表9-5~表9-7。

表 9-5　爆区与中长波电台的安全允许距离

发射功率/kW	0.005~0.025	0.025~0.05	0.05~0.1	0.1~0.25	0.25~0.5	0.5~1
安全允许距离/m	30	45	67	100	136	198
发射功率/kW	1~2.5	2.5~5	5~10	10~25	25~50	50~100
安全允许距离/m	305	455	670	1060	1520	2130

表 9-6　爆区与移动式调频（FM）发射机的安全允许距离

发射功率/W	1~10	10~30	30~60	60~250	250~600
安全允许距离/m	1.5	3.0	4.5	9.0	13.0

表9-7 爆区与甚高频（VHF）、超高频（UHF）电视发射机的安全允许距离

发射功率/W	1~10	10~10^2	10^2~10^3	10^3~10^4	10^4~10^5	10^5~10^6	10^6~$5×10^6$
VHF 安全允许距离/m	1.5	6.0	18.0	60.0	182.0	609.0	
UHF 安全允许距离/m	0.8	2.4	7.6	24.4	76.2	244.0	609.0

注：调频发射机（FM）的安全允许距离与VHF相同。

2）在有发射源附近运输电雷管或在运输工具装有无线发射机时，应将电雷管装入密闭的金属箱中。

3）对民用或不重要的发射机，爆破作用时可进行协调临时关闭，停止工作。

4）手持式或其他移动式通信工具进入爆区应事先关闭。

5）采用非电起爆网路。

5. 感应电流及预防

动力线、变压器、电源开关和接地的回馈铁轨附近，都存在一定强度的电磁场，在这样的环境下实施电雷管起爆，电起爆网路可能产生感应电流。如果感应电流达到一定强度，就可能起爆电雷管，造成事故。

感应电流产生的条件是存在闭合电路，因此在连接起爆网路时，存在较大的危险性。

感应电流可用杂散电流测定仪配合环路线圈进行测定。通过测量，可判定感应电流的大小和最大感应电流的方向。

预防感应电流的危害，可采取以下措施：

1）电爆网路平行输电线路时，应尽可能远离。

2）两根母线、连接线尽量靠近。

3）炮孔间尽量采用并联，少采用串联。

4）采用非电起爆网路。

9.5.2 拒爆的预防与处理

1. 拒爆产生的原因

爆破工程中，装药未能按设计要求起爆的现象叫拒爆。拒爆可分为整个网路未爆、部分网路未爆；或分为雷管未爆、雷管爆炸但未能起爆炸药、仅有少量炸药爆炸等。拒爆既影响爆破效果，也造成安全隐患。拒爆产生的原因主要有以下几方面。

（1）雷管 雷管一般以串联和并联形式连接在网路中，一发电雷管参数偏离过大或失效，就会导致数发雷管不爆，产生多个雷管拒爆。雷管拒爆大致有以下几个原因：①雷管受潮，或雷管密封防水失效；②使用了非同厂或非同批生产的电雷管，或雷管电阻值之差大于0.3Ω；③雷管质量不合格，又未经质量性能检测。

（2）起爆电源 起爆电源导致拒爆的根本原因是，未能保证网路中每个雷管流过的电流达到额定值，具体而言有：①通过网路的起爆电流太小，或通电时间过短，不能保证所有雷管得到必需的点燃冲能；②起爆器内电池电压不足；③起爆器充电时间过短，未达到规定的电压值；④交流电压低，输出功率不够。

（3）爆破网路 爆破网路可能在以下几方面产生拒爆：①爆破网路电阻太大，未经改

正，即强行起爆；②爆破网路错接或漏接，导致流过部分雷管的电流小于最小发火电流；③爆破网路有短接现象；④爆破网路漏电、导线破损并与积水或泥浆接触，此时实测网路电阻远小于计算电阻值；⑤采用导爆管起爆系统时，部分网路被先爆炮孔产生的飞石砸坏。

（4）炸药　炸药可能在以下两方面原因导致拒爆：①炸药超过了有效期，或保管不善，受潮变质，发生硬化；②粉状混合炸药装药时药卷被过度捣实，使密度过大。

（5）药卷　以下两个施工方面的因素也可能导致拒爆：①药卷与炮孔壁之间的间隙不合适，存在间隙效应；②药卷之间没有很好的接触，被岩粉或岩渣等阻隔。

2. 拒爆的预防

要注意选用同厂同批生产的电雷管，并用爆破电桥或爆破欧姆表检查雷管的电阻，剔出断路或电阻值不稳定的雷管，再把雷管按阻值的大小分类，所使用的同批同一网路康铜桥丝雷管电阻值差不得超过 0.3Ω，镍铬桥丝雷管的电阻值差不得超过 0.8Ω。

遇到有水的炮孔时，最好使用抗水型炸药，也可以使用普通炸药加防水套。

装药前，首先必须清除炮孔内的煤粉或岩粉，再用木质或竹质炮棍将药卷轻轻推入，但又不得用力捣实，保证炮孔内的各药卷彼此密接就可。

通过计算选择起爆能力与爆破网络匹配的电源。发爆器不得受潮，一定要使用高质量的电池，不使用过期的或劣质的电池。

连线后检查整个线路，查看有无错接或漏接；根据爆破网路准爆电流的计算，起爆前用专用爆破电桥测量爆破网路的电阻，实测的总电阻值与计算值之差应小于10%。

3. 拒爆的处理

（1）注意事项

1）爆破后，检查人员发现拒爆或其他险情，应及时上报或处理；处理前应在现场设立危险标志，并采取相应的安全措施，无关人员不得接近。

2）应派有经验的爆破员处理拒爆，硐室爆破的拒爆处理应由爆破工程技术人员提出方案，并经单位主要负责人批准后，方可进行。

3）电力起爆发生拒爆时，应立即切断电源，及时将拒爆电路短路。导爆索和导爆管起爆网路发生拒爆时，应首先检查导爆管是否有破损或断裂，发现有破损或断裂的应修复后重新起爆。

4）不应拉出或掏出炮孔和药壶中的起爆药包。

5）拒爆应在当班处理，当班不能处理或未处理完毕，应将拒爆情况（拒爆数目、炮孔方向、装药数量和起爆药包位置、处理方法和处理意见）在现场交接清楚，由下一班继续处理。

6）拒爆处理后应仔细检查爆堆，将残余的爆破器材收集起来销毁；在不能确定爆堆无残余的爆破器材之前，应采取预防措施。拒爆处理后应由处理者填写登记卡或提交报告，说明产生拒爆的原因、处理的方法和结果。

（2）拒爆处理方法　不同爆破方法拒爆的处理方法不同：

1）裸露爆破的拒爆处理。处理裸露爆破的拒爆，可去掉部分封泥，安置新的起爆药包，加上封泥起爆；如发现炸药受潮变质，则应将变质炸药取出销毁，重新敷药起爆。

2）浅孔爆破的拒爆处理。经检查确认起爆网路完好时，可重新起爆。否则，可采用以下方法处理：

①打平行孔装药爆破，平行孔距拒爆孔边缘不应小于0.3m；对于浅孔药壶法，平行孔距药壶拒爆孔边缘不应小于0.5m；为确定平行炮孔的方向，可从拒爆孔口掏出部分填塞物，利用拒爆炮孔导向。

②用木、竹或其他不产生火花的材料制成的工具，轻轻地将炮孔内填塞物掏出，用药包诱爆。

③在安全地点外用远距离操纵的风水喷管吹出拒爆孔填塞物及炸药，但应采取措施回收雷管。

④处理非抗水硝铵炸药的拒爆，可将填塞物掏出，再向孔内注水，使其失效，但必须回收雷管。

3）深孔爆破的拒爆处理。爆破网路未受破坏，且最小抵抗线无变化者，可重新连线起爆；最小抵抗线有变化时，应验算安全距离，并加大警戒范围后，再连线起爆。可在距拒爆孔口不少于10倍炮孔直径处另打平行孔装药起爆。装药量由爆破工程技术人员确定并经爆破负责人批准。所用炸药为非抗水硝铵类炸药，且孔壁完好时，可取出部分填塞物向孔内灌水使之失效，然后做进一步处理。

4）硐室爆破的拒爆处理。如能找出起爆网路的电线、导爆索或导爆管，经检查正常仍能起爆者，应重新测量最小抵抗线，重划警戒范围，连线起爆。可沿竖井或平硐清除填塞物并重新敷设网路连线起爆，或取出炸药和起爆体。

9.6　爆破器材的安全管理

爆破器材指各种炸药、雷管、导火索、导爆索、非电导爆系统、起爆药和爆破剂等。

为了确保安全，使用爆破器材的单位要特别注意爆破器材的储存和保管工作。按照爆破安全规程，建立爆破器材库，并设有专人管理，爆破器材不得任意存放，严禁将爆破器材分发给承包户或个人保存。严防炸药变质、自爆或被盗窃而导致重大事故。

9.6.1　爆破器材的储存与保管

爆破器材库分为矿区总库和地面分库。总库专对地面分库或井下爆破器材库供应爆破器材，禁止从总库将爆破器材直接发放给放炮员。

地面总库存储的炸药不得超过本单位半年生产用量，起爆器材不得超过1年生产用量。地面分库存储的炸药不得超过本单位3个月生产用量，起爆器材不得超过半年生产用量。井下爆破器材库存储的炸药为3天生产用量，起爆器材为10天生产用量。

不同性质的爆破器材应当分别储存，如果条件有限，需要同库储存，也必须符合表9-8的规定。

保管工作的主要任务是防止爆破器材受温度、湿度影响和与其他物品作用而引起的爆破器材变质；因炸药本身缓慢分解等引起的燃烧或爆炸及被盗等。实践证明：保管期间的温度越高，湿度越大，则爆破器材的保存期越短；在同一温度条件下，因潮湿情况不同，保存期限相差6~8倍。

保管员要经常检查以下内容：①库房内的温度、湿度是否符合规定；②爆破器材是否受湿、受热或分解变质；③门、窗、锁是否完好；④消防设备是否齐全和有效；⑤防雷设施是否可靠。

表 9-8　爆破器材的允许共存范围

爆破器材名称	黑索金	梯恩梯	硝铵类炸药	胶质炸药	水胶炸药	浆状炸药	乳化炸药	苦味酸	黑火药	二硝基重氮酚	导爆索	电雷管	火雷管	导火索	非电导爆系统
黑索金	0	0	0	—	0	0	—	0	—	—	0	—	—	0	—
梯恩梯	0	0	0	—	—	—	—	0	—	—	0	—	—	0	—
硝铵类炸药	0	0	0	—	—	—	—	—	—	—	0	—	—	0	—
胶质炸药	—	—	—	0	—	—	—	—	—	—	—	—	—	—	—
水胶炸药	0	—	—	—	0	—	—	—	—	—	0	—	—	0	—
浆状炸药	0	—	—	—	—	0	—	—	—	—	0	—	—	0	—
乳化炸药	—	—	—	—	—	—	0	—	—	—	—	—	—	—	—
苦味酸	0	0	—	—	—	—	—	0	—	—	—	—	—	—	—
黑火药	—	—	—	—	—	—	—	—	0	—	—	—	—	—	—
二硝基重氮酚	—	—	—	—	—	—	—	—	—	0	—	—	—	—	—
导爆索	0	0	0	—	0	0	—	—	—	—	0	—	—	0	—
电雷管	—	—	—	—	—	—	—	—	—	—	—	0	0	—	—
火雷管	—	—	—	—	—	—	—	—	—	—	—	0	0	—	0
导火索	0	0	0	—	0	0	—	—	—	—	0	—	—	0	—
非电导爆系统	—	—	—	—	—	—	—	—	—	—	—	—	0	—	0

注：1. "0" 表示两者间可同库存放；"—" 表示两者间不可同库存放。

　　2. 库内存在两种以上爆破器材时，其中任何两种危险品均应能满足同库存放要求。

　　3. 硝铵类炸药包括硝铵炸药、铵油炸药、铵松蜡炸药、铵沥蜡炸药、多孔粒铵油炸药、铵梯黑炸药等。

9.6.2　爆破器材的运输

　　爆破器材的运输包括地面运输到用户单位或爆破器材库，以及从爆破器材库运输到爆破现场（包括井下运输）。下面，着重指出从爆破器材库到爆破地点运输爆破器材时要注意的事项。关于从炸药生产厂到爆破器材库的运输，请参阅《爆破安全规程》的有关规定。

　　1）从爆破器材库到爆破地点同时运输两种以上爆破器材时，应当遵守表 9-8 的规定，且雷管应当装在专用箱（盒、袋）内。

　　2）从地面炸药库向井下炸药库运送炸药时，应事先通知绞车司机和井口上、下的把钩工做好运输准备，并且不得在交接班时间运输爆破器材。

　　3）护送人员一定要乘罐笼护运爆破器材下井，每层罐笼只准搭乘两人。运输爆破器材的罐笼或吊桶里，除放炮员或护送员外，禁止无关人员搭乘。同时，炸药和雷管必须分别运送。

　　4）炸药不准在井口房内存放。炸药下放到井底车场后，应立即运往炸药库。不准在井底车场或其他巷道里存放。

5）用电机车运输爆破器材，必须由井下炸药库负责人护送。列车行驶速度不得超过2m/s。列车中不许同时运送其他物品或工具。护送人员应坐在尾车内，无关人员不准一同乘坐。

6）炸药和雷管不应在同一列车里运输。如果必须同一列车运输，装炸药的车辆和装雷管的车辆之间，以及它们与电机车之间，要用空车隔开，隔开距离不得小于3m。

7）在水平巷道或倾斜巷道里有可靠的信号装置时，可以用钢丝绳牵引的车辆运输炸药，但运输速度不得超过1m/s。炸药和雷管要分开运输，车辆要有盖子、加垫。严禁用刮板运输机、带运输机运输炸药。

8）人工搬运爆破器材时，也要重视安全。

9）为了防止雷管意外爆炸时引爆炸药，应分别把雷管和炸药放在专用袋或专用箱内。不得将雷管装在衣袋内。

10）为了防止散落、丢失、被盗，爆破作业人员领到爆破器材后，应直接送到爆破作业地点，不得转给他人，禁止乱丢、乱放。

9.6.3 爆破器材的销毁

由于管理不当，储存条件不好或储存时间过长，致使爆破器材安全性能不合格或失效变质时，必须及时销毁。但爆破器材是否需要销毁，应当经过库房保管员和试验人员的检验，不能把有效期作为唯一标准。经过检验确认失效或不符合技术条件要求或国家标准的爆破器材，必须登记造册，编写书面报告，说明需要销毁的爆破器材名称、数量、原因，以及计划销毁地点和时间，报请上级主管部门批准后方可进行销毁。

1. 销毁场地与安全设施

炸毁或烧毁爆破器材，必须在专用空场内进行。销毁场地应尽量选择在有天然屏障的隐蔽地方。场地周围50m内，要清除树木杂草与可燃物。在不具备天然屏障的隐蔽地方，要考虑销毁时爆炸冲击波的危害，保证周围企业、单位、民用建筑、铁路、高压线等设施处于安全区域。

2. 销毁方法

选择合理的销毁方法是保证安全彻底销毁爆破器材的重要措施。

一般对感度高的起爆药（如雷汞、叠氮化铅和二硝基重氮酚等）及少量废炸药的销毁，采用化学处理法或焚烧法均可，采用化学处理法比较安全。

对硝铵类炸药、黑火药、导火索等失去爆炸性能的爆破器材，可用烧毁的方法处理。但应注意，性质不同的炸药及其制品不准混在一起烧毁；起爆药用烧毁法销毁时，须先经机油钝化；雷管和导爆索易引爆，不宜采用焚烧法销毁，可采用爆炸法销毁。

对一些能溶解于水的废爆破器材，如硝酸铵、黑火药和硝铵类炸药，可采用溶解法销毁。

（1）爆炸法销毁　如果被销毁的炸药能完全爆炸，同时不宜用其他方法销毁时，则应采用炸毁法或爆炸法。一般一次销毁炸药量为10~15kg。如果一次销毁量大于20kg，则应考虑爆炸空气冲击波对人和建筑物的危害。炸毁时，一般采用电力起爆法，起爆药包必须用质量好的爆破器材制作。炸毁工业雷管时，每次不得超过1000发，销毁前还要把雷管的脚线剪下，将雷管放在土坑中爆炸。

（2）焚烧法销毁 对没有爆炸性或已失去爆炸性，燃烧时不会引起爆炸的爆破器材，可以采用焚烧法销毁。焚烧前，必须详细检查，严防其中混有雷管和其他起爆材料。

1）应将待焚烧的爆破器材放在燃料堆上，每个燃料堆允许烧毁的爆破器材不得多于10kg，药卷在燃料堆上应排列成行，互不接触，一般每米可铺 1~1.5kg，行厚不得大于10cm，行宽不得大于 30cm，行间距不得小于 5m。燃料堆应有足够的燃料，在焚烧过程中不得添加燃料。

2）对感度高的雷汞、叠氮化铅和二硝基重氮酚等起爆药，一经点燃，就立即爆炸。因此，起爆药在处理前，应放在废机油中钝化一天，然后运到销毁场，铺成长条，用导火索在下风方向点燃。

3）禁止将爆破器材装在密闭的容器内燃烧。

（3）溶解法销毁 不抗水的硝铵类炸药和黑火药，可在容器中用水溶解。不溶解的残渣应收集在一起，再分别用焚烧法或爆炸法销毁。溶解法每销毁 15kg 炸药，所需水量一般在 400kg 以上。

—— 思考题 ——

9-1 影响爆破地震波对地面建筑物作用的两个主要振动参数是什么？

9-2 爆破地震效应的控制措施有哪些？

9-3 爆炸空气冲击波是怎样产生的，它的破坏作用主要决定于哪个参数？如何进行设防？

9-4 常用的静电防治措施有哪些？

9-5 拒爆的处理方法有哪些？

9-6 销毁爆破材料的常用方法有哪些？

导读

基本内容： 岩石爆破数值模拟技术发展阶段和发展过程中出现过的数值模型，如弹性理论模型、断裂理论模型、爆破损伤模型和岩石爆破分形损伤模型等；露天台阶爆破的数值模型结果，爆破理论与技术研究中的实验技术和测试方法，如超动态应变测量、冲击压力测量、动光弹试验、动云纹试验及动焦散试验，高速摄影技术，以及钻孔爆破的自动化技术和体现爆破器材最新水平的本质安全炸药、数码雷管与遥控起爆技术。

学习要点： 熟悉爆破研究中的试验技术和测试方法；了解爆破数值模拟的数值模型，新型爆破器材（本质安全炸药、数码雷管、遥控起爆技术）的基本组成要素，以及自动钻孔爆破技术的概念。

10.1 岩石爆破过程的数值模拟

10.1.1 爆破模型的发展历程

随着爆破技术的发展和计算机应用技术的普及，对岩石爆破理论模型及数值模拟的研究日益受到各国学者的广泛关注。岩石爆破模型有两类，即经验模型和理论模型。前者以经验为基础，适用于处理一定范围内的具体工程设计和参数优化；后者以爆破机理为基础，适用于对各种爆破问题的计算和分析。**岩石爆破理论模型的发展可分为弹性理论阶段、断裂理论阶段和损伤理论阶段三部分。**

（1）弹性理论阶段 具有代表性的是 Harries 模型和 Favreau 模型，这两个模型都将岩石视为均质弹性体，至今在澳大利亚和加拿大等国仍被广泛使用。Harries 模型是建立在弹性应变波基础上的高度简化的准静态模型，该模型认为作用于孔壁的爆生气体压力产生的切向拉应变是形成裂缝的主要原因，并以应变值大小决定径向裂纹条数，用 Monte Carlo 法确定爆破裂缝分割的破碎块度。该模型首次解决了以往爆破物理模型的使用局限性及难以定量的问题，开辟了计算机应用于爆破理论研究的新方向。

Favreau 模型是建立在爆炸应力波理论基础上的三维弹性模型。该模型充分考虑了压缩应力波及其反射拉伸波和爆生气体膨胀压力的联合作用效果，最终以岩石动态抗拉强度作为破坏判据。该模型具有模拟炸药参数、孔网参数及岩石与炸药匹配关系等爆破因素的综合能力，并可预报爆破块度。

1983 年我国马鞍山矿山研究院推出的利用单位表面能理论作为破坏判据的改进模型，是我国第一个完整的爆破数值计算模型。

（2）断裂力学理论阶段　代表性的爆破模型主要有 NAG-FRAG 模型和 BCM 模型。NAG-FRAG 模型以应力波使岩石中原有裂纹激活而形成裂缝为主，同时也考虑了爆生气体压力引起的裂缝进一步扩展，该模型还涉及裂纹相互作用引起的应力降低和层裂作用形成的破碎块度估算等内容。BCM 模型也称为层状裂缝岩石爆破模型，是美国能源部组织研究的用于二维有限差分应力波计算程序 SHALE 中的岩石爆破模型。该模型以 Griffith 裂缝传播理论为基础，认为岩石中存在的微缺陷可看作是均匀分布的扁平状裂隙，这些裂隙的稳定性可用能量平衡理论判断。当岩石释放的应变能超过建立新表面所需的能量时，裂纹扩展。当垂直于裂纹表面的法向力为压应力时，裂缝闭合，并用有效弹性模量表示岩石中大量存在的裂缝对应力波传播的影响。

其后，澳大利亚的 R. Danell 等人对 BCM 模型进行了如下修改：把断裂韧性引入冲击波拉剪作用下的裂纹尺寸公式，采用 Grady 的研究成果近似地预报块度。该模型在 DYNA2D 有限元程序上实现了爆破参数优化和块度预报功能，但爆破漏斗轮廓与实际出入较大。断裂力学理论构造爆破模型存在弱点，要全面顾及岩石中存在的大量的随机分布的微裂纹及其对爆破作用的影响，损伤力学理论显示出更大的优越性。

（3）损伤理论阶段　美国 Sandia 国家实验室从 20 世纪 80 年代初就开展了岩石爆破损伤模型的研究。研究工作包括两个部分：其一为用动载程序 PRONTO 计算应力波和构造岩石动载作用下破坏的损伤模型；其二研究爆生气体作用下的破碎块度运动问题。1980 年 Kipp 和 Grady 最初提出的损伤模型认为原岩中含有大量随机分布的原生裂纹，在爆破荷载作用下激活的裂纹数目服从指数分布，并引入损伤参量 D 表示这些裂纹开裂引起的岩石强度降低，但该模型所依赖的一些岩石参数不容易测定，使其应用受到了限制。1985 年，Taylor 和 Chen 将 O' Connell 关于损伤材料的裂纹密度与有效体积模量、有效泊松比关系的研究结果引入损伤模型，明确了损伤参量 D 与以上各参量的关系，从而改进了 Kipp 和 Grady 提出的模型，扩大了其适用性。

在以上研究基础上，J. S. Kuszmaul 在 1987 年提出了 TCK 模型，该模型认为岩石的抗压强度远高于其抗拉强度，所以岩石动载破坏本构模型可分为两部分：当岩石处于体积压缩状态时，属于弹塑性材料，而处于体积拉伸状态时发生脆性断裂，且断裂裂纹形态与应变率有关。TCK 模型在裂纹激活率和裂纹平均尺寸等方面保持了 Kipp 和 Grady 的公式，而在损伤参量与裂纹密度及有效泊松比等参数的关系处理上采取 Taylor 和 Chen 的公式，最后以损伤参量形式出现在岩石拉伸应力作用的应力—应变关系式中。模型中出现的材料常数通过高值稳定应变率加载条件下岩石拉伸破坏试验确定。

我国爆破数值计算的研究起步较晚，初期主要集中在军工、核物理等领域，20 世纪 80 年代开始出现面向矿山爆破的计算机程序，直到 80 年代末，才开始进行以 TCK 模型为基础的损伤模型和以 SHALE 和 DYNA 程序为基础的计算机软件的开发与研究工作。

10.1.2 岩石爆破理论模型

1. 弹性理论模型

（1）Harries 模型　该模型以爆生气体准静态压力理论为基础，对复杂的爆破过程做了很大简化，将爆破问题视作准静态二维边值介质弹性问题，认为爆破的主要能量取决于爆炸压力，而不是爆轰速度。当爆轰气体压力作用在孔壁上时，岩体内产生围绕炮孔的切向拉应力，孔壁岩石中产生的应变值按弹性力学中的厚壁筒方法计算。压力平衡后，孔壁处的切向应变值 ε_{θ_0} 为

$$\varepsilon_{\theta_0} = \frac{(1-\mu)p}{2(1-2\mu)\rho_r c_p^2 + 3(1-\mu)Kp} \tag{10-1}$$

式中　p——炸药爆炸产生的气体压力（MPa）；

c_p——岩石纵波速度（m/s）；

ρ_r——岩石密度（g/cm³）；

μ——岩石泊松比；

K——绝热指数。

爆炸压力随时间增加呈负指数衰减，在距离炮孔 r 处的切向应变值 $\varepsilon_{\theta}(r)$ 为

$$\varepsilon_{\theta}(r) = [\varepsilon_{\theta_0}/(r/r_b)] e^{-\beta(r/r_b)} \tag{10-2}$$

式中　r_b——炮孔半径。

当衰减指数 $\beta=0$ 时，式（10-2）为

$$\varepsilon_{\theta}(r) = \varepsilon_{\theta_0}/(r/r_b) \tag{10-3}$$

在压应力作用下径向位移衍生切向应变，当切向应变超过岩石极限抗拉应变值时，产生径向裂纹。距炮孔 r 处产生的径向裂纹的条数为

$$n = \varepsilon_{\theta}(r)/\varepsilon_t \tag{10-4}$$

式中　n——径向裂纹条数；

ε_t——岩石动态极限抗拉应变值。

Harries 采取块度反推、裂纹反推和试算及小规模实验等方法确定岩石动态极限抗拉应变值。根据算出的各点切向应变值和 ε_t 值，即可用计算机给出岩石中的径向裂纹图。两条相邻裂纹间的距离即是爆破块度的线性尺寸。

（2）Favreau 模型　在岩石各向同性弹性体的假设下，1969 年 Favreau 得出了球状药包周围应力波解析解。炸药的爆轰使爆炸压力突然加载到药室壁上，而随后因药室膨胀引起的压力下降可用一个简单的多元回归状态方程来描述。假设膨胀不大，质点速度 u 作为距离 r 和延迟时间 t 的函数给出，即

$$u(r,t) = e^{-\frac{\alpha^2 t}{\rho_r c_p r_b}}\left\{\left[\frac{pr_b^2 c_p}{\alpha\beta r^2} - \frac{\alpha\beta r_b}{\rho_r c_p r}\right]\sin\frac{\alpha\beta t}{\rho_r c_p r_b} + \frac{pr_b}{\rho_r c_p r}\cos\frac{\alpha\beta t}{\rho_r c_p r_b}\right\} \tag{10-5}$$

$$\alpha^2 = \frac{2(1-2\mu)\rho_r c_p^2 + 3(1-\mu)\gamma e^{\gamma}p}{2(1-\mu)}$$

$$\beta^2 = \frac{2\rho_r c_p^2 + 3(1-\mu)\gamma e^{-\gamma}p}{2(1-\mu)}$$

式中　γ ——多方指数；

其余参数同前。

2. NAG-FRAG 断裂理论模型

NAG-FRAG 模型的理论基础如图 10-1 所示。一圆柱体在环向拉应力和内部气体压力作用下引起径向破坏，并认为脉冲荷载使岩石产生破碎的范围或破碎的程度取决于受力作用下所激活的原有裂纹的数量和裂纹的扩展速度。长度（或半径）小于或等于 R 的裂纹密度 N_g 和原有裂纹长度用指数关系表示，有

$$N_g = N_0 e^{-R/R_1} \tag{10-6}$$

式中　N_0 ——单位体积中的裂纹总数；

R_1 ——分布常数。

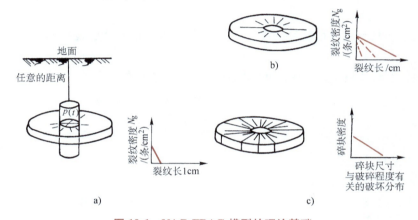

图 10-1　NAG-FRAG 模型的理论基础

裂纹成核速度取决于垂直于裂纹面的拉力 σ 大小，同时成核的数目取决于成核速度函数，即

$$\dot{N} = \dot{N}_0 \exp\left[(\sigma - \sigma_{n0})/\sigma_1 \right] \tag{10-7}$$

式中　$\dot{N}$ ——成核速度；

$\dot{N}_0$ ——临界成核速度；

σ_{n0} ——临界成核应力；

σ_1 ——成核速度对应力大小的灵敏度。

裂纹的扩展是由垂直于裂纹面的拉应力 σ 和气体作用于裂纹面上的压力 p_0 的综合作用而形成的，即

$$\frac{\mathrm{d}R}{\mathrm{d}t} = T_1(\sigma + p_0 - \sigma_{g0})R \tag{10-8}$$

式中　T_1 ——裂纹扩展系数；

σ_{g0} ——裂纹扩展的临界应力；

R ——裂纹半径。

裂纹扩展的临界应力由 Griffith 裂纹力学原理求得：假设法向应力会使半径大于 R^* 的裂

纹激活而小于 R^* 的裂纹不受影响，即

$$R^* = \pi K_{IC}^2 / 4\sigma^2 \qquad (10\text{-}9)$$

式中 K_{IC}——断裂韧度。

而裂纹扩展的临界应力 σ_{g0} 为

$$\sigma_{g0} = K_{IC}\sqrt{\pi/4R^*} \qquad (10\text{-}10)$$

σ_{g0} 取决于裂纹长度。利用式（10-7）、式（10-8）和式（10-10），即可根据岩石试块中的裂纹长度的分布来决定所激活的裂纹数量。

这样，只要给出材料参数（密度、弹性、断裂韧度等）和破坏参数，即可对炮孔脉冲波所造成的破坏进行计算。

利用 NAG-FRAG 模型，可根据破坏的发展情况来确定实际的应力松弛值。

3. 岩石爆破损伤模型

岩石爆破损伤模型主要由裂纹密度、损伤演化规律及有效模量表达的应力-应变关系三部分组成。

岩石的损伤裂纹密度 C_d 可表示为平均裂纹长度 a 的函数，即

$$C_d = \gamma N a^3 \qquad (10\text{-}11)$$

$$N = k(\varepsilon_V - \varepsilon_d)^m \qquad (10\text{-}12)$$

式中 γ——形状影响因子；

N——活化裂纹个数；

k、m——Weibull 分布指数；

ε_V——体积应变；

ε_d——扩容应变。

根据高应变率条件下破碎能量守则，Grady 给出脆性材料动态破碎平均块度半径 r 公式，即

$$r = \frac{1}{2}\left(\frac{\sqrt{20}\,K_{IC}}{\rho_r c_p \dot{\varepsilon}}\right)^{2/3} \qquad (10\text{-}13)$$

式中 K_{IC}、ρ_r、c_p——损伤材料的断裂韧度、密度和声速；

$\dot{\varepsilon}$——应变速率，这里假定是恒定值。

若将 r 当作平均裂纹长度，用最大应变速率 $\dot{\varepsilon}_{max}$ 代替上式中的 $\dot{\varepsilon}$，并考虑式（10-12），则有如下裂纹密度表达式

$$C_d = \frac{5\gamma k(\varepsilon_V - \varepsilon_d)^m}{2}\left(\frac{K_{IC}}{\rho_r c_p \dot{\varepsilon}_{max}}\right)^2 \qquad (10\text{-}14)$$

对式（10-14）求导，得裂纹密度发展的增量表达式

$$\frac{dC_d}{dt} = \frac{5\gamma k m(\varepsilon_V - \varepsilon_d)^{m-1}}{2}\left(\frac{K_{IC}}{\rho_r c_p \dot{\varepsilon}_{max}}\right)^2 \frac{d\varepsilon_V}{dt} \qquad (10\text{-}15)$$

为了克服裂纹密度计算中重叠裂纹的影响，引进损伤调整系数 F

$$F = 1 - \exp(-aC_d) \qquad (10\text{-}16)$$

式中 $a = 16/9$，则等效泊松比 μ_e 和有效体积模量 K_e 可表示为

$$\mu_e = \mu(1 - F) = \mu \exp(-aC_d) \tag{10-17}$$

$$K_e = (1 - D)K \tag{10-18}$$

$$K_e = [1 - f_1(\mu_e)F]K \tag{10-19}$$

式中

$$f_1(\mu_e) = \frac{1 - \mu_e^2}{1 - 2\mu_e} \tag{10-20}$$

比较式（10-18）和式（10-19），有

$$D = f_1(\mu_e)F \tag{10-21}$$

对 D 求导，有

$$\frac{\mathrm{d}D}{\mathrm{d}t} = f_1(\mu_e)\frac{\mathrm{d}F}{\mathrm{d}t} + \frac{\mathrm{d}f_1(\mu_e)}{\mathrm{d}t}F \tag{10-22}$$

考虑关系式（10-16）、式（10-20）及其相应求导关系，得出损伤演化规律表达式

$$\frac{\mathrm{d}D}{\mathrm{d}t} = \frac{a\mu_e}{\mu}[f_1(\mu_e) - (\mu - \mu_e)f_2(\mu_e)]\frac{\mathrm{d}C_d}{\mathrm{d}t} \tag{10-23}$$

式（10-23）中

$$f_2(\mu_e) = \frac{2(1 - \mu_e + \mu_e^2)}{(1 - 2\mu_e)^2} \tag{10-24}$$

根据连续介质力学的唯象法，损伤材料的本构关系可表示为

$$p = 3K_e(\varepsilon_V - \varepsilon_d) \tag{10-25}$$

$$S = 2G_e e = \frac{3K_e(1 - 2\mu_e)}{(1 + \mu_e)}e \tag{10-26}$$

式中　p——体积应力；

　　　　S——应力偏量；

　　　　G_e——切变模量；

　　　　e——应变偏量。

对式（10-25）、式（10-26）求导

$$\frac{\mathrm{d}p}{\mathrm{d}t} = 3K(1 - D)\frac{\mathrm{d}\varepsilon_V}{\mathrm{d}t} - 3K(\varepsilon_V - \varepsilon_d)\frac{\mathrm{d}D}{\mathrm{d}t} \tag{10-27}$$

$$\frac{\mathrm{d}S}{\mathrm{d}t} = 2G_e\frac{\mathrm{d}e}{\mathrm{d}t} + 2e\frac{\mathrm{d}G_e}{\mathrm{d}t} \tag{10-28}$$

式中

$$\frac{\mathrm{d}G_e}{\mathrm{d}t} = \frac{8\mu_e K_e}{(1 + \mu_e)^2}\frac{\mathrm{d}C_d}{\mathrm{d}t} - \frac{3K(1 - 2\mu_e)}{2(1 + \mu_e)}\frac{\mathrm{d}D}{\mathrm{d}t} \tag{10-29}$$

式（10-15）、式（10-22）、式（10-27）~式（10-29）形成闭合的本构关系微分方程组，即岩石爆破损伤模型。

4. 岩石爆破分形损伤模型

该模型沿用 Taylor 等关于裂纹密度的假设，即

$$C_d = \gamma N a_0^3 \qquad\qquad (10\text{-}30)$$

式中　a_0——微裂纹平均半径；

　　　N——裂纹数目；

　　　γ——形状影响因子，$0 < \gamma < 1$。

且认为，微裂纹的分布是一个分形，其裂纹长度与相应长度的裂纹数目之间有关系

$$N = r^{-D_f} \qquad\qquad (10\text{-}31)$$

D_f 为裂纹分形维数，可由计盒维求法求出，维数 D_f 的物理意义可理解为岩石中裂纹充满空间程度的参量。式（10-31）中的 r 拟采用岩石中微裂纹的最小值，即矿物粒晶尺寸平均值 a_0。将式（10-31）代入式（10-30），有

$$C_d = \beta a_0^{3-D_f} \qquad\qquad (10\text{-}32)$$

式中　β——粒晶形状修正系数，取其最小尺寸与最大尺寸之比。

损伤参量 D 与裂纹密度的关系为

$$D = \frac{16}{9} \frac{1 - \mu_e^2}{1 - 2\mu_e} C_d \qquad\qquad (10\text{-}33)$$

式中　μ_e——等效泊松比，μ_e 与泊松比 μ 有关系

$$\mu_e = \mu(1 - 16 C_d / 9) \qquad\qquad (10\text{-}34)$$

把式（10-32）代入式（10-33），有

$$D = \frac{16}{9} \frac{1 - \mu_e^2}{1 - 2\mu_e} \beta a_0^{3-D_f} \qquad\qquad (10\text{-}35)$$

这样，损伤参量 D 就表示成了分形维数 D_f 的函数，因而，可以通过分析爆破过程的分形演化过程来揭示损伤发展规律。

10.1.3　岩石爆破的数值模拟

岩石爆破过程的数值模拟不仅有利于深入理解岩石爆破现象及其破坏发展的机理，提高爆破理论研究水平，还能更好地指导工程实践，推动爆破参数优化和计算机模拟技术更广泛应用。随着计算机技术的飞速发展和数值计算的长足进步，数值模拟方法已经成为爆炸力学问题研究的主要手段之一，并在岩石爆破理论和技术研究领域取得了令人注目的成果。如SHALE 程序被用于层状岩体（BCM）爆破过程模拟，DYNA2D 和 PRONTO 被用于岩石损伤爆破模拟计算等。

（1）DYNA 程序　该程序是由美国 Lawrence Livermore National Laboratory（LLNL）的 J. O. Hallquist 教授主持开发的，它应用有限元方法计算了非线性结构材料的大变形动力响应，采用四节点单元进行离散化，处理对称性平面应变问题。程序使用单点的高斯积分，引入沙漏黏性控制零能模态，并应用中心差分法进行时间积分。程序的接触-撞击算法可以处理材料交界面的缝隙和滑动，并能提供多种材料模型和状态方程。特别是程序能处理结构在高速碰撞和高能炸药爆炸下的动态响应，这使得该程序非常适合于进行岩石爆破数值模拟计算。将修正的 TCK 损伤模型加入到 DYNA 程序的用户自定义的材料模型中对台阶双孔爆破问题进行模拟，可以得到对称平面上不同时刻的损伤及 Von Mises 等效应力分布图。

（2）SHALE 程序　将岩石爆破分形模型（以下简称 FDM）装进 SHALE 程序中，就形成了建立在分形损伤理论模型基础上的爆破过程数值模拟程序。整个计算程序由一个程序

SHALE 控制下的 39 个子程序组成。子程序中以 PHASE1 功能块为核心，不同材料的性质和本构关系的影响将在此功能块中起作用。根据分形损伤模型编写的计算程序 FDM 及相应数据输入程序 FDMPSET 主要受 PHASE1 的调用。程序中使用了材料编号系统，以适应各种介质不同状态下的计算要求。

（3）有限元-离散元复合分析的裂纹扩展模型　典型的有限元-离散元复合分析，能够对大量分离体的变形、断裂、破碎、运动及它们之间的相互作用进行分析。有限元-离散元复合分析方法更适用于局部裂纹破碎的处理和裂纹的生成处理，包含平滑裂纹和单个裂纹的处理两个方面。

（4）台阶爆破的二维数值计算实例　进行台阶爆破的二维有限元-离散元复合模拟时，考察水平方向破碎状况，边界假定为自由面，底部边界为固定边界，并设人工缓冲以消除反射波。标准有限元-离散元复合分析采用的程序包括有接触寻找、接触相互作用和以上所描述的平滑断裂模型。

模型几何尺寸如下：台阶高 13m，最小抵抗线为 7m。炮孔直径为 ϕ380mm，装药长度为 9m，炸药为 ANFO 炸药。炸药初始密度 $\rho = 800 \text{kg/m}^3$，炸药爆炸能 $Q_e = 3700 \text{kJ/kg}$，炸药爆速 $D = 1725 \text{m/s}$，岩石弹性模量 $E = 28 \text{GPa}$，泊松比 $\mu = 0.1$，岩石密度 $\rho_r = 2.4 \times 10^3 \text{kg/m}^3$，岩石断裂能量释放率 $G_f = 0.25 \text{kN/m}^{3/2}$。由图 10-2 可知，初始裂纹在炮孔口周围产生并向外扩展；最后两种裂纹在炮孔口周围产生并向外扩展；自由面反射应力波作用，使裂纹向炮孔方向发展。最后两种裂纹相遇并伴随着破碎过程，相互贯通的裂纹体系与大量破碎的岩块运动最终形成爆堆，如图 10-3 所示。

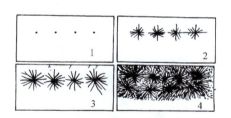

图 10-2　台阶爆破的断裂与破碎状况
（数字表示顺序）

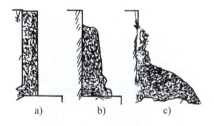

图 10-3　爆堆的形成

（5）MBM2D 的爆破力学模型　McHugh 和 Brinkmann 经过一系列计算和实验，包括钢管衬炮孔和无衬炮孔实验，得出如下重要结论：①拉应力作用下在炮孔附近产生径向短裂纹，应力场单独作用导致的岩石破碎是有限的；②动态爆轰气体配合应力场作用产生裂纹，爆轰气体的主要作用是引起裂纹长度增加 5~10 倍，裂纹数量增加 50%；③爆轰气体渗入裂纹，裂纹内气压引起裂纹扩展；④有金属衬炮孔爆破中破碎岩石只有无衬炮孔爆破时的 10%，同样抛掷速度减小 5~8 倍。这些结果表明爆轰气体在产生破岩和抛掷过程中的决定性作用。

根据以上观点，McHugh 和 Brinkmann 建立了分别求解岩石断裂离散元方程和控制爆炸产物气流的 MBM2D 模型，使相对独立的爆轰气体模型与岩石动力学模型耦合于每个时间步长的解决方法。

该模型包括爆轰模型、单裂纹中的一维气体方程、破裂岩石中的二维气体方程、气流与离散元的耦合和抛掷模型等。

（6）爆破效果预测 岩石爆破损伤模型数值计算实现了爆炸荷载作用下损伤演化过程的数值模拟，但是离预测爆破最终效果还有一定差距。利用损伤参量计算结果及其分布特征对最终爆破漏斗轮廓进行推断，勾画出爆破漏斗轮廓，可利用漏斗范围内岩石损伤的分形维数来预报爆破块度分布。

图 10-4、图 10-5 所示为爆破引起损伤和台阶爆破破岩的数值模拟结果。

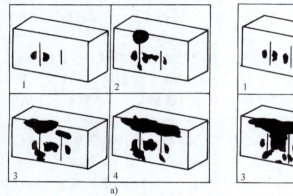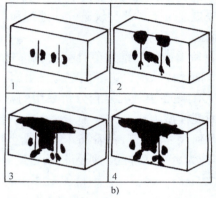

图 10-4　起爆后不同时刻的损伤分布

a）孔间同时起爆　b）孔间延迟 0.5ms 起爆

1—0.5ms　2—0.8ms　3—1.2ms　4—1.4ms

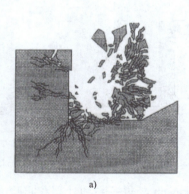

图 10-5　单孔台阶爆破过程

a）炮孔无堵塞　b）炮孔堵塞

10.2　岩石爆破实验新技术

岩石爆破实验技术是联系爆破理论与工程应用的纽带，它不仅能为爆破参数的设计提供指导，更能用于爆破机理研究，为发展新理论和新技术提供依据。现就岩石爆破的几种实验技术与测试方法作简要介绍。

10.2.1　超动态应变测试方法

爆炸荷载以应力扰动或应变扰动的形式在岩石中传播形成应力波或应变波，岩石介质的应变过程不仅能反映爆炸荷载的特征，而且与岩石的动态力学性能密切相关。因此，超动态应变测试是岩石爆破最基本的实验方法之一。电阻应变法是目前最常用的超动态应变测试方法。

1. 电阻应变测试原理

电阻应变法赖以工作的物理基础是金属的电阻应变效应，即金属导体的电阻随着它所受的机械变形（伸长或缩短）的大小而发生变化。这种变化可表示为

$$dR/R = k_0\varepsilon \tag{10-36}$$

式中　k_0——金属丝的电阻应变系数，由金属材料的性质决定；

　　　R——金属丝电阻；

　　　ε——轴向应变。

由式（10-36）可知，金属丝电阻的相对变化与轴向应变成正比。在应用中，将金属丝加工成电阻应变片，用黏合剂牢固粘贴在被测试件的指定位置上。随着试件受力变形，应变片中的金属丝也获得同样的变形，从而使其电阻发生变化。这种电阻变化又可以通过应变仪转换为电压或电流的变化，再用记录仪将其记录下来，就能知道被测试件应变量的大小。电阻应变片检测原理框图如图 10-6 所示。

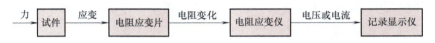

图 10-6　电阻应变片检测原理框图

2. 超动态应变测试系统

图 10-7 所示为超动态应变测试及分析系统框图，该系统主要由以下几部分组成。

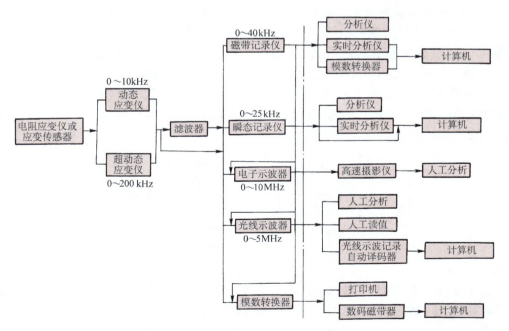

图 10-7　超动态应变测试及分析系统框图

（1）应变源荷载及传感器部分 应变源荷载通常采用爆炸源或其他冲击作用方式产生。这些荷载都会在岩石试件中产生应变波。试验前，将选定的应变片粘贴于指定位置，当应变传过时给出应变波形信号。传感器选用敏感栅尺寸为 2mm×3mm 或 3mm×5mm，阻值为 120Ω 的电阻应变片。

（2）超动态应变仪 超动态应变仪是超动态应变测量系统的核心部分。它将应变片的电阻变化信号转换成电压信号并根据需要进行放大，然后传递给记录显示仪器。超动态应变仪主要有三大部分，即同步触发部分、信号转换及放大部分和应变标定部分。

（3）记录仪与显示仪 目前采用的记录仪大多为多通道瞬态记录仪，还有一些多通道磁带记录仪。它们都可以直接连接计算机，进行应变波形分析和数据处理，也可连接示波器进行波形显示。

10.2.2 冲击压力测量

岩石爆破时的冲击压力测定，还在不断地研究和发展之中，一方面是压力传感器的材料强度和结构性能还不能很好满足要求，另一方面是岩石介质的复杂力学性质无法实现压力在压力传感器与岩石之间传递需要的阻抗匹配。因此，岩石介质中的应力参数是岩石爆破各参数中最难准确测量的一个。下面介绍几种冲击压力测定方法的原理和应用技术。

1. 压电法测量技术

（1）原理 压电法测量高频、高强度的冲击压力，是研究时间最长、应用最多的一种动态应力直接测量法。科学研究发现，某些物质在沿一定方向受到外力的作用而变形，内部会产生电极化现象，同时在其表面产生电荷；当外力去掉后，即重新回到不带电的状态。这种将机械能转变为电能的现象，称为"压电效应"。具有压电效应的电介物质称为压电材料。压电法测量冲击压力就是利用压电材料的压电效应原理进行的。

压电式压力传感器是将压力变化转化成电场变化的传感元件，是压电法测量冲击压力的核心部件。它的转换功能是靠压电材料做成的一定结构的压电元件实现的。

（2）测量方法 压电法测量岩石中的冲击压力，其主要系统组成有压电式应力计、前置电压放大器或电荷放大器、瞬态记录仪或磁带记录仪、标准信号发生器和微机系统。各部分间的相互连接如图 10-8 所示。

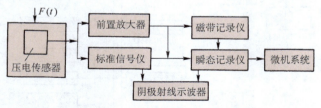

图 10-8 压电法测量系统框图

岩石介质中的应力测量一般都采用传感器埋入法，即在岩石中指定的位置钻孔或切槽，将传感器按确定的方法固浇在里面。由于传感器的动态力学性质不可能和岩石相同，因此作用于传感器上的应力与岩石中的真实应力存在误差，称为匹配误差。实际上压力测量几乎都是在不匹配条件下进行的，因此，岩石中冲击压力测量的关键是如何设计和埋入压电式传感器，使之在介质中的测量误差尽可能减小。

压电式应力计的埋设通常是先用回填材料（视现场岩石性质不同，回填材料的组成也不同）把传感器浇筑成一定几何形状的预埋件（如圆柱形），确定好应力计的敏感方位，将应力计放入孔中设计的位置，再进行喷浆式回填，并注意防止孔中局部堵塞，确保预埋件周围的回填质量。实际中，实验者可以根据实验现场条件设计各种形式的回填方法。

2. 压阻法测量技术

（1）原理　压阻法测量冲击力是近几十年逐步发展与完善起来的新方法。固体受到作用力后，电阻率（或电阻值）就要发生变化，这种效应称为压阻效应。压阻法测量压力技术就是利用某些固体明显的压阻效应设计的。

压阻式压力传感器是将压力变化转换成电阻变化的传感元件，是由电阻效应明显的固体材料构成的。压阻式传感器有两种类型：一种是利用某些金属或半导体材料的体电阻做成粘贴式的应变片，称为粘贴型压阻或压力传感器；另一类是在半导体材料的基片上用集成电路工艺制成扩散电阻，称为扩散型压阻式压力传感器。

压阻式压力传感器的基本原理可以由材料电阻的变化率来分析。对于多数金属而言，在受压力作用时，电阻率的变化较小，一般可忽略不计，但对于某些合金（如锰铜）和半导体而言，电阻率的变化率 $\Delta \rho / \rho$ 相对较大，故半导体电阻的变化率较大，电阻率的变化能够反映材料的受载变化，这就是压阻式压力传感器的基本工作原理。

（2）测量方法

1）锰铜压阻式应力计测量系统。图 10-9 所示为锰铜压阻式应力计测量系统框图。该系统主要由脉冲恒流源、锰铜压力传感器、阻抗匹配电路、同步控制电路及信号显示记录装置组成，可用于实验条件下爆炸冲击压力及介质中的应力测量。

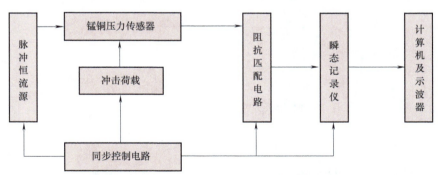

图 10-9　锰铜压阻式应力计测量系统框图

图 10-10 所示是锰铜压阻式应力计实测的一组压力波形。该实验是借助轻气炮加载装置进行的，应力计设在多层水泥砂浆靶板间，由所测波形可以分析冲击压力通过砂浆板时的衰减率，也可分析砂浆材料的动态响应特性。由图 10-10 可以看出，锰铜压阻式应力计具有良好的动态响应特性，能较好反映冲击压力作用的全过程。

2）碳膜压阻式压力测量系统。图 10-11 所示为碳膜压阻式压力检测系统框图。图 10-12 为不同岩层实测压力波形。实验用的是层状岩石模型，由厚度为 4cm 的大理石板黏合而成，各层之间布置碳膜压阻式压力传感器，用 2g 的黑索金小药包在岩石表面爆炸产生冲击作用。对比两个实测波形，容易看出岩石中的裂隙对压力波具有明显的衰减作用。

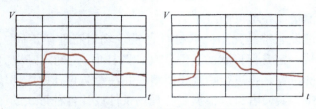

图 10-10　锰铜压阻式应力计实测的压力波形

注：电压尺度 $V = 100\text{mV}/$格，时间尺度 $t = 2.0\mu\text{s}/$格

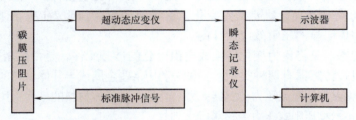

图 10-11　碳膜压阻式冲击压力检测系统框图

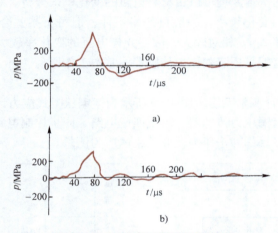

a)

b)

图 10-12　不同岩层实测压力波形

a）一层板实测压力波形　b）双层板实测压力波形

10.2.3　动光弹试验

早在 20 世纪 50 年代，国外就开展了动光弹法对瞬态应力传播规律的研究，我国是在 20世纪 70 年代末和 80 年代初才开始研究的。光弹照片直观反映了动态应力场的发生与发展过程，而且可以直观地反映动态应力场间的相互叠加，边界效应及局部应力集中与应力突变等现象。因此动光弹方法的应用，直接促进了爆破理论和爆破技术的发展，使岩石爆破机理的研究跃上了一个新台阶。

1. 动光弹原理

（1）双折射与暂时双折射现象　光学实验发现，光在各向同性的透明晶体中与在各向异性的透明晶体中的传播情况是不相同的。对于各向同性的透明介质，折射率在各个方向都相同，当一束光入射时，出射时仍将是一束光。

对于各向异性的透明晶体，两个互相正交的主方向上折射率不同。当一束光线入射时，出射的将是两束光，这种现象称为双折射。当一束光垂直入射双折射介质时，将分解成两列正交光束，各以自己的传播速度通过该介质，它们之间出现了相位差。如果使这两束光相遇，便会出现光的干涉现象，产生干涉条纹。

大量实验发现，对于各向同性的透明非晶体材料，如环氧树脂、有机玻璃、聚碳酸酯等，在其自然状态（没有应力作用）下并不具有双折射性质，但是当这些材料受到应力作用时，它们就如同晶体一样，表现为各向异性，产生双折射现象。这种双折射是暂时的，当应力解除后即消失，所以称为暂时双折射。

设光在折射率为 N 的介质中以速度 v 走过路程 d 所需的时间为

$$t = d/v = Nd/v_0 \tag{10-37}$$

式中　　v_0——光在真空中的速度；

　　　　Nd——光程。

如果两束同波长的光通过同一介质，但折射率分别为 N_1、N_2（如双折射），则两束光产生的光程差 R 为

$$R = (N_1 - N_2)d \tag{10-38}$$

（2）光弹性中的应力-光性定律　实验证明，透明固体材料由应力引起的双折射效应，其主折射率与对应的主应力在方向上是重合的，在数值上存在如下关系

$$\begin{cases} N_1 - N_2 = C(\sigma_1 - \sigma_2) \\ N_1 - N_3 = C(\sigma_1 - \sigma_3) \\ N_2 - N_3 = C(\sigma_2 - \sigma_3) \end{cases} \tag{10-39}$$

式中　　　　C——材料的相应应力-光性系数（Pa^{-1}）；

σ_1、σ_2、σ_3——一般应力状态下，材料的三向应力值（Pa）。

式（10-39）称为一般受力状态下的应力-光性定律。

动光弹实验通常采用平面模型，在动态应力传播的过程中，每一瞬时都有对应确定的两向应力状态（主应力为 σ_1、σ_2），因此材料都相应表现有双折射性质。在两向应力作用下，式（10-39）可写成

$$N_1 - N_2 = C(\sigma_1 - \sigma_2) \tag{10-40a}$$

$$N_1 - N_3 = C\sigma_1 \tag{10-40b}$$

$$N_2 - N_3 = C\sigma_2 \tag{10-40c}$$

假设有一厚度为 d 的光弹性模型，在某一瞬间承受两向应力。当一列平面偏振光（即各点光矢量的横向振动都单一地在一个平面内的光波）E_p 垂直入射模型 M 时，由于双折射效应，E_p 在模型上的任一点（如 O 点）必将分解成两列平面偏振光 E_1 及 E_2，一个沿该点主应力 σ_1 的方向，另一个沿主应力 σ_2 的方向，因 $\sigma_1 \neq \sigma_2$，则 $N_1 \neq N_2$，所以这两列平面偏振光在模型内部的传播速度就不相同，通过模型后，它们之间产生了光程差。

设 v_0 为光在真空中的传播速度，v_1、v_2（设 $v_1 < v_2$）分别为平行于 σ_1、σ_2 方向振动的平面偏振光在模型内的传播速度，则偏振光通过模型后产生的光程差为

$$R = d(N_1 - N_2) \tag{10-41}$$

将式（10-40a）代入式（10-41），得

$$R = Cd(\sigma_1 - \sigma_2) \tag{10-42}$$

式（10-42）称为两向应力-光性定律。它表明，当一列平面偏振光垂直入射平面应力模型时，必定沿该点的主应力方向分解为两列平面偏振光，它们在模型内的传播速度不同，通过模型后所产生的光程差与模型的厚度 d 及主应力差（$\sigma_1 - \sigma_2$）成比例。

如果入射平面偏振光的波长为 λ，则光程差可以换算成位相差为

$$\alpha = 2\pi R/\lambda = 2\pi Cd(\sigma_1 - \sigma_2)/\lambda \tag{10-43}$$

由式（10-42）和式（10-43）可知，只要求出光程差或位相差，就可求出该点的主应力差值。对于光程差和位相差，可由平面偏振光通过光弹模型时所表现的明、暗相间的条纹数求出来。这就是动光弹法测定应力场的原理。

2. 动光弹试验

动光弹试验最普遍的应用是研究在冲击或爆炸荷载作用下弹性构件中的应力波。试验模型一般选用厚度为 $1.5 \sim 2\text{cm}$，尺寸为 $30\text{cm} \times 30\text{cm}$ 的方形环氧树脂或聚碳酸酯板，也可用有机玻璃。在模型中央打孔，将 $50 \sim 100\text{mg}$ 的 DDNP 或叠氮化铅装入孔内，同时装入引火头和电离探针头，封好孔口。

将做好的模型放入动光弹仪光场中央的加载架上，装上光弹仪的调节照明灯，在明场中，通过加载架的调节，使模型处于各成像孔的中央位置。调节好后，去掉调节照明灯。

将照相底片在暗室内装入相机暗盒中，将暗盒装入相机后箱内。将电离探针输出线路接入低压控制箱的外触发输入接口；将起爆线路同时接好。拉灭灯光，拉开相机暗盒盖，开启高低压控制箱，预制好确定的触发延迟时间，低压控制箱处于外触发控制状态。

高压充电完成后，起爆器充电，一切检查无误，便可按动起爆开关，使炸药爆炸加载。同时，装药孔内的探针发生短路给出电压脉冲，启动低压控制箱的控制开关，使火花间隙在预设的时间依次放电闪光，相机中的胶片依次感光，记录相应时刻模型中的应力条纹。由于应力的不断传播，各时刻的应力波范围和应力条纹分布都有变化。图 10-13 所示是某次试验拍摄的几个时刻的应力条纹图，由此可分析应力波的速度、范围及边界效应等。

改变模型的尺寸和边界、炮孔的形状和炮孔数量及起爆时差等，用相同的方法拍摄到相应条件下的应力条纹，由此可分析应力集中点、孔间应力波的相互作用、起爆时差对应力相互叠加的影响、模型的破裂开启点和发展过程等。图 10-14 所示是动光弹法拍摄到的条形装药的爆炸应力场扩展过程。

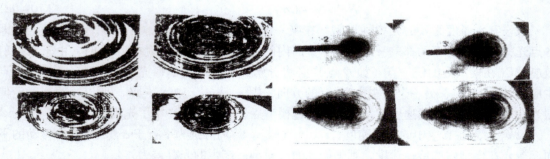

图 10-13　单孔爆炸产生的应力波应力条纹　　　图 10-14　条形药卷爆炸产生的应力波应力条纹

上述的透射式动光弹仪通常只能拍摄各向同性透明材料的动态应力条纹，而对于像岩石等非透明材料的动态应力场则无能为力，使用反射式动光弹法能够解决这一问题。

10.2.4　动云纹试验技术

动云纹法检测岩石爆破的应变场是新发展的岩石动力学试验研究方法之一。其显著特点是所测应变不是局部小面积上的平均应变，而是反映试件在应力波作用下的应变场信息。它不同于动光弹法，以透明的光学材料作为试件，而是根据试件材料的特性，设计采用干涉云纹法或反射云纹法，适用于各种试验模型。动云纹法测量的全场和连续动载应变信息，对于研究材料的动态应力应变特性和应变分布特征具有十分重要的意义。

1. 密栅云纹法的原理

将两块印有密集平行线条的透明板（称密栅板）重叠起来，对着亮的背景看去，就会有明暗相间的条纹出现，称之为"云纹"。

在试件表面上制出一组栅线，称为"试件栅"，它与试件一起变形，在其上重叠一块复制有栅线的玻璃板，由于光的干涉就会产生云纹。这块玻璃板称为"基准栅"或"分析栅"。试件受力变形时，试件栅线的间距（称为节距）就发生变化，云纹也随着增加或减少，倾斜或弯曲。因为云纹的分布和试件的变形情况有着定量的几何关系，从而可推算出试件各处的应变值。

2. 动云纹法试验

动云纹法实质上是利用高速摄影法拍摄动荷载作用下的云纹变化过程。根据模型材料的特性，对于透明材料可以采用透射型试验系统；对于一般非透明材料，则可采用反射型试验系统。动云纹试验技术主要包括试件栅的加工制作与同步高速摄影技术。

（1）试件栅的加工制作　制造试件栅是云纹法试验准备的重要一环。根据研究问题的条件，如变形量大小、试件材料和被测表面的性质等，可以用不同的方法制造试件栅，如机械刻线法、光刻法、腐蚀法、镀膜法和剥离软片法等。目前的动云纹试验多采用光刻法和剥离软片法制造试件栅。

清华大学已研制成功"FG"可剥离软片栅板，与普通栅板相比，反差大，栅线边界整齐。目前已有各种密度的栅板成品供选择使用。

在岩石、金属等不透明的试件上使用"FG"可剥离软片栅板时，可以在栅板的乳剂膜上镀一层金属银粉，也可喷涂一层白漆，以增加云纹的反差。

（2）基准栅的选择　动云纹法通常选用与试件栅等节距的柔性栅板作为基准栅。选择栅板时，应仔细观察栅线，节距均匀、边界清晰、黑白分明、无断线才为合格品。另外要根据预估的试件变形量来确定选用栅线的密度。一般情况下，栅线密度高则测量精度也高。对于大变形量的情况，如有明显的塑性变形等，可用 10～20 线/mm 的栅板，测量范围为 $\varepsilon = 1\times10^{-3}\sim50\times10^{-3}$。若测量小变形，如脆性材料的弹性变形就要用较密的栅线，如 40～200 线/mm。但应注意，栅线越密，制造工艺困难，出现的云纹质量也差。目前的动云纹试验多选用 40～100 线/mm 的栅板。

（3）动云纹高速摄影技术　在爆炸、冲击之类的动荷载作用下，试件的变形和破坏几乎是在瞬间发生的。应根据动荷载和测量试件的特点，选择高速摄影频率和同步光路系统。

1）高速摄影频率选择。动云纹的变化过程与试件的变形过程是一致的，在冲击类荷载作用下，试件的变形是以应变扰动的速度在试件中传播的。一般材料的纵波速度为 2500～6500m/s，按公式来估计拍摄频率，则不应小于 100 万幅/s，这就要求选用转镜式超高速摄影机。

2）高速摄影的同步光路系统。根据试件材料的特征，可以设计透射光路或反射型光路。对于平面透明试件，一般选用透射型光路，对于非透光材料则可设计反射型光路。透射型光路拍摄到的云纹比反射光路要好得多。采用反射型光路时，一般要将试件表面抛光或涂上一层白色涂层，增加试件表面的反差。拍摄云纹的光源光线要均匀，最好用单色平行光源。

一般高速摄影机都配有同步控制系统，使试件加载变形、脉冲闪光光源和拍摄过程同步起来。动云纹试验中，云纹图形在某一时间过程中是连续变化的，应根据研究目的来确定拍摄云纹的时间范围，必要时，可利用同步延迟法来确保拍摄到需要时刻的云纹图形。

动云纹高速摄影技术与普通高速摄影法没有太大的区别，只是拍摄对象不是运动的物体，而是变化的云纹。为了确保图像的清晰度，对同步光源质量和拍摄频率要求更高一些。

（4）云纹图片判读技术　高速摄影拍到的云纹图形，由于画幅小而判读困难，通常都要使用专门的装备来帮助判读。

1）利用普通的幻灯放大机将云纹底片放大，用长尺测量。此方法简单易行，但测量误差较大，尺寸读数误差为±0.5mm。一般测量精度要求不高或作定性分析时可以采用。

2）利用有精密刻度盘的投影仪，对云纹照片进行测量，这是较通用的测量方法。投影仪的尺寸刻度一般为0.01mm。此方法读数误差小，图像失真也小，但也存在找不准云纹中心线而产生误差的问题。

3）用光电扫描法，这是目前最先进的云纹判读方法。这种方法是用测量光强度的仪器来测量各点的位移，可以采用光学增值和配合计算机的计算方法，可排除肉眼判读云纹中心线的误差，大大提高了测量精度。用这种方法测量时，位移的灵敏度就取决于所使用的光学仪器分辨云纹小数级的能力。

云纹图片的判读困难也是制约动云纹法发展的因素之一。动云纹拍摄过程中，由于曝光时间短，画幅小，不可能使用高密度的栅板，加上显影冲洗等环节的不利影响，图片的清晰度相对较差，若不采用先进的判读方法，测量误差将会很大。因此，动云纹图片的精确分析最好采用光电扫描方法。

10.2.5　动焦散试验

各种光学试验方法，如光弹性法、云纹法、全息干涉法、散斑法等，具体用来解决实际断裂问题的时候，往往会遇到许多困难。在很多情况下，我们所考虑的力学问题中某些特殊点所对应的应力参量是由奇异性控制的，而靠近奇异点的高应变区又非常小，其光学图像中，条纹已密集到难以准确分辨的程度，从中无法直接得到高应变区有价值的信息。这给岩石爆破定量分析带来很大难度。这种情况下，应用动焦散试验研究爆炸裂纹的起裂、加速、减速和止裂的动态过程，能量测出奇异性控制的高应变区的应力参量，对岩石爆破定量分析具有十分重要的意义。

1. 焦散线形成的原理

固体中的应力发生变化时，固体光学性质也随之发生变化。由于泊松效应，拉应力的作用会使物体的厚度减小，物体受拉时将变成光疏材料，其折射率也会减小。而在压应力作用下，情况正好相反。焦散线试验方法就是根据固体的这些光学性质的变化来直观显现固体中的应力分布状态的。

根据几何光学原理，当一束平行光 r_1 照射到一个变形了的平面透明模型时，光线在模型的前后表面都将发生反射和折射现象，并分别形成了 r_2，r_3，$\cdots$，r_7 等光线，如图 10-15 所示。在焦散线方法中不考虑在模型内部反射的光 r_3、r_4、r_6，而只考虑从模型表面出射的光 r_2、r_5 和 r_7，分别称为前表面反射光 r_f，前表面透射光 r_r 和后表面透射光 r_t，它们都可以分别形成自己的焦散线。

假定一个位于 x_1-x_2 平面的平面试件，未变形时具有均匀的厚度 D，在荷载的作用下，试件奇异区厚度变化是非均匀的。如图 10-16 所示，当一束平行光垂直入射到试件表面，经其反射后在试件后方与试件未变形表面相距 Z_0 处的参考屏上，便能观察到由参考屏截出的焦散线及其包围着的焦散斑（暗区）。若反射面的形状和距离 Z_0 都是确定的，则焦散斑的大小和形状也就随之确定。

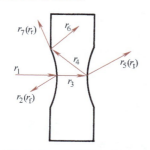

图 10-15　入射光线在透明
物体前后表面的反射和折射

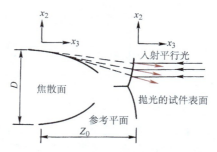

图 10-16　反射光线形成
焦散斑与焦散线

2. 爆炸加载动焦散试验系统

爆炸动焦散的原理同普通动焦散没有本质区别，但爆炸动焦散具有其加载的瞬时性和爆炸荷载的不可测量性，因此，爆炸加载动焦散试验系统和普通机械冲击加载或枪击加载有一定的区别。首先，爆炸加载时要对炮孔进行夹制（堵塞）。如果不对炮孔进行夹制，就发挥不了爆生气体的作用，也就不能真实地反映爆破的实质。如果夹制得过紧，势必在模型试件内形成预应力场，影响了爆炸应力场分布。其次，爆炸加载还会在荷载附近产生炮烟，如果控制得不好将影响对焦散图像的准确记录。

爆炸加载动焦散试验系统主要包括光-电系统、爆炸加载与同步控制系统。下面就这些方面进行介绍：

（1）光-电系统　爆炸加载动态焦散线试验光路系统，用双场镜代替凹面镜，形成由多火花高速照相机与双场镜构成的试验光路系统。反射式动焦散试验光路中只需增加一半反镜。这种光路系统的特点是：光源发出的光经第一个场镜准直后照在模型表面上，虽然此时面积未增加多少，但当光线经过第二个场镜折射后成像却很大。即使在试件尺寸和相机镜头焦距不变的情况下，用双场镜得到的图像尺寸也要比用凹面镜光路的图像大得多。

用一个探头与一个圆盘之间的放电产生火花，经过光导纤维粗单丝将其输出，使放电形成的线光源转化成点光源。光导纤维粗单丝直径为 1.4mm。放电材料使用的是铜钨合金，导电材料用的是纯铜，尼龙和聚四氟作为绝缘材料，放电电极间距为 8mm。光-电系统的主要组成有高压电源、光源、双场镜（半反镜）、摄影机、触发装置、延时装置、瞬态波形记录仪等。火花放电与拍摄的不同时刻通过电子控制系统来预置，幅间隔在 $0 \sim 999\mu s$ 内可调。这种光-电系统可拍摄到较清晰的动焦散照片。图 10-17 所示为透射式焦散线试验光路。图 10-18 所示为反射式焦散线试验光路。

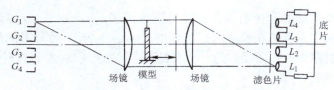

图 10-17　透射式焦散线试验光路

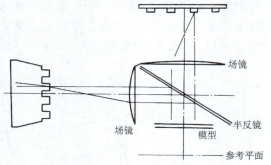

图 10-18　反射式焦散线试验光路

（2）爆炸加载与同步控制系统　在炮孔中装起爆药叠氮化铅来实现爆炸加载。装药时在炮孔内设置两根探针，高压起爆器使探针放电来引爆叠氮化铅。由于爆炸作用，另一根探针同时短路并输出一短路信号给同步仪，在预置的时间内，同步仪输出信号使点光源触发放电，因此实现爆炸加载与放电拍摄的精确同步（误差±1μs）。图 10-19 所示为延迟与同步控制示意图。图 10-20 所示为一组爆炸加载动焦散照片。

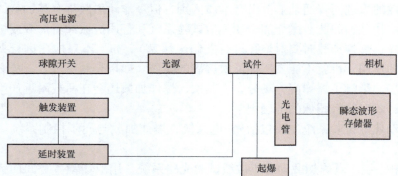

图 10-19　延迟与同步控制

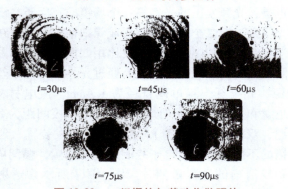

$t=30μs$　　　$t=45μs$　　　$t=60μs$

$t=75μs$　　　$t=90μs$

图 10-20　一组爆炸加载动焦散照片

10.2.6 高速摄影

1. 概述

高速摄影法是把高速运动和高速变化过程的空间信息和时间信息联系在一起，用摄影的方法记录下来的技术。空间信息量是以图像来表示的，通常以每毫米长度上能区分的黑白线对来表示分辨率的高低，如果一张底片上垂直和水平方向上的分辨率相等，则底片上的信息量为

$$I_s = Fn^2 \tag{10-44}$$

式中　I_s——底片上的总信息量（bit）；

　　　F——底片画幅有效面积（mm^2）；

　　　n——底片的空间分辨率（线对/mm）。

时间信息量通常用拍摄频率或拍摄持续时间来表示。高速摄影实际上是一种时间放大技术。如果一个高速瞬息变化的物体，人的肉眼无法分辨，只要借助高速摄影把它记录下来，即可供人们仔细观察和研究。

对高速摄影的划分标准通常为：24～300 幅/s，低高速摄影；300～10000 幅/s，中高速摄影；10000～100000 幅/s，高速摄影；100000 幅/s 以上，超高速摄影。

实际应用中，应根据现象的变化频率来选择合适的拍摄速度。

2. 高速摄影在爆破中的应用

在工程爆破和爆破理论研究的许多方面均用到高速摄影技术，如爆破表面鼓包与抛体运动过程、爆破裂纹扩展过程、炸药爆轰过程等。下面仅就爆破表面鼓包与抛体运动过程的高速摄影技术作简要介绍。

爆破引起的介质表面的鼓包运动，其运动速度都不会太高，一般在十几到几十米/秒的范围内，因此，通常选用便携式中高速摄影机来拍摄。目前常用的是我国西安光机所生产的LBS-16A 高速摄影机，稳定拍摄频率为 1000～3000 幅/s。

实际拍摄系统框图如图 10-21 所示。拍摄方法如下：

（1）选择好摄影机的位置　考虑到摄影过程的安全性，摄影机应布置在爆破飞石安全距离之外。拍摄平面地表鼓包运动时，摄影机最好放在较高位置的临时防护棚中。拍摄台阶爆破台阶面抛体运动时，摄影机应布置在台阶一侧，与抛掷方向相垂直。

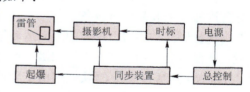

图 10-21　实际拍摄系统框图

（2）做好拍摄目标处的标志物　通常设静标志和动标志。静标志设在爆破区之外，拍摄正视场中，做上明显的距离标志，用作比例尺，以判读底片上目标体的运动。动标志设在爆破区的中心，表面的运动通过动标志的运动可以更清楚地识别和判读。

（3）摄影机的调试　一般摄影机距爆源都较远，几十米乃至几百米，通常应选用望远镜头。待摄影位置确定好后，支稳支架，将摄影机固定好，便可调试摄影机，选择摄影参数。

相对孔径即光圈的选择应根据现场的自然光条件和以往的拍摄经验，主要考虑爆破运动体的空间深度和成像比例。为保证一定空间深度内爆破运动体的清晰度，需要较大的景深，

则选用较小的光圈并相应增加被摄目标的照度。但要注意，光圈数过大（对应较小的光圈）时，虽然增大了成像的空间深度，而物镜的分辨率将会减小。

拍摄频率选择要以爆破表面运动的最大估计速度为依据。常用的光学补偿摄影机在整个画幅上的分辨率为 30~50 线对/mm，在曝光时间内运动物体在焦平面上所成之像的移动而引起的模糊量为 0.02~0.03mm。像移动模糊量以 δ 表示，那么要求第一幅曝光时间为 $t_e = M\delta/v$（v 为拍摄目标运动速度；M 为成像比例的倒数）。在可接受的像移动模糊量 δ 的情况下，拍摄频率 f 为

$$f = k/t_e \tag{10-45}$$

式中　k——快门开关系数，它表示画幅更换的一个周期中使画面上每一像点都曝光所用的时间，即快门每转一周的开口角与 360° 之比。

另外，拍摄频率的确定还应考虑爆破表面运动的周期。根据表面运动的周期和需要拍摄的幅数，也可估计应选择的拍摄频率。例如，预计表面运动周期是 100μs，而设计有效幅数为 100 幅，则拍摄频率应选择 1000 幅/s 以上的档次。

总之，摄影参数的选择有其深刻的内涵，各种参数间相互制约和影响，实际拍摄中应根据以往的拍摄经验或现场模拟试验拍摄结果来反复调整各参数，以获得最佳拍摄效果。

（4）同步控制方法　要实现装药爆炸和摄影机的拍摄同步控制或延迟适当的时间间隔控制，实际中可使用脉冲信号时间间隔控制仪。由起爆线路分出脉冲电压信号接入时间间隔控制仪，事先设置好需要同步或延迟的时间，再接入高速摄影的启动控制箱。当给出起爆信号时，高速摄影机便根据确定的时间启动，完成拍摄过程。

拍摄表面鼓包运动时，有时为了准确反映零时起爆信号，摄影与起爆同时发生，则可在爆区中央动标志物附近的起爆母线上串联一小型起爆药卷（也可以是一个雷管），利用爆炸发光将起爆时刻记录在底片上，以准确分析鼓包运动发生的时间。

（5）胶片判读　高速摄影胶片的判读是高速摄影试验的一个重要部分。由于拍摄距离远，画幅较小，加上目标都是高速瞬变过程，曝光时间很短，胶片的分辨率都不会太高，胶片的判读除参考实际设置的静标志和动标志外，一般都要借用图像分析仪和显微密度仪等自动化程度较高的胶片判读设备。

高速摄影法拍摄岩石爆破的表面运动过程具有其他方法无法比拟的优点。它属于非接触测量，不受电磁场的干扰，它所拍摄的目标不是一点，而是表面的大范围运动，具有立体效应，所拍摄的现象直观、真实。但由于胶片的分辨率问题，准确的定量分析比较困难，所以仍需不断深入研究，进一步完善拍摄方法和改进摄影器材。

10.3　岩石隧道爆破新技术

近年来，隧道爆破技术一直受到关注，并出现了许多新的研究成果。在此，我们只介绍掏槽爆破、周边爆破及爆破对围岩损伤方面的成果，这些成果也是隧道爆破技术研究与进步的关键。

10.3.1　直孔掏槽的爆破参数设计

直孔掏槽是中深孔爆破常采用的掏槽形式，随着中深孔爆破技术的普遍使用，这种掏槽

形式受到了人们的广泛关注。三角柱直孔掏槽是直孔掏槽中应用最广泛的形式之一，这种掏槽形式的特点是：炮孔布置简单，易被工人接受和掌握，适用于各类岩层，能实现较高的炮孔利用率。三角柱直孔掏槽有三种基本形式（见图10-22）其实质是相同的。随着岩石坚固性系数增大，炮孔间距必然要减小，为保证后续炮孔爆破所需的有效自由面，就需要增加炮孔来扩大槽腔，结果便形成了三种基本掏槽形式。其中，图10-22b所示形式在工程中较常用，针对此种三角柱直孔掏槽形式进行参数设计，所得结论均可套用于其他两种掏槽形式。

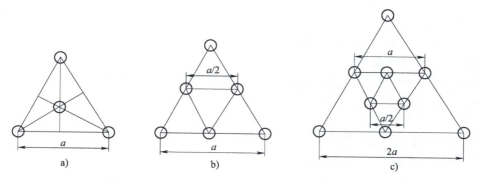

图10-22 三角柱直孔掏槽炮孔布置的三种基本形式

1. 直孔掏槽的破岩过程

掏槽的作用是在掘进工作面形成第二个自由面，为后续炮孔的爆破创造有利条件。因此要求掏槽孔爆破后，槽腔内的岩石充分破碎，并将其抛出腔外。掏槽孔腔内岩石破碎与抛出的程度越高，掏槽效果越好。掏槽效果的好坏对整个循环爆破的炮孔利用率起决定作用。

在直孔掏槽中，炮孔底部装药，外部充填炮泥。炮孔内的装药爆炸后，在炮孔底部和外部造成不同形式的破坏。首先，各炮孔装药在未来槽腔的底部同时起爆，在岩石中产生应力波相互作用，使未来槽腔内的岩石充分破碎；然后，爆生气体产物渗入新生成的岩石裂缝，与岩石碎块充分混合，共同向槽腔内炮孔充填炮泥段的岩石施加向外推力。在这种向外推力的作用下，槽腔内炮孔充填炮泥段的岩石与周围岩石发生剪切破坏，进而向外抛出。紧随其后，槽腔底部的破碎岩块和爆生气体产物也向外抛出，形成掏槽槽腔。

为了使槽腔内炮孔底部装药段的岩石充分破碎，槽腔内各点的合成应力均须满足岩石的破坏条件。如图10-23所示，O点离装药炮孔最远，各炮孔装药爆炸产生应力波的叠加应力值最小，处于最不利的位置。因此，只要O点的叠加应力值满足岩石的破坏条件，就能保证未来槽腔内炮孔底部装药段岩石中任一点的合成（叠加）应力满足岩石的破坏条件。在O点，合成应力由各炮孔装药爆炸产生应力波的径向应力和切向应力叠加而成。在xOy直角坐标平面内，有

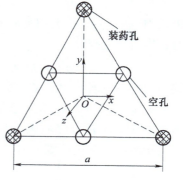

图10-23 爆破槽腔内岩石应力分析

$$\sigma_x = \sum_{j=1}^{3}(\sigma_{rj} + \sigma_{\theta j})_x = -\sigma_{r1}\cos\frac{\pi}{6} - \sigma_{r2}\cos\frac{\pi}{6} - \sigma_{r3}\cos\frac{\pi}{2} +$$

$$\sigma_{\theta 1}\sin\frac{\pi}{6} + \sigma_{\theta 2}\sin\frac{\pi}{6} + \sigma_{\theta 3}\sin\frac{\pi}{2} = -\sqrt{3}\,\sigma_r + 2\sigma_\theta \qquad (10\text{-}46)$$

$$\sigma_y = \sum_{j=1}^{3}(\sigma_{rj} + \sigma_{\theta j})_y = -\sigma_{r1}\sin\frac{\pi}{6} - \sigma_{r2}\sin\frac{\pi}{6} - \sigma_{r3}\sin\frac{\pi}{2} +$$

$$\sigma_{\theta 1}\cos\frac{\pi}{6} + \sigma_{\theta 2}\cos\frac{\pi}{6} + \sigma_{\theta 3}\cos\frac{\pi}{2} = -2\sigma_r + \sqrt{3}\,\sigma_\theta \qquad (10\text{-}47)$$

$$\tau_{xy} = \tau_{yz} = \tau_{xz} = 0 \qquad (10\text{-}48)$$

式中　σ_x、σ_y——x、y 方向的应力；

τ_{xy}、τ_{yz}、τ_{xz}——剪应力；

σ_{rj}、$\sigma_{\theta j}$——第 j 个炮孔装药爆炸在 O 点引起的径向应力和切向应力，$j=1$，2，3，且进一步可知

$$\sigma_{rj} = \sigma_r,\ \sigma_{\theta j} = \sigma_\theta \qquad (10\text{-}49)$$

将这一问题看成平面应变问题，则有

$$\sigma_z = \mu(\sigma_x + \sigma_y)$$

因岩石破坏时，已进入塑性状态，取岩石泊松比 $\mu = \dfrac{1}{2}$，并将式（10-46）和式（10-47）代入得

$$\sigma_z = \frac{1}{2}(2 + \sqrt{3})(\sigma_\theta - \sigma_r) \qquad (10\text{-}50)$$

于是，可求得 O 点的应力为

$$\sigma_i = \frac{1}{\sqrt{2}}\big[(\sigma_x - \sigma_y)^2 + (\sigma_y - \sigma_z)^2 + (\sigma_z - \sigma_x)^2 + 6(\tau_{xy}^2 + \tau_{yz}^2 + \tau_{xz}^2)\big]^{1/2}$$

将式（10-46）、式（10-47）、式（10-50）代入，得

$$\sigma_i = (\sqrt{3} - 3/2)(\sigma_r + \sigma_\theta) \qquad (10\text{-}51)$$

根据 Mises 准则，当应力强度 σ_i 满足式（10-52）时，岩石发生破碎。

$$\sigma_i \geqslant \sqrt{2}\,\sigma_s \qquad (10\text{-}52)$$

式中　σ_s——岩石的抗拉强度。

如图 10-24 所示为实现槽腔内岩石的顺利抛出，要求 2 区岩石内端面受到的压力必须大于或等于岩石的总抗剪破坏力，即

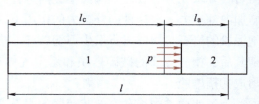

图 10-24　槽腔内炮孔充填炮泥段岩石的剪切破坏与抛出

$$\left.\begin{array}{l} pS_1 \geqslant S_2\tau_s \\[4pt] p = (p_0/p_c)^{m/\gamma}(V_c/V_b)^m p_c,\ p_0 = \rho_0 D^2/8 \\[4pt] S_1 = \sqrt{3}\,a^2/4,\ S_2 = 3al_a \end{array}\right\} \qquad (10\text{-}53)$$

式中　p——爆生气体产物的准静压力；

p_0——平均爆压；

ρ_0——装药密度；

D——炸药爆速；

p_c——爆生气体产物膨胀的临界压力，$p_c = 100\text{MPa}$；

V_c——与 p_c 相应的临界体积；

V_b——爆生气体膨胀的最大体积；

m、γ——高、低压下气体产物的膨胀系数，$m = 3$，$\gamma = 1.4$；

S_1——2 区岩石内端面受压面积；

S_2——最大剪切面积；

a——装药炮孔间距；

l_a——炮孔封泥长度；

τ_s——岩石的抗剪强度。

2. 掏槽孔爆破参数计算

三角柱直孔掏槽的爆破参数有装药不耦合系数 k、炮孔间距 a 和炮孔装药长度系数 η。在隧道或井巷掘进工程实践中，装药不耦合系数常由炮孔直径和炸药卷直径决定。通常情况下，装药不耦合系数可视为定值

$$k_d = d_b/d_c = 0.42/0.32 = 1.3125$$

式中　d_b，d_c——炮孔直径和装药直径（dm）。

（1）掏槽孔间距的确定　三角柱直孔掏槽中，炮孔装药爆炸后，对孔壁产生的动态压力

$$p_1 = p_0 k_d^{-2m} n \tag{10-54}$$

式中　n——爆生气体产物碰撞孔壁时的压力增大系数，$n = 8 \sim 10$。

p_1 在岩石引起应力波向外传播，其径向应力和切向应力随传播距离增加而衰减

$$\sigma_r = p_1 (r/r_b)^{-\alpha} \tag{10-55}$$

$$\sigma_\theta = b\sigma_r \tag{10-56}$$

式中　α——应力波衰减系数，在冲击波区 $\alpha = 2 + \dfrac{\mu}{1-\mu}$，在应力波区 $\alpha = 2 - \dfrac{\mu}{1-\mu}$；

b——侧应力系数；

r_b——炮孔半径，$r_b = d_b/2$；

r——岩石中任一点到炮孔中心的距离。

将式（10-54）、式（10-56）及式（10-51）代入式（10-52），有

$$r = (p_1/A)^{1/\alpha} r_b \tag{10-57}$$

$$A = \frac{\sqrt{2}\,\sigma_s}{(\sqrt{3} - 3/2)(1 + b)}$$

进一步，利用余弦定理，求得炮孔间距

$$a = \left[2r^2 - 2r^2\cos\frac{2\pi}{3} \right]^{1/2} = \sqrt{3}\,r \tag{10-58}$$

（2）装药系数的确定　由式（10-53），得

$$l_a \leqslant \frac{\sqrt{3}}{12} \frac{a}{\tau_s} p = \frac{\sqrt{3}}{12} \frac{a}{\tau_s} \left(\frac{p_0}{p_c} \right)^{\frac{m}{\gamma}} \cdot \left(\frac{d_c}{d_b} \right)^{2m} \left(\frac{1}{2} \right)^m \tag{10-59}$$

于是，装药系数

$$\eta = 1 - l_c/l \tag{10-60}$$

式中 l——循环炮孔深度。

可以看出，l_a 取决于岩石性质、装药参数及掏槽孔间距，而与炮孔深度无关。装药长度系数随炮孔深度增大而增大。这符合工程实践中炮孔深度越大，爆破难度越大的基本规律。

3. 工程应用

某隧道在砂岩中掘进，岩石坚固性系数 $f = 8$，取岩石的抗压强度 $\sigma_c = 80\text{MPa}$，抗拉强度 $\sigma_s = 6.7\text{MPa}$，抗剪强度 $\tau_s = 8.5\text{MPa}$，泊松比 $\mu = 0.26$；爆破采用 2 号岩石炸药，炸药爆速 $D = 3600\text{m/s}$，密度 $\rho_0 = 1000\text{kg/m}^3$，装药直径 $d_c = 3.2 \times 10^{-2}\text{m}$，炮孔直径 $d_b = 4.2 \times 10^{-2}\text{m}$，循环炮孔深度 $l = 3.0\text{m}$。采用三角柱直孔掏槽，试确定掏槽孔爆破参数。

所爆破岩石为中硬岩石，选用图 10-22b 所示的掏槽形式。由式（10-55）~式（10-59）得到装药孔间距 $a = 61 \times 10^2\text{m}$；由式（10-59）、式（10-53）、式（10-60）得掏槽孔装药长度 $l_c = l - l_a = 2.35\text{m}$，装药系数 $\eta = 0.78$。

在实际巷道爆破施工中，采用的掏槽孔爆破参数为：装药孔间距 $a = 65 \times 10^{-2}\text{m}$，炮孔装药长度 $l_c = 2.4\text{m}$。共完成爆破循环数 5 个，循环进尺为 2.64~2.86m，平均为 2.77m，平均炮孔利用率为 92.3%，达到 90% 以上，实现了巷道掘进的快速施工。

结果表明爆破参数计算方法基本正确，计算结果与工程实际相符。

10.3.2 周边爆破方法的改进

由于岩石爆破过程的复杂性，爆破在将既定范围内的岩石破碎下来，达到既定工程目的的同时，也不可避免要对开挖范围之外的岩石造成损伤或破坏，从而影响爆破后围岩的长期稳定。为解决这一问题，相继发展了光面爆破、预裂爆破、岩石定向断裂爆破等周边爆破技术。

光面爆破和预裂爆破是为了减少爆破超挖，但采用这一技术不能消除爆破对围岩体的损伤。而岩石定向断裂爆破的原理不同于光面爆破，在合理的爆破参数条件下，能够控制只在炮孔连线方向上产生裂纹，从而降低爆破对围岩造成的损伤，有效保护岩石的原有稳定性。下面将介绍最大限度降低岩石爆破损伤的定向断裂爆破炮孔装药量计算方法。

1. 光面爆破的不足

光面爆破以减少爆破超挖为目的，装药参数设计以炮孔壁岩石不产生压碎，并实现最大炮孔间距，减少所需炮孔数为原则，使炮孔壁受到的爆破荷载满足以下条件

$$p = K\sigma_c \tag{10-61}$$

式中 p——炮孔壁所受爆破荷载；

K——动载及三向应力条件下的岩石强度增大系数，一般可取 $K = 10$；

σ_c——岩石的（单向）抗压强度。

这一装药条件下，将岩石视为弹性介质，则得到单个炮孔爆炸荷载作用下炮孔壁岩石中的应力为

$$\sigma_r = p = K\sigma_c, \quad \sigma_\theta = b\sigma_r \tag{10-62}$$

式中　σ_r，σ_θ——径向应力和切向应力；

　　　　b——侧应力系数，$b=\mu/(1-\mu)$；

　　　　μ——岩石的泊松比，对常见岩石，$\mu=0.2\sim0.4$。

对大多数岩石，可取抗拉强度与抗压强度之间的关系为

$$\sigma_t = 0.1\sigma_c \tag{10-63}$$

式中　σ_t——岩石的抗拉强度。

于是，由式（10-62）、式（10-63），并代入有关常数，有

$$\sigma_\theta = bK\sigma_c = (2.5\sim6.7)\sigma_c \gg \sigma_t \tag{10-64}$$

可见，光面爆破中，除在炮孔壁、炮孔间连线方向形成裂纹外，还将在炮孔壁其他方向产生许多细小的随机分布裂纹。根据细观损伤力学的观点，这些细小裂纹即引起岩石损伤，在裂隙发育或低强度岩石条件下，光面爆破效果较差，往往出现爆破后岩石破坏、掉渣的情况。

如果增大装药不耦合系数或减少炮孔装药系数，降低炮孔壁岩石所受荷载值，使单个炮孔爆炸荷载作用下炮孔壁岩石中的切向应力小于岩石的抗拉强度，将不利于炮孔间贯通裂纹的形成，将使炮孔间距大大减小。事实上，为了形成炮孔间贯通裂纹，根据应力波叠加原理，要求炮孔间连线中点的切向拉应力满足

$$\sigma_\theta = 2bp\left(\frac{a}{d_b}\right)^{-\alpha} \geqslant \sigma_t \tag{10-65}$$

式中　a——炮孔间距；

　　　　d_b——炮孔半径，$d_b = 2r_b$；

　　　　α——应力波衰减指数，$\alpha = 2-\dfrac{\mu}{1-\mu}$。

炮孔壁非炮孔连线方向岩石不产生拉伸裂纹的条件为 $\sigma_\theta = bp \leqslant \sigma_t$，由式（10-65）并取等号得

$$a = \left(\frac{2bp}{\sigma_t}\right)^{\frac{1}{\alpha}} d_b \leqslant \left(\frac{2\sigma_t}{\sigma_t}\right)^{\frac{1}{\alpha}} d_b = 2^{\frac{1}{\alpha}} d_b$$

进一步，代入 $\mu=0.2\sim0.4$，得

$$a \leqslant (1.48\sim1.68)d_b \tag{10-66}$$

显然，这样的炮孔间距是工程施工无法接受的。综合上述两方面的分析可知，采用光面爆破无法避免围岩受到的爆破损伤。这是光面爆破的不足，其原因是在光面爆破采用不耦合装药来降低炸药对岩石的爆炸荷载，这样炮孔壁不同方向岩石受到的荷载相同，不同方向岩石的抗破坏能力也相同，产生裂纹的概率也相同。

2. 定向断裂爆破降低围岩损伤的特性

为了进一步提高周边爆破效果，最大限度降低爆破对围岩的损伤，人们在光面爆破的基础上提出并发展了岩石定向断裂爆破技术。与光面爆破不同，定向断裂爆破炮孔间贯通裂纹形成分两个阶段，从而实现了炮孔壁裂纹起裂、扩展的方向性。

预裂纹形成后，尽管这时的炮孔壁不同方向岩石受到的荷载相同，但由于仅需较小的荷

载就能使预裂纹起裂，可以控制不在炮孔周围非炮孔间连线方向上引起径向裂纹，因而最大限度降低围岩的爆破损伤。图 10-25 所示为具有预裂纹的炮孔，在炮孔内爆炸荷载作用下，预裂纹起裂的条件为

$$K_{\mathrm{I}} = p\sqrt{\pi r_0}\, f(r_0/r_{\mathrm{b}}) \geqslant K_{\mathrm{IC}} \qquad (10\text{-}67)$$

式中　K_{I}——I 型裂纹尖端的应力强度因子；

　　　p——定向断裂爆破时的炮孔内压力；

　　　r_0——炮孔初始导向裂纹长度；

　　　r_{b}——炮孔半径；

　　　K_{IC}——岩石的断裂韧度；

$f(r_0/r_{\mathrm{b}})$——形状因子，参照表 10-1 选取。

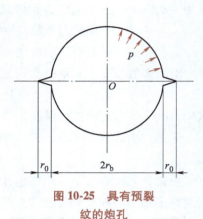

图 10-25　具有预裂纹的炮孔

表 10-1　$f(r_0/r_{\mathrm{b}})$ 随 r_0/r_{b} 的变化值

r_0/r_{b}	0.1	0.2	0.3	0.4	0.5	0.6	0.8	1.0	1.5	2.0	3.0	5.0	10.0	∞
$f(r_0/r_{\mathrm{b}})$	1.98	1.83	1.70	1.61	1.57	1.52	1.43	1.38	1.26	1.20	1.13	1.06	1.03	1.0

于是，使预裂纹起裂的炮孔压力值为

$$p = \frac{K_{\mathrm{IC}}}{\sqrt{\pi r_0}\, f(r_0/r_{\mathrm{b}})} \qquad (10\text{-}68)$$

根据长江科学院的实验研究，进行量纲换算后，得到岩石断裂韧度与单轴抗压强度的关系

$$K_{\mathrm{IC}} = 1.41\sigma_{\mathrm{t}}^{1.15} \qquad (10\text{-}69)$$

式中　σ_{t} 的量纲为 MPa；K_{IC} 的量纲为 MN/m$^{3/2}$

利用式（10-69）、式（10-63），可将式（10-68）改写成

$$p = \frac{0.141\sigma_{\mathrm{c}}^{0.15}}{\sqrt{\pi r_0}\, f(r_0/r_{\mathrm{b}})} \cdot \sigma_{\mathrm{c}} \qquad (10\text{-}70)$$

令 $\dfrac{0.141\sigma_{\mathrm{c}}^{0.15}}{\sqrt{\pi r_0}\, f(r_0/r_{\mathrm{b}})} = K_{\mathrm{a}}$，其大小与岩石的抗压强度和预裂纹长度 r_0 有关。以砂岩的情况为例，取岩石的 $\sigma_{\mathrm{c}} = 80\mathrm{MPa}$，$r_{\mathrm{b}} = 21\mathrm{mm}$，经计算得 K_{a} 与 r_0 之间的变化关系，见表 10-2。

表 10-2　r_0 与 K_{a} 的关系

r_0/mm	1.0	2.1	4.2	8.4	12.6	16.8	21.0	42.0
K_{a}	0.158	0.110	0.092	0.068	0.063	0.059	0.054	0.044

对于其他岩石，以 $r_{\mathrm{b}} = 21\mathrm{mm}$ 不变，计算得到不同岩石的 K_{a} 与 r_0 的关系如图 10-26 所示。可以看出，σ_{c} 对 K_{a} 的影响不显著。

如果炮孔壁岩石中的切向拉应力小于岩石的抗拉强度，则炮孔壁除预裂纹外，将不产生新的裂纹，因而要求

$$\sigma_{\theta} = bp = bK_{\mathrm{a}}\sigma_{\mathrm{c}} \leqslant \sigma_{\mathrm{t}}$$

即

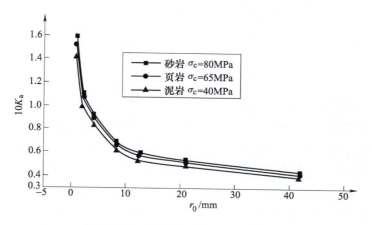

图 10-26 不同岩石的 K_a 与 r_0 的关系

$$K_a \leqslant \sigma_t/b\sigma_c = 0.1b^{-1} \tag{10-71}$$

将岩石的泊松比 $\mu = 0.2 \sim 0.4$ 代入，得 $K_a \leqslant 0.15 \sim 0.4$。由表 10-2、图 10-26 可知，只要炮孔壁上的初始导向裂纹长度 $r_0 > 2.1$ mm，就可保证只有预裂纹起裂，而在炮孔壁的其他方向不产生裂纹。实际周边爆破工程中，定向断裂爆破形成的预裂纹大都在 $2 \sim 3$ mm，因此采用定向断裂爆破能够最大限度降低爆破对围岩的损伤。

3. 定向断裂爆破的炮孔装药量

定向断裂爆破炮孔装药的作用是使炮孔壁已有的预裂纹起裂、扩展，实现炮孔间裂纹贯通，同时不在炮孔壁其他方向产生径向拉伸裂纹，造成围岩损伤。以不耦合装药为例，且认为炸药爆炸产物遵循下式的膨胀规律

$$p = \left(\frac{p_c}{p_k}\right)^{\frac{k}{m}} \left(\frac{V_c}{V_b}\right)^k p_k \tag{10-72}$$

$$p_c = \frac{1}{8}\rho_0 D^2 \tag{10-73}$$

式中　p_c——装药体积内炸药爆炸产物平均压力；

　　　p_k——爆炸产物膨胀过程中的临界压力，取 $p_k = 100$ MPa；

　　　V_c——装药体积；

　　　V_b——炮孔体积；

　　　m——高压阶段（$p \geqslant p_k$）的爆炸产物膨胀指数，$m = 3$；

　　　k——低压阶段（$p \leqslant p_k$）的爆炸产物膨胀指数，$k = 1.4$；

　　　ρ_0——炸药密度；

　　　D——炸药爆速。

因不能在炮孔壁引起除预裂纹以外的其他拉伸裂纹，令式（10-72）中的 $p = \sigma_t/b$，则得到炮孔装药体积

$$V_c = \left(\frac{\sigma_t}{bp_k}\right)^{\frac{1}{k}} \left(\frac{p_k}{p_c}\right)^{\frac{1}{m}} V_b \tag{10-74}$$

进一步，得到每米炮孔装药长度（装药系数）η 和每米炮孔装药量 q 为

357

$$\eta = \frac{4V_c}{\pi d_c^2} = \left(\frac{d_b}{d_c}\right)^2 \left(\frac{\sigma_t}{b p_k}\right)^{\frac{1}{k}} \left(\frac{p_k}{p_c}\right)^{\frac{1}{m}} \tag{10-75}$$

$$q = \frac{\pi}{4} d_c^2 \rho_0 \eta \tag{10-76}$$

式中　d_c、d_b——装药直径和炮孔直径。

以2号岩石炸药装入砂岩中实施定向断裂爆破为例，取 $\sigma_t = 8\text{MPa}$，$\mu = 0.26$；$d_c = 32\text{mm}$，$d_b = 42\text{mm}$，$\rho_0 = 1000\text{kg/m}^3$，$D = 3600\text{m/s}$。利用式（10-75）、式（10-76）计算得到炮孔装药系数 $\eta = 0.24$，每米炮孔装药量 $q = 192.2\text{g/m}$。计算结果与爆破工程实际相符。

4. 几点结论

1）光面爆破在形成炮孔间贯通裂纹的同时，也在其他方向产生众多的细小裂纹，这些细小裂纹造成围岩损伤，不利于爆破后围岩的长期稳定。如果设法降低炮孔内爆炸荷载，希望避免在炮孔壁非连线方向的岩石中产生拉伸裂纹，则炮孔间距需减小到不可接受的程度。因此，光面爆破不可避免会对围岩造成损伤。

2）定向断裂爆破中，由于先形成预裂纹，使炮孔连线方向上岩石的抗破坏能力削弱，在炮孔内爆炸荷载作用下，该方向岩石优先断裂，控制合理的预裂纹长度及炮孔装药量，能够做到仅使炮孔连线方向上的预裂纹扩展，而炮孔壁其他方向岩石中不产生拉伸裂纹，实现最大限度降低爆破对围岩的损伤。

3）为实现定向断裂爆破最大限度降低爆破对围岩的损伤，应使炮孔内炸药爆炸荷载在炮孔壁岩石中引起的切向拉应力小于岩石的抗拉强度，由此可计算炮孔合理的装药量，实现对围岩的保护，降低爆破引起的岩石损伤。

10.3.3 钻孔爆破的自动化控制新技术

1996年以来，INCO、Tamrock、Dyno Noble 和 CANMET 四个公司建立了国际联合集团，致力于发展一种设计钻孔爆破自动化项目（MAP）的遥控采掘设备。到2000年已经生产了MAP 的样机和系统，并进行了生产性试验。

1. 钻孔过程

作为 MAP 试验的一部分，所有开挖循环都采用了 Tamrock Data Min 206-60 计算机控制的双臂凿岩台车，在整个掘进过程中保持不变的计划钻孔模式，并输入到计算机面板中，由定位钻臂和自动钻孔到4m 特定深度的控制系统来完成模式钻孔。装岩和钻孔之间的巷道段采用喷射混凝土支护，以便在下一个循环钻孔前进行工作面的准备，而不需进行清洗、整修、标记未爆炮孔、挖掘底部炮孔和安装传统的测线和测点等工作。钻孔的定位在地面由远程遥控来完成，循环的主要部分是在潮湿的喷射混凝土下钻孔，采用定位导航系统确保炮孔的平直和精度。应用该自动凿岩台车比手动控制的凿岩台车的钻孔准确度提高了35%，但是掘进工作面的地质条件对钻孔精度影响较大。

为简化，所有炮孔均采用48mm 的直径，同时沿掘进底板布置了一排不装药的小间距空孔。根据地质条件和岩石类型，空孔的深度取循环深度，距离底板空孔孔口上部0.5m 布置平行于空孔的装药炮孔。该技术不但可以降低对掘进底板的破坏和保护底板，而且可以保证下一个循环开始前，所有的爆破岩石可以清理出工作面。

2. 爆破过程

在整个研究计划中，钻孔模式保持不变，但爆破采用了 ANFO、Dyno Split-C 光爆炸药和 Dyno RUS—G 乳化炸药，并采用了 Dyno 的 EDI 电子雷管。电子雷管的程序化、装填和起爆在地表采用在 MAP 程序内的 DynoRem EDI 系统控制完成。电子雷管的选择不但要考虑对爆破效果的潜在影响，而且也要考虑为了确保 Telemining™ 开发一个完全远距离控制的装药和起爆系统。

爆破设计应与钻孔模式和炸药产品相匹配，从而减少超挖并且取得高的孔痕率。采用在 MAP 程序内部开发的 DynoCAD 爆破模型软件，该软件应用热力学方程描述炸药特性和计算爆轰反应产生的压力，并综合考虑了岩体特性，包括动态模量、强度和确定承受由爆轰反应产生的应力结构等；该软件还给出了在钻孔周围径向距离裂纹的图像，在该图像中有一定比例的裂隙存在和径向裂隙停止扩展的界限。爆破模式基于 20% 的破裂重叠定义。

周边孔装药集中度的减少是应用含化学气泡的可泵装乳化炸药和光爆散装炸药，当采用含气泡乳化炸药时，应用串装技术来达到合适的装药量和不耦合系数，乳化炸药的装药密度为 $0.8 \text{g}/\text{cm}^3$。

基于限制在临近炮孔之间非孔间孔线方向产生裂缝，限制径向裂缝向围岩传播的原则，周边孔采用瞬间同时起爆，Onard 认为周边孔同时起爆可以加强在炮孔连线方向裂缝扩展的定向性，Rustan 认为周边孔的微小间隔顺序起爆降低了应力波的幅值。只有采用精确的电子雷管时，才能实现在 2ms 内完成所需的起爆时间间隔。采用 EDI 电子雷管可以实现精确的延期，并可以改善爆破破碎，达到低振动和减少损伤的目的。有研究认为采用电子雷管后，孔痕率从采用传统的引火药头式雷管起爆时的 32% 提高到了 47%，并提高了炮孔利用率。

3. 掘进工作面损伤评价

爆破后的效果评价包括孔痕率、断面轮廓尺寸和爆破振动测量，还应该记录和评价拒爆的情况。断面轮廓的测量是为了评价在每一个掘进循环中的超挖量（OB）和欠挖量（UB）。爆破振动记录是为了估计传递到岩体中的炸药能量、周边孔的不耦合装药性能和雷管的起爆时间。爆破采用了带有多组正交的地震检波器进行监测，地震检波器镶嵌在一个铝盒中，铝盒被锚固和浇筑在临近巷道的岩石直墙内。

地下开挖工程的目标是使掘进的超欠挖降低到零。岩体性质、采用的炸药、延期时间和顺序、掏槽形式等对巷道的开挖质量有重要的影响。在以前，20% 的体积超挖量是很正常的。Cotesta 等的研究表明，钻孔、爆破和地质结构三者对 OB 有不同的影响，地质结构对 OB 的影响在机械开挖时是最主要的因素，OB 值的 50% 以上是由地质结构造成的；对于爆破开挖，Lidkea 报道了 OB 的测量值，其中 80.5% 是爆破所造成的，19.5% 是由于钻孔所造成的。如果考虑地质结构的影响，爆破产生的 OB 减少到 39%，而剩余的 41.5% 是结构原因产生的。

采用测量的掘进断面与设计的掘进断面进行比较的方法来计算 OB 和 UB。巷道的测量采用 Mensi 激光扫描仪进行，当巷道钻孔爆破后，定期对巷道进行激光扫描，激光扫描仪可以进行 360° 扫描，以确定底板和拱顶的情况，但是激光扫描仪的缺点是在底板有水时不能进行探测，而如果巷道的直墙和拱顶凸出，在凸出部分的后面会造成一个不可见的空洞区。完成的扫描图像输入到 AutoCAD2013 中，从设计循环开始的 1m、2m 和 3m 处被分为 3 个断面，并与设计断面进行比较以确定 OB（超控量）和 UB（欠控量）值。

损伤值代表了整个掘进工作过程的质量情况，而且包括了在开口位置的误差、钻孔的偏差、爆破损伤再加上附加混凝土支护的变化等，这些因素的微小变化都会对损伤值造成大的影响。每一次爆破后记录下可见的孔痕率（HCF），由于受地质结构影响和岩体软弱，HCF并不是一种很好的损伤评价测量方法，巷道轮廓清理前后的HCF是不同的，Paveni 证实，在清理后的HCF值产生了 50%的变化，而OB值只有很微小的变化。

4. 破碎块度评价

应用 WipFrag 程序对多个掘进循环的破碎块度进行数字照相分析，并与筛分法进行比较，块度指标 D_{25}、D_{50}、D_{70}、D_{90}（分别表示 25%、50%、75% 和 90% 通过筛目的块度）尺寸分别为 8.9cm、14cm、22cm 和 31.5cm。由于在地下掘进工作面的光线不足，不能满足 WipFrsg 对爆堆进行照相的需要，因此，宜在爆堆被装运到地表以后进行照相和图像处理。

采用以上自动化样机在采掘工作面进行试验后，取得了以下效果和结论：

1）6 空孔掏槽设计为 ANFO 炸药爆破提供了足够的膨胀空间，但是对于乳化炸药是不够的。

2）OB 值平均小于 8%，而 UB 小于 10%。

3）由于岩体的节理和剪切带的影响，计算的 HCF 偏低，单独采用 HCF 评价损伤不是一个好的指标。

4）采用 ANFO 炸药和 EDI 电子雷管起爆时的岩石破碎块度指标 D_{75} 为 21.8cm，只有不到 5%的块度尺寸大于 45.7cm，所有的块度尺寸都在 61cm 以下。

10.4 新型爆破器材与起爆技术

在世界各国政府和社会公众要求减少危险品和爆炸物品的呼声越来越高，对危险品、特别是爆炸物品的管理越来越严格的背景下，一方面要求加强现行生产、储存、运输和使用爆炸物品各环节的安全管理，另一方面要求研究开发新的技术和工艺，提高民用爆炸物品、特别是民用炸药的本质安全性。这是解决问题的根本途径。安全、高效的露天和地下现场混装乳化炸药新技术，很好地适应了这一要求，已成为当今民用炸药技术的一个主要发展方向。

10.4.1 现场混装乳化炸药技术的先进性

现场混装乳化炸药技术采用的是可泵送乳胶基质，其组分的 80%~90%是硝酸铵等硝酸盐，只有将其装入炮孔且经化学敏化后才成为乳化型爆破剂，符合"本质安全"要求，乳胶基质本身在制备、储存、运输各环节的爆炸危险性比普通硝酸铵还小。应用现场混装乳化炸药技术，人们可以使某种非爆炸性物质（乳胶基质）在装入炮孔后才变成具备爆炸性的炸药。因此，在一些国家的管理法规中，现场混装乳化炸药技术中采用的乳胶基质，与硝酸铵一样，列为氧化剂而非爆炸危险品管理范畴。乳胶基质制备站（厂）可以在其主要原材料产地附近，甚至可在硝酸铵制造厂内集中建设，最大限度地降低系统与产品成本。

现场混装乳化炸药技术的发展和应用，还可减少爆破作业对环境的不良影响，提高地下爆破作业效率。现代民用炸药组分中含有大量硝酸铵、硝酸钠等硝酸盐，它们易溶于水，生成铵、硝酸根和钠离子，而铵离子、硝酸根离子释放出氨，形成对某些植物或微生物生长不利的富营养物质。欧洲一些国家对矿山周围环境长期监测发现，爆破作业散落的炸药会对环境造成一定的污染。现场混装乳化炸药技术减少了乳胶基质半成品在运输、储存和使用过程中的泄漏，而乳胶基质本身的油包水（W/O）结构也可阻止硝酸盐溶于水，基本上消除了民用炸药对环境的直接污染。

1kg 民用炸药爆轰生成大约 1000L 气体产物（炮烟），其中 5%~10% 是一氧化碳和含氮气体等对环境有害的物质。民用爆破作业产生有毒炮烟的体积，取决于很多因素，其中最主要的是炸药的化学组成、均匀性和它的抗水性能。与铵油（ANFO）、硝化甘油炸药比较，乳化炸药的有毒气体，特别是含氮炮烟排放量要少得多。现场混装乳化炸药爆破炮烟中的 CO 和 NO_x 含量大幅度减少，NO_x 生成量仅为粉状硝铵类炸药的 1/4。这一点有很好的实际意义，特别是在地下爆破作业时，炮烟会直接影响作业环境和作业效率。使用乳化炸药，爆破后等待较短时间就可以进入作业面，这意味着可以用较短的时间完成隧道掘进。此外，在隧道掘进中采用现场混装乳化炸药技术，整个断面所有炮孔都可以装填乳化炸药，改变以前在周边孔装填传统光面炸药的做法，最大限度减少爆破有毒气体生成量。

1. 第二代露天现场混装乳化炸药技术

第二代露天乳化炸药现场混装技术，应用时将车载乳胶基质从移动式装药车上分离出来，车上只配置乳胶基质储仓、敏化剂罐和乳胶基质输送、敏化、装填等系统，装药车整车抗颠簸、抗冲击性能提高，因此可大幅度提高其综合作业效率，延长系统使用寿命。这将直接影响可泵送乳胶基质及最终产品性能的车载乳胶基质制备系统分离到地面站，变第一代露天乳化炸药现场混装技术的油水相制备站为乳胶基质制备站。乳胶基质制备的油水两相泵送、计量、乳化、自控系统，设在地面站厂房内，工况条件良好、稳定，从而确保乳胶基质的质量稳定。

2. 地下现场混装乳化炸药技术

地下现场混装乳化炸药技术，或称为小直径乳化炸药现场混装技术，与露天现场混装乳化炸药技术比较，难度更大。对爆破作业人员来说，露天与地下爆破作业的一般区别，只是爆破装药的炮孔直径大小不同而已，以露天和地下矿山为例，前者通常钻凿较大直径（100mm 以上）的炮孔，后者的炮孔直径则较小，炮孔直径主要为 35~64mm，常用的炮孔直径为 45mm 左右。以乳化炸药为代表的现代工业炸药，装药直径对其爆轰传播有很大影响，用于小直径炮孔装药爆破的炸药，要求其具备较小的临界爆轰直径和稳定的传爆性能。

地下现场混装乳化炸药技术涉及的乳胶基质的长距离输送、连续敏化成药等关键工艺技术，直到十几年前才得到根本解决。以这些关键技术为基础，采用新的敏化工艺和技术，解决了小直径乳化炸药的现场敏化、炮孔装填和稳定传爆问题，并研制开发了相应的地下现场混装乳化炸药装药车。这种新型装药车具有很强的机动性和灵活性，除地下爆破作业外，也适用于中小型露天矿山、采石场及其他露天岩土爆破作业。

已经发展起来的地下现场混装乳化炸药技术，加上已有的露天现场混装乳化炸药技术，可以实现几乎所有爆破作业的炸药现场混装。这些新的工业炸药技术，可能会改变传统工业炸药的生产和使用概念，进而改变爆破作业的整体技术面貌。

与露天现场混装乳化炸药技术一样，炮孔中乳化炸药的质量也主要取决于乳胶基质本身的质量。运到地下现场的非爆炸性乳胶基质，在地面固定式制备站生产，乳胶基质的质量可以得到很好的控制。在地下爆破作业现场，控制系统对泵送参数进行在线监测，从而保证了成品炸药的质量。在爆破装药现场，可用一只量杯和便携式称量器（如弹簧秤）来测定乳胶基质的敏化均匀性和炸药密度。混入敏化剂的乳胶基质进入炮孔后，几分钟内就能达到设计的感度和密度，成为乳化炸药。

地下现场混装乳化炸药具有良好的物理和爆炸性能，与传统商业炸药不同，不存在炸药储存期问题。以 MORSE 系统为例，地下现场混装乳化炸药的主要性能指标为：成品平均密度 $1.01g/cm^3$（可以获得 $0.8 \sim 1.20g/cm^3$ 的密度）；质量做功能力（能量）3MJ/kg；临界直径 30mm；爆速 $4500 \sim 5000m/s$；线装药密度为 1.4kg/m（对直径 40mm 的炮孔）$\sim 3.5kg/m$（对直径 64mm 的炮孔）。

10.4.2　（数码）电子雷管及起爆系统

（数码）电子雷管是一种可任意设定并准确实现延期发火时间的新型电雷管，具有雷管发火时刻控制精度高、延期时间可灵活设定两大技术特点。电子雷管的延期发火时间，由其内部的一只微型电子芯片控制，延时控制精度达到毫秒级。对岩石爆破工程来说，（数码）电子雷管实际上已达到起爆延时控制的零误差，更为重要的是，雷管的延期时间在爆破现场组成起爆网路后才予设定。

1. PBS 电子雷管

PBS 电子雷管是挪威 Dynamit Nobel 公司和澳大利亚 Orica 公司联合开发的，电子雷管使用起来如同通常的电雷管一样简单，但电子雷管的延期时间不是在工厂预先设定的，起爆系统也不是传统雷管那样的段别式系统。雷管的延期时间在爆破现场由矿工或爆破员按其愿望设定，并在现场对整个爆破系统实施编程。新的电子爆破系统延期时间以 1ms 为单位，可在 $0 \sim 8000ms$ 范围内为每发雷管任意设定。目前，PBS 电子雷管爆破系统可以起爆 1600 发雷管的爆破网路。

电子雷管的起爆能力与人们所熟悉的 8 号雷管相同，其外形尺寸和管壳结构也与 Dynamit Nobel 公司生产的其他瞬发雷管一样。传统延期雷管的段别越高，雷管尺寸越长，但电子雷管的长度是统一的，雷管的段别（延期时间）在其装入炮孔并组成起爆网路后，用编码器自由编程设定。

电子雷管与传统延期雷管的根本区别是管壳内部的延期结构和延期方式。电子雷管和传统电雷管的"电"部分基本上是不同的，对传统电雷管来说，这部分是一根电阻丝和一个引火头，点火电流通过时，电阻丝加热引燃引火头和邻近的延期药，由延期药长度来决定雷管的延期时间；在电子雷管内，也有一个这种形式的引火头，但电子延期芯片取代了电和非电雷管引火头后面的延期药。

两类雷管的管壳和发火部分非常相似，因此，电雷管和非电雷管的大量现行工业标准仍然适用于电子雷管。但由于取消了发火感度较高的延期药，电子雷管的生产更加安全，有利于雷管生产实现连续化、自动化流水线作业。

电子雷管生产过程中，在线计算机为每发雷管分配一个识别（ID）码，打印在雷管的标签上并存入产品原始电子档案。ID 码是雷管上可以见到的唯一标志，在其投入使用时，编码器对其予以识别。依据 ID 码，电子雷管计算机管理系统可以对每发雷管实施全程管理，直至完成起爆使命。此外，管理系统还记录了每发雷管的全部生产数据，如制造日期、时间、机号、元器件号和购买用户等。

电子雷管具有下列技术特点：

1）电子延时集成芯片取代传统延期药，雷管发火延时精度高，准确可靠，有利于控制爆破效应，改善爆破效果。

2）提高了雷管生产、储存和使用的技术安全性。

3）使用雷管不必担忧段别出错，操作简单快捷。

4）可以实现雷管的国际标准化生产和全球信息化管理。

2. 电子雷管起爆网路系统

电子雷管起爆网路系统基本上由三部分组成，即雷管、编码器和起爆器。

编码器的功能是在爆破现场对每发雷管设定所需的延期时间。首先将雷管脚线接到编码器上，编码器会立即读出与该发雷管对应的 ID 码，然后爆破技术员按设计要求，用编码器向该发雷管发送并设定所需的延期时间。

编码器首先记录雷管在起爆回路中的位置，然后是其 ID 码。在检测雷管 ID 码时，编码器还会对相邻雷管之间的连接、支路与起爆回路的连接、雷管的电子性能、雷管脚线短路或漏电与否等技术情况予以检测。对网路中每发雷管的这些检测工作只需 1s，如果雷管本身及其在网路中的连接情况正常，编码器就会提示操作员为该发雷管设定起爆延期时间。

编码器可提供下列三种雷管延期时间设定模式：

（1）输入绝对延时发火时间　在此模式下操作员只需简单地操作按键来设定每发雷管所需的发火时刻。为帮助输入，编码器会显示相邻前一发已设定雷管的发火时刻。

（2）输入相邻雷管发火延时间隔　按这种输入模式，雷管的发火时刻设定方法与非电雷管地表延期回路相似，所选定的延期间隔加上其前一发雷管的发火时刻，即为该发雷管的发火时刻。编码器操作员可以随意设定 3 个间隔时间，因此很容易实现在一个炮孔内采用几发不同延期时间的雷管。

（3）输入延期段数　延期段数输入模式，编码器操作员只需为每发雷管设定一个号码，在起爆回路中雷管按其号码顺序发火，相邻号码雷管之间的延期间隔，如 25ms、30ms 或任何其他间隔时间，可以随意选择。

目前，电子起爆系统的一只编码器最多可以管理 200 发电子雷管。

电子起爆系统中的起爆器，控制整个爆破网路编程与触发起爆。起爆器的控制逻辑比编码器高一个级别，即起爆器能够触发编码器，但编码器却不能触发起爆器，起爆网路编程与触发起爆所必需的程序命令设置在起爆器内。一只起爆器可以管理 8 只编码器，因此，目前的电子起爆系统最多组成 1600 发电子雷管的起爆网路。每个编码器回路的最大长度为 2000m，起爆器与编码器之间的起爆线长 1000m。

只有当编码器与起爆器组成的系统没有任何错误，且由爆破员按下相应按钮对其确认后，起爆器才能触发整个起爆网路。

3. 电子雷管及其起爆系统的安全性

电子雷管用户目前普遍关心的仍然是安全问题。就点燃雷管内引火头的技术安全性来说，传统延期雷管靠简单的电阻丝通电点燃引火头，而电子雷管引火头点燃，通常除靠电阻、电容、晶体管等传统元件外，关键是还有一块控制这些元件工作的可编程电子芯片。如果用数字 1 来表征传统电阻丝的点火安全度，电子点火芯片的点火安全度则为 10^5，是传统电阻丝点火安全度的十万倍。

与传统电雷管比较，电子雷管除受电控制外，还受到一个微型控制器的控制，且在起爆网路中该微型控制器只接收起爆器发送的数字信号。

电子雷管及其起爆系统的设计，引入了专用软件，其发火体系是可检测的。雷管的发火动作也完全以软件为基础。在雷管制造过程中，每发雷管的元器件都要经过检验，检验时，施加于每个器件上的检验电压均高于实际应用中编码器的输出电压。未通过检验的器件不能用于雷管生产。此外，还要对总成的电子雷管进行 600V 交流电、30000V 静电和 50V 直流电试验。

电子起爆系统服从"本质安全"概念。除上述电子雷管的本质安全性外，系统中的编码器同样具有良好的安全性，编码器只是用来读取数据，所以它的工作电压和电流很小，不会出现导致雷管引火头误发火的电脉冲，即使不慎将传统的电雷管接在编码器上，也不会触发雷管发火。此外，编码器的软件不含任何雷管发火的必要命令，这意味着即使编码器出现错误，在炮孔外面的编码器或其他装置也不会使雷管发火。

在爆破网路中，编码器还具备测试与分析功能，可以对雷管和起爆回路的性能进行连续检测，会自动识别线路中的短路情况和对安全发火构成威胁的漏电（断路）情况，自动监测正常雷管和缺陷雷管的 ID 码，并在显示屏上将每个错误告知使用者。只有使用者对错误予以纠正且在编码器上确认后，整个起爆回路才可能被触发。

在电子雷管起爆网路中，雷管需要复合数字信号才能组网和发火，而产生这些信号所需要的编程在起爆器内。经计算，杂散电流误触电子雷管发火程序的概率是 $1/(16 \times 10^{12})$。

随着电子雷管技术的不断发展与完善，其技术优越性在全球爆破界得到了越来越广泛的认识，特别是随着新型电子雷管生产成本的不断下降，其生产应用已从早期的稀有、贵重矿物开采领域扩大到普通矿山和采石场。电子雷管实现高精度起爆时序控制，为精确爆破设计、爆破效果控制、爆破机理与过程模拟研究，提供了新的技术支持。

4. 电子雷管技术发展与应用展望

奥地利维也纳工业大学的 H. P. Rossmanith 教授，从全球矿业发展对爆破破碎技术的要求、爆破破碎技术研究与应用两个方面，对电子雷管技术作了如下评价和展望。

成本的过度上升与技术难度的增大，迫使许多国家关闭了大部分或全部矿山。从全球范围来看，控制爆破破碎，即对爆破工艺的优化，一直是采掘科技与工业界开发新技术的强劲推动力。20 世纪 70 和 80 年代，研究人员运用动态断裂力学和应力波理论，开展了一系列实验室模型爆破试验，这些研究工作既有其成功的一面，也有其失败的一面。成功的方面主要表现为：

高速摄影技术和动光弹试验使爆破与破碎过程中的许多基本力学问题变得清楚。但从应用的角度来看，这些研究项目是失败的，原因是以毫秒为延期时间的这些实验室试验，不能换算成实际毫秒延期时间的效果，而且当时使用的电雷管，延期时间的固有离散性太大，不能保证进行精确的延期时间试验。因此，在那个时候应用断裂力学科学原理与应力波理论去优化爆破效果是不可能的。

到 20 世纪 90 年代中期，可靠的电子雷管达到实用化程度，爆破精确延时、改进爆破破碎的研究兴趣被再次唤起。精确、可靠的电子雷管与起爆系统的最新发展，预示了爆破破碎领域的一个技术转折点的出现，将改变爆破破碎的基本面貌。采用精确的起爆延期时间，传统爆破将向先进技术爆破纵深发展。

另一方面，虽然电子雷管与电子延期起爆系统已经实现商业化应用，但要全面取代电和非电起爆系统，还有两大问题有待解决：①电子延期起爆系统的组网能力还较小，不能满足大规模爆破作业的大型起爆网路要求；②电子雷管的成本过高，与电和非电雷管比较，还缺乏经济竞争力，目前电子雷管的价格为传统电雷管的 10 倍左右，矿山业主们就付出高额雷管成本与获取综合效益进行权衡时，往往表现出犹豫不决。

精确延期时间的先进爆破技术发展，将使电子雷管充分显示出其技术优势。当电子雷管制造成本逼近电雷管制造成本之时，电子雷管将得到广泛应用。

10.4.3　遥控起爆技术

山岭隧道施工中，迫切需要降低劳动强度和提高作业安全性。日本 NOF 公司已经为此提出了两种方案，一种是自动装药系统，另一种是遥控起爆系统（RCB）。其中乳化炸药自动装药机已经应用于隧道工程中，而遥控起爆系统也已经在海底爆破中进行了应用。

采用的遥控起爆系统是隧道施工中无线电爆破作业方法的一种。遥控起爆系统由电磁雷管、天线圈和振荡器组成，雷管由磁芯、接收器和点火回路组成。这一系统是以电磁原理为依据的，早在 20 世纪 70 年代就进行了研究，并发展成为海底爆破的无线电起爆系统，已经成功应用于日本的 HS 大桥建设的水下爆破作业中。该系统体现出在强潮汐或深海底条件下的水下岩石爆破作业时的显著优势，沉积层厚度和质量对遥控起爆系统的作业影响很小，因此，在岩层上覆盖有厚沉积层的水下爆破作业中，该系统显示出极强的适应性。遥控起爆系统中应用于水下爆破作业的雷管体积很大，因此应用于水下的遥控起爆系统不经改进无法应用于隧道施工中。

遥控起爆系统采用在雷管药筒中安装单独的充电电容进行起爆。环状天线布置在将要起爆的爆破区域，低频电流通过由遥控器控制的振荡器作用于天线，低频电流产生的交变电磁场穿过环状天线所在的平面，这样就使装在炮孔中的每个雷管的磁芯接收器接收到电磁波，接收器中线圈产生的交流电经过二极管的整流变成直流电，并储存在电容中作为点火的电能，几分钟之内电容充电完毕即可点火。当环状天线中的低频电流被切断，电子开关电路就会自动合上点火线路，电容就会输出电能以引爆雷管。

在目前的爆破作业方法中，往往采用反向起爆，雷管位于炮孔底部，因此必须选择能够穿透岩石的低频电流频率。由于 550Hz 的频率不受岩石的影响并且已在海底中的遥控起爆系统中使用，所以，选择低频电流频率为 550Hz。其次，海底爆破的遥控起爆系统天线圈有几百米长，而隧道施工中的天线圈就应当足够小，以满足能够与各种管线一起安装在隧道中的需要。因此，天线圈的最大长度为 5m，一般在隧道中可以采用 3m×3m 天线圈。

目前，在日本的隧道掘进中，炮孔直径通常是 42mm，随着钻孔机械的功率增大，炮眼尺寸将会提高。目前雷管的最大直径是 40mm，且其尺寸和外形不同，测试结果表明突出型雷管的接收功率、尺寸和结构效果最好，磁芯的材料为铁氧体和硒钢片。

　　提高雷管性能的途径有：增加磁芯的尺寸以提高通过磁芯的磁场强度，在接收电路中加一个整流器以减少其能量的损失。单位体积的铁氧磁芯比硒钢片磁芯的接收效率高，故雷管改进以后采用了铁氧 D 型雷管进行试验。

　　日本的一个石灰岩矿进行了现场爆破试验。天线圈挂在离钻孔工作面 9.5m 远的顶部，采用大直径空孔掏槽爆破方式掘进，共钻了 1.2m 深的 5 个空孔和 8 个装药炮孔。试验中采用铁氧 E 型雷管。铁氧 E 型与铁氧 D 型雷管的区别在于其长度不同，铁氧 E 型雷管长 185mm，铁氧 D 型雷管长 200mm，铁芯长度的减小使其接收效率降低了 17%。试验条件为：天线圈电流 70A、电源电压 24V、振荡器充电时间为 1min，炮孔底部接收到的电压为 25V，这么高的电压足够加热桥丝以确保雷管引爆（最小准爆电压为 20V）。该系统在试验中获得了预期效果。

　　图 10-27 所示为将来的全自动隧道施工图。自动控制的凿岩台车钻孔后，由装药车自动装药，然后采用遥控起爆系统在远处起爆雷管，以实现隧道掘进的全自动化。

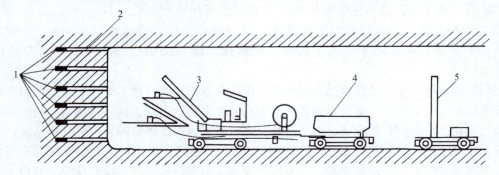

图 10-27　采用电磁雷管的隧道掘进系统

1—电磁雷管　2—炸药　3—凿岩台车　4—装药车　5—天线车

参 考 文 献

[1] 张守中. 爆炸基本原理 [M]. 北京：国防工业出版社，1988.

[2] 松全才，杨崇慧，金韶华. 炸药理论 [M]. 北京：兵器工业出版社，1997.

[3] 王文龙. 钻眼爆破 [M]. 北京：煤炭工业出版社，1984.

[4] 北京工业学院《爆炸及其作用》编写组. 爆炸及其作用 [M]. 北京：国防工业出版社，1979.

[5] 王廷武，刘清泉，杨永琦，等. 地面与地下工程控制爆破 [M]. 北京：煤炭工业出版社，1990.

[6] 戴俊. 岩石动力学特性与爆破理论 [M]. 北京：冶金工业出版社，2002.

[7] 戴俊. 岩石动力学特性与爆破理论 [M]. 2 版. 北京：冶金工业出版社，2013.

[8] 汪旭光. 爆破设计与施工 [M]. 北京：冶金工业出版社，2015.

[9] 朱忠节，何广沂. 岩石爆破新技术 [M]. 北京：中国铁道出版社，1986.

[10] 陈士海. 现代钻爆理论与技术 [M]. 北京：煤炭工业出版社，1998.

[11] 杨永琦. 矿山爆破技术与安全 [M]. 北京：煤炭工业出版社，1991.

[12] 斯蒂格. 建筑及采矿工程实用爆破技术 [M]. 张志毅，史雅语，译. 北京：煤炭工业出版社，1992.

[13] 王树仁，程玉生. 钻眼爆破简明教程 [M]. 徐州：中国矿业大学出版社，1989.

[14] 秦明武. 控制爆破 [M]. 北京：冶金工业出版社，1993.

[15] 戴俊. 爆破工程 [M]. 2 版. 北京：机械工业出版社，2015.

[16] 张保平，张庆鹏，黄风雷. 爆炸物理学 [M]. 北京：兵器工业出版社，2006.

[17] 高尔新，杨仁树. 爆破工程 [M]. 徐州：中国矿业大学出版社，1999.

[18] 龙维祺. 特种爆破技术 [M]. 北京：冶金工业出版社，1993.

[19] 中国力学学会工程爆破专业委员会. 爆破工程：上册 [M]. 北京：冶金工业出版社，1997.

[20] 中国力学学会工程爆破专业委员会. 爆破工程：下册 [M]. 北京：冶金工业出版社，1997.

[21] 国家安全生产监督管理总局. 煤炭安全规程 [M]. 北京：煤炭工业出版社，2016.

[22] 胡公才，王庆土. 煤矿安全规程问答（爆破）[M]. 北京：煤炭工业出版社，2001.

[23] 成新法. 矿用炸药 [M]. 北京：煤炭工业出版社，1995.

[24] 孙广忠，孙毅. 岩石力学原理 [M]. 北京：科学出版社，2011.

[25] 宁建国，王成，马天宝. 爆炸与冲击动力学 [M]. 北京：国防工业出版社，2010.

[26] 钱七虎，王明洋. 岩石中的冲击爆炸效应 [M]. 北京：国防工业出版社，2010.

[27] 乔纳斯. 流体动力学程序引论 [M]. 武海军，皮爱国，姚伟，译. 北京：北京理工大学出版社，2012.

[28] 刘殿中，杨仕春. 工程爆破实用手册 [M]. 北京：冶金工业出版社，2003.

[29] 王海亮. 铁路工程爆破 [M]. 北京：中国铁道出版社，2001.

[30] 汪旭光，聂森林，云主惠，等. 浆状炸药的理论与实践 [M]. 北京：冶金工业出版社，1985.

[31] 张其中. 爆破安全法规标准选编 [M]. 北京：中国标准出版社，1994.

[32] 中华人民共和国国家质量监督检验检疫总局. 爆破安全规程：GB 6722—2014 [S]. 北京：中国标准出版社，2014.

[33] 谢和平. 岩石混凝土损伤力学 [M]. 徐州：中国矿业大学出版社，1990.

[34] 钮强. 岩石爆破机理 [M]. 沈阳：东北工学院出版社，1990.

[35] 杨军. 岩石爆破理论模型及数值计算 [M]. 北京：科学出版社，1999.

[36] 熊代余，顾毅成. 岩石爆破理论与技术新进展 [M]. 北京：冶金工业出版社，2002.

[37] 高全臣，刘殿书. 岩石爆破测试原理与技术 [M]. 北京：煤炭工业出版社. 1996.